建筑工程定额计量与计价

主　编　任波远　李志波　王月
副主编　张　骞　王美英
主　审　王美芬

中国建材工业出版社

图书在版编目（CIP）数据

建筑工程定额计量与计价 / 任波远，李志波，王月
主编 . —北京：中国建材工业出版社，2012.8（2016.8重印）
普通高等院校精品课程规划教材　普通高等院校优质
精品资源共享教材

ISBN 978-7-5160-0227-8

Ⅰ. ①建…　Ⅱ. ①任…　②李…　③王…　Ⅲ. ①建筑经
济定额－高等职业教育－教材②建筑工程－工程造价－高
等职业教育－教材　Ⅳ. ①TU723.3

中国版本图书馆 CIP 数据核字（2012）第 156152 号

内 容 简 介

本书根据职业院校建筑工程施工、工程造价专业的教学要求，以山东省建筑工程消耗量定额、山东省建筑工程价目表、山东省建筑工程量计算规则、山东省建筑工程费用及计算规则、山东省建筑工程消耗量定额综合解释、山东省建筑工程费用项目构成及计算规则等为主要依据编写，以实用为准，理论与实践紧密结合。全书共分为十二章，每章都有复习与测试供学生思考与练习，附录中有部分参考答案及山东省定额与价目表摘录。

建筑工程定额计量与计价

任波远　李志波　王月　主编

出版发行：**中国建材工业出版社**

地　　址：北京市海淀区三里河路 1 号
邮　　编：100044
经　　销：全国各地新华书店
印　　刷：北京雁林吉兆印刷有限公司
开　　本：787mm×1092mm　1/16
印　　张：20
字　　数：491 千字
版　　次：2012 年 8 月第 1 版
印　　次：2016 年 8 月第 4 次
定　　价：**56.00 元**

本社网址：**www.jccbs.com.cn**　　微信公众号：**zgjcgycbs**
本书如出现印装质量问题，由我社网络直销部负责调换。联系电话：（010）88386906

前　　言

多年来，由于全国各地区的地方定额不统一，所以职业院校的工程造价类教材选用一直困扰着授课老师。因工程造价受地区影响差别比较大，各职业院校选用教材又不统一，同时目前使用的一些教材中，规则理论讲得多，应用实例偏少，学生在理解规则上难度较大。为顺应课程改革的需要，加快课程改革的步伐，提高学生的就业能力，特编写了本书。

本书根据职业院校建筑工程技术、工程造价专业的教学要求，本着以实用为原则，以提高学生能力为本位，坚持以就业为导向，以企业需求为基本依据，适应行业技术发展的要求。编写时坚持内容浅显易懂、以够用为度，系统性与实用性相结合、以实用为准，理论与实践紧密结合，以实践为主的原则。本书最后一章分别编写了两个典型的砖混结构和框架结构的工程造价案例，方便学生对工程造价有全面的理解。每章后面都有复习与测试，供学生思考与练习，并且给出参考答案。因而本书具有基础性、实用性、科学性、实践性的特点。

本书以山东省建筑工程消耗量定额、山东省建筑工程价目表、山东省建筑工程量计算规则、山东省建筑工程费用及计算规则、山东省建筑工程消耗量定额综合解释、山东省建筑工程费用项目构成及计算规则等为主要依据编写的。

本教材的教学时数为 208 学时，各章学时分配见下表（仅供参考）。

章　次	学时数	章　次	学时数
绪　论	12	第七章	6
第一章	18	第八章	8
第二章	10	第九章	26
第三章	22	第十章	14
第四章	42	第十一章	6
第五章	10	第十二章	20
第六章	14		

本书由淄博建筑工程学校任波远和山东工业职业学院李志波、王月主编，由淄博职业学院建筑工程学院院长王美芬主审。编者在编写过程中参考了一些有关建筑工程预算的教材、规范和预算资料，在此，编者对在本书的编写过程中给予支持和帮助的同志一并表示感谢。由于编者水平有限，书中疏漏和不足在所难免，恳请读者提出宝贵意见。

编者

2012 年 6 月

中国建材工业出版社
China Building Materials Press

我们提供

图书出版、图书广告宣传、企业/个人定向出版、设计业务、企业内刊等外包、代选代购图书、团体用书、会议、培训，其他深度合作等优质高效服务。

编辑部	出版咨询	市场销售	门市销售
010-88386119	010-68343948	010-68001605	010-88386906

邮箱：jccbs-zbs@163.com　　　网址：www.jccbs.com.cn

发展出版传媒　服务经济建设

传播科技进步　满足社会需求

目　　录

绪　　论

第一节　建筑工程计量与计价的基本原理

一、基本建设

基本建设是国民经济各部门固定资产的再生产，即人们使用各种施工机具对各种建筑材料、机械设备等进行建造和安装，使之成为固定资产的全过程。其中包括生产性和非生产性固定资产的更新、扩建、改建和新建等。

基本建设程序就是固定资产投资项目建设全过程各阶段和各步骤的先后顺序。对于生产性基本建设而言，基本建设程序也就是形成综合性生产能力过程的规律的反映；对于非生产性基本建设而言，基本建设程序是顺利完成建设任务，获得最大社会经济效益的工程建设的科学方法。基本建设有着必须遵循的客观规律，基本建设程序则是这一客观规律的反映。基本建设程序的具体工作程序如下：

第一步：项目建议书

建设单位根据国民经济中长期发展计划和行业、地区的发展规划，提出做可行性研究的项目建议书，报上级主管部门。

第二步：可行性研究报告

根据主管部门批准的项目建议书，进行可行性研究、预选建设地址、编制可行性研究报告，报上级主管部门审批。

第三步：初步设计阶段

根据批准的可行性研究报告，选定建设地址，进行初步设计，编制工程总概算。

第四步：施工图设计阶段

按照初步设计文件，由设计单位绘制建筑工程施工图，编施工图预算。

第五步：项目招标投标

建设单位或委托招标委员会办理招标投标事宜。建设单位或招标委员会编制标底，投标单位分别编制投标书。

第六步：施工阶段

施工单位和建设单位签订施工合同，到城建部门办理施工许可证，施工单位编制施工预算。

第七步：进行生产或交付使用前的准备

工程施工完成后，要及时做好交付使用前的竣工验收准备工作。

第八步：竣工验收

工程完工后，建设单位组织规划、建管、设计、施工、监理、消防、环保等部门进行质量、消防等全面的竣工验收。

二、建筑产品的特点

由于建筑产品都是每个建设单位根据自身发展需要，经设计单位按照建设单位要求设计图纸，再由施工单位根据图纸在指定地点建造而成，建筑产品所用材料种类繁多，其平面与空间组合变化多样，这就构成了建筑产品的特殊性。

建筑产品也是商品，与其他工业与农业产品一样，其有商品的属性。但从其产品及生产的特点，却具有与一般商品不同的特点，具体表现在四个方面。

（一）建筑产品的固定性

工程项目都是根据需要和特定条件由建设单位选址建造的，施工单位在建设地点按设计的施工图纸建造建筑产品。当建筑产品全部完成后，施工单位将产品就地不动地移交给使用单位。产品的固定性决定了生产的流动性，劳动者不但要在施工工程各个部位移动工作，而且随着施工任务的完成又将转向另一个新的工程。产品的固定性，将使工程建设地点的气象、工程地质、水文地质和技术经济条件等因素直接影响工程的设计、施工和成本。

（二）建筑产品的单件性

建筑产品的固定性，导致了建筑产品必须单件设计、单件施工、单独定价。建筑产品是根据它们各自的功能和建设单位的特定要求进行单独设计的，因而建筑产品形式多样、各具特色，每项工程都有不同的规模、结构、造型、等级和装饰，需要选用不同的材料和设备，即使同一类工程，各个单件也有差别。由于建造地点和设计的不同，必须采用不同的施工方法，单独组织施工。因此，每个工程项目的劳动力、材料、施工机械和动力燃料消耗各不相同，工程成本会有很大差异，必须单独定价。

（三）工程建设露天作业

建筑产品的固定性，加之其体形庞大，其生产一般是露天进行。受自然条件、季节性影响较大。这会引起产品设计的某些内容和施工方法的变动，也会造成防雨、防寒等费用的增加，影响到工程的造价。

（四）建筑产品生产周期长

建筑产品生产过程要经过勘察、设计、施工、安装等很多环节，涉及面广，协作关系复杂，施工企业建造建筑产品时，要进行多工种综合作业，工序繁多，往往长期大量地投入人力、物力、财力，因而建筑产品生产周期长。由于建筑产品价格受时间的制约，周期越长，价格因素变化越大，如国家经济体制改革出现的一些新的费用项目，材料设备价格的调整等，都会直接影响到建筑产品的价格。

（五）建筑产品施工的流动性

建筑产品的固定性，是产生建筑产品施工流动性的根本原因。流动性是指施工企业必须分别在不同的建设地点组织施工。每个建设地点由于建设资源的不同、运输条件的不同、地区经济发展水平的不同，都会直接影响到建筑产品的价格。

总之，上述特点决定了建筑产品不宜简单地规定统一价格，而必须借助编制工程概预算和招标标底、投标报价等特殊的计价程序给每个建筑产品单独定价，以确定它的合理价格。

三、建设项目的划分

为了计算建筑产品的价格，设想将整个建设项目根据其组成进行科学的分解，划分为若干个单项工程、单位工程、分部工程、分项工程、子项工程。

1. 建设项目

建设项目是指在一个总体设计范围内，由一个或几个单项工程组成，经济上实行独立核算的项目。一般是指在一个场地或几个场地上，按照一个设计意图，在一个总体设计或初步设计范围内，进行施工的各个项目的综合。比如在工业建筑中，建设一个工厂或一个工业园就是一个建设项目；在民用建筑中，一般以一个学校、一所医院、一个住宅小区等为一个建设项目。

建筑产品在其初步设计阶段以建设项目为对象编制总概算，竣工验收后编制竣工决算。

2. 单项工程

单项工程是指在一个建设项目中，具有独立的设计文件，竣工后可以独立发挥其生产能力或效益的工程，它是建设项目的组成部分。如工业建筑中的各个生产车间、辅助车间、仓库等；民用建筑中如学校的教学楼、图书楼、实验楼、食堂等分别都是一个单项工程。

3. 单位工程

单位工程是指竣工后一般不能发挥其生产能力或效益，但具有独立的设计，可以独立组织施工的工程，它是单项工程的组成部分。例如，一个生产车间的土建工程、电气照明工程、机械设备安装工程、给水排水工程等，都是生产车间的这个单项工程的组成部分；住宅建筑中的土建、给排水、电气照明等工程分别都是一个单位工程。

建筑工程一般以单位工程为对象编制施工图预算，竣工结算和进行工程成本核算。

4. 分部工程

分部工程是单位工程的组成部分，分部工程一般按工种来划分，例如，土石方工程、砌筑工程、混凝土及钢筋混凝土工程、门窗及木结构工程、金属结构工程、装饰工程等。

5. 分项工程

分项工程是分部工程的组成部分，按照不同的施工方法、不同材料、不同内容，可将一个分部工程分解成若干个分项工程。如门窗工程（分部工程）可分为木门窗、铝合金门窗等分项工程。

6. 子项工程

子项工程（子目）是分项工程的组成部分，是工程中最小单元体。如砖墙分项工程可分为240砖墙、365砖墙等。子项工程是计算工、料、机械及资金消耗的最基本的构造要素。单位估计表中的单价大多是以子项工程为对象进行计算的。

建设项目划分示意，如图0-1所示。

四、建筑工程预算的基本理论

1. 确定建筑工程造价的两个前提

要计算建筑工程的造价，必须将一个构造复杂的建筑物层层分解为建筑物最小、最基本的构造要素——分项（子项）工程，以及确定分项（子项）工程的人工、材料、机械台班消耗量及费用的定额，这两个前提缺一不可。

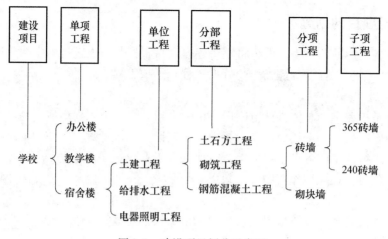

图 0-1　建设项目划分示意图

（1）将建筑工程分解为分项（子项）工程

将体积庞大、构造复杂的建筑工程按照化整为零的方法，对建筑工程进行合理的层层分解，一直分解到分项（子项）工程为止。

比如：办公楼—土建工程—屋面工程—防水工程—PVC 橡胶卷材

（2）编制建筑工程预算定额

将最基本的分项（子项）工程作为假定产品，以完成单位合格的分项（子项）工程产品所需的人工、材料、机械台班消耗量为标准编制出预算定额。

2. 编制工程预算的基本理论

（1）将建筑工程合理地分解为分项（子项）工程，依据预算定额计算出各分项（子项）工程的直接费用成本，然后汇总成工程的直接费用成本。

（2）在工程的直接费用成本的基础上，再计算出直接费、间接费、利润和税金，就可以最终计算出整个建筑工程的造价。

第二节　建筑工程费用项目组成和计算方法

建筑工程费用由直接费、间接费、利润和税金组成。建筑工程费用项目（适用于定额计价）组成如图 0-2 所示。

一、直接费

直接费是指在工程施工过程中直接耗费的构成工程实体和有助于工程形成的各项费用。直接费由直接工程费和措施费组成。

（一）直接工程费

直接工程费是指施工过程中耗费的构成工程实体的各项费用，包括人工费、材料费、施工机械使用费。

$$直接工程费 = 人工费 + 材料费 + 施工机械使用费$$

1. 人工费：是指为直接从事建筑安装工程施工的生产工人开支的各项费用。其内容包

4

括：基本工资、工资性补贴、生产工人辅助工资、职工福利费、生产工人劳动保护费。

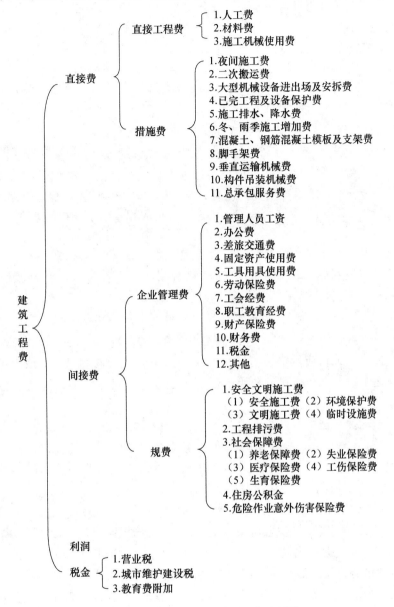

图 0-2　建筑工程费用项目组成示意图

$$人工费 = \sum（工日消耗量 \times 日工资单价）$$

$$日工资单价 = 基本工资 + 工资性补贴 + 生产工人辅助工资 + 职工福利费 +$$
$$生产工人劳动保护费$$

（1）基本工资：是指按企业工资标准发放给生产工人的基本工资。

$$基本工资 = \frac{生产工人平均月工资}{年平均每月法定工作日}$$

（2）工资性补贴：是指在基本工资之外的各类补贴。包括物价补贴、煤和燃气补贴、交通补贴、住房补贴和流动施工津贴等。

$$工资性补贴 = \frac{\sum 年发放标准}{全年日历日 - 法定假日} + \frac{\sum 月发放标准}{年平均每月法定工作日} + 每工作日发放标准$$

（3）生产工人辅助工资：是指生产工人年有效施工天数以外非作业天数的工资，包括职工学习、培训期间的工资，调动工作、探亲、休假期间的工资，因气候影响的停工工资，女工哺乳时间的工资，病假在 6 个月以内的工资及产、婚、丧假期的工资等。

$$生产工人辅助工资 = \frac{全年无效工作日 \times (基本工资 + 工资性津贴)}{全年日历日 - 法定假日}$$

（4）职工福利费：是指按规定标准计提的生产工人福利费。

$$职工福利费 = (基本工资 + 工资性补贴 + 生产工人辅助工资) \times 福利费计提比例(\%)$$

（5）生产工人劳动保护费：是指按规定标准发放的生产工人劳动保护用品的购置费及修理费，徒工服装补贴，防暑降温费，在有碍身体健康环境中施工的保健费用等。

$$生产工人劳动保护费 = \frac{生产工人年平均支出劳动保护费}{全年日历日 - 法定假日}$$

2. 材料费：是指施工过程中耗费的构成工程实体的原材料、辅助材料、构配件、零件、半成品的费用，以及材料、构配件的检验试验费用。其内容包括：材料原价（或供应价格）、材料运杂费、采购及保管费、检验试验费。

$$材料费 = \sum (材料消耗量 \times 材料基价) + 检验试验费$$

$$材料基价 = \{(供应价格 + 运杂费) \times [1 + 运输损耗率(\%)]\} \times [1 + 采购保管费率(\%)]$$

（1）材料原价（或供应价格）：是指材料的出厂价、进口材料抵岸价或市场批发价。

（2）材料运杂费：是指材料自来源地运至工地仓库或指定堆放地点所发生的除运输损耗以外的全部费用。

（3）运输损耗费：是指材料在运输，装卸过程中不可避免的损耗等费用。

$$运输损耗费 = (材料原价 + 运杂费) \times 相应材料损耗率$$

（4）采购及保管费：是指为组织采购、供应和保管材料过程中所需的各项费用。包括采购费、仓储费、工地保管费、仓储损耗费等。

$$采购及保管费 = [(供应价格 + 运杂费) \times (1 + 运输损耗率)] \times 采购保管费率$$

$$或采购及保管费 = (供应价格 + 运杂费 + 运输损耗费) \times 采购保管费率$$

（5）检验试验费：是指对建筑材料、构件和建筑安装物进行一般鉴定、检查所发生的费用，包括自设试验室进行试验所耗用的材料和化学药品等费用。不包括新结构、新材料的试验费和建设单位对具有出厂合格证明的材料进行检验，对构件作破坏实验及其他特殊要求检验试验的费用。

$$检验试验费 = \sum (单位材料量检验试验费 \times 材料消耗量)$$

3. 施工机械使用费：是指施工机械作业所发生的机械使用费以及机械安拆费和场外运输费。其内容包括：折旧费、大修理费、经常修理费、安拆费和场外运输费、人工费、燃料动力费、车船使用税。

$$施工机械使用费 = \sum (施工机械台班消耗量 \times 机械台班单价)$$

$$机械台班单价 = 台班折旧费 + 台班大修理费 + 台班经常修理费 +$$
$$台班安拆费和场外运输费 + 台班机上人工费 +$$
$$台班燃料动力费 + 台班养路费及车船使用税$$

（1）折旧费：是指施工机械在规定的使用年限内，陆续收回其原值及购置资金的时间价值。

$$台班折旧费 = \frac{机械预算价值 \times (1 - 残值率) \times 时间价值系数}{耐用总台班}$$

（2）大修理费：是指施工机械按规定的大修理间隔台班进行必要的大修理，以恢复其正常功能所需要的费用。

$$台班大修理费 = \frac{一次大修理费 \times 寿命期内大修理次数}{耐用总台班}$$

（3）经常修理费：是指施工机械除大修理以外的各级保养和临时故障排除所需的费用。包括为保障机械正常运转所需替换设备与随机配备工具附具的摊销和维护费用，机械运转中日常保养所需润滑与擦拭的材料费用及机械停滞期间的维护和保养费用等。

$$台班经常修理费 = \frac{\sum (各级保养一次费用 \times 寿命期内各级保养次数) + 临时故障排除费}{耐用总台班} +$$

$$替换设备台班摊销费 + 工具附具台班摊销费 + 例保辅料费$$

（4）安拆费及场外运输费：安拆费是指施工机械在现场进行安装与拆卸所需的人工、材料、机械和试运转费用以及机械辅助设施的折旧、搭设、拆除等费用；场外运输费是指施工机械整体或分体自停放地点运至施工现场或由一施工地点运至另一施工地点的运输、装卸、辅助材料及架线等费用。

$$台班安拆费及场外运输费 = \frac{一次安拆费及场外运输费 \times 年平均安拆次数}{年工作台班}$$

（5）人工费：是指机上司机（司炉）和其他操作人员的工作日人工费及上述人员在施工机械规定的年工作台班以外的人工费。

$$台班人工费 = 人工消耗数量 \times 人工日工资单价 \times \left(1 + \frac{年制度工作日 - 年工作台班}{年工作台班}\right)$$

（6）燃料动力费：是指施工机械在运转作业中所消耗的固体燃料（煤、木柴）、液体燃料（汽油、柴油）及水、电等费用。

$$台班燃料动力费 = \sum (台班燃料动力消耗数量 \times 相应燃料动力单价)$$

（7）车船使用税：是指施工机械按照国家规定和有关部门规定应缴纳的车船使用税、保险费及年检费等费用。

$$台班养路费及车船使用税 = \frac{车船使用税 + 年保险费 + 年检费用}{年工作台班}$$

（二）措施费

措施费是指为完成工程项目施工，发生于该工程前和施工过程中非工程实体项目的措施费用。内容包括：

1. 夜间施工费：是指夜间施工所发生的夜班补助费、夜间施工降效、夜间施工照明设备摊销及照明用电等费用。

$$\begin{array}{l} 夜间施工 \\ 增加费 \end{array} = \left(1 - \frac{合同工期}{定额工期}\right) \times \frac{直接工程费中的人工费合计}{平均日工资单价} \times 每工日夜间施工费开支$$

2. 二次搬运费：是指因施工场地狭小等特殊情况而发生的二次搬运费用。

$$二次搬运费 = 直接工程费（或其中人工费）× 二次搬运费费率（%）$$

$$二次搬运费费率（%） = \frac{年平均二次搬运费开支额}{全年建安产值 × 直接工程费（或其中人工费）占总造价的比例（%）}$$

3. 大型机械设备进出场及安拆费：是指机械整体或分体自停放场地运至施工现场或由一个施工地点运至另一个施工地点，所发生的机械进出场运输转移费用及机械在施工现场进行安装、拆卸所需的人工费、材料费、机械费、试运转费和安装所需的辅助设施的费用。

4. 已完工程及设备保护费：是指竣工验收前，对已完工程及设备进行保护所需费用。

$$已完工程及设备保护 = 成品保护所需机械费 + 材料费 + 人工费$$

5. 施工排水、降水费：是指为确保工程在正常条件下施工，采取各种排水、降水措施降低地下水位所发生的各种费用。

$$排水降水费 = \sum 排水降水机械台班费 × 排水降水周期 +$$
$$排水降水使用材料费、人工费$$

6. 冬雨季施工增加费：是指在冬、雨季施工期间，为保证工程质量，采取保温、防护措施所增加的费用，以及因工效和机械作业效率降低所增加的费用。

（1）冬季施工增加费 = 拟建工程合同工期内冬季施工采取保温措施所需的人工费 + 材料费 + 人工降效费 + 施工机械降效费 + 施工规范规定的技术措施费

（2）雨季施工增加费 = 拟建工程合同工期内雨季施工采取防护及排水措施所需的人工费 + 材料费 + 人工降效费 + 施工机械降效费

$$冬雨季施工增加费 = （1）冬季施工增加费 + （2）雨季施工增加费$$

或：　　$$冬雨季施工增加费 = 直接工程费（或其中人工费）× 冬雨季施工增加费费率$$

$$冬雨季施工增加费费率 = 本项费用年度平均支出 / [全年建安产值 ×$$
$$直接工程费（或其中人工费）占总造价比例]$$

7. 混凝土、钢筋混凝土模板及支架费：是指混凝土施工过程中需要的各种钢模板、木模板、支架等的支、拆、运输费用及模板、支架的摊销（或租赁）费用。

（1）自有模板及支架费的计算

$$模板及支架费 = 模板及支架费模板摊销量 × 模板价格 + 支、拆、运输费$$

$$摊销量 = 一次使用量 × （1 + 施工损耗） ×$$
$$\left[\frac{1 + （周转次数 - 1） × 补损率}{周转次数} - \frac{（1 - 补损率） × 50\%}{周转次数} \right]$$

（2）自有模板及支架费的计算

$$租赁费 = 模板使用量 × 使用日期 × 租赁价格 + 支、拆、运输费$$

8. 脚手架费：是指施工需要的各种脚手架搭、拆、运输费用及脚手架的摊销（或租赁）费用。

（1）自有脚手架费的计算

$$脚手架搭拆费 = 脚手架摊销量 × 脚手架价格 + 搭、拆、运输费$$

8

$$脚手架摊销量 = \frac{单位一次使用量 \times (1 - 残值率)}{耐用期} \times 一次使用期$$

（2）租赁脚手架费的计算

$$租赁费 = 脚手架每日租金 \times 搭设周期 + 搭、拆、运输费$$

9. 垂直运输机械费：是指工程施工需要的垂直运输机械使用费。

$$垂直运输机械费 = 机械消耗数量 \times 机械台班单价$$

10. 构件吊装机械费：是指混凝土、金属构件等的的机械吊装费用。

11. 总承包服务费：是指总承包人为配合、协调发包人进行的工程分包、自行采购的设备、材料等进行管理、服务以及施工现场管理、竣工资料汇总整理等服务所需的费用。

二、间接费

间接费是指建筑安装企业组织施工生产和经营管理的费用以及政府和有关权力部门规定必须缴纳费用的总称。间接费由企业管理费和规费组成。

（一）企业管理费

企业管理费是指建筑安装企业组织施工生产和经营管理所需费用。其内容包括：

1. 管理人员工资：是指管理人员的基本工资、工资性补贴、职工福利费、劳动保护费等。

2. 办公费：是指企业办公用的的文具、纸张、账表、印刷、邮电、书报、会议、水电、烧水和集体取暖（包括现场临时宿舍取暖）用煤等费用。

3. 差旅交通费：是指职工因公出差、调动工作的差旅费、住勤补助费，市内交通费和误餐补助费，职工探亲路费，劳动力招募费，职工离退休、退职一次性路费，工伤人员就医路费，工地转移费用管理部门使用的交通工具油料、燃料、养路费及牌照费等。

4. 固定资产使用费：是指管理和试验部门及附属生产单位使用的属于固定资产的房屋、设备仪器等的折旧、大修、维修或租赁费。

5. 工具用具使用费：是指管理部门使用的不属于固定资产的工具、器具、家具、交通工具和检验、试验、测绘、消防用具等的购置、维修和摊销费。

6. 劳动保险费：是指由企业支付离退休职工的易地安家补助费、职工退职金、6个月以上的病假人员工资、职工死亡丧葬补助费、抚恤费、按规定支付给离休干部的各项经费。

7. 工会经费：是指企业按职工工资总额计提的工会经费。

8. 职工教育经费：是指企业为职工学习先进技术和提高文化水平，按职工工资总额计提的费用。

9. 财产保险费：是指施工管理用财产、车辆保险。

10. 财务费：是指企业为筹集资金而发生的各种费用。

11. 税金：是指企业按规定缴纳的房产税、车船使用税、土地使用税、印花税等。

12. 其他：包括技术转让费、技术开发费、业务招待费、绿化费、广告费、公证费、法律顾问费、审计费、咨询费等。

$$企业管理费 = （直接工程费 + 措施费） \times 企业管理费费率$$

企业管理费费率计算公式如下：

（1）以直接费为计算基础：

$$企业管理费费率 = \frac{生产工人年平均管理费}{年有效施工天数 \times 人工单价} \times 人工费占直接费比例$$

（2）以人工费和机械费合计为计算基础：

$$企业管理费费率 = \frac{生产工人年平均管理费}{年有效施工天数 \times （人工单价 + 每一日机械使用费）} \times 100\%$$

（3）以人工费为计算基础：

$$企业管理费费率 = \frac{生产工人年平均管理费}{年有效施工天数 \times 人工单价} \times 100\%$$

（二）规费

规费是指根据国家、省级有关行政主管部门规定必须计取或缴纳的，应计入工程造价的费用。内容包括：

1. 安全文明施工费

（1）安全施工费：是指按《建设工程安全生产管理条例》规定，为保证施工现场安全施工所必需的各项费用。

$$安全施工费 = 直接工程费（或其中人工费） \times 安全施工费费率$$

$$安全施工费费率 = \frac{本项费用年度平均支出}{全年建安产值 \times 直接工程费（或其中人工费）占总造价比例}$$

（2）环境保护费：是指施工现场为达到环保部门要求所需要的各项费用。

$$环境保护费 = 直接工程费（或其中人工费） \times 环境保护费费率$$

$$环境保护费费率 = \frac{本项费用年度平均支出}{全年建安产值 \times 直接工程费（或其中人工费）占总造价比例}$$

（3）文明施工费：是指施工现场文明施工所需要的各项费用。

$$文明施工费 = 直接工程费（或其中人工费） \times 文明施工费费率$$

$$文明施工费费率 = \frac{本项费用年度平均支出}{全年建安产值 \times 直接工程费（或其中人工费）占总造价比例}$$

（4）临时设施费：是指施工企业为进行建筑工程施工所必须搭设的生活和生产用的临时建筑物、构筑物和其他临时设施费用等。

临时设施包括：临时宿舍、文化福利及公用事业房屋与构筑物、仓库、办公室、加工厂以及规定范围内道路、水、电、管线等临时设施和小型临时设施。

临时设施费用包括：临时宿舍设施的搭设、维修、拆除费或摊销费。

临时设施费由以下三部分组成：

第一部分，周转使用临时建筑物（如：活动房屋）。

第二部分，一次性使用临时建筑物（如：简易建筑）。

第三部分，其他临时设施（如：临时管线）。

临时设施费 = （周转使用临建费 + 一次性使用临建费） × （1 + 其他临时设施所占比例）

其中：

①周转使用临建费 = $\sum\left[\dfrac{临建面积×每平方米造价}{使用年限×365×利用率}×工期(天)\right]$ + 一次性拆除费

②一次性使用临建费 = $\sum\left[临建面积×每平方米造价×(1-残值率)\right]$ + 一次性拆除费

③其他临时设施所占比例 = 其他临时设施费/(周转使用临建费 + 一次性使用临建费)

或：　　临时设施费 = 直接工程费(或其中人工费)×临时设施费费率

$$临时设施费费率 = \dfrac{本项费用年度平均支出}{全年建安产值×直接工程费(或其中人工费)占总造价比例}$$

2. 工程排污费：是指施工现场按规定缴纳的工程排污费。

3. 社会保障费：是指企业按国家规定标准为为职工缴纳的社会保障费用，包括养老保险费、失业保险费、医疗保险费、工伤保险费和生育保险费。

4. 住房公积金：是指企业按规定标准为职工缴纳的住房公积金。

5. 危险作业意外伤害保险：是指按照建筑法规定，企业为从事危险作业的建筑安装施工人员支付的意外伤害保险费。

三、利润

利润是指施工企业完成所承包工程获得的盈利。费用定额规定的利润率是按拟建单位工程类别确定的，即按其建筑性质、规模大小、施工难易程度等因素实施差别利率。建筑业企业可依据本企业经营管理水平和建筑市场供求情况，自行确定本企业的利润水平。

利润 =（直接工程费 + 措施费）× 利润率

利润率 = 典型工程利润/（典型工程直接工程费 + 措施费）

四、税金

税金是指国家税法规定的应计入建筑工程造价内的营业税、城市维护建设税及教育费附加（简称两税一费）。

第三节　工程类别划分标准及费率

一、工程类别划分标准

工程类别划分标准，是根据不同的单位工程，按其施工难易程度，结合山东省建筑市场的实际情况确定的。工程类别划分标准是确定工程施工难易程度、计取有关费用的依据；同时也是企业编制投标报价的参考。建筑工程的工程类别按工业建筑工程、民用建筑工程、构筑物工程、单独土石方工程、桩基础工程分列，并分若干类别。

（一）类别划分

1. 工业建筑工程：指从事物质生产和直接为物质生产服务的建筑工程。一般包括：生产（加工、储运）车间、实验车间、仓库、民用锅炉房和其他生产用建筑物。

2. 民用建筑工程：指直接用于满足人们物质和文化生活需要的非生产性建筑物。一般包括：住宅及各类公用建筑工程。

科研单位独立的实验室、化验室按民用建筑工程确定工程类别。如某大学实验楼属民用建筑工程。

3. 构筑物工程：指工业与民用建筑配套、且独立于工业与民用建筑工程的构筑物，或独立具有其功能的构筑物。一般包括：独立烟囱、水塔、仓类、池类等。

4. 单独土石方工程：指建筑物、构筑物、市政设施等基础土石方以外的，且单独编制概预算的土石方工程。包括土石方的挖、填、运等。

5. 桩基础工程：指天然地基上的浅基础不能满足建筑物和构筑物的稳定要求，而采用的一种深基础。主要包括各种现浇和预制混凝土桩及其他桩基。

6. 装饰工程：指建筑物主体结构完成后，在主体结构表面进行抹灰、镶贴、铺挂面层等，以达到建筑设计效果的装饰装修工程。

（二）使用说明

1. 工程类别的确定，以单位工程为划分对象。

2. 与建筑物配套使用的零星项目，如化粪池、检查井等，按其相应建筑物的类别确定工程类别。其他附属项目，如围墙、院内挡土墙、庭院道路、室外管沟架、按建筑工程Ⅲ类标准确定类别。

3. 建筑物、构筑物高度，自设计室外地坪算起，至屋面檐口高度。高出屋面的电梯间、水箱间、塔楼等不计算高度。建筑物的面积，按建筑面积计算规则的规定计算。建筑物的跨度，按设计图示尺寸标注的轴线跨度计算。

4. 非工业建筑的钢结构工程，参照工业建筑工程的钢结构工程确定工程类别。

5. 居住建筑的附墙轻型框架结构，按砖混结构的工程类别套用；但设计层数大于18层，或建筑面积大于12000m² 时，按居住建筑其他结构的Ⅰ类工程套用。

6. 工业建筑的设备基础，单体混凝土体积大于1000m³，按构筑物Ⅰ类工程计算；单体混凝土体积大于600m³，按构筑物Ⅱ类工程计算；单体混凝土体积小于600m³，大于50m³按构筑物Ⅲ类工程计算；小于等于50m³的设备基础，按相应建筑物或构筑物的工程类别确定。

7. 同一建筑物结构形式不同时，按建筑面积大的结构形式确定工程类别。

8. 强夯工程，均按单独土石方工程Ⅱ类执行。

（三）装饰工程有关说明

1. 民用建筑中的特殊建筑，包括影剧院、体育馆、展览馆、高级会堂等建筑的装饰工程类别，均按Ⅰ类工程确定。

2. 民用建筑中的公用建筑，包括综合楼、办公楼、教学楼、图书馆等建筑的装饰工程类别，均按Ⅱ类工程确定。

3. 一般居住类建筑的装饰均按Ⅲ类工程确定。

4. 单独招牌、灯箱、美术字等工程，均按Ⅲ类工程确定。

5. 单独外墙装饰，包括幕墙工程、各种外墙干挂。

（四）建筑工程类别划分标准

1. 建筑工程类别划分标准见表0-1。

表 0-1　建筑工程类别划分标准表

工程名称			单位	工程类别		
				Ⅰ	Ⅱ	Ⅲ
工业建筑工程	钢结构	跨度	m	>30	>18	≤18
		建筑面积	m²	>16000	>10000	≤10000
	其他结构	单层 跨度	m	>24	>18	≤18
		单层 建筑面积	m²	>10000	>6000	≤6000
		多层 檐高	m	>50	>30	≤30
		多层 建筑面积	m²	>10000	>6000	≤6000
民用业建筑工程	公用建筑	砖混结构 檐高	m	—	30<檐高<50	≤30
		砖混结构 建筑面积	m²	—	6000<面积<10000	≤6000
		其他结构 檐高	m	>50	>30	≤30
		其他结构 建筑面积	m²	>12000	>8000	≤8000
	居住建筑	砖混结构 层数	层	—	8<层数<12	≤8
		砖混结构 建筑面积	m²	—	8000<面积<12000	≤8000
		其他结构 层数	层	>18	>8	≤8
		其他结构 建筑面积	m²	>12000	>8000	≤8000
构筑物工程	烟囱	混凝土结构高度	m	>100	>60	≤60
		砖结构高度	m	>60	>40	≤40
	水塔	高度	m	>60	>40	≤40
		容积	m³	>100	>60	≤60
	筒仓	高度	m	>35	>20	≤20
		容积（单位）	m³	>2500	>1500	≤1500
	贮地	容积（单位）	m³	>3000	>1500	≤1500
单独土石方工程	单独挖、填土石方		m³	>15000	>1000	5000<体积≤1000
桩基础工程	桩长		m	>30	>12	≤12

2. 装饰工程类别划分标准见表 0-2。

表 0-2　装饰工程类别划分标准表

工程名称	工程类别		
	Ⅰ	Ⅱ	Ⅲ
工业与民用建筑	四星级宾馆以上	三星级宾馆	二星级宾馆以下
单独外墙装饰	幕墙高度 50m 以上	幕墙高度 30m 以上	幕墙高度 30m 以下（含 30m）

二、建筑工程费率

1. 建筑工程措施费费率见表 0-3。

表 0-3　建筑工程措施费费率表　　　　　　　　　%

专业名称	费用名称	夜间施工费	二次搬运费	冬雨季施工增加费	已完工程及设备保护费	总承包服务费
建筑工程	建筑工程	0.7	0.6	0.8	0.15	3
	装饰工程	4.0	3.6	4.5	0.15	

说明：（1）建筑工程、装饰工程措施费中的人工费含量：夜间施工费、二次搬运费及冬雨季施工增加费为20%，已完工程及设备保护费为10%。
　　　（2）装饰工程已完工程及设备保护费计费基础为省价直接工程费。

2. 企业管理费、利润见表0-4。

表 0-4　企业管理费、利润表　　　　　　　　　%

专业名称	费用名称及工程类别	企业管理费			利润		
		Ⅰ	Ⅱ	Ⅲ	Ⅰ	Ⅱ	Ⅲ
建筑工程	工业、民用建筑工程	8.7	6.9	5.0	7.4	4.2	3.1
	构筑物工程	6.9	6.2	4.0	6.2	5.0	2.4
	单独土石方工程	5.7	4.0	2.4	4.6	3.3	1.4
	桩基工程	4.5	3.4	2.4	3.5	2.7	1.0
	装饰工程	102	81	49	34	22	16

3. 建筑工程规费费率见表0-5。

表 0-5　建筑工程规费费率表　　　　　　　　　%

费用名称	专业名称	建筑工程	
		建筑工程	装饰工程
安全文明施工费		3.12	3.84
其中：（1）安全施工费		2.0	2.0
（2）环境保护费		0.11	0.12
（3）文明施工费		0.29	0.10
（4）临时设施费		0.72	1.62
工程排污费		按工程所在地设区市相关规定计算	
社会保障费		2.6	
住房公积金		按工程所在地设区市相关规定计算	
危险作业意外伤害保险		按工程所在地设区市相关规定计算	

4. 税金见表0-6。

表 0-6　税金表　　　　　　　　　%

工程所在地	费率
市区	3.48
县城、镇	3.41
市区及县城、镇以外	3.28

14

第四节 建筑工程费用计算程序

一、建筑工程费用计算程序

（1）按工程性质（工业与民用建筑工程、装饰工程、构筑物工程、桩基础工程、单独土石方工程）分别计算出各分项工程量后，分别套用定额和单价（或定额乘单价再乘工程量），求出各分部分项工程的人工费、材料费和机械费，将3项费用合计为表0-8中（一），即直接工程费合计。

（2）计算措施费、管理费和利润的计费基础及其计算方法见表0-7。

表 0-7　计费基础及其计算方法表

专业名称	计费基础		计算方法
建筑工程	计费基础 JF_1	直接工程费	$\sum$（工程量×省基价）
装饰工程		人工费	$\sum$［工程量×（定额工日消耗量×省价人工单价）
建筑工程	计费基础 JF_2	措施费	按照省价人、材、机单价计算的措施费与按照省发布费率及规定计取的措施费之和
装饰工程		人工费	按照省价人工单价计算的措施费中人工费和按照省发布费率及规定计算的措施费中人工费之和

（3）措施费包括四部分：

1）参照定额规定计取的措施费，用工程量乘价目表中措施项目单价的累计额，即得定额措施项目费用，即第一部分费用。

2）参照省发布费率计取的措施费，用计费基础 JF_1 乘以相应的费率，即得措施项目费用的第二部分。计算时，建筑工程费用的四项措施费（夜间施工费、二次搬运费、冬雨季施工增加费、已完工程及设备保护费）均以计费基础 JF_1 为基数计算，装饰工程费用除已完工程及设备保护费计费基础为省价直接工程费外，其余三项以措施费计费基础 JF_1 为基数计算。

3）按施工组织设计（方案）计取的措施项目费用为第三部分。

4）总承包服务费，专业分包工程费（不包括设备费）乘以相应的费率，即得措施项目费用的第四部分。

（4）企业管理费、利润以计费基础 JF_1 和计费基础 JF_2 之和为基数乘以相应费率计算。

（5）规费包括五部分：

其中安全文明施工费、社会保障费以直接费、企业管理费和利润之和为基数乘以相应费率计算。

工程排污费、住房公积金和危险作业意外伤害保险按工程所在地设区市相关规定计算。

（6）税金按不同的纳税地（工程所在地），以税前造价为基础乘税率计算。

以上各项费用总和，即构成建筑工程费用合计。建筑工程费用除以建筑面积，即可得出

15

每平方米造价（单方造价）。

建筑工程定额计价计算程序见表0-8。各项费用如需调整，另见山东省的相关文件公布。

表0-8 建筑工程定额计价计算程序表

序号	费用名称	计算方法
一	直接费	（一）+（二）
	（一）直接工程费	$\sum\{$工程量$\times\sum[$（定额工日消耗数量$\times$人工单价）+（定额材料消耗数量$\times$材料单价）+（定额机械台班消耗量$\times$机械台班单价）$]\}$
	计费基础 JF_1	按表0-7中"计费基础及其计算方法"计算
	（二）措施费	1.1+1.2+1.3+1.4
	1.1 参照定额规定计取的措施费	按定额规定计算
	1.2 参照省发布费率计取的措施费	计费基础 $JF_1\times$相应费率
	1.3 按施工组织设计（方案）计取的措施费	按施工组织设计（方案）计取
	1.4 总承包服务费	专业分包工程费（不包括设备费）$\times$费率
	计费基础 JF_2	按表0-7中"计费基础及其计算方法"计算
二	企业管理费	$(JF_1+JF_2)\times$管理费费率
三	利润	$(JF_1+JF_2)\times$利润率
四	规费	4.1+4.2+4.3+4.4+4.5
	4.1 安全文明施工费	（一+二+三）$\times$费率
	4.2 工程排污费	按工程所在地设区市相关规定计算
	4.3 社会保障费	（一+二+三）$\times$费率
	4.4 住房公积金	按工程所在地设区市相关规定计算
	4.5 危险作业意外伤害保险	按工程所在地设区市相关规定计算
五	税金	（一+二+三+四）$\times$税率
六	建筑工程费用合计	一+二+三+四+五

（7）有关措施费的说明：

1）参照定额规定计取的措施费是指建筑工程消耗量定额中列有相应子目或规定有计算方法的措施项目费用。例如：混凝土、钢筋混凝土模板及支架、脚手架费、垂直运输机械及超高增加费、构件运输及安装费等。（注：本类中的措施费有些要结合施工组织设计或技术方案计算。）

2）参照省发布费率计取的措施费是指按省建设行政主管部门根据建筑市场状况和多数企业经营管理情况、技术水平等测算发布的参考费率的措施项目费用。包括夜间施工、冬雨季施工增加费、二次搬运费以及已完工程及设备保护费等。

3）按施工组织设计（方案）计取的措施费是指按施工组织设计（技术方案）计算的措施项目费用。例如：大型机械进出场及安拆费，施工排水、降水费及按拟建工程实际需要采取的其他措施性项目费用等。

4）措施费中的总承包服务费不计入计费基础 JF_2，并且不计取企业管理费和利润。

5）计算程序中，直接工程费中的"工程量"，不包括消耗量定额第二章"地基处理与防护"中排水与降水及第十章"施工技术措施项目"。

二、建筑工程费用计算程序案例

[例 0-1] 淄博市区内某小区中一幢住宅楼，框架剪力墙结构，21层，建筑面积 16380.72m²。其中，按市定额计算的直接工程费合计为13250651.68元，按省价计算的直接工程费（JF_1）合计为11390014.84元，按市定额计取的措施费合计为5712342.15元，按省定额计取的措施费合计为 5608324.85元，施工组织设计（方案）计取的措施费为 180922.68元，专业分包工程费为230000.00元，工程排污费30787.28元，住房公积金 19656.86元，危险作业意外伤害保险102623.78元。

计算该高层住宅楼的建筑工程费用。

解：（1）由建筑工程类别划分标准表0-1得知，该高层住宅工程属于民用居住建筑工程，其他结构，层数21层>18层，建筑面积16380.72m²>12000m²，二个指标均满足 I 类工程要求，属 I 类工程。

查表0-3可知，措施费中夜间施工费0.7%，二次搬运费0.6%，冬雨季施工增加费 0.8%，已完工程及设备保护费0.15%，总承包服务费3%；查表0-4可知，企业管理费率为8.7%，利润率为7.4%；查表0-5可知，安全文明施工费为3.12%，社会保障费为 2.6%；查表0-6，市区税率为3.48%。

（2）该高层住宅楼的费用计算见表0-9。

表 0-9　建筑工程定额计价计算程序表

序号	费用名称	计算方法	费用金额
一	直接费	（一）+（二）	19407091.84
	（一）直接工程费	$\sum\{$工程量×$\sum[$（定额工日消耗数量×人工单价）+（定额材料消耗数量×材料单价）+（定额机械台班消耗量×机械台班单价）$]\}$	13250651.68
	计费基础 JF_1	$\sum$（工程量×省基价）	11390014.84
	（二）措施费	1.1+1.2+1.3+1.4	6156440.16
	1.1 参照定额规定计取的措施费	按定额规定计算	5712342.15
	1.2 参照省发布费率计取的措施费	计费基础 JF_1×（0.7%+0.6%+0.8%+0.15%）	256275.33
	1.3 按施工组织设计（方案）计取的措施费	按施工组织设计（方案）计取	180922.68
	1.4 总承包服务费	专业分包工程费（不包括设备费）×3%	6900.00
	计费基础 JF_2	按表0-7中"计费基础及其计算方法"计算	6045522.86
二	企业管理费	（JF_1+JF_2）×8.7%	1516891.78
三	利润	（JF_1+JF_2）×7.4%	1290229.79

17

序号	费用名称	计算方法	费用金额
	规费	4.1+4.2+4.3+4.4+4.5	1423720.93
	4.1 安全文明施工费	（一+二+三）×3.12%	693083.46
	4.2 工程排污费	按工程所在地设区市相关规定计算	30787.28
四	4.3 社会保障费	（一+二+三）×2.6%	577569.55
	4.4 住房公积金	按工程所在地设区市相关规定计算	19656.86
	4.5 危险作业意外伤害保险	按工程所在地设区市相关规定计算	102623.78
五	税金	（一+二+三+四）×3.48%	822600.12
六	建筑工程费用合计	一+二+三+四+五	24460534.46

说明：6045522.86 元 = 5608324.85 元 + 256275.33 元 + 180922.68 元

三、装饰工程费用计算程序案例

[例0-2] 某县城内一幢5层宿舍楼，计划重新装修，按市定额计算的直接工程费合计为 666059.44 元，省直接工程费为 664920.00 元，按省价计算的人工费（JF_1）合计为 196236.88 元，参照定额规定计取的措施费中省人工费合计为 3431.63 元，按市定额计取的措施费合计为 13324.65 元，不计取施工组织设计（方案）计取的措施费和总承包服务费，工程排污费 1643.01 元，住房公积金 3943.23 元，危险作业意外伤害保险 821.51 元。

计算该办公楼的装饰工程费用。

解:（1）该工程为一般居住类建筑的装饰，故按Ⅲ类工程确定。

查表0-3可知，措施费中夜间施工费 4.0%，二次搬运费 3.6%，冬雨季施工增加费 4.5%，已完工程及设备保护费 0.15%，总承包服务费 3%；查表0-4可知，企业管理费率为 49%，利润率为 16%；查表0-5可知，安全施工费为 2.0%，环境保护费为 0.12%，文明施工费为 0.10%，临时设施费为 1.62%；查表0-6，县城、镇税率为 3.41%。

（2）该高层住宅楼的费用计算见表0-10。

表0-10 装饰工程定额计价计算程序表

序号	费用名称	计算方法	费用金额
	直接费	（一）+（二）	704126.14
	（一）直接工程费	∑工程量×∑[（定额工日消耗量×人工单价）+（定额材料消耗量×材料单价）+（定额机械台班消耗量×机械台班单价）]	666059.44
一	计费基础 JF_1	∑[工程量×（定额工日消耗量×省价人工单价）]	196236.88
	（二）措施费	1.1+1.2+1.3+1.4	38066.7
	1.1 参照定额规定计取的措施费	按定额规定计算	13324.65
	1.1.1 参照定额规定计取的措施费中省人工费	按定额规定计算	3431.63
	1.2 参照费率计取的措施费	（1）+（2）+（3）+（4）	24742.05

序号	费用名称	计算方法	费用金额
一	（1）夜间施工费	计费基础 JF_1 ×4%	7849.48
	（2）二次搬运费	计费基础 JF_1 ×3.6%	7064.53
	（3）冬雨季施工增加费	计费基础 JF_1 ×4.5%	8830.66
	（4）已完工程及设备保护费	省直接工程费×0.15%	997.38
	1.2.1 其中：人工费	(7849.48＋7064.53＋8830.66)20%＋997.38×10%	4848.67
	1.3 按施工组织设计（方案）计取的措施费	按施工组织设计（方案）计取	0
	1.4 总承包服务费	专业分包工程费（不包括设备费）×3%	0
	计费基础 JF_2	∑措施费中1.1、1.2、1.3中省价措施费	8280.30
二	企业管理费	（JF_1＋JF_2）×49%	100213.42
三	利润	（JF_1＋JF_2）×16%	22124.82
四	规费	4.1＋4.2＋4.3＋4.4＋4.5	59441.70
	4.1 安全文明施工费	（1）＋（2）＋（3）＋（4）	31545.88
	（1）安全施工费	（一＋二＋三）×2%	16430.14
	（2）环境保护费	（一＋二＋三）×0.12%	985.81
	（3）文明施工费	（一＋二＋三）×0.1%	821.51
	（4）临时设施费	（一＋二＋三）×1.62%	13308.42
	4.2 工程排污费	按相关部门规定计算	1643.01
	4.3 社会保障费	（一＋二＋三）×2.6%	21488.07
	4.4 住房公积金	按相关部门规定计算	3943.23
	4.5 危险作业意外伤害保险	按相关部门规定计算	821.51
五	税金	（一＋二＋三＋四）×3.41%	30209.40
六	装饰工程造价	一＋二＋三＋四＋五	916115.48

第五节　建筑面积及基数的计算

一、建筑面积的概念

建筑面积亦称建筑展开面积，它是指建筑物（包括墙体）所形成的楼地面面积，即外墙结构外围水平面积之和，建筑面积包括附属于建筑物的室外阳台、雨篷、檐廊、室外走廊、室外楼梯等。建筑面积是确定建筑规模的重要指标，是确定各项技术经济指标的基础。

建筑面积包括使用面积、辅助面积和结构面积三部分。

1. 使用面积

使用面积指建筑物各层平面中直接为生产或生活使用的净面积的总和，在居住建筑中的使用面积称"居住面积"。例如，客厅、办公室、卧室等。

2. 辅助面积

辅助面积指建筑物各层平面中为辅助生产或生活所占净面积的总和。例如，楼梯、走道、厕所、厨房等。

使用面积和辅助面积的总和称为"有效面积"。

3. 结构面积

结构面积指建筑物各层平面中的墙、柱等结构所占面积的总和。

二、建筑面积的作用

1. 建筑面积是基本建设投资、建设项目可行性研究、建设项目评估、建设项目勘察设计、建筑工程施工、竣工验收和建筑工程造价管理等一系列工作的重要指标。

2. 确定各项技术经济指标的基础

有了建筑面积，才能确定每平方米建筑面积的工程造价。

$$单位面积工程造价 = \frac{工程造价}{建筑面积}$$

还有很多其他的技术经济指标（如每平方米建筑面积的工料用量），也需要建筑面积这一数据，如：

$$单位建筑面积的材料消耗指标 = \frac{工程材料消耗量}{建筑面积}$$

$$单位建筑面积的人工用量 = \frac{工程人工工日耗用量}{建筑面积}$$

3. 计算有关分项工程量的依据

应用统筹计算方法，根据底层建筑面积，就可以很方便地推算出室内回填土体积、地（楼）面面积和顶棚面积等。另外，建筑面积也是脚手架、垂直运输机械费用的计算依据。

4. 选择概算指标和编制概算的主要依据

概算指标通常是以建筑面积为计量单位。用概算指标概算时，要以建筑面积为计算基础。

总之，建筑面积是一项重要的技术经济指标，对全面控制建设工程造价具有重要意义，并在整个基本建设工作中起着重要的作用。

三、计算建筑面积应遵循的原则

计算工业与民用建筑的建筑面积，总的原则是：凡在结构上、使用上形成一定使用功能的建筑物和构筑物，并能单独计算出其水平面积及相应消耗的人工、材料和机械用量的，应计算建筑面积；反之，不应计算建筑面积。

1. 计算建筑面积的建筑物，必须具备保证人们正常活动的永久性（密实）顶盖。

具备永久性顶盖的建筑物，在满足其他两项原则的前提下，或计算全面积，或计算 1/2 面积；但不具备永久性顶盖的建筑物，如无永久性顶盖的阳台，无永久性顶盖的室外楼梯的最上层楼梯等，均不能计算面积。

2. 计算建筑面积的建筑物，应具备挡风遮雨的围护结构。

在满足其他两项原则的前提下，具备围护结构的建筑物，一般计算全面积，不具备围护结构的建筑物，一般应计算 1/2 面积。

3. 计算建筑面积的建筑物，应具备保证人们正常活动的空间高度；结构层高 2.2 米，或坡屋顶结构净高 2.10 米。

在满足其他两项原则的前提下，达到上述空间高度的建筑物，一般计算全面积；不能达到上述空间高度的建筑物，一般应计算1/2面积。

四、建筑面积计算规则

1. 建筑物的建筑面积应按自然层外墙结构外围水平面积之和计算。结构层高在2.20m及以上的，应计算全面积；结构层高在2.20m以下的，应计算1/2面积。当外墙结构本身在一个层高范围内不等厚时，以楼地面结构标高处的外围水平面积计算。

注：①自然层是指按楼地面结构分层的楼层。

②结构层高是指楼面或地面结构层上表面至上部结构层上表面之间的垂直距离。

[例0-3] 某单层建筑物檐高3.60m，如图0-3所示，计算其建筑面积。

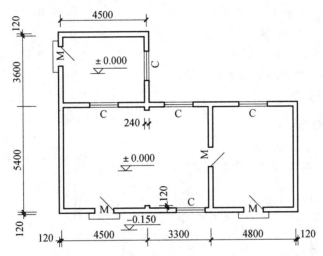

图0-3 某单层建筑物示意图

解：$S_{建} = (4.5m + 3.3m + 4.8m + 0.24m) \times (5.4m + 0.24m) + (4.5m + 0.24m) \times 3.6m = 89.48m^2$

[例0-4] 某建筑物结构层高如图0-4所示，试计算：

（1）当 $H = 3.0m$ 时，建筑物的建筑面积。

（2）当 $H = 2.0m$ 时，建筑物的建筑面积。

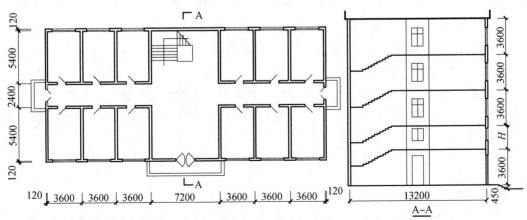

图0-4 建筑物示意图

分析：多层建筑物，当结构层高在 2.20m 及以上者应计算全面积；层高不足 2.20m 者应计算 1/2 面积。

解：（1）$H = 3.0$m 时

$S_建 = (3.6\text{m} \times 6 + 7.2\text{m} + 0.24\text{m}) \times (5.4\text{m} \times 2 + 2.4\text{m} + 0.24\text{m}) \times 5 = 1951.49\text{m}^2$

（2）$H = 2.0$m 时

$S_建 = (3.6\text{m} \times 6 + 7.2\text{m} + 0.24\text{m}) \times (5.4\text{m} \times 2 + 2.4\text{m} + 0.24\text{m}) \times (4.0 + 0.5)$

$\quad = 1756.34\text{m}^2$

2. 建筑物内设有局部楼层如图 0-5 所示，对于局部楼层的二层及以上楼层，有围护结构的应按其围护结构外围水平面积计算，无围护结构的应按其结构底板水平面积计算。结构层高在 2.20m 及以上的，应计算全面积，结构层高在 2.20m 以下的，应计算 1/2 面积。

注：围护结构是指围合建筑空间的墙体、门、窗。

[例 0-5]　某建筑物局部为二层，如图 0-6 所示，计算其建筑面积。

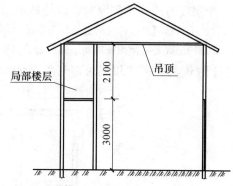

图 0-5　单层建筑物内设有局部楼层示意图

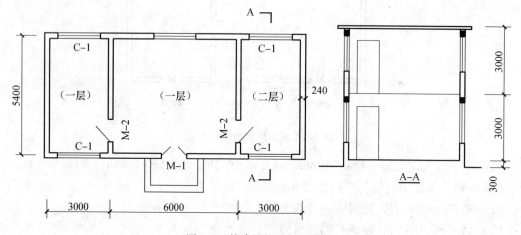

图 0-6　某建筑物局部示意图

分析：该建筑物局部为二层，故二层部分的建筑面积按其外围结构水平面积计算。

解： $S_建 = (3.0\text{m} \times 2 + 6.0\text{m} + 0.24\text{m}) \times (5.4\text{m} + 0.24\text{m}) + (3.0\text{m} + 0.24\text{m}) \times (5.4\text{m} + 0.24\text{m}) = 87.31\text{m}^2$

3. 形成建筑空间的坡屋顶，结构净高在 2.10m 及以上的部位应计算全面积；结构净高在 1.20m 及以上至 2.10m 以下的部位应计算 1/2 面积；结构净高在 1.20m 以下的部位不应计算建筑面积。

注：①建筑空间：以建筑界面限定的、供人们生活和活动的场所。具备可出入、可利用条件（设计中可能标明了使用用途，也可能没有标明使用用途或使用用途不明确）的围合空间，均属于建筑空间。

②结构净高：楼面或地面结构层上表面至上部结构层下表面之间的垂直距离。

[例 0-6]　某住宅楼共五层，其上部设计为坡屋顶并加以利用如图 0-7 所示，试计算阁楼的建筑面积。

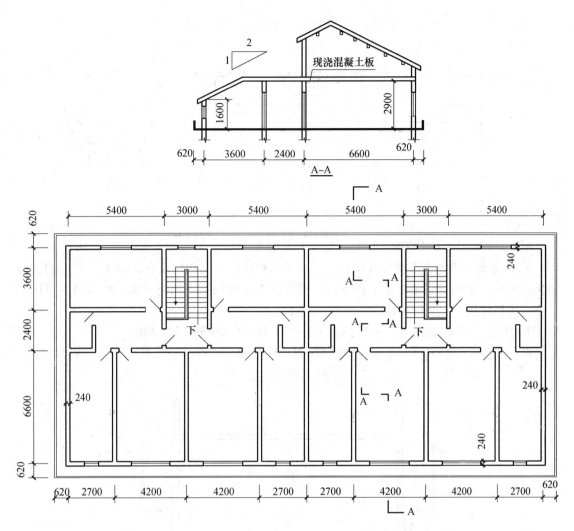

图 0-7　某住宅楼示意图

分析：该建筑物阁楼（坡屋顶）结构净高超过 2.10m 的部位计算全面积；净高在 1.20m 至 2.10m 的部位应计算 1/2 面积，计算时关键是找出结构净高 1.20m 与 2.10m 的分界线。

解： 阁楼房间内部净高为 2.1m 处距轴线的距离为：

$$(2.1m - 1.6m) \times 2/1 + 0.12m = 1.12m$$

$$
\begin{aligned}
S_建 =& \left[(2.7m + 4.2m) \times 4 + 0.24m\right] \times (1.12m + 0.12m) \times \\
& 1/2 + \left[(2.7m + 4.2m) \times 4 + 0.24m\right] \times \\
& (6.6m + 2.4m + 3.6m - 1.12m + 0.12m) = 340.20m^2
\end{aligned}
$$

4. 对于场馆看台下的建筑空间，结构净高在 2.10m 及以上的部位应计算全面积；结构净高在 1.20m 及以上至 2.10m 以下的部位应计算 1/2 面积；结构净高在 1.20m 以下的部位不应计算建筑面积。室内单独设置的有围护设施的悬挑看台，应按看台结构底板水平投影面积计算建筑面积。有顶盖无围护结构的场馆看台应按其顶盖水平投影面积的 1/2 计算面积。有顶盖无围护结构的场馆，如：体育场、足球场、网球场、带看台的风雨操场等。

注：围护设施是指为保障安全而设置的栏杆、栏板等围挡。

[**例 0-7**]　计算体育馆看台的建筑面积，如图 0-8 所示。

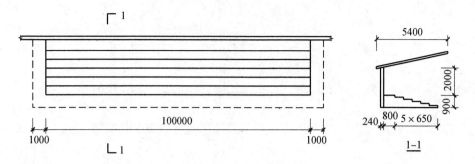

图 0-8　某体育馆看台示意图

解： $5.400m \times (100.00m + 1.0m \times 2) \times 1/2 = 275.40m^2$

5. 地下室、半地下室应按其结构外围水平面积计算。结构层高在 2.20m 及以上的，应计算全面积；结构层高在 2.20m 以下的，应计算 1/2 面积。计算建筑面积的范围不包括采光井、外墙防潮层及其保护墙，如图 0-9 所示。

注：①地下室是指室内地平面低于室外地平面的高度超过室内净高的 1/2 的房间。

②半地下室是指室内地平面低于室外地平面的高度超过室内净高的 1/3，且不超过 1/2 的房间。

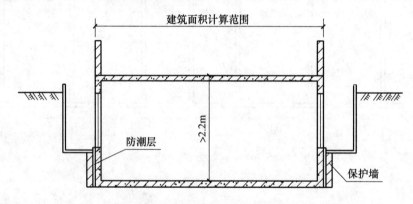

图 0-9　地下室建筑面积计算范围示意图

[**例 0-8**]　某建筑物的仓库为全地下室，其平面图如图 0-10 所示，出入口处有永久性的顶盖，计算全地下室的建筑面积。

解：（1）地下室主体部分

$(3.6m \times 4 + 6.0m + 0.25m \times 2) \times (5.4m + 1.5m + 0.25m \times 2) = 154.66m^2$

（2）地下室出入口部分

$$(1.5m + 0.12m \times 2) \times (3.0m - 0.25m + 1.5m + 0.12m) +$$
$$(3.0m - 0.12m) \times (1.5m + 0.12m \times 2) = 12.62m^2$$

（3）地下室建筑面积

$$154.66m^2 + 12.62m^2 = 167.28m^2$$

6. 建筑物出入口外墙外侧坡道有顶盖的部位，应按其外墙结构外围水平面积的 1/2 计算面积。

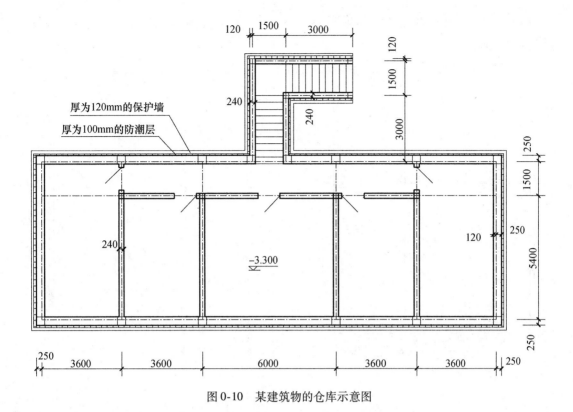

图 0-10　某建筑物的仓库示意图

7. 建筑物架空层及坡地建筑物吊脚架空层，应按其顶板水平投影计算建筑面积。结构层高在 2.20m 及以上的，应计算全面积；结构层高在 2.20m 以下的，应计算 1/2 面积。

注：①架空层是指仅有结构支撑而无外围护结构的开敞空间层。

②本条既适用于建筑物吊脚架空层、深基础架空层建筑面积的计算，也适用于目前部分住宅、学校教学楼等工程在底层架空或在二楼或以上某个甚至多个楼层架空，作为公共活动、停车、绿化等空间的建筑面积的计算。架空层中有围护结构的建筑空间按相关规定计算。建筑物吊脚架空层如图 0-11 所示。

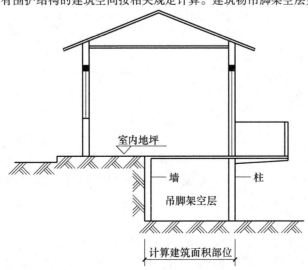

图 0-11　建筑物吊脚架空层示意图

[**例 0-9**] 某建筑物座落在坡地上，设计为深基础，如图 0-12 所示，部分加以利用，计算其建筑面积。

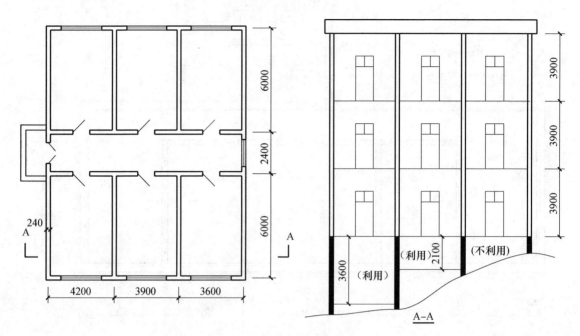

图 0-12 某坡地建筑物示意图

分析：坡地建筑物深基础的架空层，设计加以利用并有围护结构的，层高在 2.20m 及以上的部位应计算全面积；层高不足 2.20m 的部位应计算 1/2 面积。

解： $S_{建} = (4.2m + 3.9m + 3.6m + 0.24m) \times (6.0m \times 2 + 2.4m + 0.24m) \times 3 + (4.2m + 0.24m) \times (6.0m \times 2 + 2.4m + 0.24m) + 3.9m \times (6.0m \times 2 + 2.4m + 0.24m) \times 1/2 = 617.95m^2$

8. 建筑物的门厅、大厅应按一层计算建筑面积，门厅、大厅内设置的走廊应按走廊结构底板水平投影面积计算建筑面积。结构层高在 2.20m 及以上的，应计算全面积；结构层高在 2.20m 以下的，应计算 1/2 面积。

注：走廊是指建筑物中的水平交通空间。

[**例 0-10**] 计算如图 0-13 所示建筑物的建筑面积。

分析：建筑物的门厅按一层计算建筑面积，建筑物内的变形缝，应按其自然层合并在建筑物面积内计算。

解： $S_{建} = (3.6m \times 6 + 9.0m + 0.3m + 0.24m) \times (6.0m \times 2 + 2.4m + 0.24m) \times 3 + (9.0m + 0.24m) \times 2.1m \times 2 - (9.0m - 0.24m) \times 6.0m = 1353.92m^2$

9. 对于建筑物间的架空走廊，有顶盖和围护结构的，应按其围护结构外围水平面积计算全面积；无围护结构、有围护设施的，应按其结构底板水平投影面积计算 1/2 面积。

注：架空走廊是指专门设置在建筑物的二层或二层以上，作为不同建筑物之间水平交通的空间。

[**例 0-11**] 架空走廊一层为通道，三层无顶盖，计算该架空走廊（图 0-14）的建筑面积。

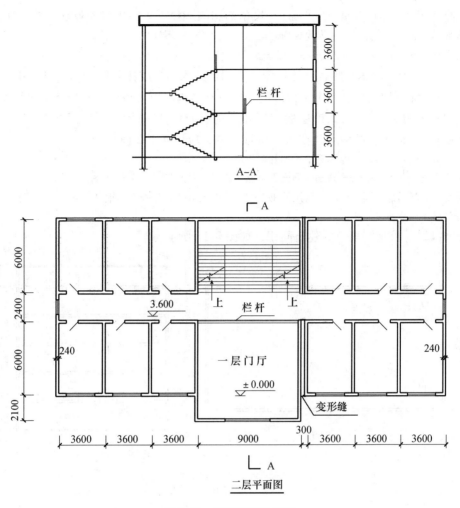

图 0-13 某建筑物示意图

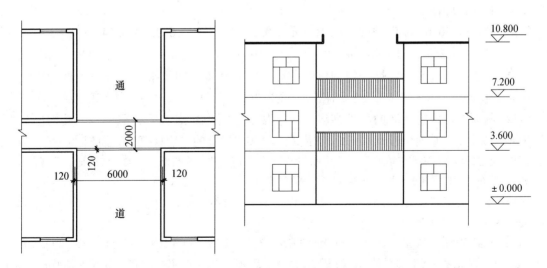

图 0-14 某架空走廊示意图

分析：由图知：该建筑物的架空走廊，二层有顶盖但无围护结构（只有维护设施栏杆），故应按其结构底板水平面积的1/2计算；一层为建筑物通道、三层无顶盖故不计算建筑面积。

解： $(6.0m - 0.24m) \times 2.0m \times 1/2 = 5.76m^2$

10. 立体书库、立体仓库、立体车库，有围护结构的，应按其围护结构外围水平面积计算建筑面积；无围护结构、有围护设施的，应按其结构底板水平投影面积计算建筑面积。无结构层的应按一层计算，有结构层的应按其结构层面积分别计算。结构层高在2.20m及以上的，应计算全面积；结构层高在2.20m以下的，应计算1/2面积。

注：①结构层是指整体结构体系中承重的楼板层。

②本条主要规定了图书馆中的立体书库、仓储中心的立体仓库、大型停车场的立体车库等建筑的建筑面积计算规定。起局部分隔、存储等作用的书架层、货架层或可升降的立体钢结构停车层均不属于结构层，故该部分分层不计算建筑面积。

[**例 0-12**] 求某图书馆的建筑面积，如图 0-15 所示。

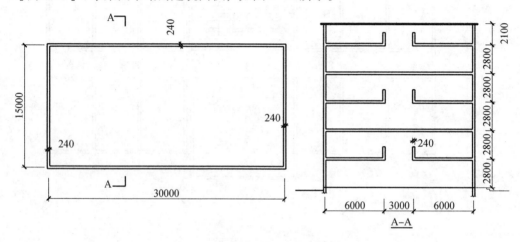

图 0-15 某图书馆示意图

分析：该图书馆共分三层，每层又增加了一个结构层，层高在2.2m以上者计算全面积，层高不足2.2m的应计算1/2面积。

解： $S_{建} = (30.0m + 0.24m) \times (15.0m + 0.24m) \times 3 + (6.0m + 0.24m) \times (30.0m + 0.24m) \times 4 + (6.0m + 0.24m) \times (30.0m + 0.24m) \times 2 \times 1/2 = 2326.06m^2$

11. 有围护结构的舞台灯光控制室，应按其围护结构外围水平面积计算。结构层高在2.20m及以上的，应计算全面积；结构层高在2.20m以下的，应计算1/2面积。

12. 附属在建筑物外墙的落地橱窗，应按其围护结构外围水平面积计算。结构层高在2.20m及以上的，应计算全面积；结构层高在2.20m以下的，应计算1/2面积。

注：落地橱窗是指突出外墙面且根基落地的橱窗，指在商业建筑临街面设置的下槛落地、可落在室外地坪也可落在室内首层地板，用来展览各种样品的玻璃窗。

13. 窗台与室内楼地面高差在0.45m以下且结构净高在2.10m及以上的凸（飘）窗，应按其围护结构外围水平面积计算1/2面积。

注：凸窗（飘窗）是指凸出建筑物外墙面的窗户。凸窗（飘窗）既作为窗，就有别于楼（地）板的延伸，也就是不能把楼（地）板延伸出去的窗称为凸窗（飘窗）。凸窗（飘窗）的窗台应只是墙面的一部分且距（楼）地面应有一定的高度。

14. 有围护设施的室外走廊（挑廊），应按其结构底板水平投影面积计算1/2面积；有围护设施（或柱）的檐廊，应按其围护设施（或柱）外围水平面积计算1/2面积。

注：①檐廊是指建筑物挑檐下的水平交通空间，是附属于建筑物底层外墙有屋檐作为顶盖，其下部一般有柱或栏杆、栏板等的水平交通空间。

②挑廊是指挑出建筑物外墙的水平交通空间。

15. 门斗应按其围护结构外围水平面积计算建筑面积，且结构层高在2.20m及以上的，应计算全面积；结构层高在2.20m以下的，应计算1/2面积。

注：门斗是指建筑物入口处两道门之间的空间。

[例0-13]　计算如图0-16所示建筑物门斗的建筑面积。

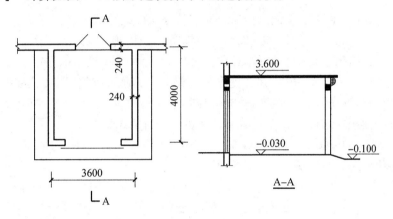

图0-16　某建筑物门斗示意图

解：$(3.6m + 0.24m) \times 4.0m = 15.36m^2$

16. 门廊应按其顶板的水平投影面积的1/2计算建筑面积；有柱雨篷应按其结构板水平投影面积的1/2计算建筑面积；无柱雨篷的结构外边线至外墙结构外边线的宽度在2.10m及以上的，应按雨篷结构板的水平投影面积的1/2计算建筑面积。

注：①门廊是指建筑物入口前有顶棚的半围合空间。门廊是在建筑物出入口，无门、三面或二面有墙，上部有板（或借用上部楼板）围护的部位。

②雨篷是指建筑出入口上方为遮挡雨水而设置的部件。雨篷是指建筑物出入口上方、凸出墙面、为遮挡雨水而单独设立的建筑部件。雨篷划分为有柱雨篷（包括独立柱雨篷、多柱雨篷、柱墙混合支撑雨篷、墙支撑雨篷）和无柱雨篷（悬挑雨篷）。如凸出建筑物，且不单独设立顶盖，利用上层结构板（如楼板、阳台底板）进行遮挡，则不视为雨篷，不计算建筑面积。对于无柱雨篷，如顶盖高度达到或超过两个楼层时，也不视为雨篷，不计算建筑面积。

③有柱雨篷，没有出挑宽度的限制，也不受跨越层数的限制，均计算建筑面积。无柱雨篷，其结构板不能跨层，并受出挑宽度的限制，设计出挑宽度大于或等于2.10m时才计算建筑面积。出挑宽度，系指雨篷结构外边线至外墙结构外边线的宽度，弧形或异形时，取最大宽度。

[例0-14]　计算如图0-17所示某建筑物入口处雨篷的建筑面积。

解：$S_{建} = 2.3m \times 4.0m \times 1/2 = 4.6m^2$

17. 设在建筑物顶部的、有围护结构的楼梯间、水箱间、电梯机房等，结构层高在2.20m及以上的应计算全面积；结构层高在2.20m以下的，应计算1/2面积。

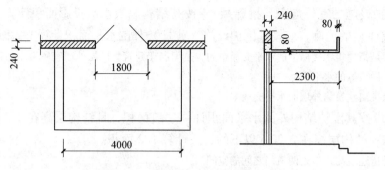

图 0-17 某建筑物入口处雨篷示意图

18. 围护结构不垂直于水平面的楼层，应按其底板面的外墙外围水平面积计算。结构净高在 2.10m 及以上的部位，应计算全面积；结构净高在 1.20m 及以上至 2.10m 以下的部位，应计算 1/2 面积；结构净高在 1.20m 以下的部位，不应计算建筑面积。

19. 建筑物的室内楼梯、电梯井、提物井、管道井、通风排气竖井、烟道，应并入建筑物的自然层计算建筑面积。有顶盖的采光井应按一层计算面积，且结构净高在 2.10m 及以上的，应计算全面积；结构净高在 2.10m 以下的，应计算 1/2 面积。

注：建筑物的楼梯间层数按建筑物的层数计算。有顶盖的采光井包括建筑物中的采光井和地下室采光井。地下室采光井如图 0-18 所示。

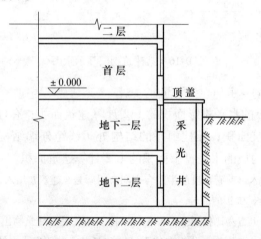

图 0-18 某建筑物入口处雨篷示意图

20. 室外楼梯应并入所依附建筑物自然层，并应按其水平投影面积的 1/2 计算建筑面积。层数为室外楼梯所依附的楼层数，即梯段部分投影到建筑物范围内的层数。利用室外楼梯下部的建筑空间不得重复计算建筑面积；利用地势砌筑的为室外踏步，不计算建筑面积。

注：楼梯是指由连续行走的梯级、休息平台和维护安全的栏杆（或栏板）、扶手以及相应的支托结构组成的作为楼层之间垂直交通使用的建筑部件。

[例 0-15] 计算如图 0-19 所示建筑物的建筑面积。

分析：（1）建筑物顶部电梯机房层高不足 2.20m，应计算 1/2 面积。（2）该建筑物雨篷宽度结构的外边线至外墙结构外边线的宽度小于 2.10m，故不计算建筑面积。

解：$(3.9m \times 6 + 6.0m + 0.24m) \times (6.0m \times 2 + 2.4m + 0.24m) \times 3 + (2.7m + 0.20m) \times$
$(2.7m + 0.20m) \times 1/2 = 1305.99m^2$

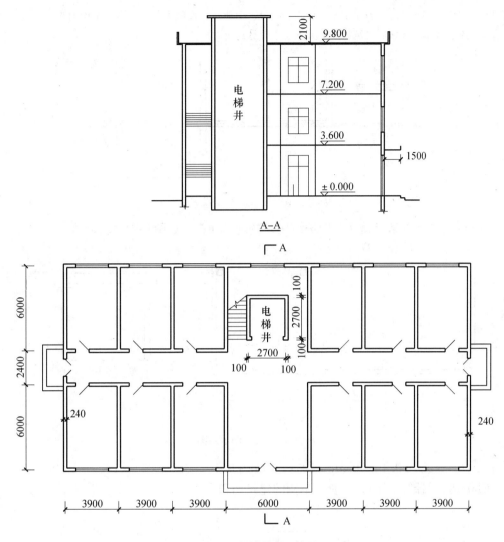

图 0-19 某建筑物示意图

21. 在主体结构内的阳台，应按其结构外围水平面积计算全面积；在主体结构外的阳台，应按其结构底板水平投影面积计算 1/2 面积。建筑物的阳台，不论其形式如何，均以建筑物主体结构为界分别计算建筑面积。

注：①主体结构是指接受、承担和传递建设工程所有上部荷载，维持上部结构整体性、稳定性和安全性的有机联系的构造。

②阳台是指附设于建筑物外墙，设有栏杆或栏板，可供人活动的室外空间。

[例 0-16] 某住宅楼阳台布置如图 0-20 所示，工程主体结构为砖混结构，计算阳台的建筑面积。

解：$S_{建} = (3.3m - 0.24m) \times 1.5m + 1.2m \times (3.6m + 0.24m) \times 1/2 = 6.89m^2$

22. 有顶盖无围护结构的车棚、货棚、站台、加油站、收费站等，应按其顶盖水平投影面积的 1/2 计算建筑面积。

注：车棚、货棚、站台、加油站、收费站等，不能按柱子的范围来确定建筑面积计算范围，而应以其

顶盖的水平投影面积来计算。当在车棚、货棚、站台、加油站、收费站内设有维护结构的管理室、休息室时，这些房屋应按单层或多层建筑物的相关规定来计算建筑面积。

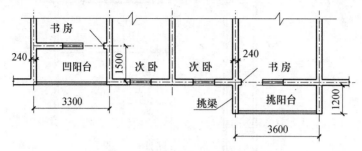

图 0-20 某住宅楼阳台布置示意图

[**例 0-17**] 计算某货棚（无围护结构）的建筑面积，如图 0-21 所示。

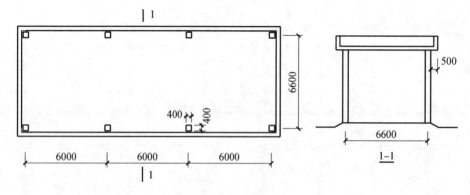

图 0-21 某货棚示意图

解: $(6.0\mathrm{m} \times 3 + 0.4\mathrm{m} + 0.5\mathrm{m} \times 2) \times (6.6\mathrm{m} + 0.4\mathrm{m} + 0.5\mathrm{m} \times 2) \times 1/2 = 77.60\mathrm{m}^2$

[**例 0-18**] 计算如图 0-22 所示车棚的建筑面积。

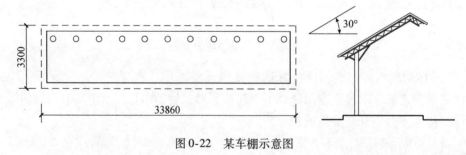

图 0-22 某车棚示意图

解: $33.86\mathrm{m} \times 3.3\mathrm{m} \times 1/2 = 55.87\mathrm{m}^2$

23. 以幕墙作为围护结构的建筑物，应按幕墙外边线计算建筑面积。

注：幕墙以其在建筑物中所起的作用和功能来区分，直接作为外墙起围护作用的幕墙，按其外边线计算建筑面积；设置在建筑物墙体外起装饰作用的幕墙，不计算建筑面积。

24. 建筑物的外墙外保温层，应按其保温材料的水平截面积计算，并计入自然层建筑面积。

建筑物外墙外侧有保温隔热层的，保温隔热层以保温材料的净厚度乘以外墙结构外边线长度按建筑物的自然层计算建筑面积，其外墙外边线长度不扣除门窗和建筑物外已计算建筑面积构件（如阳台、室外走廊、门斗、落地橱窗等部件）所占长度。当建筑物外已计算建筑面积的构件（如阳台、室外走廊、门斗、落地橱窗等部件）有保温隔热层时，其保温隔热层也不再计算建筑面积。外墙是斜面者按楼面楼板处的外墙外边线长度乘以保温材料的净厚度计算。外墙外保温以沿高度方向满铺为准，某层外墙外保温铺设高度未达到全部高度时（不包括阳台、室外走廊、门斗、落地橱窗、雨篷、飘窗等），不计算建筑面积。保温隔热层的建筑面积是以保温隔热材料的厚度来计算的，不包含抹灰层、防潮层、保护层（墙）的厚度。建筑外墙外保温如图 0-23 所示。

25. 与室内相通的变形缝，应按其自然层合并在建筑物建筑面积内计算。对于高低联跨的建筑物，当高低跨内部连通时，其变形缝应计算在低跨面积内。

注：变形缝是指防止建筑物在某些因素作用下引起开裂甚至破坏而预留的构造缝。变形缝是指在建筑物因温差、不均匀沉降以及地震而可能引起结构破坏变形的敏感部位或其他必要的部位，预先设缝将建筑物断开，令断开后建筑物的各部分成为独立的单元，或者是划分为简单、规则的段，并令各段之间的缝达到一定的宽度，以能够适应变形的需要。根据外界破坏因素的不同，变形缝一般分为伸缩缝、沉降缝、抗震缝三种。这里所指的是与室内相通的变形缝，是指暴露在建筑物内，在建筑物内可以看得见的变形缝。

建筑物为单层时，高低跨建筑面积计算范围如图 0-24 所示。

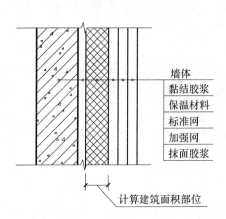

图 0-23　建筑外墙保温示意图

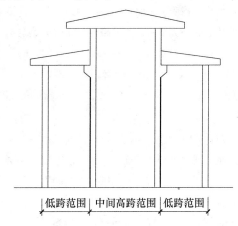

图 0-24　单层建筑物高低联跨建筑面积计算范围示意图

26. 对于建筑物内的设备层、管道层、避难层等有结构层的楼层，结构层高在 2.20m 及以上的，应计算全面积；结构层高在 2.20m 以下的，应计算 1/2 面积。

注：设备层、管道层虽然其具体功能与普通楼层不同，但在结构上及施工消耗上并无本质区别，且本规范定义自然层为"按楼地面结构分层的楼层"，因此设备、管道层归为自然层，其计算规则与普通楼层相同。在吊顶空间内设置管道的，则吊顶空间部分不能被视为设备层、管道层。

[例 0-19] 试分别计算高低联跨的高层建筑物的建筑面积，如图 0-25 所示。

解：高跨：$(63.0\text{m} + 0.24\text{m}) \times (15.0\text{m} + 0.24\text{m}) \times 13 = 12529.11\text{m}^2$

低跨：$(24.0\text{m} + 0.6\text{m}) \times (63.0\text{m} + 0.24\text{m}) \times 3 = 4667.11\text{m}^2$

27. 下列项目不应计算建筑面积

（1）与建筑物内不相连通的建筑部件，这里指的是依附于建筑物外墙外不与户室开门连通，起装饰作用的敞开式挑台（廊）、平台，以及不与阳台相通的空调室外机搁板（箱）等设备平台部件。

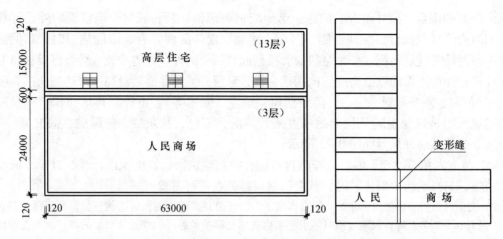

图 0-25 某高层建筑物示意图

（2）骑楼、过街楼底层的开放公共空间和建筑物通道。

注：①骑楼是指建筑底层沿街面后退且留出公共人行空间的建筑物，是指沿街二层以上用承重柱支撑骑跨在公共人行空间之上，其底层沿街面后退的建筑物。

②过街楼是指跨越道路上空并与两边建筑相连接的建筑物，是指当有道路在建筑群穿过时为保证建筑物之间的功能联系，设置跨越道路上空使两边建筑相连接的建筑物。

③建筑物通道是指为穿过建筑物而设置的空间。

（3）舞台及后台悬挂幕布和布景的天桥、挑台等，这里指的是影剧院的舞台及为舞台服务的可供上人维修、悬挂幕布、布置灯光及布景等搭设的天桥和挑台等构件设施。

（4）露台、露天游泳池、花架、屋顶的水箱及装饰性结构构件。

注：露台是指设置在屋面、首层地面或雨篷上的供人室外活动的有围护设施的平台。露台应满足四个条件：一是位置，设置在屋面、地面或雨篷顶，二是可出入，三是有围护设施，四是无盖，这四个条件须同时满足。如果设置在首层并有围护设施的平台，且其上层为同体量阳台，则该平台应视为阳台，按阳台的规则计算建筑面积。

（5）建筑物内的操作平台、上料平台、安装箱和罐体的平台，建筑物内不构成结构层的操作平台、上料平台（包括：工业厂房、搅拌站和料仓等建筑中的设备操作控制平台、上料平台等），其主要作用为室内构筑物或设备服务的独立上人设施，不计算建筑面积。

（6）勒脚、附墙柱（非结构性装饰柱）、垛、台阶、墙面抹灰、装饰面、镶贴块料面层、装饰性幕墙，主体结构外的空调室外机搁板（箱）、构件、配件，挑出宽度在 2.10m 以下的无柱雨篷和顶盖高度达到或超过两个楼层的无柱雨篷。

注：①勒脚是指在房屋外墙接近地面部位设置的饰面保护构造。

②台阶是指联系室内外地坪或同楼层不同标高而设置的阶梯形踏步。台阶是指建筑物出入口不同标高地面或同楼层不同标高处设置的供人行走的阶梯式连接构件。室外台阶还包括与建筑物出入口连接处的平台。

（7）窗台与室内地面高差在 0.45m 以下且结构净高在 2.10m 以下的凸（飘）窗，窗台与室内地面高差在 0.45m 及以上的凸（飘）窗。

（8）室外爬梯、室外专用消防钢楼梯。室外钢楼梯需要区分具体用途，如专用于消防楼梯，则不计算建筑面积，如果是建筑物唯一通道，兼用于消防，应并入所依附建筑物自然层，并应按其水平投影面积的1/2计算建筑面积。

（9）无围护结构的观光电梯。

（10）建筑物以外的地下人防通道，独立的烟囱、烟道、地沟、油（水）罐、气柜、水塔、贮油（水）池、贮仓、栈桥等构筑物。

五、基数的计算

在工程量计算过程中，有些数据要反复使用多次，我们把这些数据称为基数。如外墙中心线（$L_{中}$），在计算基础、墙体、圈梁等部位工程量时要用多次；又如房心净面积（$S_{房}$），在计算楼地面工程量和顶棚工程量时要用多次。基数计算准确与否直接关系到编制预算的质量和速度，因此，计算基数时要尽量通过多种方法计算，以保证基数的准确性。

（一）基数的含义

$L_{中}$——建筑平面图中设计外墙中心线的总长度。

$L_{外}$——建筑平面图中设计外墙外边线的总长度。

$L_{内}$——建筑平面图中设计内墙净长线长度。

$L_{净}$——建筑基础平面图中内墙混凝土基础或垫层净长度。

$S_{底}$——建筑物底层建筑面积。

$S_{房}$——建筑平面图中的房心净面积。

（二）一般线、面基数的计算

[例0-20]　某单层建筑物平面图，如图0-26所示，计算它的各种基数。

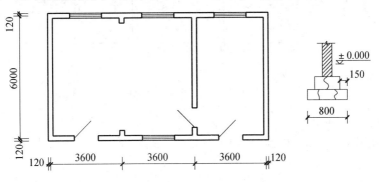

图0-26　某单层建筑物平面图

解：
$$L_{外} = (3.6m \times 3 + 0.24m + 6.0m + 0.24m) \times 2 = 34.56m$$
$$L_{中} = (3.6m \times 3 + 6.0m) \times 2 = 33.60m$$

或：
$$L_{中} = L_{外} - 4 \times 墙厚 = 34.56m - 4 \times 0.24m = 33.60m$$
$$L_{内} = 6.0m - 0.24m = 5.76m$$
$$L_{净} = 6.0m - 0.80m = 5.20m$$
$$S_{底} = (3.6m \times 3 + 0.24m) \times (6.0m + 0.24m) = 68.89m^2$$
$$S_{房} = (3.6m \times 3 - 0.24m \times 2) \times (6.0m - 0.24m) = 59.44m^2$$

或 $S_{房} = S_{底} - (L_{中} + L_{内}) \times 墙厚 = 68.89m^2 - (33.60m + 5.76m) \times 0.24m = 59.44m^2$

[**例 0-21**] 某工程为二层别墅，工程主体为砌体结构，二层阳台为挑梁式结构，如图 0-27 所示，计算建筑面积和 $L_{中}$、$L_{外}$、$L_{内}$ 等基数。

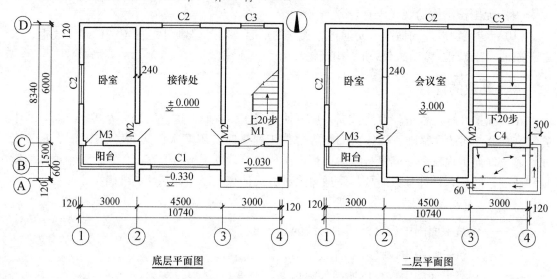

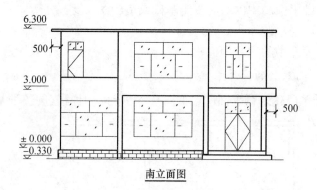

图 0-27 某别墅示意图

解：1. 计算建筑面积

底层建筑面积：$(6.0m + 0.24m) \times 10.74m + (4.5m + 0.24m) \times 1.5m + 3.0m \times 1.5m \times 1/2$
$= 76.38m^2$

二层建筑面积：$(6.0m + 0.24m) \times 10.74m + (4.5m + 0.24m) \times (1.5m + 0.6m) +$
$3.0m \times 1.5m \times 1/2 = 79.22m^2$

雨篷建筑面积：

$(3.0m + 0.5m) \times (1.5m + 0.6m + 0.5m) \times 1/2 + (0.5m \times 0.06m) \times 2 \times 1/2 = 4.58m^2$

二层别墅建筑面积合计：$76.38m^2 + 79.22m^2 + 4.58m^2 = 160.18m^2$

2. 计算基数

$$L_{中} = (3.0m + 4.5m + 3.0m + 0.6m + 1.5m + 6.0m) \times 2 = 37.20m$$

$$L_{外} = (10.74m + 8.34m) \times 2 = 38.16m$$

或：

$$L_{外} = L_{中} + 4 \times 墙厚 = 37.20m + 4 \times 0.24m = 38.16m$$

$$L_{内} = (6.0\text{m} - 0.24\text{m}) + (6.0\text{m} + 1.5\text{m} - 0.24\text{m}) + (3.0\text{m} - 0.24\text{m}) = 15.78\text{m}$$

（三）扩展基数的计算

建筑物的某些部分的工程量不能直接利用基数计算，但它与基数之间存在着必然联系，可以利用扩展基数计算。

[例0-22] 某单层建筑物如图0-28所示，计算：

（1）一般线面基数（$L_{中}$、$L_{外}$、$L_{内}$、$S_{底}$、$S_{房}$）；

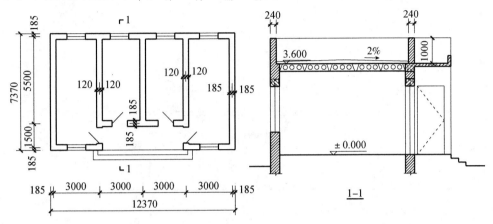

图0-28 某单层建筑物示意图

（2）先计算扩展基数女儿墙中心线长度（可利用$L_{外}$），然后计算女儿墙工程量。

解：（1）一般线面基数：

$$L_{外} = (12.37\text{m} + 7.37\text{m} + 1.5\text{m}) \times 2 = 42.48\text{m}$$

$$L_{中} = (1.5\text{m} + 5.5\text{m} + 3.0\text{m} \times 4 + 1.5\text{m}) \times 2 = 41.00\text{m}$$

或：

$$L_{中} = L_{外} - 4 \times 墙厚 = 42.48\text{m} - 4 \times 0.37\text{m} = 41.00\text{m}$$

$$L_{内} = (5.5\text{m} - 0.37\text{m}) \times 3 = 15.39\text{m}$$

$$S_{房} = [(3.0\text{m} - 0.185\text{m} - 0.12\text{m}) \times (7.37\text{m} - 0.37\text{m} \times 2) +$$

$$(5.5\text{m} - 0.37\text{m}) \times (3.0\text{m} - 0.24\text{m})] \times 2 = 64.05\text{m}^2$$

$$S_{底} = 12.37\text{m} \times 7.37\text{m} - (3.0\text{m} \times 2 - 0.37\text{m}) \times 1.5\text{m} \times 1/2 = 86.94\text{m}^2$$

说明：建筑面积计算规定，门廊应按其顶板的水平投影面积的1/2计算建筑面积。

（2）扩展基数：

女儿墙中心线长度 $= L_{外} - 4 \times 墙厚 = 42.48\text{m} - 4 \times 0.24\text{m} = 41.52\text{m}$

女儿墙的工程量：$41.52\text{m} \times 0.24\text{m} \times 1.0\text{m} = 9.96\text{m}^3$

说明：砌筑工程计算规则规定，女儿墙砌筑工程量按图示尺寸以立方米计算。

复习与测试

1. 建筑工程费用有哪几部分组成，如何计算？

2. 计算建筑面积时应遵循哪些原则？

3. 想一想，哪些项目不计算建筑面积？

4. 计算如图0-29所示某单层建筑物的建筑面积。

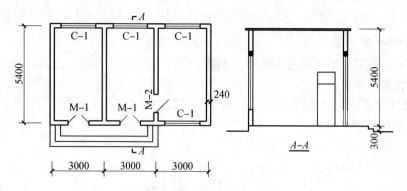

图 0-29　某单层建筑物示意图

5. 计算如图 0-30 所示某火车站单排柱站台的建筑面积。

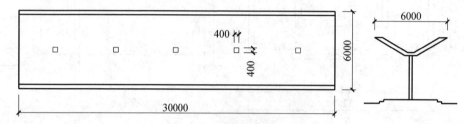

图 0-30　某火车站单排柱站台示意图

第一章 土石方工程

第一节 定额说明及解释

1. 本章包括单独土石方、人工土石方、机械土石方、平整、清理及回填等内容。

2. 单独土石方定额项目，适用于自然地坪与设计室外地坪之间，且挖方或填方工程量大于 5000m³ 的土石方工程。本章其他定额项目，适用于设计室外地坪以下的土石方（基础土石方）工程，以及自然地坪与设计室外地坪之间小于 5000m³ 的土石方工程。单独土石方定额项目不能满足需要时，可以借用其他土石方定额项目，但应乘以系数 0.9。

3. 本章土壤及岩石按普通土、坚土、松石、坚石分类。

4. 人工土方定额是按干土（天然含水率）编制的。干湿土的划分，以地质勘测数据的地下常水位为界，以上为干土，以下为湿土。采取降水措施后，地下常水位以下的挖土，套用挖干土相应定额，人工乘以系数 1.10。

5. 挡土板下挖槽坑土时，相应定额人工乘以系数 1.43。

6. 桩间挖土，系指桩顶设计标高以下的挖土及设计标高以上 0.5m 范围内的挖土。挖土时不扣除桩体体积，相应定额项目人工、机械乘以系数 1.3。

7. 人工修整基底及边坡，系指岩石爆破后人工对底面和边坡（厚度在 0.30m 以内）的清检和修整，并清出石渣。人工凿石开挖石方，不适用本项目。

8. 机械土方定额项目是按土壤天然含水率编制的。开挖地下常水位以下的土方时，定额人工、机械乘以系数 1.15（采取降水措施后的挖土不再乘以该系数）。

9. 机械挖土方，应满足设计砌筑基础的要求，其挖土总量的 95%，执行机械土方相应定额；其余按人工挖土。人工挖土套用相应定额时乘以系数 2。

10. 人力车、汽车的重车上坡降效因素，已综合在相应的运输定额中，不另行计算。挖掘机在垫板上作业时，相应定额的人工、机械乘以系数 1.25。挖掘机下的垫板、汽车运输道路上需要铺设的材料，发生时，其人工和材料均按实另行计算。

11. 竣工清理，系指建筑物内、外围四周 2m 内建筑垃圾的清理、场内运输和指定地点的集中堆放。

12. 场地平整，系指建筑物所在现场厚度 300mm 以内的就地挖、填及平整。若挖填土方厚度超过 300mm 时，挖填土方工程量按相应规定计算，但仍应计算场地平整。

13. 拖拉机和自卸汽车运输土石方，定额部分子目中虽未限定运距上限，但仅适用于 2km 以内的土石方运输。运距超过 2km 时，全部运距执行当地有关部门相应规定。

14. 填土子目中，均已包括碎土，但不包括筛土。若设计要求筛土，夯填土、填土碾压、回填碾压子目，每定额单位增加筛土用工 1.73 工日。松填土子目，每定额单位增加筛土用工 1.38 工日。回填灰土子目，已包括筛土用工。回填灰土就地取土时，应扣除灰土配合比中的黏土。

15. 回填灰土：

（1）槽坑回填，按定额 1-4-12、1-4-13 子目，每定额单位增加人工 3.12 工日，3∶7 灰土 10.1m³。灰土配合比不同，可以换算，其他不变。

（2）地坪回填，执行 2-1-1 垫层子目。

16. 本章未包括地下常水位以下的施工降水，实际发生时，另按相应章节的规定计算。

17. 计算工程量时，其准确度取值：立方米、平方米、米取小数点后两位；吨取小数点后三位；千克、件取整数。

第二节　工程量计算规则

1. 土石方的开挖、运输，均按开挖前的天然密实体积，以立方米计算。土方回填，按回填后竣工体积，以立方米计算。不同状态的土方体积，按表 1-1 换算。

表 1-1　土方体积换算系数表

虚方	松填	天然密实	夯填
1.00	0.83	0.77	0.67
1.20	1.00	0.92	0.80
1.30	1.08	1.00	0.87
1.50	1.25	1.15	1.00

2. 自然地坪与设计室外地坪之间的土石方，依据设计土方平衡竖向布置图，以立方米计算。

3. 基础土石方、沟槽、地坑的划分：

（1）沟槽：槽底宽度（设计图示的基础或垫层的宽度，下同）3 米以内，且槽长大于 3 倍槽宽的为沟槽。如宽 1.0m、长为 5.0m 为沟槽。

（2）地坑：底面积 20m² 以内，且底长边小于 3 倍短边的为地坑。如长为 4m，宽为 3m 为坑。

（3）土石方：不属沟槽、地坑或场地平整的为土石方。如宽 4m、长 6m 为土石方。

4. 基础土石方开挖深度，自设计室外地坪计算至基础底面，有垫层时计算至垫层底面（如遇爆破岩石，其深度应包括岩石的允许超挖深度）。如图 1-1 所示，H 为开挖深度。

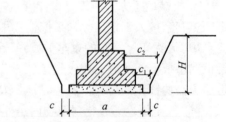

图 1-1　基础土石方开挖深度示意图

5. 基础施工所需的工作面，按表 1-2 计算：

表 1-2　基础工作宽度表　　　　　　　　　　　　　　　　　　　　　　m

基础材料	单边工作宽度	基础材料	单边工作宽度
砖基础	0.20	基础垂直面防水层	（自防水层面）0.80
毛石基础	0.15	支挡土板	0.10
混凝土基础	0.30	混凝土垫层	0.10

（1）基础开挖需要放坡时，单边工作面宽度是指该部分基础底边外边线至放坡后同标高的土方边坡之间的水平宽度（如图 1-1 中 c、c_1 和 c_2 所示）。

（2）基础由几种不同材料组成时，各部分应全部满足工作面要求，若垫层工作面宽度超出了上部基础要求工作面外边线，则以垫层顶面其工作面的外边线开始放坡。如图 1-1 所示。

（3）混凝土垫层厚度大于 200mm 时，其工作面宽度按混凝土基础的工作面计算。

6. 土方开挖的放坡深度：

（1）土类为单一土质时，普通土开挖（放坡）深度大于 1.2m，坚土开挖（放坡）深度大于 1.7m，允许放坡。

（2）土类为混合土质时，开挖深度大于 1.5m，允许放坡。放坡坡度按不同土类厚度加权平均计算综合放坡系数。如图 1-2 所示。

综合放坡系数计算公式为：

$$k = (k_1 h_1 + k_2 h_2) \div h$$

式中　k——综合放坡系数；

k_1、k_2——不同土类放坡系数；

h_1、h_2——不同土类厚度；

h——放坡总深度。

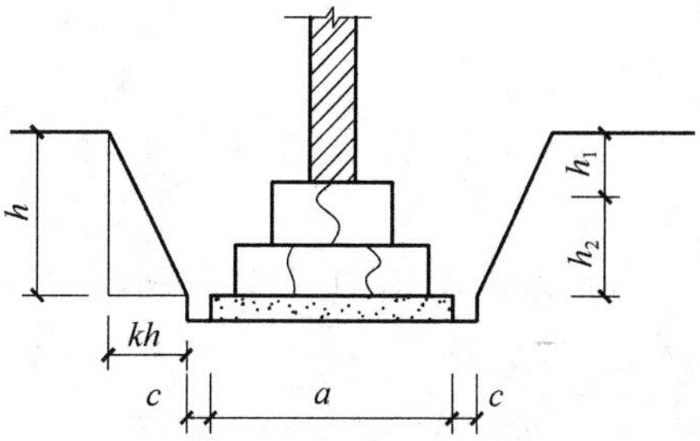

（3）计算土方放坡深度时，垫层厚度小于

图 1-2　土方开挖放坡深度示意图

200mm，不应计算基础垫层的厚度，即从垫层上面开始放坡。垫层厚度大于 200mm 时，放坡深度应计算基础垫层厚度，即从垫层下面开始放坡。

（4）放坡与支挡土板，相互不得重复计算。

（5）计算放坡时，放坡交叉处的重复工程量，不予扣除。若单位工程中计算的沟槽工程量超出大开挖工程量时，应按大开挖工程量，执行地坑开挖的相应子目。

7. 土方开挖的放坡系数，按设计规定计算。设计无规定时，按表 1-3 计算。

表 1-3　土方放坡系数表

土类	放坡系数		
	人工挖土	机械挖土	
		坑内作业	坑上作业
普通土	1:0.50	1:0.33	1:0.65
坚土	1:0.30	1:0.20	1:0.50

8. 挖沟槽：

沟槽开挖土方体积，按沟槽开挖后断面面积乘以其长度以立方米计算。

沟槽土方工程量 = 沟槽断面面积 $S_断$ × 长度 L

（1）L：外墙按外墙中心线（$L_中$）计算；内墙按图示基础（含垫层）底面之间净长度（$L_净$）计算；内、外墙凸出部分的沟槽体积，按凸出部分的中心线长度并入相应工程量内计算。

（2）$S_断$：沟槽断面面积

①无垫层，不放坡，有工作面，不带挡土板，如图 1-3（a）所示。

$$S_断 = (a + 2c) \times H$$

②有垫层（无工作面），基础有工作面，不放坡，不带挡土板，如图1-3（b）所示。

$$S_{断} = b \times h + (a + 2c) \times (H - h)$$

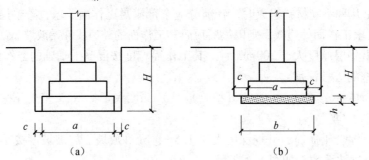

（a）　　　　　　　　　　（b）

图1-3　沟槽断面面积示意图（不放坡）

（a）无垫层，不放坡，有工作面，不带挡土板；

（b）有垫层（无工作面），基础有工作面，不放坡，不带挡土板

③有垫层，有工作面，垫层厚度小于200mm，从垫层上面放坡，双面放坡，如图1-4（a）所示。

$$S_{断} = (a_1 + 2c_1) \times (H - h) + (a + 2c + kh) \times h$$

④有垫层，有工作面，垫层厚度大于200mm，从垫层下面放坡，如图1-4（b）所示。

$$V = (a_1 + 2c_1 + kh) \times H \times L$$

式中　V——挖土工程量，m³；

a_1——垫层宽度，m；

c_1——垫层工作面，m；

H——挖土深度，m；

h——垫层上表面至室外地坪的高度，m；

L——外墙按外墙中心线（$L_{中}$）计算，内墙按图示基础（含垫层）底面之间净长度（$L_{净}$）计算；

k——综合放坡系数；

a——基础宽度，m；

c——基础工作面，m。

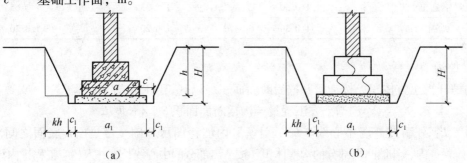

（a）　　　　　　　　　　（b）

图1-4　沟槽断面面积示意图（放坡）

（a）有垫层，有工作面，垫层厚度小于200mm，从垫层上面放坡，双面放坡；

（b）有垫层，有工作面，垫层厚度大于200mm，从垫层下面放坡

9. 挖土石方（不属沟槽、地坑）、基坑：

（1）无垫层，有工作面，不放坡，如图1-5（a）所示。

$$V = (a + 2c) \times (b + 2c) \times H$$

（2）有垫层，有工作面，基础部分周边放坡，垫层部分不放坡，如图1-5（b）所示。

$$V = (a + 2c + kh) \times (b + 2c + kh) \times h + 1/3 \times k^2h^3 + (a_1 + 2c_1) \times (b_1 + 2c_1) \times (H - h)$$

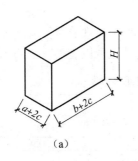

（a）

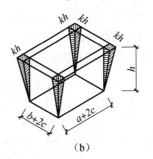

（b）

图1-5　挖土石方（不属沟槽、地坑）、基坑示意图

（a）无垫层，有工作面，不放坡；（b）有垫层，有工作面，基础部分周边放坡，垫层部分不放坡

式中　V——挖土工程量，m^3；

a——基础长度，m；

b——基础宽度，m；

c——基础工作面，m；

k——综合放坡系数；

h——垫层上表面至室外地坪的高度，m；

H——挖土深度，m；

a_1——垫层长度，m；

b_1——垫层宽度，m；

c_1——垫层工作面，m。

10. 条形基础中有独立基础时，土方工程量应分别计算。桩间条形基础的沟槽长度，按柱基础（含垫层）之间的设计净长度计算。

11. 管道沟槽：

管道沟槽的长度，按图示的中心线长度（不扣除井池所占长度）计算。管道宽度、深度按设计规定计算：设计无规定时，其宽度应按表1-4计算。

表1-4　管道沟槽底宽度表　　　　　　　　　　　　　　　　　　　　　　m

管道公称直径（mm 以内）	100	200	400	600	800	1000	1200	1500
钢管、铸铁管、铜管、铝塑管、塑料管（Ⅰ类管道）	0.60	0.70	1.00	1.20	1.50	1.70	2.00	2.30
混凝土管、水泥管、陶土管（Ⅱ类管道）	0.80	0.90	1.20	1.50	1.80	2.00	2.40	2.70

各种检查井和排水管道接口等处，因加宽而增加的工程量均不计算（底面积大于$20m^2$的井类除外），但铸铁给水管道接口处的土方工程量，应按铸铁管道沟槽全部土方工程量增加2.5%计算。

12. 爆破岩石允许超挖量分别为：松石0.20m，坚石0.15m。

13. 人工修整基底与边坡，按岩石爆破的有效尺寸（含工作面宽度与允许超挖量），以平方米计算。

14. 人工挖桩孔，按桩的设计断面面积（不另加工作面）乘以桩孔中心线深度，以立方米计算。

15. 人工开挖冻土、爆破开挖冻土的工程量，按冻结部分的土方工程量以立方米计算。在冬季施工时，只能计算一次冻土工程量。

16. 机械土石方的运距，按挖土区重心至填方区（或堆放区）重心间的最短距离计算。推土机、装载机、铲运机重车上坡时，其运距坡道斜长乘以表1-5中的系数计算。

表1-5　重车上坡运距系数表

坡度（%）	5~10	15以内	20以内	25以内
系数	1.75	2.00	2.25	2.50

17. 机械行驶坡道的土方工程量，按批准的施工组织设计，并入相应的工程量内计算。

18. 场地平整按下列规定以平方米计算：

（1）建筑物（构筑物）按首层结构外边线，每边各加2m计算。

首层结构外边线围成矩形（或矩形组合形）时：

$$场地平整工程量 = 底层建筑面积 + 外墙外边线长度 \times 2 + 16m^2$$

（2）无柱檐廊、挑阳台、独立柱雨篷等，按其水平投影面积计算。

（3）封闭或半封闭的曲折型平面，其场地平整的区域，不得重复计算。

（4）道路、停车场、绿化地、围墙、地下管线等不能形成封闭空间的构筑物等，不得计算。

（5）带全地下室、半地下室的建筑物的场地平整，应按地下室、半地下室的结构外边线，每边各加2m计算工程量。

19. 基底钎探和钎探灌砂工程量以眼计算。

20. 回填土按下列规定以立方米计算：

（1）槽坑回填体积，按挖方体积减去设计室外地坪以下的地下建筑物（构筑物）或基础（含垫层）的体积计算。

$$槽坑回填体积 = 挖方体积 - 设计室外地坪以下埋设的垫层基础体积$$

（2）房心回填体积，以主墙间净面积乘以回填厚度计算。

$$房心回填体积 = 房心面积 \times 回填土设计厚度$$

（3）管道沟槽回填体积，按挖方体积减去表1-6中管道回填体积计算。

表1-6　管道折合回填体积表

管道公称直径（mm以内）	500	600	800	1000	1200	1500
Ⅰ类管道	—	0.22	0.46	0.74	—	—
Ⅱ类管道	—	0.33	0.60	0.92	1.15	1.45

21. 填土子目中均已包括碎土，但不包括筛土。

若设计要求筛土，夯填土、填土碾压、回填碾压子目，每定额单位增加筛土用工1.73

工日。松填土子目，每定额单位筛土用工1.38工日。

回填灰土子目，已包括筛土用工。回填灰土就地取土时，应扣除灰土配合比中的黏土。

22. 运土按下式，以立方米计算（天然密实体积）

$$运土体积＝挖土总体积－回填土（天然密实）总体积$$

式中的计算结果为正值时，余土外运；为负值时取土内运。

23. 竣工清理按下列规定以立方米计算：

（1）建筑物勒脚以上外墙外围水平面积乘以檐口高度，有山墙者以山尖二分之一高度计算。

（2）地下室（包括半地下室）的建筑面积，按地下室上口外围水平面积（不包括地下室采光及敷贴外部防潮层的保护砌体所占面积）乘以地下室地坪至建筑物第一层地坪间的高度。入地下室出入口的建筑体积并入地下室建筑体积内计算。

第三节　工程量计算及定额应用

一、单独土石方

[例1-1]　现有一废弃的池塘，平均深度为2.83m，如图1-6所示。某学校准备将其填平后，在上面建造学生操场，全部采用外购黄土回填。光轮压路机回填。试求该工程回填土的费用（不计购土费用）及购土数量。

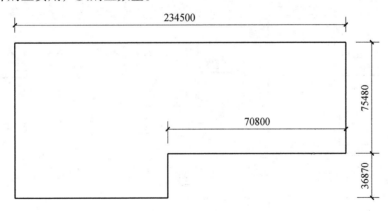

图1-6　废弃池塘示意图

分析：本工程土方回填，位于自然地坪与设计室外地坪之间，且填方工程量大于5000m³，故适用于单独土石方工程。购买黄土按虚方计算。

解：（1）回填土工程量

工程量：$[234.50m×75.48m＋36.87m×（234.50m－70.80m）]×2.83m＝67171.97m^3$

机械回填（光轮压路机）碾压　套1-1-21　基价＝85.36元/10m³

直接工程费：$67171.97m^3÷10×85.36元/10m^3＝573379.94元$

（2）购土数量

查表1-1得：夯填与虚方的换算系数为1.50

$$67171.97m^3×1.50＝100757.96m^3$$

说明：本书所套价目表均采用2011年《山东省建筑工程价目表》

[**例1-2**] 某拟建小区坐落于丘陵地带，在宿舍楼正式动工前进行土石方施工，反铲挖掘机挖坚土6845.72m³，自卸汽车运土，运距1800m，部分土方填入一废弃的水库内，其体积3569.65m³，机械碾压。计算挖土及回填的直接工程费。

分析：本工程土方机械碾压回填体积小于5000m³，不符合单独土石方工程的条件，所以定额应执行其他机械碾压回填子目。

解：（1）反铲挖掘机挖坚土工程量：6845.72m³

反铲挖掘机挖土方（坚土），自卸汽车运土　套1-1-14　基价 = 115.07元/10m³

直接工程费：6845.72m³ ÷ 10 × 115.07元/10m³ = 78773.70元

自卸汽车每增运1km　套1-1-15　基价 = 15.49元/10m³

直接工程费：6845.72m³ ÷ 10 × 15.49元/10m³ = 10604.02元

（2）水库的机械碾压回填　套1-4-8　基价 = 101.11元/10m³

直接工程费：3569.65m³ ÷ 10 × 101.11元/10m³ = 36092.73元

二、人工土石方

[**例1-3**] 某工程基础平面图及详图如图1-7所示。毛石基础为M5.0水泥砂浆砌筑，C15混凝土垫层；独立基础为C25混凝土，C15混凝土垫层，土质为普通土。试计算人工挖沟槽、地坑工程量及费用。

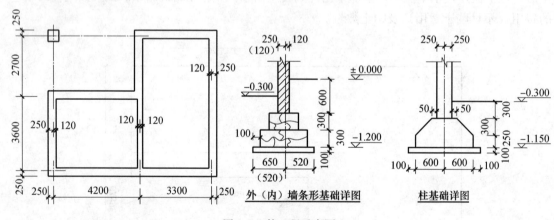

图1-7　某工程示意图

解：（1）计算基数

$L_{中} = (4.20m + 3.30m + 0.25m × 2) × 2 + (3.60m + 2.70m + 0.25m × 2) × 2 - 4 × 0.37m$
$= 28.12m$

$$L_{净} = 3.6m - 0.52m × 2 = 2.56m$$

（2）条基挖土

挖土深度　$H = 1.20m + 0.10m - 0.30m = 1.0m < 1.20m$　不放坡

$$V_{外条} = 28.12m × (0.52m + 0.65m + 0.10m × 2) × 1.0m = 38.52m³$$

$$V_{内条} = 2.56m × (0.52m + 0.10m) × 2 × 1.0m = 3.17m³$$

$$V_{条} = 38.52m³ + 3.17m³ = 41.69m³$$

人工挖沟槽普通土　套1-2-10　基价 $=171.15$ 元/10m³

直接工程费：$41.69\text{m}^3 \div 10 \times 171.15$ 元/10m³ $= 713.52$ 元

（3）柱基挖土

挖土深度　$H = 1.15\text{m} + 0.10\text{m} - 0.30\text{m} = 0.95\text{m} < 1.20\text{m}$　不放坡

$V_{柱} = (0.60\text{m} \times 2 + 0.10\text{m} \times 4) \times (0.60\text{m} \times 2 + 0.10\text{m} \times 4) \times 0.10\text{m} + (0.60\text{m} \times 2 + 0.30\text{m}$
$\times 2) \times (0.60\text{m} \times 2 + 0.30\text{m} \times 2) \times (1.15\text{m} - 0.30\text{m}) = 3.01\text{m}^3$

人工挖地坑普通土（2m以内）套1-2-16　基价 $=190.63$ 元/10m³

直接工程费：$3.01\text{m}^3 \div 10 \times 190.63$ 元/10m³ $= 57.38$ 元

[例1-4]　某工程基础平面图及详图，如图1-8所示。计算人工挖沟槽的工程量及费用：

（1）土质为普通土；

（2）土质为坚土。

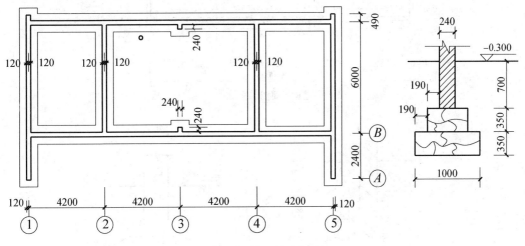

图1-8　某工程示意图

解：（1）土质为普通土

挖土深度 $H = 0.35\text{m} \times 2 + 0.70\text{m} = 1.4\text{m} > 1.2\text{m}$　放坡

查表1-3得：放坡系数 k 取0.5，查表1-2得：毛石基础工作面取0.15m

$$基数 L_{中} = (4.2\text{m} \times 4 - 0.24\text{m}) \times 2 + (2.4\text{m} + 6.0\text{m} + 0.49\text{m}) \times 2 = 50.90\text{m}$$
$$L_{净} = (6.0\text{m} - 1.0\text{m}) \times 2 = 10.00\text{m}$$

挖土工程量

$$V = (50.90\text{m} + 10.0\text{m} + 0.24\text{m} \times 2) \times (1.0\text{m} + 0.15\text{m} \times 2 + 1.4\text{m} \times 0.5) \times$$
$$(0.35\text{m} \times 2 + 0.70\text{m}) = 171.86\text{m}^3$$

人工挖沟槽普通土（2m以内）套1-2-10　基价 $=171.15$ 元/10m³

直接工程费：$171.86\text{m}^3 \div 10 \times 171.15$ 元/10m³ $= 2941.38$ 元

（2）土质为坚土

挖土深度　$H = 1.4\text{m} < 1.7\text{m}$　不放坡

挖土工程量

$$V = (50.90\text{m} + 10.0\text{m} + 0.24\text{m} \times 2) \times (1.0\text{m} + 0.15\text{m} \times 2) \times (0.35\text{m} \times 2 + 0.70\text{m})$$
$$= 111.71\text{m}^3$$

人工挖沟槽（2mm 以内）坚土 套 1-2-12 基价 = 337.04 元/10m³

直接工程费：$111.71\text{m}^3 \div 10 \times 337.04$ 元/10m³ = 3765.07 元

[**例 1-5**] 某工程基础平面图及详图，如图 1-9 所示，采用人工开挖，土质为普通土，计算人工挖沟槽、地坑工程量及费用。

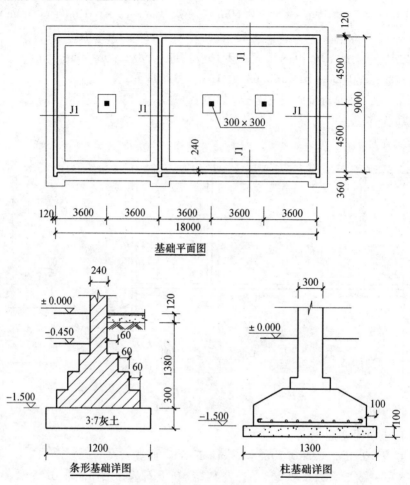

图 1-9 某工程基础平面图

解：（1）基数

$$L_{中} = (18.0\text{m} + 9.0\text{m}) \times 2 = 54.00\text{m}$$

$$L_{净} = 9.0\text{m} - 1.20\text{m} = 7.80\text{m}$$

（2）条形基础

挖土深度 $H = 1.50\text{m} - 0.45\text{m} + 0.30\text{m} = 1.35\text{m} > 1.2\text{m}$ 放坡

查表 1-3 得：放坡系数 k 取 0.5

砖基工作面：$(1.20\text{m} - 0.24\text{m} - 0.06\text{m} \times 6) \div 2 = 0.3\text{m} > 0.2\text{m}$ 满足要求

$$S_{断} = 1.20\text{m} \times 0.30\text{m} + [1.20\text{m} + (1.50\text{m} - 0.45\text{m}) \times 0.5] \times$$

$$(1.50\text{m} - 0.45\text{m}) = 2.17\text{m}^2$$

$$V_{条基} = 2.17\text{m}^2 \times (54.0\text{m} + 0.24\text{m} \times 3 + 7.80\text{m}) = 135.67\text{m}^3$$

48

人工挖沟槽（2m以内）普通土　套1-2-10　基价 = 171.15 元/10m³

直接工程费：$135.67m^3 \div 10 \times 171.15$ 元$/10m^3 = 2321.99$ 元

（3）柱基础

挖土深度 $H = 1.50m - 0.45m + 0.10m = 1.15m < 1.2m$　不放坡

$$V_{柱} = [(1.30m + 0.10m \times 2)^2 \times 0.1m + (1.30m - 2 \times 0.10m + 2 \times 0.30m)^2 \times$$
$$(1.50m - 0.45m)] \times 3 = 9.78m^3$$

人工挖地坑（2m以内）普通土　套1-2-16　基价 = 190.63 元$/10m^3$

直接工程费：190.63 元$/10m^3 \times 9.78m^3 \div 10 = 186.44$ 元

三、机械土石方

[例1-6]　某工程如图1-10所示，挖掘机挖沟槽普通土，将土弃于槽边1m以外，经基槽边和房心回填完成后再外运，挖掘机坑上挖土。试计算挖土工程量及费用。

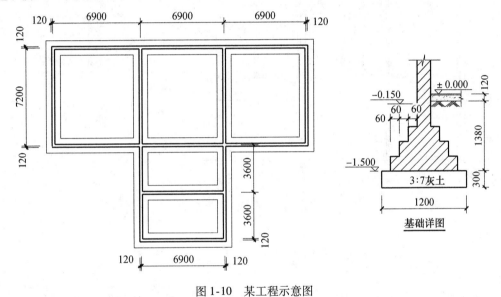

图1-10　某工程示意图

解：（1）挖土深度 $H = 1.50m - 0.15m + 0.30m = 1.65m > 1.2m$，应放坡，查表1-3取 $k = 0.65$

（2）砖基工作面

$(1.20m - 0.24m - 0.06m \times 6) / 2 = 0.30m > 0.2m$，满足砖基工作面的要求。

（3）基数

$$L_{中} = (6.90m \times 3 + 7.20m + 3.60m \times 2) \times 2 = 70.20m$$
$$L_{净} = (6.90m - 1.20m) \times 2 + (7.20m - 1.20m) \times 2 = 23.40m$$

（4）挖土工程量

$$1.2m \times 0.3m \times (70.20m + 23.40m) + [1.2m + (1.5m - 0.15m) \times 0.65] \times$$
$$(1.5m - 0.15m) \times (70.20m + 23.40m) = 296.21m^3$$

（5）其中机械挖土工程量

$$296.21m^3 \times 95\% = 281.40m^3$$

49

挖掘机挖沟槽地坑普通土　套1-3-12　定额基价=27.72元/10m³

直接工程费：281.40m³÷10×27.72元/10m³=780.04元

（6）其中人工挖沟槽工程量

$$296.21m³×5\%=14.81m³$$

人工挖沟槽2m以内普通土　套1-2-10　定额基价（换）

$$171.15元/10m³×2=342.30元/10m³$$

直接工程费：14.81m³÷10×342.30元/10m³=506.95元

[例1-7]　某工程基础如图1-11所示，施工组织设计中明确规定采用挖掘机大体积开挖坚土，将土弃于槽边，试计算大开挖工程量及费用。

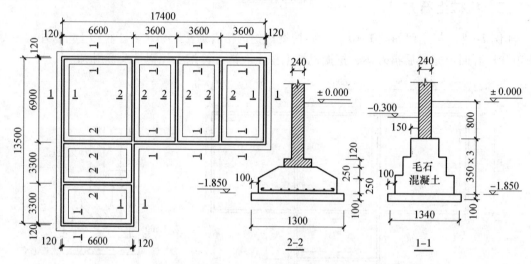

图1-11　某工程示意图

解：（1）挖土深度

$$H=1.85m+0.10m-0.30m=1.65m<1.7m\ 不放坡$$

（2）挖土工程量

$$V_{垫}=[(17.40m+1.34m+0.10m×2)×(13.50m+1.34m+0.10m×2)-$$

$$(17.4m-6.6m)×(13.50m-6.9m)]×0.10m=21.36m³$$

$$V_{基}=[(17.40m+1.34m-0.10m×2+0.3m×2)×$$

$$(13.50m+1.34m-0.10m×2+0.3m×2)-(17.4m-6.6m)×$$

$$(13.50m-6.9m)]×(0.35m×3+0.8m-0.3m)$$

$$=341.64m³$$

合计：21.36m³+341.64m³=363.00m³

（3）其中机械挖土工程量

$$363.00m³×95\%=344.85m³$$

挖掘机挖坚土　套1-3-10　基价=31.31元/10m³

直接工程费：344.85m³÷10×31.31元/10m³=1079.73元

（4）其中人工挖坚土工程量

$$363.00m³×5\%=18.15m³$$

人工挖坚土（2m以内）套 1-2-3　基价（换）

$$230.55 \text{ 元}/10\text{m}^3 \times 2 = 461.10 \text{ 元}/10\text{m}^3$$

直接工程费：$18.15\text{m}^3 \div 10 \times 461.10 \text{ 元}/10\text{m}^3 = 836.90 \text{ 元}$

[例 1-8]　某土石方工程采用挖掘机大开挖，基础平面图及详图如图 1-12 所示，土质为普通土，计划自卸汽车运土 2km，人工装车，挖掘机坑上作业。试计算挖运土工程量及费用。

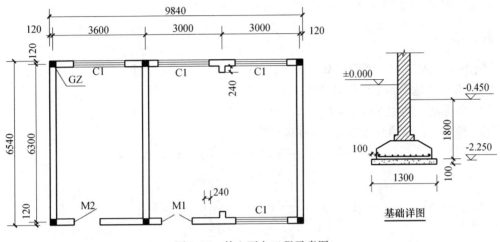

图 1-12　某土石方工程示意图

解：（1）挖土深度 $H = 2.25\text{m} - 0.45\text{m} + 0.10\text{m} = 1.9\text{m} > 1.2\text{m}$ 放坡。放坡深度：$2.25\text{m} - 0.45\text{m} = 1.80\text{m}$。

查表 1-3 得：放坡系数 k 取 0.65。

(2)　$V_{垫} = (9.84\text{m} - 0.24\text{m} + 1.30\text{m} + 0.1\text{m} \times 2) \times (6.30\text{m} + 1.3\text{m} + 0.1\text{m} \times 2) \times 0.1\text{m}$
　　　　$= 8.66\text{m}^3$

(3)　$V_{基} = (9.84\text{m} - 0.24\text{m} + 1.3\text{m} - 0.1\text{m} \times 2 + 0.3\text{m} \times 2 + 0.65 \times 1.8\text{m}) \times (6.30\text{m} + 1.3\text{m}$
　　　　　$- 0.1\text{m} \times 2 + 0.3\text{m} \times 2 + 0.65 \times 1.8\text{m}) \times 1.80\text{m} + 1/3 \times 0.65^2 \times (1.8\text{m})^3$
　　　　$= 206.65\text{m}^3$

(4)　　　　　　　　　　$V_{总} = 8.66\text{m}^3 + 206.65\text{m}^3 = 215.31\text{m}^3$

(5)　其中机械挖土工程量

$$215.31\text{m}^3 \times 95\% = 204.54\text{m}^3$$

挖普通土，自卸汽车运土 1km 以内套 1-3-14　基价 $= 118.87 \text{ 元}/10\text{m}^3$

自卸汽车运土方，每增运 1km　套 1-3-58 基价 $= 11.94 \text{ 元}/10\text{m}^3$

基价换算　$118.87 \text{ 元}/10\text{m}^3 + 11.94 \text{ 元}/10\text{m}^3 = 130.81 \text{ 元}/10\text{m}^3$

直接工程费：$204.54\text{m}^3 \div 10 \times 130.81 \text{ 元}/10\text{m}^3 = 2675.59 \text{ 元}$

(6)　其中人工挖土工程量

$$215.31\text{m}^3 \times 5\% = 10.77\text{m}^3$$

人工挖普通土（2m以内）　套 1-2-1（换）

$$120.84 \text{ 元}/10\text{m}^3 \times 2 = 241.68 \text{ 元}/10\text{m}^3$$

直接工程费：$10.77\text{m}^3 \div 10 \times 241.68 \text{ 元}/10\text{m}^3 = 260.29 \text{ 元}$

（7）人工装车工程量　10.77m³

人工装车（土方）套1-2-56　基价 = 82.68 元/10m³

直接工程费：10.77m³ ÷ 10 × 82.68 元/10m³ = 89.05 元

（8）自卸汽车运土方 2km　工程量　10.77m³

自卸汽车运输　土方运距 1km 以内套 1-3-57，每增运 1km 套 1-3-58

基价（换）　68.41 元/10m³ + 11.94 元/10m³ = 80.35 元/10m³

直接工程费：10.77m³ ÷ 10 × 80.35 元/10m³ = 86.54 元

四、其他

[例1-9]　某工程平面图和基础详图，如图 1-13 所示。试计算：

（1）人工场地平整工程量及费用。

第一种方法：利用 $S = S_{底} + L_{外} × 2 + 16m^2$ 计算；

第二种方法：结构外边加 4.0m 直接计算。

（2）计算基底钎探（探眼按垫层面积 1 眼/m²）和灌砂工程量及费用。

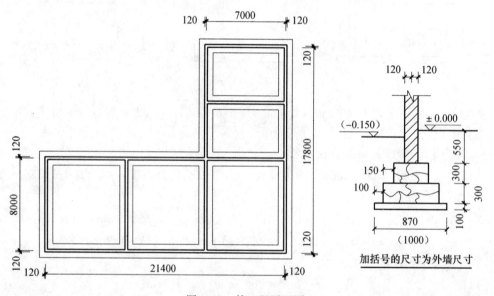

图 1-13　某工程平面图

解：（1）人工场地平整

第一种方法

$L_{外} = (21.40m + 17.80m) × 2 + 4 × 0.24m = 79.36m$

$S_{底} = (21.40m + 0.24m) × (8.0m + 0.24m) + (7.0m + 0.24m) × (17.8m - 8.0m)$

　　$= 249.27m^2$

场地平整工程量：$S = 249.27m^2 + 79.36m × 2m + 16m^2 = 423.99m^2$

第二种方法

场地平整工程量：$S = (21.40m + 0.24m + 4.0m) × (17.80m + 0.24m + 4.0m) - (21.40m$

　　　　　　$- 7.0m) × (17.80m - 8.0m) = 423.99m^2$

人工场地平整套 1-4-1　基价 = 33.39 元/10m²

直接工程费：423.99m² ÷ 10 × 33.39 元/10m² = 1415.70 元

（2）钎探

$$L_{中} = （21.40m + 17.80m）× 2 = 78.40m$$

$$L_{净} = （8.0m − 1.0m）× 2 + （7.0m − 1.0m）× 2 = 26.00m$$

钎探工程量：（78.40m × 1.0m + 26.00m × 0.87m）÷ 1 眼/m² = 102 眼（收尾）

基底钎探　套 1-4-4　基价 = 60.42 元/10 眼

直接工程费：102 眼 ÷ 10 × 60.42 元/10 眼 = 634.41 元

灌砂工程量：102 眼

钎探灌砂　套 1-4-17　基价 = 2.19 元/10 眼

直接工程费：102 眼 ÷ 10 × 2.19 元/10 眼 = 22.34 元

[**例 1-10**]　计算如图 1-14 所示某建筑物的机械场地平整工程量及费用。

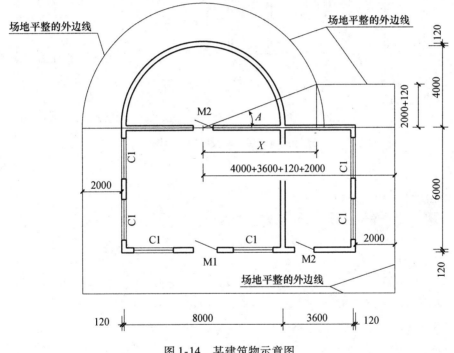

图 1-14　某建筑物示意图

解：第一种方法

$$L_{中} = 8.0m + 3.60m + 6.0m × 2 + 3.6m + π × 4.0m = 39.77m$$

$$L_{外} = 39.77m + 4 × 0.24m = 40.73m$$

$$S_{底} = （8.0m + 3.6m + 0.24m）×（6.0m + 0.24m）+ 1/2 × π × 4.0m × 4.0m = 99.01m²$$

$$S_{平} = 99.01m² + 40.73m × 2.0m + 16m² = 196.47m²$$

第二种方法

$$A = \arcsin[2.12m ÷ （4.0m + 0.12m + 2.0m）] = 20.27°$$

$$X = \sqrt{（4.0m + 2.0m + 0.12m）² − （2.0m + 0.12m）²} = 5.74m \text{ 或 } X = \frac{（2.0m + 0.12m）}{\tan 20.27°}$$

$= 5.74 m$

场地平整工程量：$S = (6.0m + 0.12m + 2.0m) \times (8.0m + 3.6m + 0.24m + 4.0m) + 1/2 \times \pi \times (4.0m + 0.12m + 2.0m)^2 + (4.0m + 3.6m + 0.12m + 2.0m - 5.74m/2) \times 2.12m - 20.27/360 \times \pi \times (4.0m + 0.12m + 2.0m)^2$
$= 195.35 m^2$

机械场地平整套 1-4-2　基价 $= 5.34$ 元/$10m^2$

直接工程费：$195.35 m^2 \div 10 \times 5.34$ 元/$10m^2 = 104.32$ 元

[例1-11]　某平房坡屋顶平面图及立面图如图 1-15 所示。室内地面做法：素土夯实；50mm 厚 C20 混凝土垫层；20mm 厚 1:2 水泥砂浆。试计算竣工清理和人工房心回填的工程量及费用。

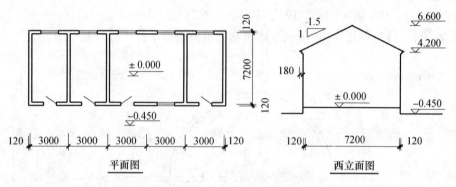

图 1-15　某平房坡屋顶示意图

解：（1）竣工清理

$(3.0m \times 5 + 0.24m) \times (7.20m + 0.24m) \times [4.20m + (6.6m - 4.2m)/2] = 612.28 m^3$

竣工清理　套 1-4-3　基价 $= 8.48$ 元/$10m^3$

直接工程费：$612.28 m^3 \div 10 \times 8.48$ 元/$10m^3 = 519.21$ 元

（2）房心回填

$(7.20m - 0.24m) \times (3.0m \times 5 - 0.24m \times 4) \times (0.45m - 0.05m - 0.02m) = 37.13 m^3$

人工地坪夯填土　套 1-4-10　基价 $= 85.48$ 元/$10m^3$

直接工程费：$37.13 m^3 \div 10 \times 85.48$ 元/$10m^3 = 317.39$ 元

[例1-12]　某工程的平面图及剖面图如图 1-16 所示，试计算机械平整场地和竣工清理的工程量及费用。

解：（1）场地平整

工程量：$(4.20m \times 4 + 0.12m \times 2 + 4.0m) \times (6.0m + 2.1m + 0.12m \times 2 + 4.0m) = 259.63 m^2$

机械场地平整　套 1-4-2　基价 $= 5.34$ 元/$10m^2$

直接工程费：$259.63 m^2 \div 10 \times 5.34$ 元/$10m^2 = 138.64$ 元

（2）竣工清理

工程量：$(4.20m \times 4 + 0.12m \times 2) \times (6.0m + 2.1m + 0.12m \times 2) \times 4.20m = 596.88 m^3$

竣工清理　套 1-4-3　基价 $= 8.48$ 元/$10m^3$

直接工程费：$596.88 m^3 \div 10 \times 8.48$ 元/$10m^3 = 506.15$ 元

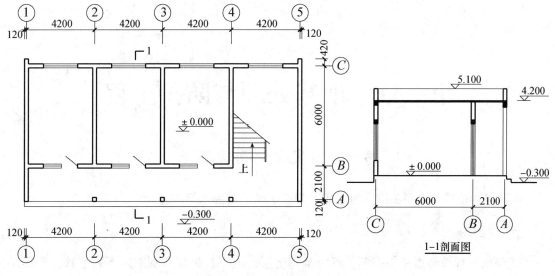

图 1-16　某工程示意图

复习与测试

1. 计算基础挖土时土石方、沟槽、地坑是如何划分的？

2. 关于垫层的放坡有何规定？

3. 场地平整如何来计算，有哪几种方法？

4. 竣工清理的内容有哪些？计算时有何规定？

5. 计算基槽、坑回填土时需要扣除哪些项目？

6. 某基础工程如图 1-17 所示，采用挖掘机挖沟槽，普通土，将土弃于槽边 1m 以外，挖掘机坑上挖土。试计算挖土工程量及费用。

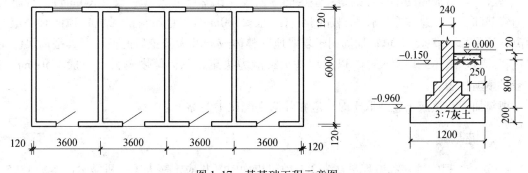

图 1-17　某基础工程示意图

第二章　地基处理与防护工程

第一节　定额说明及解释

本章包括垫层、填料加固、桩基础、强夯、防护与降水等内容。

一、垫层

1. 垫层定额按地面垫层编制。若为基础垫层，人工、机械分别乘以下列系数：条形基础 1.05；独立基础 1.10；满堂基础 1.00。

2. 灰土垫层及填料加固夯填灰土就地取土时，应扣除灰土配比中的黏土。如：垫层就地取土，每立方米 3:7 灰土扣除黏土 1.15m³。

3. 爆破岩石增加垫层的工程量，按现场实测结果计算。

4. 垫层的强度等级，设计与定额不同时可换算，消耗量不变。

5. 本章所有混凝土项目，均未包括混凝土搅拌，如：垫层、填料加固、喷射混凝土护坡等，实际发生时，按第四章钢筋及混凝土工程的相应规定，另行计算。

二、填料加固

填料加固定额用于软弱地基挖土后的换填材料加固工程。

垫层与填料加固的不同之处是：垫层的平面尺寸比基础略大（一般≤200mm），且总是伴随着基础发生，总体厚度较填料加固小（一般≤500mm），垫层与槽（坑）顶面有一定的距离（不呈填满状态）。填料加固用于软弱地基整体或局部大开挖后的换填，其平面尺寸由建筑物的地基整体或局部尺寸、以及地基承载能力决定，总体厚度较大（一般＞500mm），一般呈填满状态。

填料加固夯填灰土就地取土时，应扣除灰土配比中的黏土。

三、桩基础

1. 单位工程的桩基础工程量在表 2-1 数量以内时，相应定额人工、机械乘以系数 1.05。

表 2-1　桩基小型工程系数表

项目	单位工程的工程量
预制钢筋混凝土桩	100m³
灌注桩	60m³
钢工具桩	50t

2. 打桩工程按陆地打垂直桩编制。设计要求打斜桩时，斜度小于 1∶6 时，相应定额人工、机械乘以系数 1.25；斜度大于 1∶6 时，相应定额人工、机械乘以系数 1.43。斜度是指在竖直方向上，每单位长度所偏离竖直方向的水平距离。

3. 本章预制钢筋混凝土方桩定额子目只包括桩身吊装就位，打桩，校正等费用，现场预制钢筋混凝土桩（包括桩体混凝土，混凝土搅拌、模板、钢筋及其连接，铁件等）执行第四章及相应项目。

4. 预制混凝土桩在桩位半径 15m 范围内的移动、起吊和就位，已包括在打桩子目内。超过 15m 时的场内运输，按第十章第三节构件运输 1km 以内子目的相应规定计算。

5. 桩间补桩或在强夯后的地基上打桩时，相应定额人工、机械乘以系数 1.15。

6. 试验桩时，相应定额人工、机械乘以系数 2.0。

7. 打送桩时，相应定额人工、机械乘以系数，见表 2-2。

表 2-2　送桩深度系数表

送桩深度	系数
2m 以内	1.12
4m 以内	1.25
4m 以外	1.50

送桩是指打桩时因打桩架底盘离地面有一段距离，因而不能继续将桩打入地面以下设计位置，这时可在尚未打入土中的桩顶上放一送桩器，让桩锤将送桩器冲入土中，将桩送入地下设计深度。预制混凝土桩的送桩器深度，按设计送桩深度另加 0.50m 计算。

8. 灌注桩已考虑了桩体充盈部分的消耗量，其中灌注砂、石桩还包括级配密实的消耗量。

9. 灌注混凝土桩的钢筋笼、防护工程的钢筋锚杆制安，桩混凝土搅拌、钢筋及其连接铁件等，均按第四章钢筋及混凝土工程的有关规定执行。

10. 桩子目均不包括测桩内容，实际发生时，按合同约定列入。

11. 打孔灌注混凝土桩，设计桩外径，指打孔钢管的钢管箍外径。

12. 灌注桩定额未考虑混凝土搅拌、钢筋制作、钻孔桩和控孔桩的土成回旋钻机混浆的运输、预制桩尖、凿桩头及钢筋整理等项目，但活瓣桩尖和截桩不另计算。

13. 人工挖土灌注混凝土桩桩壁和桩芯子目，定额未考虑混凝土的充盈因素。人工挖孔的桩孔侧壁需要充盈时，桩壁混凝土的充盈系数按 1.25 计算。灌注混凝土桩无桩壁、直接用桩心混凝土桩填充桩孔时，充盈系数按 1.10 计算。

四、强夯

强夯法又称动力固结法，是用起重机械将大吨位重锤（一般为 10~40t）起吊到 6~40m 高度后自由下落，给地基土以强大的冲击能量的夯击，使土中出现很大的冲击的力，土体产生瞬间变形，迫使土层孔隙压缩，土体局部液化，在夯击点周围产生裂缝，形成良好的排水通道，孔隙水和气体逸出，使土粒重新排列，经时效压密达到固结，从而提高地基承载力，降低其压缩性的一种有效的地基加固方法，它是一种深层处理土壤的方法，影响深度一般在 6~7m 以上，强夯法适用于砂土黏性土，杂填土，埋陷性黄土等软土地基。

强夯定额中每百平方米夯点数，指设计文件规定单位面积内的夯点数量。

五、防护

1. 挡土板定额分为疏板和密板。疏板是指间隔支挡土板，且板间净空小于 150cm 的情况；密板是指满支挡土板或板间净空小于 30cm 的情况。

2. 现场制作的钢工具桩，其制作执行第七章金属结构制作工程中钢柱制作相应子目；成品进场的钢工具桩，其单价应包括桩体、除锈、以及近出场费等有关费用。

3. 钢工具在桩体半径 15 范围内的移动、起吊和就位，已包括在打桩项目工程中。超过 15m 时的场内运输，按定额第十章第三节结构运输 1km 以内子目的相应规定计算。

六、排水与降水

1. 抽水机集水井排水定额，以每台抽水机工作 24 小时为一台日。

2. 井点降水分为轻型井点、喷射井点、大口径井点、水平井点、电渗井点和射流泵井点。

3. 井点降水的井点管间距，根据地质条件和施工降水要求，按施工组织设计确定。施工组织无规定时，可按轻型井点管距 0.8~1.6m，喷射井点，管距 2~3m 确定。

井点设备使用套数的组成如下：

（1）轻型井点——50 根/套

（2）喷射井点——30 根/套

（3）大口径井点——45 根/套

（4）水平井点——10 根/套

（5）电渗井点——30 根/套

井点设备使用的天，以每昼夜 24 小时为一天。

第二节　工程量计算规则

一、垫层

1. 地面垫层按室内主墙间净面积乘以设计厚度，以立方米计算。计算时应扣除凸出地面的构筑物、设备基础、室内铁道、地沟以及单个面积 $0.3m^2$ 以上的孔洞、独立柱等所占体积；不扣除间壁墙、附墙烟囱、墙垛以及单个面积在 $0.3m^2$ 以内的孔洞等所占体积，门洞、空圈、暖气壁龛等开口部分也不增加。

$$地面垫层工程量 = [S_房 - 孔洞、独立柱面积(大于0.3m^2) -$$
$$\sum(构筑物设备基础、地沟等面积)] \times 垫层厚$$
$$S_房 = S_底 - \sum L_中 \times 外墙厚 - \sum L_内 \times 内墙厚$$

2. 基础垫层按下列规定，以立方米计算

（1）条形基础垫层，外墙按外墙中心线长度、内墙按其设计净长度乘以垫层平均断面面积计算。柱间条形基础垫层，按柱基础（含垫层）之间的设计净长度计算。

$$条形基础垫层工程量 = \left(\sum L_{中} + \sum L_{净} \right) \times 垫层断面积$$

（2）独立基础垫层和满堂基础垫层，按设计图示尺寸乘以平均厚度计算。

二、填料加固

填料加固按设计尺寸，以立方米计算。

三、桩基础

1. 预制钢筋混凝土桩按设计桩长（包括桩尖）乘以桩断面面积，以立方米计算。管桩的空心体积应扣除，如按设计要求加注填充料时，填充部分量按相应规定计算。

$$预制钢筋混凝土桩工程量 = 设计桩总长度 \times 桩断面面积$$

2. 打孔灌注混凝土桩、钻孔灌注混凝土桩、按设计桩长（包括桩尖，设计要求入岩时，包括入岩深度，另加 0.5m，乘以设计桩外经（钢管箍外径）截面积，以立方米计算。

$$灌注桩混凝土工程量 = \frac{\pi}{4}D^2 \times (L + 0.5\text{m})$$

式中　L——桩长（含桩尖）；

　　　D——桩外直径。

3. 夯扩成孔灌注混凝土桩，按设计桩长增加 0.3m，乘以设计桩外径截面积，另加设计夯扩混凝土体积，以立方米计算。

4. 截桩：预制钢筋混凝土桩截桩工程量按根计算套用相应定额。截桩长度 ≤1m 时，不扣减打桩工程量；长度 >1m 时，其超过部分按实扣减打桩工程量，但不应扣减桩体及场内运输工程量。

5. 预制混凝土桩凿桩头按桩头高 $40d$（d 为桩主筋直径，主筋直径不同时取大者）乘桩断面的立方米计算。

6. 预制混凝土桩截桩子目，不包括凿桩头和桩头钢筋整理；凿桩头子目，不包括桩头钢筋整理。

7. 灌注混凝土桩凿桩头，按实际凿桩头体积计算。设计无规定时，其工程量按桩体断面面积乘以 0.5m，以立方米计算。

8. 桩头钢筋整理按所整理的桩的根数计算。

9. 人工挖孔灌注混凝土桩的桩壁和桩芯，分别按设计尺寸以立方米计算。

10. 灰土桩、砂石桩、水泥桩，均按设计桩长（包括桩尖）乘以设计桩外径截面积，以立方米计算。

11. 电焊接桩按设计要求接桩的根数计算。硫磺胶泥接桩按桩断面面积，以平方米计算。

四、强夯

1. 地基强夯区别不同夯击能量和夯点密度，按设计图示夯击范围，以平方米计算。设计无规定时，按建筑物基础外围轴线每边各加 4m，以平方米计算。

$$地基强夯工程量 = 设计图示面积$$

或：$\qquad$ 地基强夯工程量 $= S_{外轴包} + L_{外轴} \times 4m + 4 \times 16m^2 = S_{外轴包} + L_{外轴} \times 4m + 64m^2$

2. 强夯定额执行，按下列步骤进行：

（1）确定夯击能量。
$$夯击能量(t.m) = 重锤质量(t) \times 重锤落差(m)$$

（2）确定夯击密度。
$$夯击密度(夯点/100m^2) = 设计夯击范围内的夯点个数 \div 夯击范围(m^2) \times 100$$

（3）确定夯击击数。夯击击数系指强夯机械就位后，夯锤在同一夯点上下夯击的次数（落锤高度需满足设计夯击能量的要求，否则按低锤满拍计算）。

（4）低锤满拍工程量 = 设计夯击范围

3. 其工程量应区别不同夯击能量和夯击密度，按设计图示夯击范围及夯击遍数分别计算。

五、防护

1. 挡土板按施工组织设计规定的支挡范围，以平方米计算。

2. 钢工具桩按桩体质量，以吨计算。安、拆导向夹具，按设计图示长度，以米计算。

3. 砂浆土钉防护、锚杆机钻孔防护，按施工组织设计规定的钻孔入土（岩）深度，以米计算。

4. 喷射混凝土护坡区分土层与岩层，按施工组织设计规定的防护范围，以平方米计算。

六、排水与降水

1. 抽水机基底排水分不同排水深度，按设计基底面积，以平方米计算。

2. 集水井按不同成井方式，分别以施工组织设计规定的数量，以座或米计算。抽水机集水井排水按施工组织设计规定的抽水机台数和工作天数，以台日计算。
$$1 台日 = 1 台抽水机 \times 24h$$

3. 井点降水区分不同的井管深度，其井管安拆，按施工组织设计规定的井管数量，以根计算；设备使用按施工组织设计规定的使用时间，以天计算。

第三节　工程量计算及定额应用

一、垫层

[例 2-1]　某建筑物基础如图 2-1 所示，若房心垫层采用碎石灌浆厚为 220mm，C20 素混凝土垫层厚 50mm，1:2 水泥砂浆抹面厚 30mm，计算条形基础垫层和房心垫层的直接工程费。

解：（1）基数计算
$$L_{中} = (3.90m + 3.30m \times 2 + 1.50m) \times 2 = 24.00m$$
$$L_{净} = 3.30m - 1.0m = 2.30m$$
$$S_{房} = (3.90m - 0.24m) \times (3.3m - 0.24m) + (3.3m - 0.24m) \times (5.04m - 0.24m \times 2)$$
$$= 25.15m^2$$

60

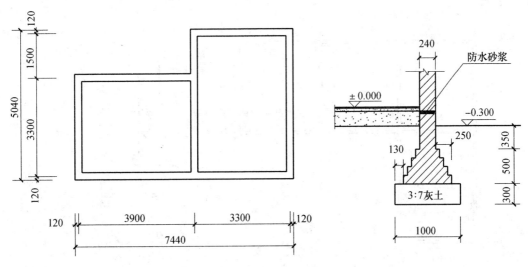

图 2-1　某建筑物基础示意图

（2）条基垫层

工程量：$1.0m \times 0.3m \times (24.0m + 2.30m) = 7.89m^3$

3:7 灰土（垫层）条基　套 2-1-1　基价（换）

　　$1268.41元/10m^3 + (443.61元/10m^3 + 12.05元/10m^3) \times 0.05 = 1291.19元/10m^3$

直接工程费：$7.89m^3 \div 10 \times 1291.19 元/10m^3 = 1018.75 元$

（3）房心垫层

碎石灌浆工程量：$25.15m^2 \times 0.22m = 5.53m^3$

碎石灌浆垫层　套 2-1-6　基价 $= 1818.80 元/10m^3$

直接工程费：$5.53m^3 \div 10 \times 1818.80 元/10m^3 = 1005.80 元$

C20 素混凝土垫层工程量：$25.15m^2 \times 0.05m = 1.26m^3$

C20 现浇无筋混凝土垫层　套 2-1-13　基价（换）

　　$2405.26元/10m^3 - 10.1 \times (181.34 - 199.93)元/10m^3 = 2593.02元/10m^3$

直接工程费：$1.26m^3 \div 10 \times 2593.02 元/10m^3 = 326.72 元$

[例 2-2]　某工程基础平面图及详图如图 2-2 所示，所有墙厚均为 240mm，房心垫层采用 3:7 灰土厚度为 300mm，试计算：

（1）基础垫层（C15）工程量及费用。

（2）房心垫层工程量及费用，分为非就地取土和就地取土两种情况。

解：（1）基数

J_1：　　　$L_中 = (6.90m + 7.20m \times 2 + 4.80m \times 2 + 7.90m) \times 2 = 77.60m$

J_2：　　　$L_内 = (6.90m - 0.24m) \times 2 + (7.90m - 0.24m) \times 2 = 28.64m$

　　　　　$L_净 = (6.90m - 1.10m) \times 2 + (7.90m - 1.1m) \times 2 = 25.20m$

（2）基础垫层

工程量：$1.1m \times 0.1m \times 77.60m + 1.30m \times 0.1m \times 25.20m = 11.81m^3$

素混凝土条基　套 2-1-13（换）

　　$2405.26元/10m^3 + (541.13元/10m^3 + 10.60元/10m^3) \times 0.05 = 2432.85元/10m^3$

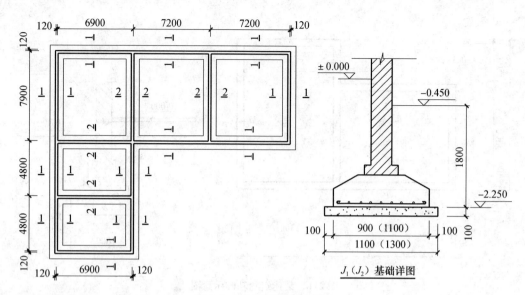

图 2-2　某工程基础示意图

直接工程费：$11.81\text{m}^3 \div 10 \times 2432.85$ 元$/10\text{m}^3 = 2873.20$ 元

（3）房心 3:7 灰土垫层

工程量：$(6.90\text{m} - 0.24\text{m}) \times (4.80\text{m} - 0.24\text{m}) \times 0.30\text{m} \times 2 + (7.90\text{m} - 0.24\text{m}) \times$

$(7.20\text{m} - 0.24\text{m}) \times 0.30\text{m} \times 2 + (6.9\text{m} - 0.24\text{m}) \times (7.9\text{m} - 0.24\text{m}) \times 0.30\text{m}$

$= 65.51\text{m}^3$

a. 非就地取土

3:7 灰土垫层　套 2-1-1　基价 $= 1268.41$ 元$/10\text{m}^3$

直接工程费：$65.51\text{m}^3 \div 10 \times 1268.41$ 元$/10\text{m}^3 = 8309.35$ 元

b. 就地取土

扣除灰土中的黏土费用

第一种方法，查定额附表可得：1m^3 灰土中含 1.15m^3 黏土，黏土价格 28.00 元$/\text{m}^3$

3:7 灰土垫层　套 2-1-1　基价（换）

　　　1268.41 元$/10\text{m}^3 - (10.1 \times 1.15 \times 28.00)$ 元$/10\text{m}^3 = 943.19$ 元$/10\text{m}^3$

第二种方法，查价目表附表得：3:7 灰土就地取土时，灰土单价为 48.27 元$/\text{m}^3$；非就地取土时，灰土单价为 80.47 元$/\text{m}^3$。

3:7 灰土垫层　套 2-1-1　基价（换）

　　　1268.41 元$/10\text{m}^3 - 10.1 \times (80.47$ 元$/10\text{m}^3 - 48.27$ 元$/\text{m}^3) = 943.19$ 元$/10\text{m}^3$

直接工程费：$65.51\text{m}^3 \div 10 \times 943.19$ 元$/10\text{m}^3 = 6178.84$ 元

[例 2-3]　某建筑物基础平面图及详图如图 2-3 所示，若地面铺设 150mm 厚的素混凝土（C20）垫层。

（1）计算基数 $L_{中}$、$L_{净}$、$L_{内}$、$S_{建}$、$S_{房}$。

（2）计算基础垫层的工程量及费用。

（3）计算地面垫层的工程量及费用。

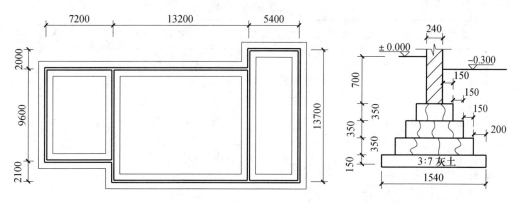

图 2-3　某建筑物基础示意图

解：（1）基数

$$L_{中} = (7.20m + 13.20m + 5.40m + 13.70m) \times 2 = 79.00m$$

$$L_{净} = 9.60m - 1.54m + 9.60m + 2.10m - 1.54m = 18.22m$$

$$L_{内} = 9.60m \times 2 + 2.10m - 0.24m \times 2 = 20.82m$$

$$S_{建} = (13.70m + 0.24m) \times (7.2m + 13.2m + 5.40m + 0.24m) -$$

$$2.10m \times 7.2m - 2.0m \times (7.2m + 13.2m) = 307.08m^2$$

$$S_{房} = 307.08m^2 - (79.00m + 20.82m) \times 0.24 = 283.12m^2$$

（2）条基垫层

工程量：（79.00m + 18.22m）× 1.54m × 0.15m = 22.46m³

3:7 灰土　套 2-1-1　基价（换）

　　1268.41元/10m³ + （443.61元/10m³ + 12.05元/10m³）× 0.05 = 1291.19元/10m³

直接工程费：22.46m³ ÷ 10 × 1291.19 元/10m³ = 2900.01 元

（3）房心 C20 素混凝土垫层

工程量 283.12m² × 0.15m = 42.47m³

或：[（7.20m - 0.24m）×（9.6m - 0.24m）+（13.2m - 0.24m）×（9.6m + 2.1m -

0.24m）+（5.4m - 0.24m）×（13.7m - 0.24m）]× 0.15m = 42.47m³

C20 素混凝土垫层　套 2-1-13　基价（换）

　　2405.26元/10m³ - 10.1 ×（181.34元/10m³ - 199.93元/10m³）= 2593.02元/10m³

直接工程费：42.47m³ ÷ 10 × 2593.02 元/10m³ = 11012.56 元

[例 2-4]　某工程基础平面图及详图见 2-4。

（1）地面做法：20 厚 1:2.5 水泥砂浆

　　　　　　　100 厚 C15 素混凝土

　　　　　　　素土夯实

（2）基础为 M5.0 水泥砂浆砌筑标准黏土砖。

（3）施工方法：反铲挖掘机挖坚土，挖土弃于槽边或坑边 1m 以外，待回填土施工完毕后再考虑运土，自卸汽车运土，运距为 2km。

（4）计算

a. 基槽坑挖土工程量及费用。

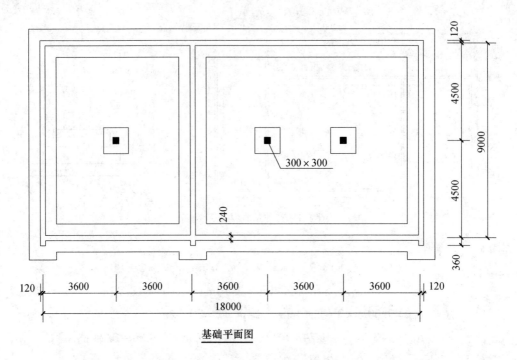

基础平面图

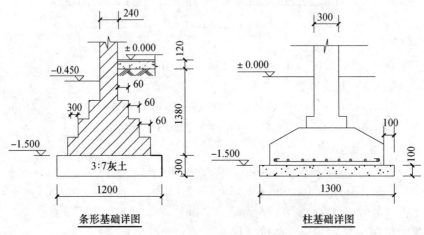

条形基础详图　　　　柱基础详图

图 2-4　某工程基础示意图

b. 条形基础垫层，独立基础垫层和地面垫层工程量及费用。

c. 假设设计室外地坪以下埋设的条形基础和独立基础的总体积（垫层除外）为 32.19m³，计算槽坑边回填土及房心回填土工程量（机械夯实）及费用。

d. 确定外取土（或内运土），计算装载机装车和自卸汽车运土的工程量及费用。

解： 基数计算

$$L_中 = (18.0m + 9.0m) \times 2 = 54.00m$$

$$L_净 = 9.0m - 1.2m = 7.8m$$

$$S_房 = (18.0m - 0.24m \times 2) \times (9.0m - 0.24m) = 153.48m^2$$

（1）基槽坑挖土

挖土深度 $H = 1.5m - 0.45m + 0.2m = 1.25m < 1.7m$　不放坡

由图可知：灰土垫层宽出砖基础0.30m大于砖基础的工作面0.20m

$$V_{挖槽} = 1.20m \times 1.25m \times (54.0m + 0.24m \times 3 + 7.8m) = 93.78m^3$$

$$V_{挖坑} = (1.30m + 0.10m \times 2)^2 \times 0.10m \times 3 + (1.3m - 0.1m \times 2 + 0.3m \times 2)^2$$
$$\times (1.5m - 0.45m) \times 3 = 9.78m^3$$

$$V_{挖总} = 93.78m^3 + 9.78m^3 = 103.56m^3$$

机械挖土工程量：$103.56m^3 \times 95\% = 98.38m^3$

反铲挖掘机挖坚土　套1-3-13　基价 $= 29.83$ 元/$10m^3$

直接工程费：$98.38m^3 \div 10 \times 29.83$ 元/$10m^3 = 293.47$ 元

人工挖沟槽工程量 $93.78m^3 \times 5\% = 4.69m^3$

人工挖沟槽（槽深）2m以内坚土　套1-2-12　基价（换）

337.04 元/$10m^3 \times 2 = 674.08$ 元/$10m^3$

直接工程费：$4.69m^3 \div 10 \times 674.08$ 元/$10m^3 = 37.22$ 元

人工挖基坑工程量 $9.78m^3 \times 5\% = 0.49m^3$

人工挖地坑（坑深）2m以内坚土　套1-2-18 基价（换）

379.84 元/$10m^3 \times 2 = 759.68$ 元/$10m^3$

直接工程费：$0.49m^3 \div 10 \times 759.68$ 元/$10m^3 = 37.22$ 元

（2）条基垫层工程量 $1.2m \times 0.2m \times (54.0m + 7.80m + 0.24m \times 3) = 15.00m^3$

3:7灰土　套2-1-1　基价（换）

1268.41元/$10m^3 + (443.61$元/$10m^3 + 12.05$元/$10m^3) \times 0.05 = 1291.19$元/$10m^3$

直接工程费：$15.0m^3 \div 10 \times 1291.19$ 元/$10m^3 = 1936.79$ 元

独立基础垫层工程量 $1.3m \times 1.3m \times 0.1m \times 3 = 0.51m^3$

素混凝土垫层　套2-1-13　基价（换）

2405.26元/$10m^3 + (541.13$元/$10m^3 + 10.60$元/$10m^3) \times 0.10 = 2460.43$元/$10m^3$

直接工程费：$0.51m^3 \div 10 \times 2460.43$ 元/$10m^3 = 125.48$ 元

地面垫层工程量 $S_{房} \times 厚度 = 153.48m^2 \times 0.10m = 15.35m^3$

地面混凝土垫层　套2-1-13　基价 $= 2405.26$ 元/$10m^3$

直接工程费：$15.35m^3 \div 10 \times 2405.26$ 元/$10m^3 = 3692.07$ 元

（3）槽边回填工程量 $103.56m^3 - (15.0m^3 + 0.51m^3 + 32.19m^3) = 55.86m^3$

机械夯填沟槽地坑　套1-4-13　基价 $= 58.96$ 元/$10m^3$

直接工程费：$55.86m^3 \div 10 \times 58.96$ 元/$10m^3 = 329.35$ 元

房心回填工程量 $153.48m^2 \times (0.45m - 0.02m - 0.10m) = 50.65m^3$

房心地坪机械夯填　套1-4-11　基价 $= 44.91$ 元/$10m^3$

直接工程费：$50.65m^3 \div 10 \times 44.91$ 元/$10m^3 = 227.47$ 元

（4）取（运）土工程量

$103.56m^3 - (55.86m^3 + 50.65m^3) \times 1.15 = -18.93m^3$（取土内运）

装载机装土方　套1-3-45　基价 $= 20.13$ 元/$10m^3$

直接工程费：$18.93m^3 \div 10 \times 20.13$ 元/$10m^3 = 38.11$ 元

自卸汽车运土工程量：18.93m³

自卸汽车运土 2km 套 1-3-57 和 1-3-58 基价（换）

$$68.41 \text{ 元}/10m^3 + 11.94 \text{ 元}/10m^3 \times 1 = 80.35 \text{ 元}/10m^3$$

直接工程费：$18.93m^3 \div 10 \times 80.35 \text{ 元}/10m^3 = 152.10 \text{ 元}$

二、填料加固

[**例 2-5**] 某工程位于压缩性高的软弱土层上，地基大开挖后需填料加固，设计决定从建筑物外侧轴线每边各加 3.6m，在基础垫层下换填 2.30m 的天然砂石，推土机填砂碾压，工程平面图及详图如图 2-5 所示，试计算填料加固的费用。

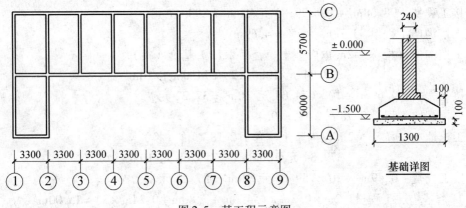

图 2-5 某工程示意图

解： 填料加固工程量

$[(3.30m \times 8 + 3.60m \times 2) \times (6.0m + 5.70m + 3.60m \times 2) - (3.30m \times 6 - 3.60m \times 2) \times 6.0m] \times 2.30m = 1286.71m$

推土机填砂碾压 套 2-2-4 基价 = 821.13 元/10m³

直接工程费：$1286.71m^3 \div 10 \times 821.13 \text{ 元}/10m^3 = 105655.62 \text{ 元}$

三、桩基础

[**例 2-6**] 某基础工程采用打桩机打钻管桩，58 根，如图 2-6 所示，计算打管桩工程量及费用。

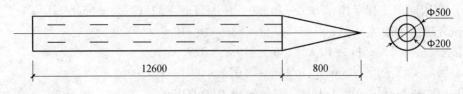

图 2-6 某基础工程打钻管桩示意图

解： 工程量 $[\pi/4 \times 0.50m \times 0.50m \times (12.60m + 0.8m) - \pi/4 \times 0.20m \times 0.20m \times 12.6m] \times 58 = 129.64m^3 > 100m^3$，不属于小型桩基工程

打预制钢筋混凝土管桩（桩长）16m 以内 套 2-3-9 基价 = 8988.41 元/10m³

直接工程费：$129.64m^3 \div 10 \times 8988.41 \text{ 元}/10m^3 = 116525.75 \text{ 元}$

[例2-7] 某钻孔灌注混凝土桩共22根，采用螺旋钻机钻孔桩长12.80m，直径600mm，采用C25混凝土浇筑。试计算工程量及费用。

解：桩工程量：$\pi/4 \times 0.60m \times 0.60m \times (12.80m + 0.50m) \times 22 = 82.73m^3 > 60m^3$

螺旋钻机钻孔桩长12m以外 套2-3-24 基价＝1772.82元/10m³

钻孔直接工程费：$82.73m^3 \div 10 \times 1772.82$元/10m³＝14666.54元

灌注混凝土 套2-3-25 基价（换）

2902.21元/10m³－12.18m³/10m³×（205.16－219.42）元/m³＝3075.90元/10m³

直接工程费：$82.73m^3 \div 10 \times 3075.90$元/10m³＝25446.92元

[例2-8] 某沿海工程紧靠原有的大型商场，桩基础施工时采用1200kN的静力压桩机将预制钢筋混凝土方桩将土压入土中，已知桩长10.80m，断面尺寸500mm×500mm，35根，试计算混凝土预制桩压桩的工程量及费用。

解：混凝土的工程量

$0.50m \times 0.50m \times 10.80m \times 35$根＝94.50m³＜100m³ 该工程为小型桩基工程

压预制钢筋混凝土方桩（12m以内） 套2-3-5 基价（换）

2431.21元/10m³＋（380.54元/m³＋1870.37元/m³）×0.15＝2768.85元/10m³

直接工程费：$94.50m^3 \div 10 \times 2768.85$元/10m³＝26165.63元

[例2-9] 某建筑物基础需打桩46根（尺寸如图2-7所示），其中2根为试验桩，有3根因遇到坚硬土层还有2m未打入就已满足设计要求需截桩。

试计算：打桩、截桩、凿桩头、钢筋整理及桩身混凝土（C30）的费用。

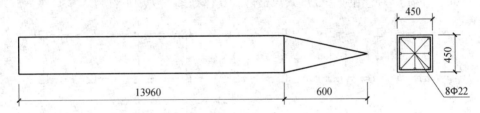

图2-7 某建筑物基础打桩尺寸示意图

解：1. 打桩

单根桩工程量：$(13.96m + 0.60m) \times 0.45m \times 0.45m = 2.95m^3$

$2.95m^3 \times 46 = 135.70m^3 > 100m^3$，不是小型工程

（1）试验桩工程量：$2.95m^3 \times 2 = 5.90m^3$

打预制混凝土方桩（实验桩）18m以内 套2-3-2 基价（换）

57.56元/10m³＋（283.02元/m³＋1618.88元/m³）×2＝3861.36元/10m³

直接工程费：$5.90m^3 \div 10 \times 3861.36$元/10m³＝2278.20元

（2）截桩工程量：$(13.96m + 0.60m - 1.0m) \times 0.45m \times 0.45m \times 3 = 8.24m^3$

普通桩工程量：$2.95m^3 \times (46 - 3 - 2) = 120.95m^3$

合计：$8.24m^3 + 120.95m^3 = 129.19m^3$

打预制混凝土方桩18m以内 套2-3-2 基价＝1959.46元/10m³

直接工程费：$129.19m^3 \div 10 \times 1959.46$元/10m³＝25314.26元

2. 截桩

工程量：3根

预制钢筋混凝土方桩截桩　套2-3-64　基价 = 1318.53 元/10 根

直接工程费：1318.53 元/10 根 × 3 根 ÷ 10 = 395.56 元

3. 凿桩头

工程量：$40d \times S_{断} \times$ 根数 = 40 × 0.022m × 0.45m × 0.45m × 46 = 8.20m³

凿桩头　套2-3-66　基价 = 2577.61 元/10m³

直接工程费：8.20m³ ÷ 10 × 2577.61 元/10m³ = 2113.64 元

4. 钢筋整理

工程量：46 根

桩头钢筋整理　套2-3-68　基价 = 45.58 元/10 根

直接工程费：45.58 元/10 根 × 46 根 ÷ 10 = 209.67 元

5. 桩身

工程量：2.95m³ × 46 = 135.70m³

说明：预制桩按桩全长（包括桩尖）乘以桩断面面积以立方米计算（不扣除桩尖虚体积）。

预制混凝土方桩（C30）套4-3-1　基价 = 2802.55 元/10m³

直接工程费：135.70m³ ÷ 10 × 2802.55 元/10m³ = 38030.60 元

四、强夯

[例2-10]　某框架结构建筑物共3层，柱子分布如图2-8所示，地基为湿陷性黄土，厚度为 6~7m，经研究决定用强夯处理效果最好，具体处理方法如下：

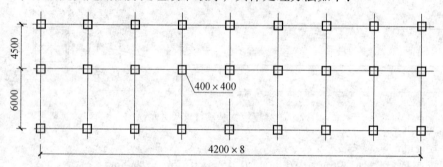

图2-8　某框架结构建筑物示意图

第一遍：每个桩基处设计击数8击，夯击能 400t.m 以内。

第二遍：间隔夯击，间隔夯点不大于 6.5m，夯击能 300t.m，设计击数5击。

第三遍：夯击能 300t.m 以内低锤满拍。

试计算强夯工程量及费用。

解： 夯击工程量

　　(4.20m × 8 + 2 × 4.0) × (6.0m + 4.5m + 2 × 4.0m) = 769.60m²

第一遍：夯击密度 = (3 × 9 ÷ 769.60 × 100) 夯点/m² = 4(3.5) 夯点/100m²（收尾）

夯击能 400t.m 以内　夯击点 4 点以内　8 击

套2-4-84 和 2-4-85　基价（换）

　　1124.39 元/100m² + 189.41 元/100m² × 4 = 1882.03 元/100m²

直接工程费：$769.60m^2 \div 100 \times 1882.03$ 元$/100m^2 = 14484.10$ 元

第二遍：夯击密度

$\{[(4.20 \times 8 + 2 \times 4.0) \div 6.5] \times [(6.0 + 4.5 + 2 \times 4.0) \div 6.5] \div 769.6 \times 100\}$夯点$/100m^2$

$= \{6.4 \times 2.8 \div 769.6 \times 100\}$夯点$/100m^2 = \{7 \times 3 \div 769.6 \times 100\}$夯点$/100m^2$

$= 3(2.73)$夯点$/100m^2$

夯击能 $300t \cdot m$ 夯击点 4 点以内　5 击　套 2-4-79 和 2-4-80　基价（换）

670.80 元$/100m^2 + 80.89$ 元$/100m^2 \times 1 = 751.69$ 元$/100m^2$

直接工程费：$769.60m^2 \div 100 \times 751.69$ 元$/100m^2 = 5785.01$ 元

第三遍：低锤满拍　夯击能 $300t \cdot m$　套 2-4-81　基价 $= 2866.75$ 元$/10m^2$

直接工程费：$769.60m^2 \div 100 \times 2866.75$ 元$/100m^2 = 22062.51$ 元

五、防护

[例 2-11] 某高层建筑物采用梁板式满堂基础，因为施工场地狭窄，土方边坡无法正常放坡，所以采用混凝土锚杆支护以防边坡塌方，锚杆机钻孔灌浆（C25 混凝土），钻孔直径 90mm，每平方米 3 个，入土深度为 2.50m，C25 混凝土喷射厚度 90mm，大开挖后的基础平面图及边坡支护如图 2-9 所示，计算锚杆钻孔灌浆和混凝土护坡工程量及费用。

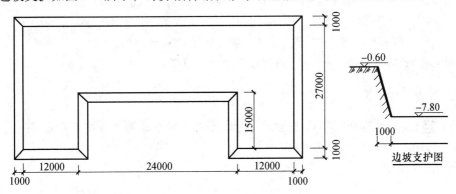

图 2-9　某高层建筑物示意图

解：（1）锚杆护坡

$(27.0m + 24.0m + 12.0m \times 2 + 15.0m + 4 \times 1.0m) \times 2 \times \sqrt{(1.0m \times 1.0m)^2 + (7.8m - 0.6m)^2}$

$= 1366.59m^2$

喷射混凝土护坡初喷厚 50mm　套 2-5-23　基价 $= 248.46$ 元$/10m^2$

直接工程费：$1366.59m^2 \div 10 \times 248.46$ 元$/10m^3 = 33954.30$ 元

喷射混凝土护坡每增加 10mm　套 2-5-25　基价（换）

48.07 元$/10m^2 \times 4 = 192.28$ 元$/10m^2$

直接工程费：$1366.59m^2 \div 10 \times 192.28$ 元$/10m^2 = 26276.79$ 元

（2）钻孔灌浆

工程量 $1366.59m^2 \div 3$ 个$/m^2 \times 2.50m/$个 $= 456$ 个 $\times 2.50m/$个 $= 1140m$（收尾）

锚杆机钻孔灌浆　套 2-5-21　基价 $= 1547.06$ 元$/10m$

直接工程费：$1140m \div 10 \times 1547.06$ 元$/10m^3 = 176364.84$ 元

[例2-12] 某工程如图2-10所示，开挖基槽深为2.85m，采用钢筋混凝土基础，垫层宽度为2100mm，因受场地限制无法放坡，故基槽开挖采用木挡土板（密板）钢支撑防护。计算挡土板工程量及费用。

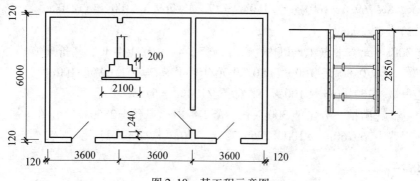

图2-10 某工程示意图

解： $L_{中} = (3.6m \times 3 + 6.0m) \times 2 = 33.60m$

查表1-2可得：混凝土垫层的工作面为0.10m，支挡土板的厚度取0.10m。

基槽开挖宽度：$2.10m + 0.1mm \times 2 + 0.10m \times 2 = 2.50m$

工程量：$S = (33.60m + 6.0m - 2.50m + 0.24m \times 2) \times 2.85m \times 2 - 2.50m \times 2.85m \times 2$
$= 199.96m^2$

木挡土板（密板）钢支撑 套2-5-4 基价 = 168.04 元/10m²

直接工程费：$199.96m^2 \div 10 \times 168.04$ 元/10m² = 3360.13 元

六、排水与降水

[例2-13] 某工程如图2-11所示，采用轻型井点降水，降水深度5.0m，井点管距墙轴线4.0m，管距不大于1.2m，降水24天。

计算该工程降水费用。

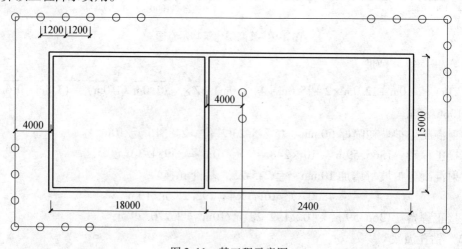

图2-11 某工程示意图

解： 1. 井点管安装拆除工程量

$[(18.0m + 24.0m + 4.0m \times 2) + (15.0m + 4.0m \times 2)] \times 2 \div 1.2m/根 + [(15.0m -$

4.0m×2）÷1.2m/根＋1 根〕＝122 根＋7 根＝129 根

井点管拆除安装　套2-6-12　基价＝2217.04 元/10 根

直接工程费：2217.04 元/10 根×129 根÷10＝28599.82 元

2. 设备使用套数

129÷50＝3 套

设备使用工程量 3 套×24d＝72 套·d

设备使用　套2-6-13　基价＝1162.70 元/套·d

直接工程费：72 套·d×1162.70 元/套·d＝83714.40 元

复习与测试

1. 垫层和填料加固有何区别？

2. 3:7 灰土就地取土和非就地取土怎样换算？

3. 某建筑物平面图及基础详图如图 2-12 所示，地面铺设 150mm 厚的素混凝土（C15）垫层。

（1）计算地面垫层的工程量及费用。

（2）计算基础垫层的工程量及费用。

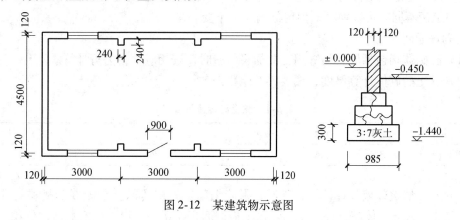

图 2-12　某建筑物示意图

第三章　砌筑工程

第一节　定额说明及解释

本章包括砌砖、石、砌块及轻质墙板等内容。

一、砌砖、砌石、砌块

1. 砌筑砂浆的强度等级、砂浆的种类，设计与定额不同时可换算，消耗量不变。

2. 定额中砖规格是按 240m × 115mm × 53mm 标准砖编制的，空心砖、多孔砖、砌块规格按常用规格编制的，轻质墙板选用常用材质和板型编制的。设计采用非标准砖、非常用规格砌筑材料，与定额不同时可以换算，但每定额单位消耗量不变。轻质墙板的材质、板型设计等，与定额不同时可以换算，但定额消耗量不变。

3. 砌普通砖

（1）砖砌体均包括原浆勾缝用工，加浆勾缝时，按相应项目另行计算。

（2）黏土砖砌体计算厚度，按表 3-1 计算：

表 3-1　黏土砖厚度计算表

砖数（厚度）	1/4	1/2	3/4	1	1.5	2	2.5	3
计算厚度	53	115	180	240	365	490	615	740

（3）女儿墙按外墙设计计算，砖垛、附墙烟囱、三皮砖以上的腰线和挑檐等体积，按其外形尺寸并入墙身体积计算。不扣除每个横截面积在 0.1m² 以下的空洞所占体积，但孔洞内的抹灰工程量亦不增加。

（4）零星项目系指小便池槽、蹲台、花台、隔热板下砖墩、石墙砖立边和虎头砖等。

（5）2 砖以上砖挡土墙执行砖基础项目，2 砖以内执行砖墙相应项目。

（6）设计砖砌体中的拉结钢筋，按相应章节另行计算。

（7）多孔砖包括黏土多孔砖和粉煤灰、煤矸石等轻质多孔砖。定额中列出 KP 型砖（240mm × 115mm × 90mm 和 178mm × 115mm × 90mm）和模数砖（190mm × 90mm × 90mm、190mm × 140mm × 90mm、190mm × 190mm × 90mm）两种系列规格，并考虑了不够模数部分有其他材料填充。

（8）黏土空心砖按其空隙率大小分承重型空心砖和非承重型空心砖，规格分别是 240mm × 115mm × 115mm、240mm × 180mm × 115mm、和 115mm × 240mm × 115mm、240mm × 240mm × 115mm。

（9）空心砖和空心砌块墙中的混凝土芯柱、混凝土压顶及圈梁等，按相应章节另行计算。

（10）多孔砖、空心砖和砌块，砌筑弧形墙时，人工乘以 1.1、材料乘以 1.03 系数。

（11）普通黏土砖平（拱）璇或过梁（钢筋除外），与普通黏土砖砌成一体时，其工程量并入相应砖砌体内，不单独计算。

4. 砌石

（1）定额中石材按其材料加工程度，分为毛石、整毛石和方整石。使用时应根据石材名称、规格分别套用。

（2）方整石柱、墙中石材按 400mm × 20mm × 200mm 规格考虑，设计不同时，可以换算。

（3）毛石护坡高度超过 4m 时，定额人工乘以 1.15 的系数。

（4）砌筑弧形基础、墙时，按相应定额项目人工乘以系数 1.1。

（5）整砌毛石墙（有背里的）的项目中，毛石整砌厚度为 200；方整石墙（有背里的）的项目中，方整石整砌厚度为 220mm，定额均已考虑了拉结石和错缝搭接。

（6）3-2-6 ~ 3-2-9 整砌毛石墙（有背里的）子目，系指毛石墙单面整砌，若双面整砌毛石墙（无背里的），另执行本解释补充项目 3-2-21。

（7）乱毛石挡土墙外表面整砌时，另执行本解释补充项目 3-2-22。

（8）方整石零星砌体子目，适用于窗台、门窗洞口立边、压项、台阶、墙面点缀石等定额未列项目的方整石的砌筑。

5. 砌块：

（1）小型空心砌块墙定额选用 190 系列（砌块宽 $b = 190mm$），若设计选用其他系列时，可以换算。

（2）砌块墙中用于固定门窗或吊柜、窗帘盒、暖气片等配件所需的灌注混凝土或预埋件，按相应章节另行计算。

（3）多孔砖墙、空心砖墙和空心砌块墙，按相应规定计算墙体外形体积，不扣除砌体材料中的孔洞和空心部分的体积。

（4）砌筑材料的规格，设计与定额不同时，可以换算，但消耗量不变，系指定额材料块数折合体积与定额砂浆体积的总体积不变。

6. 砌轻质砖和砌块子目，若实际掺砌普通黏土砖或其他砖（砖璇、砖过梁除外）时，按以下规定执行；

（1）已掺砌了普通黏土砖或黏土多孔砖的子目，掺砌砖的种类和规格，设计定额不同时，可以换算，掺砌砖的消耗量（块数折合体积）及其他均不变。

（2）未掺砌砖的子目，按掺砌砖的体积换算，其他不变。掺砌砖执行砖零星砌体子目。

7. 变压式排气烟道，自设计室内地坪或安装起点，计算至上一层楼板的上表面；顶端遇坡屋面时，按其高点计算至屋面板上表面。

8. 各种砌体子目，均包括原浆勾缝内容。加浆勾缝时，按定额第九章第二节相应规定计算。

9. 混凝土烟风道，按设计体积（扣除烟风通道孔洞），以立方米计算。计算墙体工程量时，应按混凝土烟风道工程量，扣除其所占墙体的体积。

10. 设计砖砌体中的拉结钢筋，按定额第四章钢筋及混凝土工程的相应规定，另行计算。

二、轻质墙板

1. 轻质墙板，适用于框架、框剪结构中的内外墙或隔墙，定额按不同材质和墙体厚度分别列项。

2. 轻质条板墙，不论空心条板或实心条板，均按厂家提供墙板半成品（包括板内预埋件，配套吊挂件、U形卡等），现场安装编制。

3. 轻质条板墙中与门窗连接的钢筋码和钢板（预埋件），定额已综合考虑，但钢柱门框、铝门框、木门框及其固定件（或连接件）按有关章节相应项目另行计算。

第二节　工程量计算规则

一、砌筑界线划分

1. 基础与墙身以设计室内地坪为界，设计室内地坪以下为基础，以上为墙身，如图3-1（a）所示。若基础与墙身使用不同材料，且分界线位于设计室内地坪300mm以内时，300mm以内部分并入相应墙身工程量内计算。如图3-1（b）所示。

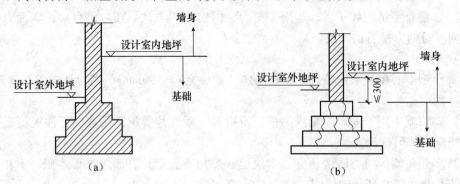

图3-1　基础与墙身示意图
（a）基础与墙身的界限；（b）基础与墙身分界线计算规则

2. 围墙以设计室外地坪为界，室外地坪以下为基础，以上为墙身。

3. 室内柱以设计室内地坪为界，以下为柱基础，以上为柱。室外柱以设计室外地坪为界，以下为柱基础，以上为柱。

4. 挡土墙与基础的划分以挡土墙设计地坪标高低的一侧为界，以下为基础，以上为墙身。

5. 墙体高度、长度。

（1）外墙墙身高度

①斜（坡）屋面无檐口顶棚者，算至屋面板底，如图3-2（a）所示；有屋架，且室内外均有顶棚者，算至屋架下弦底面另加200mm，如图3-2（b）所示。

②无顶棚者，算至屋架下弦底面另加300mm，出檐宽度超过600mm时，应按实砌高度计算，如图3-3所示。

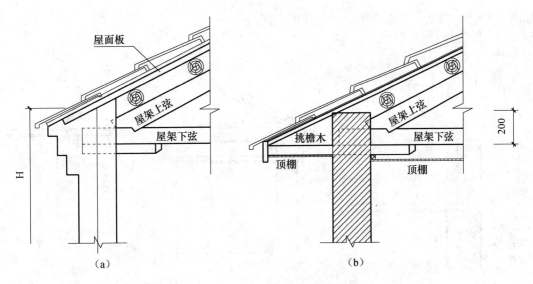

图 3-2　斜（坡）屋面示意图

（a）无檐口顶棚；（b）有屋架且室内外均有顶棚

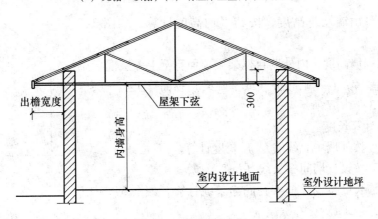

图 3-3　无顶棚示意图

③平屋面算至钢筋混凝土板顶（或板底）。如图 3-4 所示。

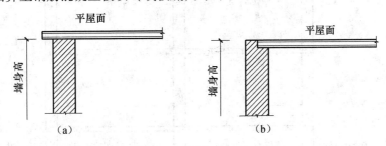

图 3-4　平屋面示意图

（a）算至钢筋混凝土板底；（b）算至钢筋混凝土板顶

④女儿墙高度自外墙顶面算至混凝土压顶，如图 3-5 所示。

（2）内墙墙身高度，内墙位于屋架下弦者，其高度算至屋架底，如图 3-3 所示。无屋架者，算至顶棚底另加 100mm，如图 3-6（a）所示。有钢筋混凝土楼板隔层者，算至板底，如图 3-6（b）所示。有框架梁时，算至梁底面。

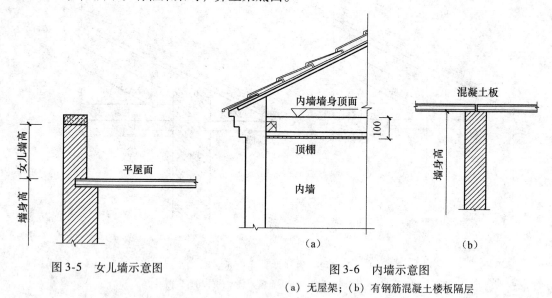

图 3-5　女儿墙示意图

图 3-6　内墙示意图

（a）无屋架；（b）有钢筋混凝土楼板隔层

（3）内、外山墙墙身高度，按其平均高度计算，如图 3-7 所示。

（4）框架间墙高度，内外墙自框架梁顶面算至上一层框架梁底面；有地下室者，自基础底板（或基础梁）顶面算至上一层框架梁底，如图 3-8 中 H 所示。

（5）墙体计算长度

①外墙长度按外墙中心线（$L_\text{中}$）长度计算。

②内墙长度按设计墙间净长线（$L_\text{内}$）计算。

③框架间墙长度按设计框架柱间净长线计算，如图 3-8 中 L 所示。

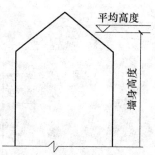

图 3-7　内、外山墙示意图

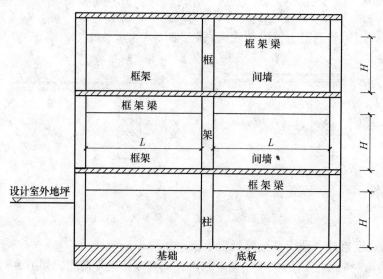

图 3-8　框架间墙示意图

76

二、砌筑工程量计算

1. 基础：各种基础均以立方米计算。

（1）条形基础

①外墙按设计外墙中心线长度，内墙按设计内墙净长度乘以设计断面计算。

②基础大放脚T形接头处的重叠部分以及嵌入基础的钢筋、铁件管道、基础防潮层、单个面积在0.3m²以内的孔洞所占体积不予扣除，但靠墙暖气沟的挑檐亦不增加，附墙垛基础宽出部分体积并入基础工程量内。

（2）独立基础按设计图示尺寸计算。

2. 墙体

（1）外墙、内墙、框架间墙（轻质墙板、漏空花格及隔断板除外）按其高度乘以长度乘以设计厚度以立方米计算。框架外表贴砖部分并入框架间砌体工程量内计算。

（2）轻质墙板按设计图示尺寸以平方米计算。

（3）计算墙体时，应扣除门窗洞口、过人洞、空圈、嵌入墙身的钢筋混凝土柱、梁（包括过梁、圈梁、挑梁）、砖平璇、砖过梁，暖气包壁龛的体积；不扣除梁头、外墙板头、檩头垫木、木楞头、沿椽木、木砖、门窗走头、墙内的加固钢筋、木筋、铁件、钢管及每个面积在0.3平方米以内的孔洞等所占体积；凸出墙面的窗台虎头砖、压顶线、山墙泛水、烟囱根、门窗套及三皮砖以内的腰线和挑檐体积亦不增加。墙垛、三皮砖以上的腰线和挑檐等体积，并入墙身体积内计算。

（4）附墙烟囱（包括附墙通风道、垃圾道，混凝土烟风道除外），按其外形体积并入所依附的墙体积内计算。计算时不扣除每一孔洞横截面在0.1m²以内所占的体积，但孔洞内抹灰工程量亦不增加。混凝土烟风道按设计混凝土砌块体积，以立方米计算。

（5）漏空花格墙按设计空花部分外形面积（空花部分不予扣除）以平方米计算。混凝土漏空花格按半成品考虑。

3. 其他砌筑

（1）砖台阶按设计图示尺寸以立方米计算。

（2）砖砌栏板按设计图示尺寸扣除混凝土压顶、柱所占的面积，以平方米计算。

（3）预制水磨石隔断板、窗台板，按设计图示尺寸以平方米计算。

（4）砖砌地沟不分沟底、沟壁按设计图示尺寸以立方米计算。

（5）石砌护坡按设计图示尺寸以立方米计算。

（6）乱毛石表面处理，按所处理的乱石表面积或延长米，以平方米或延长米计算。

（7）变压式排气道按其断面尺寸套用相应项目，以延长米计算工程量（楼层交接处的混凝土垫块及垫块安装灌缝已综合在子目中，不单独计算）。

（8）厕所蹲台、小便池槽、水槽腿、花台、砖墩、毛石墙的门窗砖立边和窗台虎头砖、锅台等定额未列的零星项目，按设计图示尺寸以立方米计算，套用零星砌体项目。

第三节　工程量计算及定额应用

一、砌砖、砌石、砌块

[例3-1]　某工程基础平面图及详图如图3-9所示，砖基础采用M5.0的水泥砂浆砌筑标准砖，毛石基础采用M5.0的水泥砂浆砌筑，试计算基础工程量及费用。

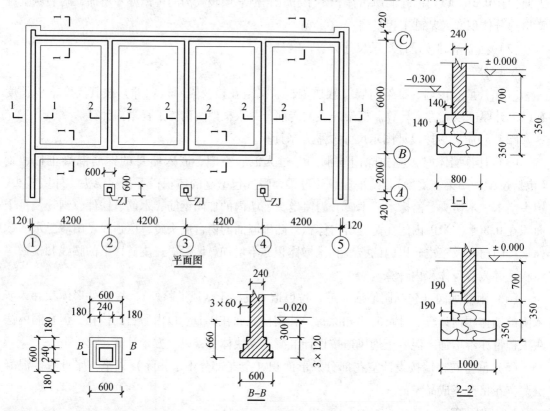

图3-9　某工程基础示意图

分析：本工程的条形基础（±0.00）虽然采用了毛石和标准砖两种不同的材料，但是毛石和标准砖的分界线在±0.00以下700mm处，显然超过了300mm，所以基础和墙体的分界线仍然是±0.000，也就是±0.000以上是墙体，±0.000以下是毛石条基和砖条基。柱基础的基础和柱身都是砖同一种材料，所以柱基础和砖柱的分界线是−0.020，以上是柱，以下是基础。

解：（1）计算基数

$$L_{中} = (4.20m \times 4 - 0.24m) + (6.0m + 2.0m + 0.42m \times 2) \times 2 + 4.2m \times 3 = 46.84m$$

$$L_{内} = (6.0m - 0.24m) \times 3 = 17.28m$$

（2）毛石条基

1-1：$[0.80m \times 0.35m + (0.24m + 0.14m \times 2) \times 0.35m] \times 46.84m = 21.64m^3$

2-2：$[1.0m \times 0.35m + (1.0m - 0.19m \times 2) \times 0.35m] \times 17.28m = 9.80m^3$

毛石基础工程量小计：$21.64m^3 + 9.80m^3 = 31.44m^3$

M5.0 砂浆毛石基础　套 3-2-1　基价 = 1890.99 元/10m³

直接工程费：31.44m³ ÷ 10 × 1890.99 元/m³ = 5945.27 元

（3）砖条基

工程量：（46.84m + 17.28m）× 0.70m × 0.24m = 10.77m³

M5.0 砂浆砖基础　套 3-1-1　基价 = 2605.28 元/10m³

直接工程费：10.77m³ ÷ 10 × 2605.28 元/m³ = 2805.89 元

（4）柱基础

工程量：[0.60m × 0.60m + (0.60m − 0.06m × 2)² + (0.24m + 0.06m × 2)²] × 0.12m × 3 + 0.24m × 0.24m × 0.30m × 3 = 0.31m³

M5.0 砂浆砖基础　套 3-1-1　基价 = 2605.28 元/10m³

直接工程费：0.31m³ ÷ 10 × 2605.28 元/m³ = 80.76 元

[例 3-2]　某工程如图 3-10 所示，毛石基础与砖分界线为 −0.20m，门窗过梁断面为 240mm × 180mm，墙体厚度 240mm，采用 M5.0 混浆砌筑，无圈梁，计算砖墙工程量及费用。

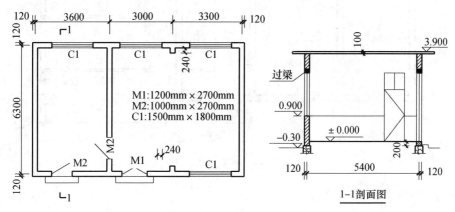

图 3-10　某工程示意图

分析：当基础与墙身使用不同材料，且分界线位于设计室内地坪 300mm 以内时，300mm 以内部分并入相应墙身工程量内计算。

解：（1）计算基数

$$L_中 = (3.6m + 3.0m + 3.3m + 6.3m) × 2 = 32.40m$$

$$L_内 = 6.3m − 0.24m = 6.06m$$

（2）门窗面积

$$1.20m × 2.7m + 1.0m × 2.7m × 2 + 1.5m × 1.8m × 4 = 19.44m²$$

（3）过梁体积

$$0.24m × 0.18m × (1.2m + 1.0m × 2 + 1.5m × 4 + 0.25m × 2 × 7) = 0.55m³$$

（4）墙体高度

$$3.90m − 0.10m + 0.20m = 4.00m$$

（5）墙体工程量

$$[(32.40m + 6.06m + 0.24m × 2) × 4.00m − 19.44m²] × 0.24m − 0.55m³ = 32.17m³$$

M5.0 混浆砌 240 砖墙　套 3-1-14　基价 = 2809.78 元/10m³

直接工程费：32.17m³ ÷ 10 × 2809.78 元/m³ = 9039.06 元

说明：过梁按体积计算，长度按设计规定计算，设计无规定时，按门窗洞口宽度，两端各加 250mm 计算。

[例 3-3]　某工程如图 3-11 所示，内外墙厚均为 240mm，外墙（含女儿墙）采用机制标准红砖，内墙采用黏土多孔砖，内外墙均采用 M5.0 混浆砌筑。M1 = 1200mm × 2700mm 共 1 个，M2 = 1000mm × 2100mm 共 6 个，C1 = 1500mm（宽）× 1800mm（高）共 5 + 6 + 6 = 17 个，内外墙均设圈梁 3 道，断面为 300mm × 240mm，遇窗户以圈梁代过梁，楼板圈梁整体现浇，M1、M2 过梁断面 240mm × 180mm，女儿墙总高 1000mm，其中混凝土压顶厚 50mm。

计算墙体直接工程费。

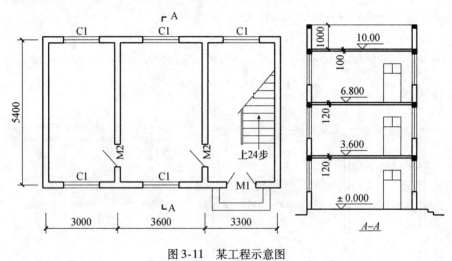

图 3-11　某工程示意图

解：（1）基数

$$L_中 = (3.0m + 3.6m + 3.3m + 5.4m) × 2 = 30.60m$$

$$L_内 = (5.4m - 0.24m) × 2 = 10.32m$$

（2）普通砖墙（外墙）

高度：10.0m + 1.0m - 0.30m × 3 - 0.05m = 10.05m

门窗面积：1.2m × 2.70m + 1.50m × 1.80m × 17 = 49.14m²

M1 过梁体积：(1.20m + 0.25m × 2) × 0.24m × 0.18m = 0.07m³

普通砖墙工程量：(30.60m × 10.05m - 49.14m²) × 0.24m - 0.07m³ = 61.94m³

M5.0 混浆砌 240 砖墙　套 3-1-14　基价 = 2809.78 元/10m³

直接工程费：61.94m³ ÷ 10 × 2809.78 元/m³ = 17403.78 元

（3）黏土多孔砖（内墙）

高度：10.0m - 0.30m × 3 = 9.10m

M2 面积：1.0m × 2.10m × 6 = 12.60m²

M2 过梁体积：(1.00m + 0.25m × 2) × 0.24m × 0.18m × 6 = 0.39m³

黏土多孔砖墙工程量：(10.32m × 9.10m - 12.60m²) × 0.24m - 0.39m³ = 19.12m³

黏土多孔砖墙（240mm）　套 3-3-7　基价 = 2684.18 元/10m³

直接工程费：19.12m³ ÷ 10 × 2684.18 元/m³ = 5132.15 元

[**例3-4**] 乱毛石挡土墙如图3-12所示，采用M5.0水泥砂浆砌筑，计算挡土墙及基础费用。

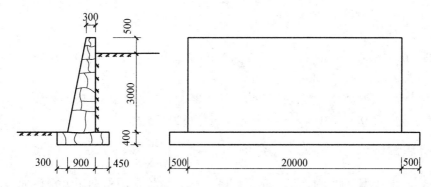

图3-12 乱毛石挡土墙示意图

解：（1）基础

工程量：（0.30m + 0.90m + 0.45m）× 0.40m × （20.0m + 0.50m × 2）= 13.86m³

M5.0 砂浆毛石基础 套3-2-1 基价 = 1890.99 元/10m³

直接工程费：13.86m³ ÷ 10 × 1890.99 元/m³ = 2620.91 元

（2）挡土墙

工程量：（0.30m + 0.90m）×（3.0m + 0.50m）÷ 2 × 20.0m = 42.00m³

乱毛石挡土墙 套3-2-3 基价（换）

1990.35 元/10m³ - 3.93 ×（164.25 - 156.95）元/10m³ = 1961.66 元/10m³

直接工程费：42.00m³ ÷ 10 × 1961.66 元/10m³ = 8238.97 元

[**例3-5**] 某平房如图3-13所示，设计室内地坪以下为毛石混凝土基础，外墙采用M5.0混浆黏土多孔砖砌筑，厚为240mm，内墙采用M5.0混浆加气混凝土块（585mm × 240mm × 240mm）砌筑，现浇屋面板下设顶圈梁一道（只设外墙）断面尺寸240mm × 200mm，过梁断面尺寸为240mm × 180mm。试计算墙体工程量及费用。

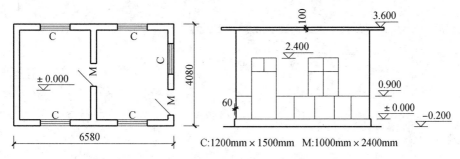

C:1200mm × 1500mm M:1000mm × 2400mm

图3-13 某平房示意图

解：（1）黏土多孔砖外墙

$$L_{中} = （6.58m + 4.08m）× 2 - 4 × 0.24m = 20.36m$$

门窗面积：1.0m × 2.40m + 1.2m × 1.5m × 5 = 11.40m²

过梁体积：0.24m × 0.18m ×（1.0m + 1.2m × 5 + 0.25m × 2 × 6）= 0.43m³

81

外墙体积：$[20.36m \times (3.60m - 0.10m - 0.20m) - 11.40m^2] \times 0.24m - 0.43m^3$
$$= 12.96m^3$$

M5.0 混合砂浆黏土多孔砖 240 墙　套 3-3-7　基价 =2684.18 元/10m³

直接工程费：$12.96m^3 \div 10 \times 2684.18$ 元/10m³ = 3478.70 元

（2）加气混凝土内墙

$[(4.08 - 0.24m \times 2) \times (3.6m - 0.1m) - 1.0m \times 2.4m] \times 0.24m - 0.24m \times 0.18m \times$
$(1.0m + 0.25m \times 2) = 2.38m^3$

M5.0 混合砂浆加气混凝土砌块墙 240　套 3-3-26　基价 =2185.78 元/10m³

直接工程费：$2.38m^3 \div 10 \times 2185.78$ 元/10m³ = 520.22 元

二、轻质墙板

[例 3-6]　某小型车间平面图，如图 3-14 所示，屋顶采用彩钢压型板屋面，内外墙平均高度为 3.860m，外墙窗台（900mm）以下采用厚 240mm 黏土多孔砖砌筑，窗台以上采用厚 200mm 双层彩钢压型钢板（内填聚苯乙烯），内墙室内地坪 900mm 以下黏土多孔砖砌筑厚 240mm，以上为 100mm 厚的硅镁多孔板墙。试计算轻质墙板的工程量及费用。

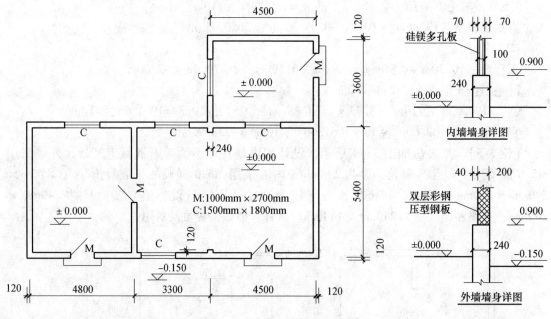

图 3-14　某小型车间示意图

分析：轻质墙板按设计图示尺寸以平方米计算。

解：（1）外墙

彩钢压型板墙的中心线

$L_{中} = (4.8m + 3.3m + 4.5m + 5.4m + 3.6m) \times 2 + 4 \times 0.24m - 4 \times 0.20m = 43.36m$

门窗面积：$1.0m \times (2.7m - 0.9m) \times 3 + 1.5m \times 1.8m \times 4 = 16.20m^2$

墙体高度：3.86m − 0.90m = 2.96m

外墙面积：$43.36m \times 2.96m - 16.20m^2 = 112.15m^2$

聚苯乙烯彩钢板墙厚 150mm　套 3-4-32　基价 = 2598.80 元/10m²

直接工程费：112.15m² ÷ 10 × 2598.80 元/10m² = 29145.54 元

聚苯乙烯彩钢板墙每增减 25mm　套 3-4-33　基价（换）

$$112.86 \text{ 元/10m}^2 \times 2 = 225.72 \text{ 元/10m}^2$$

直接工程费：112.15m² ÷ 10 × 225.72 元/10m² = 2531.45 元

（2）内墙

$$L_内 = 5.4m + 0.24m - 0.20m \times 2 = 5.24m$$

墙体高度：3.86m - 0.90m = 2.96m

内墙面积：5.24m × 2.96m - 1.0m × (2.7m - 0.90m) - 1.5m × 1.8m = 11.01m²

硅镁多孔板墙板厚 100mm　套 3-4-17　基价 1365.39 元/10m²

直接工程费：11.01m² ÷ 10 × 1365.39 元/10m² = 1503.29 元

三、综合应用

[例 3-7]　某建筑物基础平面图、基础详图如图 3-15 所示，试完成下列题目。

1. 从 1-1、2-2、3-3 基础断面图可以看出，基槽开挖深度为＿＿＿＿，土质为普通土时，是否需要放坡＿＿＿＿。垫层宽度分别为＿＿＿＿、＿＿＿＿、＿＿＿＿。该题垫层材料为＿＿＿＿，＿＿＿＿（是否）留工作面，＿＿＿＿（是否）需要放坡。计算基数 $L_中$、$L_净$、$L_内$。

2. 计算基槽长度时，外墙基槽按＿＿＿＿＿＿＿＿＿＿，内墙基槽按＿＿＿＿＿＿＿＿＿＿。

3. 机械挖基槽时，＿＿＿＿的工程量属于机械挖土，＿＿＿＿的工程量属于人工挖土，人工挖土套用相应定额时乘以系数＿＿＿＿。假设土质为普通土，反铲挖土机挖土并将土弃于槽边 1.0m 以外，计算基槽开挖土方量，确定定额子目，并计算直接工程费。

4. 定额中垫层按＿＿＿＿垫层编制，该题为＿＿＿＿垫层，套用定额时，人工、机械分别乘以系数＿＿＿＿。

5. 计算垫层工程量，确定定额项目，并计算直接工程费。

6. 计算基础（M5.0 水泥砂浆砌筑）工程量，确定定额项目，并计算直接工程费。

7. 若该工程场地平整为机械平整，计算场地平整工程量，并计算直接工程费。

8. 阅读图 3-15 可得：建筑物室内外高差为＿＿＿＿，假设屋面板板顶标高为 19.20m，计算竣工清理工程量，确定定额项目，并计算直接工程费。

解： 1. 填空：0.99m、不需要、1000mm、1200mm、900mm、3:7 灰土、不留。

计算基数

$$L_中 = (2.4m/2 + 5.4m + 3.9m \times 2 + 4.5m + 1.5m \times \sqrt{2} + 2.4m/2 + 5.4m - 1.5m) \times 2$$
$$= 52.24m$$

或：$L_中 = (13.80m + 13.20m) \times 2 - (2 - \sqrt{2}) \times 1.5m \times 2 = 52.24m$

$L_{(2-2)净} = (5.4m - 1.0m/2 - 0.9m/2) \times 4 + 2.4m + 0.9m = 21.1m$

$L_{(3-3)净} = (3.9m \times 2 - 1.0m/2 - 1.2m/2) \times 2 = 13.40m$

$L_{(2-2)内} = 13.2m \times 2 - 0.24m \times 2 - (2.4m + 0.24m) = 23.28m$

$L_{(3-3)内} = (3.9m \times 2 - 0.24m) \times 2 = 15.12m$

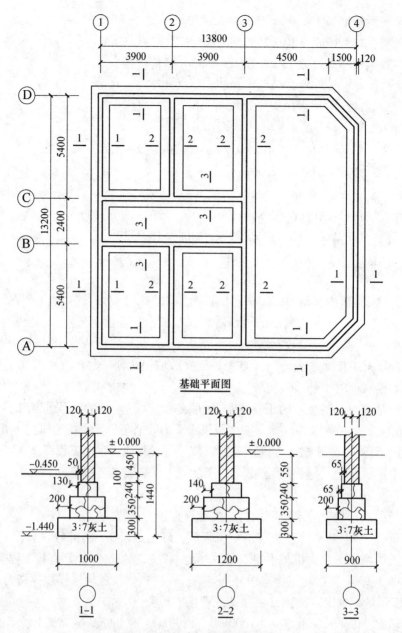

图 3-15 某建筑物基础示意图

2. 填空：设计外墙中心线（$L_{中}$）长度计算、设计内墙垫层净长度（$L_{净}$）计算。

3. 填空：95%、5%、2。

基槽挖土

$$L_{(1-1)挖} = 52.24m \times 1.0m \times (1.44m - 0.45m) = 51.72m^3$$

$$L_{(2-2)挖} = 21.1m \times 1.2m \times (1.44m - 0.45m) = 25.07m^3$$

$$L_{(3-3)挖} = 13.40m \times 0.9m \times (1.44m - 0.45m) = 11.94m^3$$

$$V_{总} = 51.72m^3 + 25.07m^3 + 11.94m^3 = 88.73m^3$$

机械挖土土量 $88.73\text{m}^3 \times 95\% = 84.29\text{m}^3$

机械挖沟槽（普通土）　套1-3-12　基价 $= 27.72$ 元/10m^3

直接工程费：$84.29\text{m}^3 \div 10 \times 27.72$ 元/10m$^3 = 233.65$ 元

人工挖土工程量：$88.73\text{m}^3 \times 5\% = 4.44\text{m}^3$

人工挖沟槽　套1-2-10　基价（换）

$$171.15 \text{ 元/10m}^3 \times 2 = 342.30 \text{ 元/10m}^3$$

直接工程费：$4.44\text{m}^3 \div 10 \times 342.30$ 元/10m$^3 = 151.98$ 元

4. 填空：地面、条形基础、1.05。

5. 垫层

$$V_{(1-1)} = 1.0\text{m} \times 0.3\text{m} \times 52.24\text{m} = 15.67\text{m}^3$$

$$V_{(2-2)} = 21.1\text{m} \times 1.2\text{m} \times 0.3\text{m} = 7.60\text{m}^3$$

$$V_{(3-3)} = 13.4\text{m} \times 0.9\text{m} \times 0.3\text{m} = 3.62\text{m}^3$$

$$V_{总} = 15.67\text{m}^3 + 7.60\text{m}^3 + 3.62\text{m}^3 = 26.89\text{m}^3$$

3:7 灰土　套2-1-1　基价（换）

$$1268.41 \text{ 元/10m}^3 + 0.05 \times (443.61 + 12.05) \text{ 元/10m}^3 = 1291.19 \text{ 元/10m}^3$$

直接工程费：$26.89\text{m}^3 \div 10 \times 1291.19$ 元/10m$^3 = 3472.01$ 元

6. 基础

（1）毛石基础

$$V_{1-1} = [(1.0\text{m} - 0.2\text{m} \times 2) \times 0.35\text{m} + (0.24\text{m} + 0.05\text{m} \times 2) \times 0.24\text{m}] \times 52.24\text{m} = 15.23\text{m}^3$$

$$V_{2-2} = [(1.2\text{m} - 0.2\text{m} \times 2) \times 0.35\text{m} + (0.24\text{m} + 0.14\text{m} \times 2) \times 0.24\text{m}] \times 23.28\text{m} = 9.42\text{m}^3$$

$$V_{3-3} = [(0.9\text{m} - 0.4\text{m}) \times 0.35\text{m} + (0.24\text{m} + 0.065\text{m} \times 2) \times 0.24\text{m}] \times 15.12\text{m} = 3.99\text{m}^3$$

小计：$15.23\text{m}^3 + 9.42\text{m}^3 + 3.99\text{m}^3 = 28.64\text{m}^3$

M5.0 水泥浆砌毛石基础　套3-2-1　基价 $= 1890.99$ 元/10m^3

直接工程费：$28.64\text{m}^3 \div 10 \times 1890.99$ 元/10m$^3 = 5415.80$ 元

（2）砖基础

$$V = 0.24\text{m} \times 0.55\text{m} \times (52.24\text{m} + 23.28\text{m} + 15.12\text{m}) = 11.96\text{m}^3$$

M5.0 水泥浆砌砖基础　套3-1-1　基价 $= 2605.28$ 元/10m^3

直接工程费：$11.96\text{m}^3 \div 10 \times 2605.28$ 元/10m$^3 = 3115.91$ 元

7. 平整场地

$L_{外} = L_{中} + 0.24\text{m} \times 4 = 52.24\text{m} + 0.96\text{m} = 53.20\text{m}$

$S_{底} = (13.8\text{m} + 0.24\text{m}) \times (13.2\text{m} + 0.24\text{m}) - 1.5\text{m} \times 1.5\text{m}$
$= 186.45\text{m}^2$

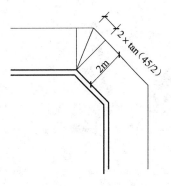

（1）粗算：$S_{平} = S_{底} + L_{外} \times 2 + 16 = 186.45\text{m}^2 + 53.2\text{m} \times 2.0\text{m} + 16\text{m}^2 = 308.85\text{m}^2$

（2）精算：场地平整范围如图3-16所示

$S_{平} = 186.45\text{m}^2 + 53.2\text{m} \times 2.0\text{m} + 8\text{m}^2$

$+ 2.0\text{m} \times 2.0\text{m} \times \tan(45/2) \times 4 = 307.48\text{m}^2$

图3-16　场地平整范围示意图

机械场地平整　套1-4-2　基价 $=5.34$ 元 $/10\text{m}^2$

直接工程费：$307.48\text{m}^2 \div 10 \times 5.34$ 元 $/10\text{m}^2 = 164.19$ 元

8. 填空：0.45m。

竣工清理

$$V = 186.45\text{m}^2 \times 19.2\text{m} = 3579.84\text{m}^3$$

竣工清理　套1-4-3　基价 $=8.48$ 元 $/10\text{m}^3$

直接工程费：$3579.84\text{m}^3 \div 10 \times 8.48$ 元 $/10\text{m}^3 = 3035.70$ 元

复习与测试

1. 基础与墙体如何来划分？

2. 墙体的高度与长度如何计算？

3. 轻质墙体怎样来计算？

4. 砖台阶和砖地沟怎样来计算？

5. 某工程如图 3-17 所示，毛石基础与砖分界线为 -0.20m，门窗过梁断面为 $240 \times 180\text{mm}$，采用 M5.0 混浆砌筑无圈梁，计算砖墙工程量及费用。

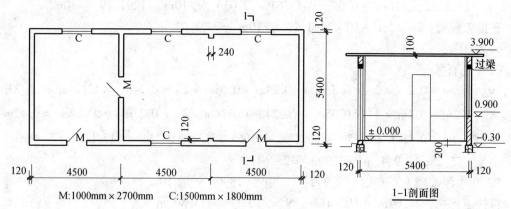

M:1000mm×2700mm　C:1500mm×1800mm

图 3-17　某工程示意图

86

第四章 钢筋及混凝土工程

第一节 钢筋工程定额说明及计算规则

一、定额说明及解释

1. 定额按钢筋的不同品种、规格,并按现浇构件钢筋、预制构件钢筋、预应力钢筋及箍筋分别列项。

2. 绑扎低碳钢丝、成型点焊和接头焊接用的电焊条已综合在定额项目内,不另行计算。

3. 预应力构件中非预应力钢筋按预制钢筋相应项目计算。

4. 非预应力钢筋不包括冷加工,如设计要求冷加工时,另行计算。

5. 预应力钢筋如设计要求人工时效处理时,另行计算。

6. 后张法钢筋的锚固是按钢筋帮条焊、U形插垫编制的。如采用其他方法锚固时,可另行计算。

7. 下表所列构件,其钢筋可按表4-1系数调整人工、机械用量。

表4-1 钢筋系数调整表

项目	预制构件钢筋		现浇构件钢筋	
系数范围	拱梯型屋架	托架梁	小型构件(或小型池槽)	构筑物
人工、机械调整系数	1.16	1.05	2	1.25

8. 防护工程的钢筋锚杆,护壁钢筋、钢筋网,执行现浇构件钢筋子目。

9. 冷轧扭钢筋,执行冷轧带肋钢筋子目。

10. 现浇构件箍筋采用Ⅱ级钢时,执行现浇构件Ⅰ级钢箍筋子目,换算钢筋种类,机械乘以系数1.25。

11. Ⅰ级钢筋电渣压力焊接头,执行Ⅱ级钢筋电渣压力焊接头子目,换算钢筋种类,其他不变。

12. 预制混凝土构件中,不同直径的钢筋点焊成一体时,按各自的直径计算钢筋工程量,按不同直径的钢筋的总工程量,执行最小直径钢筋的点焊子目;如果最大与最小的钢筋直径比大于2时,最小直径钢筋点焊子目的人工乘以系数1.25。

13. 钢筋机械连接的接头,按设计规定计算。设计无规定时,按施工规范或施工组织设计规定的实际数量计算。

14. 铁件的设计用量,按第七章金属结构制作工程量的规则计算。

15. 砌体加固筋,定额按焊接连接编制。实际采用非焊接方式连接时,不得调整。

二、工程量计算规则

1. 钢筋工程,应区分现浇、预制构件,不同钢种和规格;计算时分别按设计长度乘单位理论质量，以吨计算。钢筋电渣压力焊接、套筒挤压等接头，以个计算。

2. 计算钢筋工程量时，设计规定钢筋搭接的，按规定搭接长度计算；设计未规定的钢筋锚固、定尺长度的钢筋连接等结构性搭接，按施工规范规定计算；设计、施工规范均未规定的，已包括在钢筋损耗率中，不另行计算。

3. 钢筋的混凝土保护层厚度，按设计规定计算。设计无规定时，按施工规范规定计算。

混凝土保护层厚度是指最外层钢筋外缘至混凝土表面的距离。设计无规定时，根据 11G101 国标图集规定：一类环境，板和墙取 15mm，柱和梁取 20mm，基础底面钢筋保护层有垫层时取 40mm，无垫层时取 70mm。

4. 钢筋的弯钩增加长度和弯起增加长度，按设计规定计算。

5. 箍筋长度（外皮计算）：箍筋长度 = 构件截面周长 − 8 × 保护层 + 2 × 钩长

6. 钢筋单位理论质量：钢筋每米理论质量 $= 0.006165 \times d^2$（d 为钢筋直径），或直接查表 4-2 可得。

表 4-2　钢筋单位理论质量表

钢筋直径（d）	4	6.5	8	10	12	14	16
理论质量（kg/m）	0.099	0.260	0.395	0.617	0.888	1.208	1.578
钢筋直径（d）	18	20	22	25	28	30	32
理论质量（kg/m）	1.998	2.466	2.984	3.850	4.830	5.550	6.310

7. 已执行了本章钢筋接头子目的钢筋连接，其连接长度，不另行计算。

8. 施工单位为了节约材料所发生的钢筋搭接，其连接长度或钢筋接头不另行计算。

9. 先张法预应力钢筋，按构件外形尺寸计算长度；后张法预应力钢筋按设计规定的预应力钢筋预留孔道长度，并区别不同的锚具类型，分别按下列规定计算：

（1）低合金钢筋两端采用螺杆锚具时，预应力钢筋按预留孔道长度减 0.35m，螺杆另行计算。

（2）低合金钢筋一端采用镦头插片，另一瑞为螺杆锚具时，预应力钢筋长度按预留孔道长度计算，螺杆另行计算。

（3）低合金钢筋一端采用镦头插片，另一瑞采用帮条锚具时，预应力钢筋长度增加 0.15m；两端均采用帮条锚固时，预应力钢筋长度共增加 0.3m。

（4）低合金钢筋采用后张混凝土自锚时，预应力钢筋长度增加 0.35m。

（5）低合金钢筋或钢绞线采用 JM、XM、QM 型锚具，孔道长度在 20m 以内时，预应力钢筋长度增加 1m；孔道长在 20m 以上时，预应力钢筋长度增加 1.8m。

10. 马凳，设计有规定的按设计规定，设计无规定时，马凳的材料应比底板钢筋降低一个规格，长度按底板厚度的 2 倍加 200mm 计算，每平方米 1 个，计入钢筋总量。

11. 墙体扣结 S 钩，设计有规定的按设计规定，设计无规定按 Φ8 钢筋，长度按墙厚加 150mm 计算，每平方米 3 个，计入钢筋总量。

12. 砌体加固钢筋按设计用量以吨计算。

13. 锚喷护壁钢筋、钢筋网按设计用量以吨计算。

14. 混凝土构件预埋铁件工程量，按设计图纸尺寸，以吨计算。

第二节　钢筋工程量计算

一、概述

1. 混凝土构件的锚固分为直锚和弯锚两种，当设计无规定时，在条件允许的情况下优先采用直锚。受拉钢筋基本锚固长度 l_{ab}、l_{abE} 见表 4-3。

表 4-3　受拉钢筋基本锚固长度 l_{ab}、l_{abE}

钢筋种类	抗震等级	混凝土强度等级				
		C20	C25	C30	C35	C40
HPB300	一、二级（l_{abE}）	$45d$	$39d$	$35d$	$32d$	$29d$
	三级（l_{abE}）	$41d$	$36d$	$32d$	$29d$	$26d$
	四级（l_{abE}） 非抗震（l_{ab}）	$39d$	$34d$	$30d$	$28d$	$25d$
HRB335 HRBF335	一、二级（l_{abE}）	$44d$	$38d$	$33d$	$31d$	$29d$
	三级（l_{abE}）	$40d$	$35d$	$31d$	$28d$	$26d$
	四级（l_{abE}） 非抗震（l_{ab}）	$38d$	$33d$	$29d$	$27d$	$25d$
HRB400 HRBF400 RRB400	一、二级（l_{abE}）	—	$46d$	$40d$	$37d$	$33d$
	三级（l_{abE}）	—	$42d$	$37d$	$34d$	$30d$
	四级（l_{abE}） 非抗震（l_{ab}）		$40d$	$35d$	$32d$	$29d$

注：在本书中 HPB300 钢筋用"Φ"表示；HRB335 钢筋用"Φ"表示；HRB400 钢筋用"Φ"表示。

受拉钢筋锚固长度 l_a、抗震锚固长度 l_{aE} 见表 4-4。

表 4-4　受拉钢筋锚固长度 l_a、抗震锚固长度 l_{aE}

非抗震	抗震	1. 不应小于 200mm。
$l_a = \zeta_a l_{ab}$	$l_{aE} = \zeta_{aE} l_a$	2. 锚固长度修正系数 ζ_a 按表 4-5 取用，当多于一项时，可按连乘计算，但不应小于 0.6。 3. ζ_{aE} 为抗震锚固长度修正系数，对一、二抗震等级取 1.15，对三级抗震等级取 1.05，对四级抗震等级取 1.00。

受拉钢筋锚固长度修正系数 ζ_a 见表 4-5。

表 4-5　受拉钢筋锚固长度修正系数 ζ_a

锚固条件		ζ_a	
带肋钢筋的公称直径大于 25mm		1.10	—
环氧树脂涂层带肋钢筋		1.25	
施工过程中易受扰动的钢筋		1.10	
锚固区保护层厚度	$3d$	0.80	中间时按内插取值
	$5d$	0.70	d 为锚固钢筋直径

注：1. HPB300 级钢筋末端应做 180°弯钩，弯后平直段长度不应小于 $3d$，但作受压钢筋时可不做弯钩。

2. 当锚固钢筋的保护层厚度不大于 $5d$ 时，锚固长度范围内应设置横向构造钢筋，其直径不应小于 $d/4$（d 为锚固钢筋的最大直径）；对梁、柱等构件间距不应大于 $5d$，对板、墙等构件间距不应大于 $10d$，且均不应大于 100mm（d 为锚固钢筋的最小直径）。

3. 当受拉钢筋不符合以上各种情况时，锚固长度修正系数 ζ_a 取 1.0。

2. 纵向受拉钢筋绑扎搭接长度见表4-6。

表4-6 纵向受拉钢筋绑扎搭接长度

纵向受拉钢筋绑扎搭接长度 l_{lE}，l_l			1. 当不同直径的钢筋搭接时，其 l_{lE}、l_l 按直径较小的钢筋计算。
抗震	非抗震		
$l_{lE} = \zeta_l l_{aE}$	$l_l = \zeta_l l_a$		2. 在任何情况下 l_l 不得小于300mm。
纵向受拉钢筋搭接长度修正系数 ζ_l			3. 式中 ζ_l 为纵向受拉钢筋搭接长度修正系数。当纵向钢筋搭接接头百分率为表的中间值时，可按内插取值。
纵向搭接钢筋接头面积百分率（%）	≤25	50	100
ζ_l	1.2	1.4	1.6

说明：本教材在例题中若不特别指明钢筋的定尺长度和连接方式，计算钢筋长度时就不考虑钢筋的搭接长度；若例题中明确指明钢筋的定尺长度和搭接方式，这时就计算钢筋的搭接长度。

3. 梁、柱、剪力墙箍筋和拉筋弯钩构造如图4-1所示。

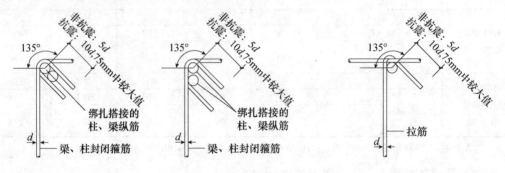

封闭箍筋和拉筋弯钩构造详图

图4-1 梁、柱、剪力墙箍筋和拉筋弯钩构造图
注：1. 拉筋紧靠纵向钢筋并勾住箍筋。2. 箍筋、拉筋135°弯曲增加值为1.9d。

分析：由上图可知，当箍筋直径<7.5mm时，箍筋的平直段长度应取75mm，比如Φ6.5的箍筋；当箍筋直径≥7.5mm时，箍筋的平直段长度取10d，加上135°弯曲增加值1.9d，这时单个箍筋弯钩长度可直接取11.9d。

说明：本书的箍筋和拉筋长度统一按外皮来计算。

4. 钢筋理论质量：钢筋每米理论质量 $= 0.006165 \times d^2$（d 为钢筋直径）或按表4-2计算。

二、基础钢筋计算

独立基础底板配筋如图4-2所示。

分析：由图4-2所示独立基础配筋可以得出以下几点：

（1）当独立基础底板长度<2500mm时，所有钢筋长度均按基础底板长度减去保护层即可。

（2）当独立基础底板长度≥2500mm时，除外侧钢筋外，底板配筋长度可缩短10%配置。

（3）当非对称独立基础底板长度≥2500mm，但该基础某侧从柱中心至基础底板边缘的距离<1250mm时，钢筋在该侧不应减短。

（4）计算钢筋根数时，起步距离为≤s/2且≤75mm。

[例4-1] 某工程的独立基础共16个，配筋如图4-3所示，保护层为40mm，试计算基础钢筋工程量及费用。

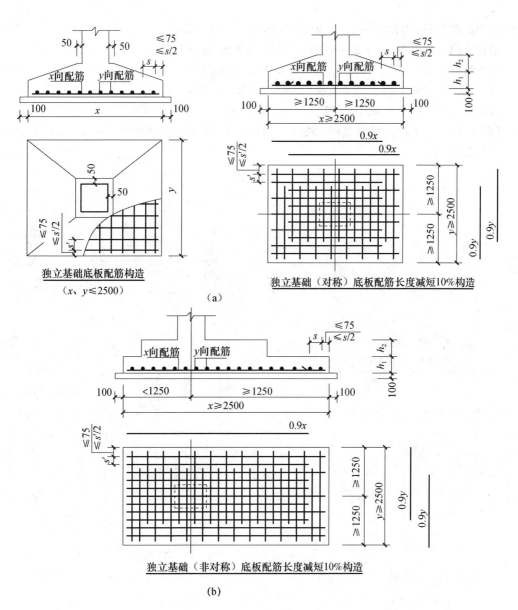

图 4-2 独立基础底板配筋图

（a）对称；（b）非对称

解：（1） Φ 18@ 150

单长： $1.45m - 0.10m \times 2 - 0.04m \times 2 + 2 \times 6.25 \times 0.018m = 1.40m$

起步距离判断： $0.15m \div 2 = 0.075m$ ，取 $0.075m$

根数： $(1.45m - 0.1m \times 2 - 0.075m \times 2) \div 0.15m/根 + 1 根 = 9 根$

工程量： $1.40m \times 9 \times 1.998kg/m \times 16 = 403kg = 0.403t$

现浇构件圆钢筋Φ18 套4-1-8 基价 = 5012.65 元/t

直接工程费： $0.403t \times 5012.65 元/t = 2020.10 元$

（2） Φ 14@ 200

单长： $1.45m - 0.10m \times 2 - 0.04m \times 2 + 2 \times 6.25 \times 0.014m = 1.35m$

起步距离判断：0.20m÷2 = 0.10m > 0.075m，取 0.075m

根数：(1.45m − 0.1m×2 − 0.075m×2)÷0.20m/根 + 1 根 = 7 根

工程量：1.35m×7×1.208kg/m×16 = 183kg = 0.183t

现浇构件圆钢筋Φ14　套 4-1-6　基价 = 5102.57 元/t

直接工程费：0.183t×5102.57 元/t = 933.77 元

[例 4-2]　某工程的独立基础如图 4-4 所示，共 12 个，保护层为 40mm，试计算基础钢筋工程量及费用。

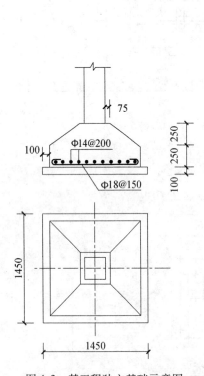

图 4-3　某工程独立基础示意图

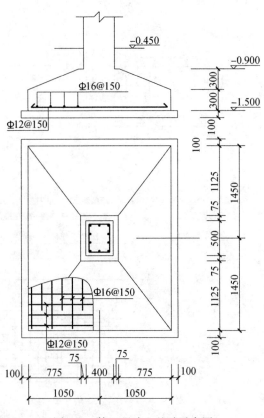

图 4-4　某工程独立基础示意图

解：(1) Φ12@150

单长：1.05m×2 − 0.04m×2 = 2.02m

起步距离判断：0.15mm÷2 = 0.075mm，取 0.075m

根数：(1.45m×2 − 0.075m×2)÷0.15m/根 + 1 根 = 20 根

工程量：2.02m×20×0.888kg/m×12 = 431kg = 0.431t

现浇构件螺纹钢筋Ⅱ级Φ12 套 4-1-13　基价 = 5236.10 元/t

直接工程费：0.431t×5236.10 元/t = 2256.76 元

(2) Φ16@150

1.45m×2 = 2.90m > 2.50m，中部钢筋长度可缩短 10% 配置

端部单长：1.45m×2 − 0.04m×2 = 2.82m

中部单长：1.45m×2×0.90 = 2.61m

92

起步距离判断：0.15mm÷2 = 0.075mm，取 0.075m

中部根数：（1.05m×2 - 0.075m×2 - 0.15m×2）÷0.15m/根 + 1 根 = 12 根

工程量：（2.82m×2 + 2.61m×12）×1.578kg/m×12 = 700kg = 0.700t

现浇构件螺纹钢筋Ⅱ级Φ16　套 4-1-15　基价 = 5015.68 元/t

直接工程费：0.700t×5015.68 元/t = 3510.98 元

三、梁内钢筋计算

1. 抗震楼层框架梁 KL 纵向钢筋构造如图 4-5 所示。

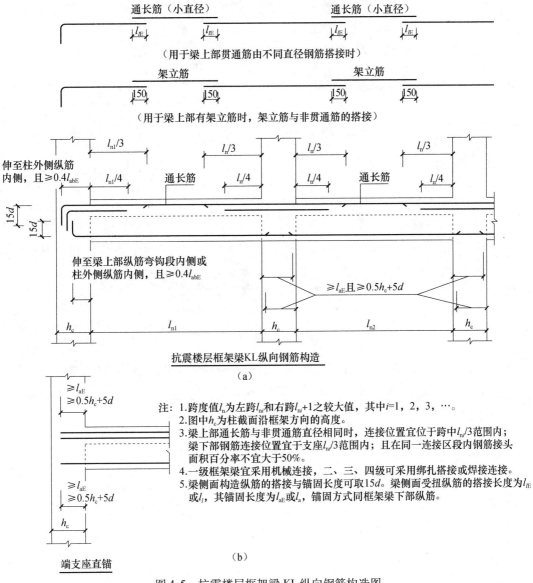

图 4-5　抗震楼层框架梁 KL 纵向钢筋构造图

（a）构造图；（b）端支座直锚

2. 抗震框架梁 KL、WKL 箍筋加密区范围如图 4-6 所示。

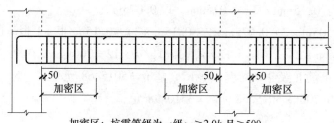

加密区：抗震等级为一级：≥2.0h_b且≥500

抗震等级为二~四级：≥1.5h_b且≥500

h_b：梁截面高度

弧形梁沿梁中心线展开，箍筋间距沿凸面线度量

抗震框架梁KL、WKL箍筋加密区范围

图4-6 抗震框架梁 KL、WKL 箍筋加密区范围示意图

3. KL、WKL 附加箍筋、附加吊筋、梁侧面纵向构造筋和拉筋构造如图 4-7 所示。

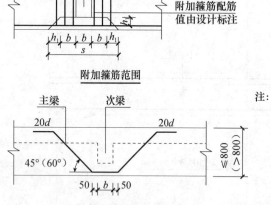

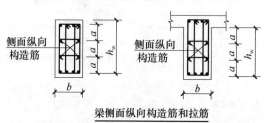

梁侧面纵向构造筋和拉筋

注：1. 当h_w≥450mm时，在梁的两个侧面应沿高度配置纵向构造钢筋；纵向构造钢筋间距a≤200mm。

2. 梁侧面配有不小于构造纵筋的受扭钢筋时，受扭钢筋可以代替构造纵筋。

3. 梁侧面构造纵筋的搭接与锚固长度可取15d。梁侧面受扭纵筋的搭接长度为l_{lE}或l_l，其锚固长度为l_{aE}或l_a，锚固方式同框架梁下部纵筋。

4. 当梁宽≤350mm时，拉筋直径为6mm，梁宽>350mm时，拉筋直径为8mm，拉筋间距为非加密区箍筋间距的2倍。当设有多排拉筋时，上下两排拉筋竖向错开设置。

图4-7 KL、WKL 附加箍筋、附加吊筋、梁侧面纵向构造筋和拉筋构造示意图

[**例4-3**] 某楼层框架梁平法配筋如图4-8 所示，钢筋计算条件见表4-7，侧面抗扭筋的拉筋为Φ6.5@300，试计算框架梁钢筋工程量并确定定额项目。

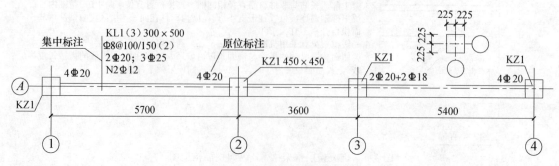

图4-8 某楼层框架梁平法配筋图

表 4-7 框架梁钢筋计算条件表

抗震等级	环境类别	混凝土强度等级	保护层厚度	定尺长度	
三	一	C30	20	6000	
连接方式	直径≥16mm 焊接，＜16mm 绑扎		钢筋搭接接头错开百分率（%）		≤25

KL1 配筋分析：（1）集中标注：楼层框架梁 KL1，5 跨，梁的宽度为 300mm，梁的高度 500mm；箍筋（2 肢箍）Φ8mm，加密区间距 100mm，非加密区间距 150mm；上部通长筋 2Φ20；下部通长筋 3Φ25；梁侧面通长抗扭钢筋 2Φ12。

（2）原位标注：原位标注钢筋数量含集中标注。从左边第 1 跨左支座筋为 4Φ20；第 1 跨右支座筋（第 2 跨左支座筋）为 4Φ20；第 2 跨右支座筋（第 3 跨左支座筋）两边角筋为 2Φ20 中间 2Φ18；第 3 跨右支座筋为 4Φ20。

解：（1）上部通长筋 2Φ20

端部锚固判断：据已知条件，查表 4-3 得：$l_{ab} = 35d$；查表 4-4 得：$\zeta_{aE} = 1.05$；查表 4-5 得：$\zeta_a = 1.0$。

KL1 端部直锚长度：$l_a = \zeta_a l_{ab} = 1.0 \times 35d = 35d$

$l_{aE} = \zeta_{aE} l_a = 1.05 \times 35d = 37d = 37 \times 0.020\text{m} = 0.74\text{m}$

支座 KZ1 允许的直锚长度 $0.45\text{m} - 0.02\text{m} = 0.43\text{m}$，$0.74\text{m} > 0.43\text{m}$，故采取弯锚。

支座锚固长度：$0.45\text{m} - 0.020\text{m} + 15 \times 0.020\text{m} = 0.73\text{m}$

KL1 净长：$5.7\text{m} + 3.6\text{m} + 5.4\text{m} - 0.45\text{m} = 14.25\text{m}$

搭接次数：$(14.25\text{m} + 0.73\text{m} \times 2) \div 6.0\text{m} = 2.62$，接头取 2 个

钢筋直径 20mm＞16mm，采用焊接，不考虑搭接长度

单根总长：$14.25\text{m} + 0.73\text{m} \times 2 = 15.71\text{m}$

（2）下部通长筋 3Φ25

端部锚固判断：由上部通长筋 2Φ20 的锚固可知，下部通长筋 3Φ25 端部也取弯锚。

支座锚固长度：$0.45\text{m} - 0.020\text{m} + 15 \times 0.025\text{m} = 0.81\text{m}$

KL1 净长：$5.7\text{m} + 3.6\text{m} + 5.4\text{m} - 0.45\text{m} = 14.25\text{m}$

搭接次数：$(14.25\text{m} + 0.81\text{m} \times 2) \div 6.0\text{m} = 2.65$，接头取 2 个

钢筋直径 25mm＞16mm，采用焊接，不考虑搭接长度

单根总长：$14.25\text{m} + 0.81\text{m} \times 2 = 15.87\text{m}$

（3）第 1 跨左支座筋 2Φ20

支座锚固长度：$0.45\text{m} - 0.020\text{m} + 15 \times 0.020\text{m} = 0.73\text{m}$

第 1 跨净长：$5.70\text{m} - 0.45\text{m} = 5.25\text{m}$

单根总长：$1/3 \times 5.25\text{m} + 0.73\text{m} = 2.48\text{m} < 6.0\text{m}$，不需搭接

（4）第 1 跨右支座筋 2Φ20

第 1 跨净长：$5.70\text{m} - 0.45\text{m} = 5.25\text{m} >$ 第 2 跨净长：$3.60\text{m} - 0.45\text{m} = 3.15\text{m}$，取 5.25m

单根总长：$2/3 \times 5.25\text{m} + 0.45\text{m} = 3.95\text{m} < 6.0\text{m}$，不需搭接

（5）第 2 跨右支座筋 2Φ18

第 2 跨净长：$3.60\text{m} - 0.45\text{m} = 3.15\text{m} <$ 第 3 跨净长：$5.40\text{m} - 0.45\text{m} = 4.95\text{m}$，取 4.95m

单根总长：$2/3 \times 4.95\text{m} + 0.45\text{m} = 3.75\text{m} < 6.0\text{m}$，不需搭接

（6）第3跨右支座筋2Φ20

支座锚固长度：$0.45\text{m} - 0.020\text{m} + 15 \times 0.020\text{m} = 0.73\text{m}$

单根总长：$1/3 \times (5.4\text{m} - 0.45\text{m}) + 0.73\text{m} = 2.38\text{m} < 6.0\text{m}$，不需搭接

（7）侧面通长抗扭钢筋2Φ12

端部锚固判断：据已知条件，查表4-3得：$l_{ab} = 29d$；查表4-4得：$\zeta_{aE} = 1.05$；查表4-5得：$\zeta_a = 1.0$；查表4-6得：$\zeta_l = 1.2$。

KL1端部直锚长度：$l_a = \zeta_a l_{ab} = 1.0 \times 29d = 29d$

$l_{aE} = \zeta_{aE} l_a = 1.05 \times 29d = 31d = 31 \times 0.012\text{m} = 0.37\text{m}$

支座KZ1允许的直锚长度$0.45\text{m} - 0.02\text{m} = 0.43\text{m}$，$0.37\text{m} < 0.43\text{m}$，故采取直锚。

$\because 0.5h_c + 5d = 0.5 \times 0.45\text{m} + 5 \times 0.012\text{m}$

$\qquad\qquad = 0.285\text{m} < 0.37$

$\therefore$ 支座锚固长度：$l_{aE} = 0.37\text{m}$

KL1净长：$5.7\text{m} + 3.6\text{m} + 5.4\text{m} - 0.45\text{m} = 14.25\text{m}$

搭接次数：$(14.25\text{m} + 0.37\text{m} \times 2) \div 6.0\text{m} = 2.50$，搭接次数2次

钢筋直径12mm < 16mm，采用绑扎搭接，考虑搭接长度

已知条件，查表4-6得：$\zeta_l = 1.2$，$l_{lE} = \zeta_l l_{aE} = 1.2 \times 31d = 38d$

1次搭接长度$= 38 \times 0.012\text{m} = 0.46\text{m}$

单根总长：$14.25\text{m} + 0.37\text{m} \times 2 + 0.46\text{m} \times 2 = 15.91\text{m}$

（8）箍筋Φ8@100/150

单长：$(0.3\text{m} + 0.5\text{m}) \times 2 - 8 \times 0.020\text{m} + 11.9 \times 0.008\text{m} \times 2 = 1.63\text{m}$

箍筋数量

加密区范围：$1.5 \times 0.5\text{m} = 0.75\text{m} > 0.5\text{m}$，取0.75m

加密区总数量 $[(0.75\text{m} - 0.05\text{m}) \div 0.1\text{m/根} + 1\text{根}] \times 6 = (7\text{根} + 1\text{根}) \times 6 = 48\text{根}$

非加密区：第1跨数量 $(5.7\text{m} - 0.45\text{m} - 0.75\text{m} \times 2) \div 0.15\text{m/根} - 1\text{根} = 24\text{根}$

第2跨数量 $(3.6\text{m} - 0.45\text{m} - 0.75\text{m} \times 2) \div 0.15\text{m/根} - 1\text{根} = 10\text{根}$

第3跨数量 $(5.4\text{m} - 0.45\text{m} - 0.75\text{m} \times 2) \div 0.15\text{m/根} - 1\text{根} = 22\text{根}$

箍筋数量小计：$48\text{根} + 24\text{根} + 10\text{根} + 22\text{根} = 104\text{根}$

（9）拉筋Φ6.5@300

说明：当拉筋直径<7.5mm时，箍筋的平直段长度应取75mm，弯钩部分弯曲增加值1.9d。

单长：$0.30\text{m} - 2 \times 0.020\text{m} + (1.9 \times 0.0065\text{m} + 0.075\text{mm}) \times 2 = 0.43\text{m}$

拉筋数量

第1跨数量 $(5.7\text{m} - 0.45\text{m} - 0.05\text{m} \times 2) \div 0.30\text{m/根} + 1\text{根} = 19\text{根}$

第2跨数量 $(3.6\text{m} - 0.45\text{m} - 0.05\text{m} \times 2) \div 0.30\text{m/根} + 1\text{根} = 12\text{根}$

第3跨数量 $(5.4\text{m} - 0.45\text{m} - 0.05\text{m} \times 2) \div 0.30\text{m/根} + 1\text{根} = 18\text{根}$

拉筋数量小计：$19\text{根} + 12\text{根} + 18\text{根} = 49\text{根}$

（10）钢筋工程量统计

Φ12 工程量：$15.91\text{m} \times 2 \times 0.888\text{kg/m} = 28\text{kg} = 0.028\text{t}$

现浇构件螺纹钢筋Ⅱ级Φ12 套4-1-13 基价$= 5236.10$ 元/t

Φ18 工程量：$3.75\text{m} \times 2 \times 1.998\text{kg/m} = 15\text{kg} = 0.015\text{t}$

现浇构件螺纹钢筋Ⅲ级Φ18 套4-1-109 基价$= 5067.25$ 元/t

$\Phi 20$ 工程量：$(15.71\text{m}\times2+2.48\text{m}\times2+3.95\text{m}\times2+2.38\text{m}\times2)\times2.466\text{kg/m}=121\text{kg}$
$\qquad\qquad=0.121\text{t}$

现浇构件螺纹钢筋Ⅲ级$\Phi 20$　套 4-1-110　基价 = 5023.50 元/t

$\Phi 25$ 工程量：$15.87\text{m}\times3\times3.850\text{kg/m}=183\text{kg}=0.183\text{t}$

现浇构件螺纹钢筋Ⅲ级$\Phi 25$　套 4-1-112　基价 = 4961.32 元/t

箍筋 $\phi 8$ 工程量：$1.63\text{m}\times104$ 根 $\times0.395\text{kg/m}=67\text{kg}=0.067\text{t}$

现浇构件箍筋 $\phi 8$　套 4-1-53　基价 = 5618.69 元/t

拉筋 $\phi 6.5$ 工程量：$0.43\text{m}\times49$ 根 $\times0.260\text{kg/m}=5\text{kg}=0.005\text{t}$

现浇构件箍筋 $\phi 6.5$　套 4-1-52　基价 = 6178.62 元/t

4. 抗震屋面框架梁 WKL 纵向钢筋构造如图 4-9 所示。

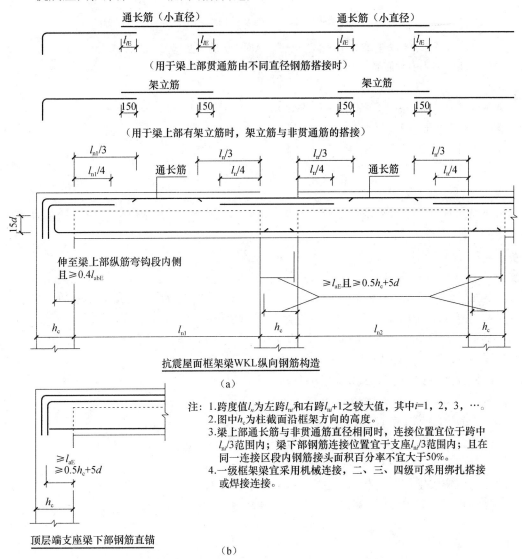

抗震屋面框架梁WKL纵向钢筋构造

（a）

顶层端支座梁下部钢筋直锚

（b）

注：1. 跨度值 l_n 为左跨 l_{ni} 和右跨 l_{ni+1} 之较大值，其中 $i=1$，2，3，…。
2. 图中 h_c 为柱截面沿框架方向的高度。
3. 梁上部通长筋与非贯通筋直径相同时，连接位置宜位于跨中 $l_n/3$ 范围内；梁下部钢筋连接位置宜于支座 $l_{ni}/3$ 范围内；且在同一连接区段内钢筋接头面积百分率不宜大于50%。
4. 一级框架梁宜采用机械连接，二、三、四级可采用绑扎搭接或焊接连接。

图 4-9　抗震屋面框架梁 WKL 纵向钢筋构造图

（a）构造图；（b）顶层端支座梁下部钢筋直锚

[**例4-4**] 已知某工程为框架结构，设计为一类环境，二级抗震，混凝土强度等级为C35，保护层厚度为20mm，钢筋定尺长度为6000mm，直径≥16mm焊接，<16mm绑扎，其中WKL1（共15根）的配筋如图4-10所示，侧面构造筋的拉筋为Φ6.5@400，计算WKL1的部分配筋工程量及费用。（1）上部纵筋2Φ22；（2）下部纵筋2Φ25；（3）侧面构造筋2Φ12

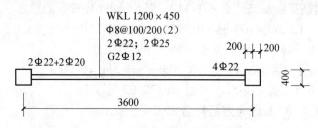

图4-10　某工程框架结构示意图

分析：WKL1上部纵筋2Φ22，应弯锚至梁底，侧面构造筋2Φ12锚固长度取15d，钢筋定尺长度为6.0m，显然WKL1的所有钢筋都小于6.0m，所以不必考虑钢筋搭接。

解：（1）上部纵筋2Φ22

单根长度：$3.60m + 0.20m \times 2 - 0.02m \times 2 + (0.45m - 0.02m) \times 2 = 4.82m$

工程量：$4.82m \times 2 \times 15 \times 2.984kg = 431kg = 0.431t$

现浇构件螺纹钢筋Ⅱ级Φ22　套4-1-18　基价$=4909.36$元/t

直接工程费：$0.431t \times 4909.36$元/t$=2115.93$元

（2）下部纵筋2Φ25

端部锚固判断：据已知条件，查表4-3得：$l_{ab} = 27d$；查表4-4得：$\zeta_{aE} = 1.15$；查表4-5得：$\zeta_a = 1.0$。

WKL1端部直锚长度：$l_a = \zeta_a l_{ab} = 1.0 \times 27d = 27d$

$l_{aE} = \zeta_{aE} l_a = 1.15 \times 27d = 31d = 31 \times 0.025m = 0.78m$

支座允许的直锚长度：$0.40m - 0.02m = 0.38m$，$0.78m > 0.38m$，故采取弯锚。

支座锚固长度：$0.40m - 0.020m + 15 \times 0.025m = 0.76m$

单根总长：$0.76m \times 2 + (3.60m - 0.20m \times 2) = 4.72m$

工程量：$4.72m \times 2 \times 15 \times 3.850kg = 545kg = 0.545t$

现浇构件螺纹钢筋Ⅱ级Φ25　套4-1-19　基价$=4884.63$元/t

直接工程费：$0.545t \times 4884.63$元/t$=2662.12$元

（3）侧面构造筋2Φ12

单根长：$15 \times 0.012m \times 2 + (3.60m - 0.20m \times 2) = 3.56m$

工程量：$3.56m \times 2 \times 15 \times 0.888kg = 95kg = 0.095t$

现浇构件螺纹钢筋Ⅱ级Φ12　套4-1-13　基价$=5236.10$元/t

直接工程费：$0.095t \times 5236.10$元/t$=497.43$元

四、板内钢筋计算

1. 楼板、屋面板的构造如图4-11所示。

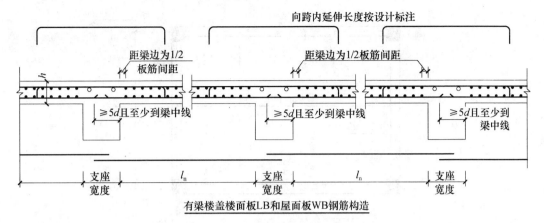

图 4-11 楼板、屋面板构造示意图

2. 楼板、屋面板在端部支座的锚固如图 4-12 所示。

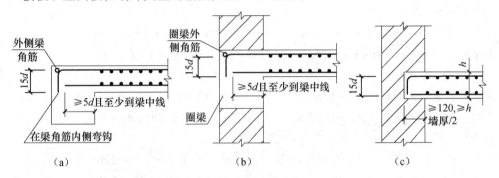

图 4-12 楼板、屋面板端部支座锚固示意图

（a）端部支座为梁；（b）端部支座为砌体墙的圈梁；（c）端部支座为砌体墙

[**例 4-5**] 某框架楼柱、梁、板整体现浇，KL1 的截面尺寸为 250mm（宽）×600mm，楼层现浇板 LB1 厚度为 150mm，保护层厚度为 15mm，混凝土强度等级为 C30，LB1 的配筋如图 4-13 所示，板负筋的下部配Φ8@250 的分布筋，试计算 LB1 的钢筋工程量及费用。

分析：由图 4-13 知，钢筋的起步距离为 150mm/2 = 75mm = 0.075m。分布筋与负筋的搭接长度按 150mm 计算。

解： （1）①Φ8@150

锚固判断：$5d = 5 \times 10\text{mm} = 50\text{mm} < 250\text{mm}/2 = 125\text{mm}$，故锚到梁中心线。

单长：6.9m + 0.12m×2 − 0.25m = 6.89m

根数：（4.5m + 0.12m×2 − 0.25m×2 − 0.075m×2）÷0.15m/根 + 1 根 = 29 根

（2）②Φ10@150

单长：4.5m + 0.12m×2 − 0.25m = 4.49m

根数：（6.9m + 0.12m×2 − 0.25m×2 − 0.075m×2）÷0.15m/根 + 1 根 = 45 根

（3）③Φ8@200

单长：1.60m + 0.15m − 0.015m×2 + 15×0.008 = 1.84m

根数：（4.5m + 0.12m×2 − 0.25m×2 − 0.075m×2）÷0.20m/根 + 1 根 = 22 根

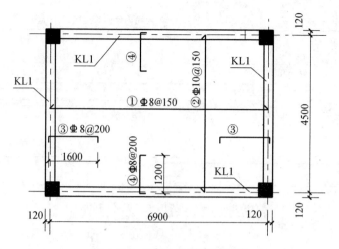

图 4-13　某框架楼配筋示意图

分布筋：8@250

单长：$4.5m + 0.12m \times 2 - 0.015m \times 2 - 1.2m \times 2 + 0.15m \times 2 = 2.61m$

根数：$(1.60m + 0.015m - 0.25m - 0.075m) \div 0.25m/根 + 1 根 = 7 根$

（4）④Φ8@200

单长：$1.20m + 0.15m - 0.015m \times 2 + 15 \times 0.008 = 1.44m$

根数：$(6.9m + 0.12m \times 2 - 0.25m \times 2 - 0.075m \times 2) \div 0.20m/根 + 1 根 = 34 根$

分布筋：Φ8@250

单长：$6.9m + 0.12m \times 2 - 0.015m \times 2 - 1.6m \times 2 + 0.15m \times 2 = 4.21m$

根数：$(1.20m + 0.015m - 0.25m - 0.075m) \div 0.25m/根 + 1 根 = 5 根$

（5）工程量合计

Φ8：$[6.89m \times 29 + (1.84m \times 22 + 2.61m \times 7) \times 2 + (1.44m \times 34 + 4.21m \times 5) \times 2] \times 0.395kg/m = 181kg = 0.181t$

现浇构件螺纹钢筋Ⅲ级Φ8　套4-1-104　基价 = 5665.70 元/t

直接工程费：$0.181t \times 5665.70 元/t = 1025.49 元$

Φ10：$4.49m \times 45 \times 0.617kg/m = 125kg = 0.125t$

现浇构件螺纹钢筋Ⅲ级Φ10　套4-1-105　基价 = 5446.21 元/t

直接工程费：$0.125t \times 5446.21 元/t = 680.78 元$

第三节　混凝土工程定额说明及计算规则

一、混凝土定额说明及解释

1. 定额内混凝土搅拌项目包括筛砂子、筛洗石子、搅拌、前台运输上料等内容；混凝土浇筑项目包括润湿模板、浇灌、捣固、养护等内容。

2. 定额中已列出常用混凝土强度等级，如与设计要求不同时，可以换算。

3. 毛石混凝土，系按毛石占混凝土总体积20%计算的。如设计要求不同时，可以换算。

4. 小型混凝土构件，系指单件体积在 0.05m³ 以内的定额未列项目。

5. 现浇钢筋混凝土柱、墙、后浇带定额项目，定额综合了底部灌注 1∶2 水泥砂浆的用量。

6. 预制构件定额内仅考虑现场预制的情况。

7. 预制混凝土板补现浇板缝，板底缝宽大于 40mm 时，按小型构件计算；板底缝宽大于 100mm 时，按平板计算。

8. 坡屋面顶板，按斜板计算。屋脊处八字脚的加厚混凝土（素混凝土）已包括在消耗量内，不单独计算。若屋脊处八字脚的加厚混凝土配置钢筋作梁使用，应按设计尺寸并入斜板工程量内计算。

9. 混凝土阳台（含板式和挑梁式）子目，按阳台板厚 100mm 编制。混凝土雨篷子目，按板式雨篷、板厚 80mm 编制。若阳台、雨篷板厚设计与定额不同时，按定额 4-2-65 子目调整。

10. 单件体积在 0.05m³ 以内，定额未列子目的构件，按小型构件，以立方米计算。

11. 混凝土雨篷子目，按板式雨篷、外沿（不含翻檐）板厚 80mm 编制。雨篷外沿厚度设计与定额不同时，按 4-2-65 调整。三面梁式雨篷，按有梁式阳台计算。

12. 飘窗左右的混凝土立板，按混凝土栏板计算。飘窗上、下的混凝土挑板、空调室外机的混凝土搁板，按混凝土挑檐计算。

13. 混凝土楼梯子目，按踏步底板（不含踏步和踏步底板下的梁）和休息平台板板厚均为 100mm 编制。若踏步底板、休息平台的板厚设计与定额不同时，按定额 4-2-46 子目调整。

14. 预制混凝土过梁，如需现场预制，执行预制小型构件子目。

15. 泵送混凝土。

（1）施工单位自行制作泵送混凝土，其泵送剂以及由于混凝土坍落度增大和使用水泥砂浆润滑输送管道而增加的水泥用量等内容，执行定额子目 4-4-18。子目中的水泥强度等级、泵送剂的规格和用量，设计与定额不同时，可以换算，其他不变。

（2）施工单位自行泵送混凝土，其管道输送混凝土（输送高度 50m 以内），执行补充子目 4-4-19～4-4-21。输送高度 100m 以内，其超过部分乘以系数 1.25；输送高度 150m 以内，其超过部分乘以系数 1.60。

（3）泵送混凝土中的外加剂，如使用复合型外加剂（同一种材料兼做泵送剂、减水剂、速凝剂、早强剂、抗冻剂等），应按材料的技术性能和泵送混凝土的技术要求计算掺量，按泵送剂换算定额 4-4-18 用量。外加剂所具有的除泵送剂以外的其他功能因素不单独计算费用，冬雨季施工增加费，仍按规定计取。

二、工程量计算规则

（一）现浇混凝土

混凝土工程除另有规定者外，均按图示尺寸以立方米计算。不扣除构件内钢筋、预埋件及墙、板中 0.3m² 以内的孔洞所占体积。

1. 基础。

（1）带形基础，外墙按设计外墙中心线长度、内墙按设计内墙基础图示长度乘设计断面计算。

带形基础工程量＝外墙中心线长度×设计断面＋设计内墙基础图示长度×设计断面

（2）有肋（梁）带形混凝土基础，其肋高与肋宽之比（$h/b \leqslant 4$）在4:1以内的按有梁式带形基础计算，套有梁式带形基础（4-2-5）子目；肋高与肋宽之比超过（$h/b > 4$）4:1时，起肋部分按墙计算，肋以下按无梁式带形基础计算，套无梁式带形基础（4-2-3、4-2-4）子目，如图4-14所示。

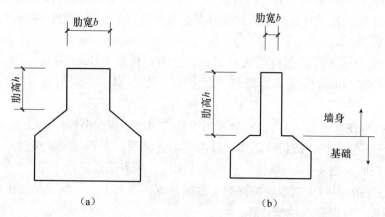

图4-14 带形混凝土基础示意图
（a）有梁式带基（$h/b \leqslant 4$）；（b）无梁式带基（$h/b > 4$）

（3）箱式满堂基础分别按无梁式满堂基础、柱、墙、梁、板有关规定计算，套用相应定额子目；有梁式满堂基础，肋高大于0.4m时，套用有梁式满堂基础定额项目；肋高小于0.4m或设有暗梁、下翻梁时，套用无梁式满堂基础项目。

（4）独立基础，包括各种形式的独立基础及柱墩，其工程量按图示尺寸以立方米计算。柱与柱基的划分以柱基的扩大顶面为分界线。如图4-15所示。

（5）带形桩承台按带形基础的计算规则计算，独立桩承台按独立基础的计算规则计算。

（6）设备基础，除块体基础外，分别按基础、柱、梁、板、墙等有关规则计算。楼层上的钢筋混凝土设备基础，按有梁板项目计算。

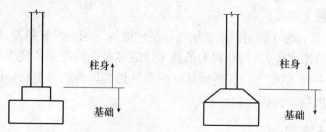

图4-15 柱与柱基划分示意图

2. 现浇混凝土基础、柱、梁、墙、板的分界：

（1）混凝土墙中的暗柱、暗梁，并入相应墙体积内，不单独计算。

（2）梁、墙连接时，墙高算至梁底。

（3）墙、墙相交时，外墙按外墙中心线长度计算，内墙按墙间净长线计算。

（4）柱、墙与板相交时，柱和外墙的高度，算至板上坪；内墙的高度，算至板底；板的宽度，按外墙间净宽度（无外墙时，按板边缘之间的宽度）计算，不扣除柱、垛所占板的面积。

（5）现浇混凝土墙（柱）与基础的划分，以基础扩大面的顶面为分界线，以下为基础，以上为墙（柱）身。

（6）电梯井壁，工程量计算执行外墙的相应规定。

3. 柱：按图示断面尺寸乘以柱高以立方米计算。

$$柱混凝土工程量 = 图示断面面积 × 柱高$$

柱高按下列规定确定：

（1）有梁板的柱高，自柱基上表面（或楼板上表面）至上一层楼板上表面之间的高度计算。如图 4-16（a）所示。

（2）无梁板的柱高，自柱基上表面（或楼板上表面）至柱帽下表面之间的高度计算。如图 4-16（b）所示。

（3）框架的柱高，自柱基上表面至柱顶高度计算。如图 4-16（c）所示。

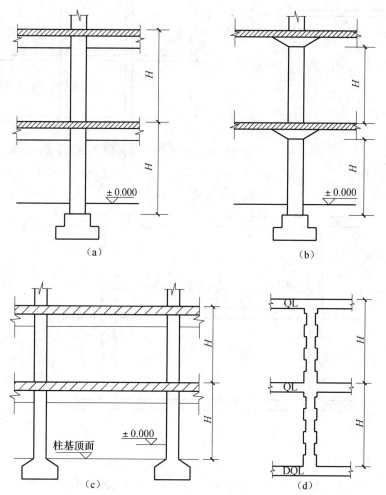

图 4-16　柱高计算示意图

（a）有梁板柱高；（b）无梁板柱高；（c）框架柱高；（d）构造柱高

（4）构造柱按设计高度计算，构造柱与墙嵌结部分（马牙槎）的体积，按构造柱出槎长度的一半（有槎与无槎的平均值）乘以出槎宽度，再乘以构造柱柱高，并入构造柱体积内计算。如图4-16（d）所示。

（5）依附柱上的牛腿、升板的柱帽，并入柱体积内计算。

（6）薄壁柱，也称隐壁柱，在框剪结构中，隐藏在墙体中的钢筋混凝土柱，抹灰后不再有柱的痕迹。薄壁柱按钢筋混凝土墙计算。

4. 梁：按图示断面尺寸乘以梁长以立方米计算。

梁长及梁高按下列规定确定：

（1）梁与柱连接时，梁长算至柱侧面，如图4-17（a）所示。

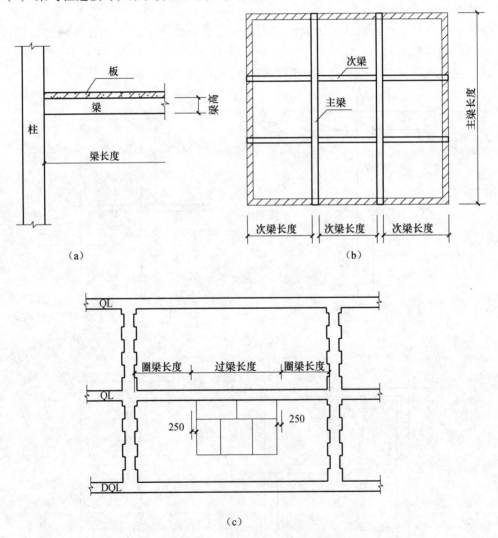

（a）

（b）

（c）

图 4-17　梁长及梁高计算示意图

（a）梁与柱连接；（b）主梁与次梁连接；（c）圈梁与过梁、构造柱连接

（2）主梁与次梁连接时，次梁长算至主梁侧面，伸入墙体内的梁头、梁垫体积并入梁体积内计算，如图4-17（b）所示。

（3）圈梁与过梁连接时，分别套用圈梁、过梁定额。过梁长度按设计规定计算，设计无规定时，按门窗洞口宽度，两端各加250mm计算，如图4-17（c）所示。

（4）圈梁与构造柱连接时，圈梁长度算至构造柱侧面。构造柱有马牙槎时，圈梁长度算至构造柱主断面的侧面，如图4-17（c）所示。

（5）圈梁与梁连接时，圈梁体积应扣除伸入圈梁内的梁体积。

（6）在圈梁部位挑出外墙的混凝土梁，以外墙外边线为界限，挑出部分按图示尺寸以立方米计算，套用单梁、连续梁项目。

（7）梁（单梁、框架梁、圈梁、过梁）与板整体现浇时，梁高计算至板底，如图4-17（a）所示。

（8）房间与阳台连通，洞口上坪与圈梁连成一体的混凝土梁，按过梁的计算规则计算工程量，执行单梁子目。

（9）基础圈梁，按圈梁计算。

5. 板：按图示面积乘以板厚，以立方米计算。柱、墙与板相交时，板的宽度按外墙间净宽度（无外墙时，按板边缘之间的宽度）计算，不扣除柱、垛所占板的面积。

$$混凝土板工程量＝图示长度×图示宽度×板厚＋附梁及柱帽体积$$

各种板按以下规定计算：

（1）有梁板包括主、次梁及板，工程量按梁、板体积之和计算。有梁板是指由一个方向或两个方向的梁（主梁、次梁）与板连成了一体的板称为有梁板，如图4-18（a）所示。

$$现浇有梁板混凝土工程量＝图示长度×图示宽度×板厚＋主梁体积＋次梁体积$$
$$主梁及次梁体积＝主梁长度×主梁宽度×主梁肋高＋次梁净长度×次梁宽度×次梁肋高$$

（2）无梁板是指无梁且直接用柱子支撑的楼板。无梁板按板和柱帽体积之和计算，如图4-18（b）所示。

$$现浇无梁板混凝土工程量＝图示长度×图示宽度×板厚＋柱帽体积$$

（3）平板是指直接支撑在墙上的现浇楼板。平板按板图示体积计算，伸入墙内的板头、平板边沿的翻檐，均并入平板体积内计算，如图4-18（c）所示。

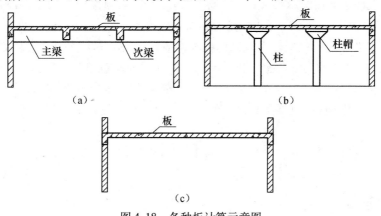

图4-18　各种板计算示意图
（a）有梁板；（b）无梁板；（c）平板

（4）斜屋面按板断面积乘以斜长，有梁时，梁板合并计算。屋脊处加厚混凝土已包括在混凝土消耗量内，不单独计算。

（5）圆弧形老虎窗顶板套用拱板子目。

（6）现浇挑檐与板（包括屋面板）连接时，以外墙外边线为界限，与圈梁（包括其他梁）连接时，以梁外边线为界限，外边线以外为挑檐。

6. 墙：按图示中心线长度尺寸乘以设计高度及墙体厚度，以立方米计算。扣除门窗洞口及单个面积在 $0.3m^2$ 以上孔洞的体积，墙垛、附墙柱及凸出部分并入墙体积内计算。

7. 现浇混凝土楼梯。

（1）整体楼梯包括休息平台、平台梁、楼梯底板、斜梁及楼梯的连接梁、楼梯段，按水平投影面积计算，不扣除宽度小于 500mm 的楼梯井，伸入墙内部分不另增加。踏步旋转楼梯，按其楼梯部分水平投影面积乘以周数计算（不包括中心柱）。

（2）混凝土楼梯（含直形和旋转形）与楼板，以楼梯顶部与楼板的连接梁为界，连接梁以外为楼板；楼梯基础，按基础的相应规定计算。

（3）踏步底板、休息平台的板厚不同时，应分别计算。踏步底板的水平投影面积包括底板和连接梁；休息平台的投影面积包括平台板和平台梁。

（4）弧形楼梯，按旋转楼梯计算。

8. 阳台、雨篷按伸出外墙的水平投影面积计算，伸出外墙的牛腿不另计算，其嵌入墙内的梁另按梁有关规定单独计算。

9. 混凝土挑檐、阳台、雨篷的翻檐，总高度在 300mm 以内时，按展开面积并入相应工程量内，超过 300mm 时，按栏板计算。

10. 井字梁雨篷，按有梁板计算规则计算。

11. 栏板以立方米计算，伸入墙内的栏板，合并计算。

12. 单件体积在 $0.05m^3$ 以内的构件按小型构件计算。

13. 混凝土搅拌制作子目，按各自计算规则计算出工程量后，乘以相应的混凝土消耗量，以立方米计算，单独套用混凝土搅拌制作子目。

（二）预制混凝土

1. 混凝土工程量均按图示尺寸以立方米计算，不扣除构件内钢筋、铁件、预应力钢筋预留孔洞及小于 300mm×300mm 以内孔洞所占的体积。

2. 预制桩按桩全长（包括桩尖）乘以桩断面面积以立方米计算（不扣除桩尖虚体积）。

$$预制混凝土工程量 = 图示断面面积 × 桩总长度$$

3. 混凝土与钢杆件组合的构件，混凝土部分按构件实体积以立方米计算，钢构件部分按吨计算，分别套用相应的定额项目。

第四节 混凝土工程量计算及定额应用

一、现浇混凝土

[例4-6] 某工程基础平面图及详图，如图 4-19 所示，采用 C20 毛石混凝土制作，试计算现浇毛石混凝土条形基础的工程量确定定额项目。

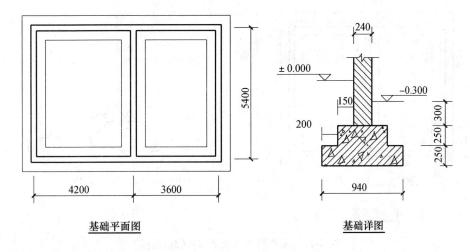

基础平面图　　　　　　　　　　　基础详图

图 4-19　某工程基础示意图

分析：带形基础，外墙按设计外墙中心线长度（$L_\text{中}$）、内墙按设计内墙基础图示长度乘设计断面计算，也就是内墙如果按基础间净长度（$L_\text{净}$）计算，则必须再加上内外墙基础的搭接部分体积。带形基础断面为阶梯型时，内外墙基础搭接部分形状，如图 4-20 所示。

由图知搭接部分体积：$V_\text{搭接} = B \times L \times H$

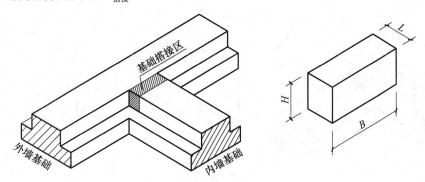

图 4-20　带形基础示意图

解：

$$L_\text{中} = (4.2\text{m} + 3.6\text{m} + 5.4\text{m}) \times 2 = 26.40\text{m}$$

$$L_\text{净} = 5.4\text{m} - 0.94\text{m} = 4.46\text{m}$$

$$S_\text{断} = 0.94\text{m} \times 0.25\text{m} + (0.24\text{m} + 0.15\text{m} \times 2) \times 0.25\text{m} = 0.37\text{m}^2$$

$$V_\text{搭接} = (0.94\text{m} - 0.20\text{m} \times 2) \times 0.25\text{m} \times 0.20\text{m} = 0.03\text{m}^3$$

基础工程量：$(26.40\text{m} + 4.46\text{m}) \times 0.37\text{m}^2 + 0.03\text{m}^3 \times 2 = 11.48\text{m}^3$

C20 现浇毛石混凝土无梁式带形基础　套 4-2-3　基价 = 2232.36 元/10m³

[例 4-7]　某钢筋混凝土带形基础，如图 4-21 所示，混凝土强度等级 C30，试计算现浇基础的工程量及费用。

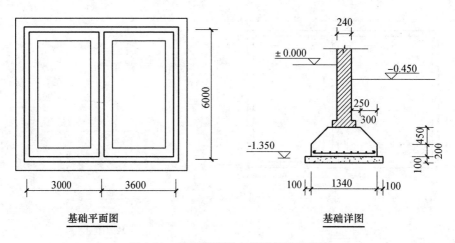

图 4-21　某钢筋混凝土带形基础示意图

分析：带形基础断面为斜坡时，内外墙基础搭接部分形状如图 4-22 所示。由图知搭接部分体积

因为：　　$V_{搭接} = \dfrac{1}{2} \times H \times L \times b + \dfrac{2}{3} \times \left(\dfrac{1}{2} \times H \times b_1 \right) L$ ，且 $B = b + 2 \times b_1$

所以：　　　　　　　　　$V_{搭接} = \dfrac{(B + 2b)}{6} \times H \times L$

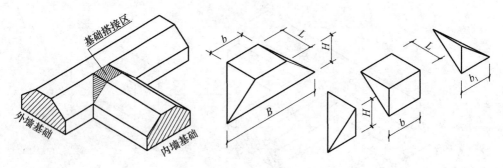

图 4-22　带形基础断面示意图

解：

$L_中 = (3.0\text{m} + 3.6\text{m} + 6.0\text{m}) \times 2 = 25.20\text{m}$

$L_净 = 6.0\text{m} - 1.34\text{m} = 4.66\text{m}$

$S_断 = 1.34\text{m} \times 0.20\text{m} + (1.34\text{m} - 0.30\text{m}) \times 0.45\text{m} = 0.74\text{m}^2$

$V_{搭接} = \dfrac{1.34\text{m} + 2 \times (1.34\text{m} - 0.3\text{m} \times 2)}{6} \times 0.45\text{m} \times 0.30\text{m} = 0.06\text{m}^3$

基础工程量：$(25.20\text{m} + 4.66\text{m}) \times 0.74\text{m}^2 + 0.06\text{m}^3 \times 2 = 22.22\text{m}^3$

C30 现浇混凝土无梁式带形基础　套 4-2-4　基价（换）

2407.88 元$/10\text{m}^3 + 10.15 \times (229.69 - 199.93)$ 元$/10\text{m}^3 = 2709.94$ 元$/10\text{m}^3$

直接工程费：22.22$\text{m}^3 \div 10 \times 2709.94$ 元$/10\text{m}^3 = 6021.49$ 元

[**例 4-8**]　某工程为框架结构，框架柱共 38 根，如图 4-16（c）所示，断面尺寸为 400mm×400mm，柱子总高度（自柱基扩大面至柱顶）为 14.86m，混凝土现场搅拌，强度等

级 C30，计算框架柱混凝土浇筑、搅拌工程量及直接工程费。

解：（1）框架柱混凝土浇筑

工程量：$0.40m \times 0.40m \times 14.86m \times 38 = 90.35m^3$

现浇混凝土矩形柱（C30） 套 4-2-17 基价 3373.91 元/10m³

直接工程费：$90.35m^3 \div 10 \times 3373.91$ 元/10m³ = 30483.28 元

（2）混凝土搅拌

工程量：$90.35m^3$

现浇搅拌混凝土柱 套 4-4-16 基价 = 238.81 元/10m³

直接工程费：$90.35m^3 \div 10 \times 238.81$ 元/10m³ = 2157.65 元

[例4-9] 某砖混结构的教学楼，共有花篮梁 39 根，尺寸如图 4-23 所示，C20 混凝土，现场搅拌，计算花篮梁工程量及费用。

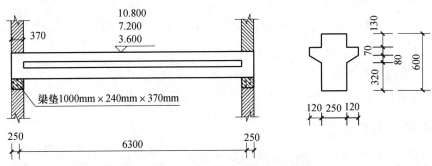

图 4-23 某砖混结构教学楼示意图

解：（1）花篮梁混凝土浇筑

单根花篮梁体积：$0.25m \times 0.60m \times (6.30m + 0.25m \times 2) + (0.07m \times 2 + 0.08m) \times$
$0.12m \times (6.30m - 0.24m) = 1.18m^3$

单根梁垫体积：$0.24m \times 0.37m \times 1.0m = 0.09m^3$

花篮梁混凝土工程量小计

$1.18m^3 \times 39 + 0.09m^3 \times 2 \times 39 = 51.09m^3$

现浇混凝土异形梁（C20） 套 4-2-24 基价（换）

3006.15 元/10m³ + 10.15 × (205.16 − 219.42) 元/10m³ = 2861.41 元/10m³

直接工程费：$51.09m^3 \div 10 \times 2861.41$ 元/10m³ = 15176.92 元

（2）混凝土搅拌

搅拌工程量：$53.04m^3 \times 1.015 = 53.84m^3$

现浇搅拌混凝土梁 套 4-4-16 基价 = 238.81 元/10m³

直接工程费：$53.84m^3 \div 10 \times 238.81$ 元/10m³ = 1285.75 元

[例4-10] 某大厅的楼板为整体现浇的主次梁楼板，如图 4-24 所示，C25 混凝土，计算有梁板混凝土工程量及费用。

解：现浇板体积：$(3.30m \times 3) \times (3.0m \times 3) \times 0.12m = 10.69m^3$

主梁体积：$0.25m \times (0.50m - 0.12m) \times (3.0m \times 3) \times 2 + 0.50m \times 0.25m \times 0.12m \times 4 = 1.77m^3$

次梁体积：$0.20m \times (0.40m - 0.12m) \times (3.3m \times 3 - 0.25m \times 2) \times 2 + 0.40m \times 0.20m \times 0.12m \times 4 = 1.09m^3$

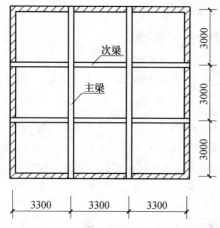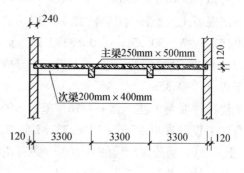

图 4-24 某大厅楼板示意图

小计：$10.69m^3 + 1.77m^3 + 1.09m^3 = 13.55m^3$

C25 现浇混凝土有梁板　套 4-2-36　基价 = 2935.68 元/10m³

直接工程费：$13.55m^3 \div 10 \times 2935.68$ 元/10m³ = 3977.85 元

二、预制混凝土

[例 4-11]　某桩基工程有预制钢筋混凝土方桩共 39 根，如图 4-25 所示，混凝土强度等级为 C30，计算预制混凝土方桩混凝土工程量及费用。

解：方桩工程量：$0.45m \times 0.45m \times (14.80m + 0.60m) \times 39 = 121.62m^3$

图 4-25　某桩基工程预制钢筋混凝土方桩示意图

预制混凝土方桩（C30）　套 4-3-1　基价 = 2802.55 元/10m³

直接工程费：$121.62m^3 \div 10 \times 2802.55$ 元/10m³ = 34084.61 元

[例 4-12]　某工业厂房现场预制混凝土牛腿柱 36 根，尺寸如图 4-26 所示，混凝土强度等级为 C30，采用现场搅拌混凝土。试计算预制混凝土牛腿柱混凝土浇筑和搅拌的工程量及费用。

解：（1）预制混凝土牛腿柱工程量

$[3.3m \times 0.4m \times 0.4m + (6.3m + 0.55m) \times 0.65m \times 0.4m + (0.25m + 0.3m + 0.25m) \times 0.30 \times 1/2 \times 0.4m] \times 36 = 84.85m^3$

预制混凝土（C30）矩形柱　套 4-3-3　基价 = 2802.68 元/10m³

直接工程费：$84.85m^3 \div 10 \times 2802.68$ 元/10m³ = 23780.74 元

（2）现场搅拌混凝土工程量：$84.85m^3 \times 1.015 = 86.12m^3$

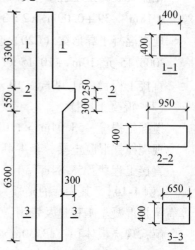

图 4-26　某工业厂房预制混凝土牛腿柱示意图

110

现场搅拌混凝土　套4-4-16　基价=238.81元/10m³

直接工程费：86.12m³÷10×238.81元/10m³=2056.63元

三、综合应用

[例4-13]　某建筑物平面图、基础详图、墙垛详图，如图4-27所示，墙体为240mm，墙垛250mm×370mm，上部为普通土，深600mm，下部为坚土。

施工组织设计：反铲挖掘机坑上挖土，将土弃于槽边，待槽坑边回填（机械夯填）和房心回填完工后，再考虑取运土，挖掘机装车，自卸汽车运土2km。

施工做法：（1）垫层采用C15混凝土

（2）条基C25毛石混凝土，柱基C25钢筋混凝土基础

（3）砖基为M5.0水泥砂浆砌筑

（4）地面做法：20厚1:2.5水泥砂浆

　　　　　　　100厚C20素混凝土垫层

　　　　　　　180厚3:7灰土夯填（就地取土）

（5）钎探：钎探眼（1个/m²按垫层面积）

计算：（1）基槽坑挖土工程量及费用。

（2）条基、柱基垫层工程量及费用。

（3）毛石混凝土基础、钢筋混凝土柱基础、砖基础工程量及费用。

（4）槽坑边回填、房心（3:7灰土）回填工程量及费用。

（5）计算取（运土）、挖掘机装车和自卸汽车运土的工程量及费用。

（6）计算钎探工程量及费用。

解：基数计算

$$L_{中} = (24.0m + 6.0m \times 2) \times 2 = 72.00m$$

$$S_{房} = (24.0m - 0.24m) \times (6.0m \times 2 - 0.24m) = 279.42m^2$$

（1）基槽坑挖土

①条基土方

挖土深度：$H = 2.10m - 0.30m + 0.10m = 1.9m$

∵垫层厚为100mm<200mm　∴从垫层上部放坡。

放坡深度为2.10m-0.30m=1.8m>1.5m　放坡。

计算综合放坡系数：查表1-3得：机械挖土坑上作业放坡系数，普通土为0.65；坚土为0.50。

$$k = [0.60m \times 0.65 + (1.80m - 0.6m) \times 0.50] \div 1.80m = 0.55$$

$$V_{条垫} = 0.10m \times (1.34m + 0.10m \times 2) \times 72.0m + 0.10m \times (1.49m + 0.10m \times 2) \times 0.25m \times 6$$

$$= 11.34m^3$$

$$V_{条基} = [1.34m - 0.10m \times 2 + 0.30m \times 2 + 0.55 \times (2.10m - 0.30m)] \times$$

$$1.8m \times 72.0m + [(1.49m - 0.10m \times 2 + 0.30m \times 2) + 0.55 \times$$

$$(2.10m - 0.30m)] \times 1.80m \times 0.25m \times 6$$

$$= 361.58m^3$$

条形基础坚土厚为2.10m-0.30m-0.60m=1.2m

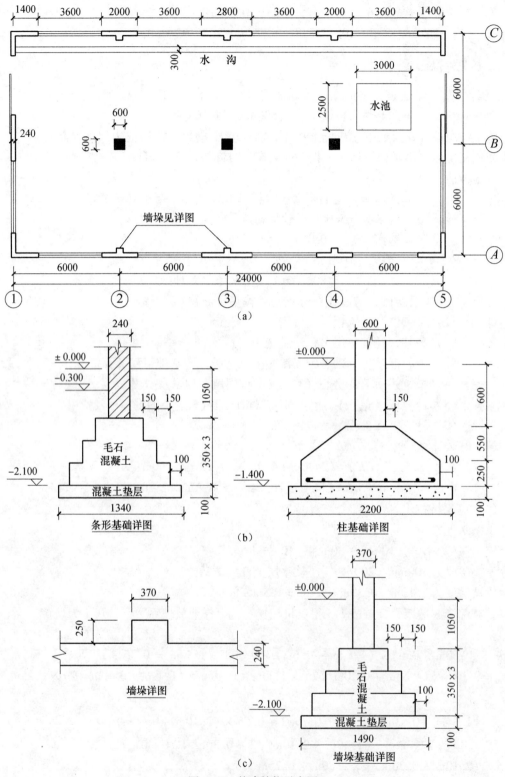

图 4-27 某建筑物示意图

（a）平面图；（b）基础详图；（c）墙垛详图

$$V_{条坚} = V_{条垫} + V_{条基坚} = 11.34m^3 + (1.34m - 0.10m \times 2 + 0.30m \times 2 + 0.55 \times 1.20m) \times$$
$$1.20m \times 72.0m + (1.49m - 0.10m \times 2 + 0.30m \times 2 + 0.55 \times 1.20m) \times$$
$$1.20m \times 0.25m \times 6$$
$$= 223.29m^3$$

$V_{条普通土} = 11.34m^3 + 361.58m^3 - 223.29m^3 = 149.63m^3$

②柱基土方

挖土深度：$H = 1.40m + 0.10m - 0.30m = 1.2m < 1.5m$，不放坡

$$V_{柱总} = [(2.20m + 0.10m \times 2)^2 \times 0.10m + (2.2m - 0.10m \times 2 + 0.30m \times 2)^2 \times$$
$$(1.4m - 0.3m)] \times 3 = 24.04m^3$$

$V_{柱普} = (2.20m - 0.10m \times 2 + 0.30m \times 2)^2 \times 0.60m \times 3 = 12.17m^3$

$V_{柱坚} = 24.04m^3 - 12.17m^3 = 11.87m^3$

$V_{总挖} = 11.34 + 361.58 + 24.04 = 396.96m^3$

挖掘机挖沟槽、地坑普通土工程量
$$(149.63m^3 + 12.17m^3) \times 95\% = 153.71m^3$$

挖掘机挖沟槽、地坑普通土 套1-3-12 基价 $= 27.72$ 元/$10m^3$

直接工程费：$153.71m^3 \div 10 \times 27.72$ 元/$10m^3 = 426.08$ 元

挖掘机挖沟槽、地坑坚土
$$(223.29m^3 + 11.87m^3) \times 95\% = 223.40m^3$$

挖掘机挖沟槽、地坑坚土 套1-3-13 基价 $= 29.83$ 元/$10m^3$

直接工程费：$223.40m^3 \div 10 \times 29.83$ 元/$10m^3 = 666.40$ 元

人工挖普通土（沟槽）工程量
$$149.63m^3 \times 5\% = 7.48m^3$$

人工挖沟槽（槽深）2mm以内普通土 套1-2-10 基价（换）
$$171.15 \text{ 元}/10m^3 \times 2 = 342.30 \text{ 元}/10m^3$$

直接工程费：$7.48m^3 \div 10 \times 342.30$ 元/$10m^3 = 256.04$ 元

人工挖沟槽坚土工程量：$223.29m^3 \times 5\% = 11.16m^3$

人工挖沟槽（槽深）2mm以内坚土 套1-2-12 基价（换）
$$337.04 \text{ 元}/10m^3 \times 2 = 674.08 \text{ 元}/10m^3$$

直接工程费：$11.16m^3 \div 10 \times 674.08$ 元/$10m^3 = 752.27$ 元

人工挖地坑普通土：$12.17m^3 \times 5\% = 0.61m^3$

人工挖地坑（坑深）2mm以内普通土 套1-2-16 基价（换）
$$190.63 \text{ 元}/10m^3 \times 2 = 381.26 \text{ 元}$$

直接工程费：$0.61m^3 \div 10 \times 381.26$ 元/$10m^3 = 23.26$ 元

人工挖地坑坚土工程量：$11.87m^3 \times 5\% = 0.59m^3$

人工挖地坑（坑深）2mm以内坚土 套1-2-18 基价（换）
$$379.84 \text{ 元}/10m^3 \times 2 = 759.68 \text{ 元}/10m^3$$

直接工程费：$0.59m^3 \div 10 \times 759.68$ 元/$10m^3 = 44.82$ 元

（2）垫层

$$V_{条垫} = 1.34m \times 0.10m \times 72.0m + 1.49m \times 0.10m \times 0.25m \times 6 = 9.87m^3$$

条基 C15 素混凝土垫层　套 2-1-13　基价（换）

$$2405.26 \text{ 元}/10m^3 + 0.05 \times (541.13 + 10.60) \text{ 元}/10m^3 = 2432.85 \text{ 元}/10m^3$$

直接工程费：$9.87m^3 \div 10 \times 2432.85 \text{ 元}/10m^3 = 2401.22 \text{ 元}$

$$V_{柱垫} = 2.2m \times 2.20m \times 0.10m \times 3 = 1.45m^3$$

柱基垫层 C15 素混凝土垫层　套 2-1-13　基价（换）

$$2405.26 \text{ 元}/10m^3 + 0.10 \times (541.13 + 10.60) \text{ 元}/10m^3 = 2460.43 \text{ 元}/10m^3$$

直接工程费：$1.45m^3 \div 10 \times 2460.43 \text{ 元}/10m^3 = 356.76 \text{ 元}$

（3）基础

$$V_{毛石混凝土} = (1.34m - 0.10m \times 2 + 1.34m - 0.25m \times 2 + 1.34m - 0.40m \times 2) \times 0.35m \times$$
$$72.0m + [1.49m \times 3 - (0.1m + 0.25m + 0.40m) \times 2] \times 0.35m \times 0.25m \times 6 = 65.06m^3$$

C25 现浇毛石混凝土基础　套 4-2-3　基价 = 2348.78 元/10m³

直接工程费：$65.06m^3 \div 10 \times 2348.78 \text{ 元}/10m^3 = 15281.16 \text{ 元}$

$$V_{砖基础} = 0.24m \times 1.05m \times 72.0m + 0.37m \times 1.05m \times 0.25m \times 6 = 18.73m^3$$

M5.0 水泥砂浆砖基础　套 3-1-1　基价 = 2605.28 元/10m³

直接工程费：$18.73m^3 \div 10 \times 2605.28 \text{ 元}/10m^3 = 4879.69 \text{ 元}$

钢筋混凝土基础：上部为四棱台，其体积公式为：$1/3h(S_1 + S_2 + \sqrt{S_1 \times S_2})$

$$V_{柱基} = 1/3 \times 0.55m \times [(2.20m - 0.10m \times 2) \times (2.20m - 0.10m \times 2) + (0.60m + 0.15m \times 2) \times$$
$$(0.60m + 0.15m \times 2) + \sqrt{(2.20m - 0.10m \times 2)^2 \times (0.60m + 0.15m \times 2)^2}] \times$$
$$3 + 0.25m \times (2.20m - 0.20m)^2 \times 3 = 6.64m^3$$

C25 钢筋混凝土基础　套 4-2-7　基价 = 2623.62 元/10m³

直接工程费：$6.64m^3 \div 10 \times 2623.62 \text{ 元}/10m^3 = 1742.08 \text{ 元}$

室外地坪以下基础总体积

$$V_{室外地坪以下基础总体积} = V_{条垫} + V_{柱垫} + V_{毛石混凝土} + V_{柱基} + V_{室外地坪以下柱身} + V_{室外地坪以下砖条基} +$$
$$V_{室外地坪以下砖垛基} = 9.87m^3 + 1.45m^3 + 65.06m^3 + 6.64m^3 +$$
$$0.6m \times 0.6m \times (0.6m - 0.3m) \times 3 + [0.24m \times (1.05m - 0.30m) \times$$
$$72.0m + 0.37m \times (1.05m - 0.30m) \times 0.25m \times 6] = 96.72m^3$$

（4）沟槽基坑边回填

$$V_{槽坑夯填} = V_{总挖} - V_{室外地坪以下基础总体积} = 396.96m^3 - 96.72m^3 = 300.24m^3 （夯实体积）$$

机械夯填沟槽坑　套 1-4-13　基价 = 58.96 元/10m³

直接工程费：$300.24m^3 \div 10 \times 58.96 \text{ 元}/10m^3 = 1770.22 \text{ 元}$

房心 3:7 灰土回填

$$V_{房心回填} = [279.42m^3 - 2.50m \times 3.0m - (24.0m - 0.24m) \times 0.30m - 0.6m \times 0.6m \times 3] \times 0.18m$$
$$= 47.47m^3$$

房心 3:7 灰土　套 2-1-1　基价（换）

$$1268.41 \text{ 元}/10m^3 - (1.15 \times 10.1 \times 28.0) \text{ 元}/10m^3 = 943.19 \text{ 元}/10m^3$$

114

直接工程费：$47.47m^3 \div 10 \times 943.19$ 元$/10m^3 = 4477.32$ 元

房心 3:7 灰土中黏土含量

$$V_{房心黏土} = 47.47m^3 \div 10 \times 10.1 \times 1.15 = 55.14m^3（天然密实体积）$$

（5）取运土工程量（天然密实体积）

$$V_{运土} = V_{总挖} - V_{槽坑夯填} \times 体积换算系数 - V_{房心黏土}$$
$$= 396.96m^3 - 300.24m^3 \times 1.15 - 55.14m^3 = -3.46m^3 \quad 取土内运$$

挖掘机装车工程量：$3.46m^3$

挖掘机装车土方　套 1-3-47　基价 $=18.89$ 元$/10m^3$

直接工程费：$3.46m^3 \div 10 \times 18.89$ 元$/10m^3 = 6.54$ 元

自卸汽车运土 2km　套 1-3-57 和 1-3-58　基价（换）

68.41 元$/10m^3 + 11.94$ 元$/10m^3 = 80.35$ 元$/10m^3$

直接工程费：$3.46m^3 \div 10 \times 80.35$ 元$/10m^3 = 27.80$ 元

（6）钎探

规定：探眼分布 1 眼$/m^2$（垫层面积）

工程量：（$1.34m \times 72.0m + 1.49m \times 0.25m \times 6$）$\div 1$ 眼$/m^2 + 2.2m \times 2.2m \div 1$ 眼$/m^2 \times 3 = 99$ 眼 $+5$ 眼 $\times 3 = 114$ 眼

基底钎探　套 1-4-4　基价 $=60.42$ 元/10 眼

直接工程费：114 眼 $\div 10 \times 60.42$ 元/10 眼 $=688.79$ 元

钎探灌砂　套 1-4-17　基价 $=2.19$ 元/10 眼

直接工程费：114 眼 $\div 10 \times 2.19$ 元/10 眼 $=24.97$ 元

复习与测试

1. 带形基础混凝土工程量怎样计算，如何区分有梁式无梁式？

2. 独立基础的柱身和基础如何划分？

3. 混凝土梁的长度和高度怎样确定？

4. 钢筋工程量如何计算？

5. 预制混凝土柱工程量怎样计算？

6. 已知某工程为框架结构，共 11 层，设计为一类环境，一级抗震，混凝土强度等级为 C30，其中二层 KL1（共 5 根）的配筋如图 4-28 所示，侧面构造筋的拉筋为Φ6.5@400，计算 KL1 的钢筋工程量及费用。

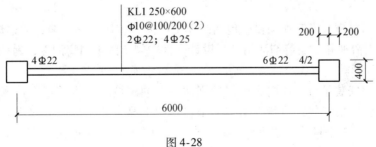

图 4-28

第五章 门窗及木结构工程

第一节 定额说明及解释

1. 本章包括木门窗、金属门窗、塑料门窗、木结构等内容。

2. 本章是按机械和手工操作综合编制的。不论实际采用何种操作方法，均按本定额执行。

3. 木材木种均以一、二类木种为准，如采用三、四类木种时，分别乘以下列系数：木门窗制作，按相应项目人工和机械乘以系数1.3；木门窗安装，按相应项目人工和机械乘以系数1.35。

木材木种分类如下：

一类：红松、水桐木、樟子松

二类：白松（方杉、冷杉）、杉木、杨木、柳木、椴木

三类：青松、黄花松、秋子木、马尾松、东北榆木、柏木、苦木、樟木、黄菠萝、椿木、楠木、柚木、樟木

四类：栎木（柞木）、檀木、色木、槐木、荔木、麻粟木、桦木、荷木、水曲柳、华北榆木。

4. 定额中木材以自然干燥条件下的含水率编制的，需人工干燥时，另行计算。即定额中不包括木材的人工干燥费用，需要人工干燥时，其费用另计，干燥费用包括干燥时发生的人工费，燃料费，设备费及干燥损耗。其费用可列入木材价格内。

5. 定额木结构中的木材消耗量均包括后备长度及刨光损耗，使用时不再调整。

6. 定额木门框、扇制作、安装项目中的木材消耗量，均按山东省建筑标准设计《木门》（L92J601）所示木料断面计算，使用时不再调整。木窗木材用量已综合考虑，使用时不再调整。

7. 定额中木门扇制作、安装项目中均不包括纱扇、纱亮内容，纱扇、纱亮按相应定额项目另行计算。

8. 定额木门窗框、扇制作项目中包括制作工序的防护性底油一遍，如框扇不刷底油者，扣除相应项目内清油和油漆溶剂油用量。设计文件中规定的木门窗油漆，另按定额第九章第四节相应规定计算。

9. 成品门扇安装子目工作内容未包括刷油漆，油漆按相应章节规定计算。如果采用成品木门扇，成品门扇安装，执行5-1-107子目；门上亮，无论单扇、双扇、固定扇、开启扇，制作执行5-3-3子目；安装执行5-3-4子目。门上亮框上装玻璃，执行5-3-74子目。门上亮的工程量，计算至门框中横框上面的裁口线。

10. 木门窗制作、安装中的带亮子目，系指木门扇和门上亮均为现场制作和安装。木门

116

窗不论现场或附属加工厂制作，均执行本定额。现场以外至安装地点的水平运输另行计算。

11. 玻璃厚度、颜色设计与定额不同时可以换算。

12. 成品门窗安装项目中，门窗附件按包含在成品门窗单价内考虑；铝合金门窗制作、安装项目中未含五金配件，五金配件按本章门窗配件选用。

13. 铝合金门窗制作型材按国标92SJ编制，其中地弹门采用100系列；平开门、平开窗采用70系列；推拉窗、固定窗采用90系列。如实际采用的型材断面及厚度与定额不同时，可按设计图示尺寸乘以线密度加5%损耗调整。

14. 定额门窗配件是按标准图用量计算的，配件安装用工已包括在各相应的子目内，不再另行计算。设计门窗配件与定额不同时可以换算。

15. 木门框安装、铝合金门窗安装子目，定额按后塞框编制，实际施工中，无论先立框后塞框，均执行定额。

16. 镶木板门、玻璃镶木板门、半截玻璃镶板门，如图5-1所示。

镶木板门：门芯板为薄木板，并镶进门边和冒头的槽内。

玻璃镶板门：镶玻璃部分的门扇高度在门扇总高度的1/3以内，其余镶木板。

半截玻璃镶木板门：门扇下部镶木板、上部镶玻璃，且镶玻璃部分的门扇高度在门扇总高度1/3以上。

镶木板门　　　　　　玻璃镶板门　　　　　半截玻璃镶板门

图5-1　镶木板门、玻璃镶板门、半截玻璃镶板门示意图

17. 木门窗子目中，均不包括披水条、盖口条。设计需要时，执行本解释补充子目5-3-83、5-3-84。其工程量，按图示尺寸，以延长米计算。

18. 冷藏库门、冷藏冻结间门子目中，不包括门樘制作、安装。设计需要时，执行本解释补充子目5-2-40、5-2-41。其工程量，按图示洞口面积，以平方米计算。

19. 钢门窗安装子目，定额按成品安装编制，成品内包括五金配件及铁脚，不包括安装玻璃的工料。设计需要安玻璃时，另按定额5-4-15子目的相应规定计算。

20. 现场制作、安装的各种门窗，已计入五金配件的安装用工，但不包括五金配件的材料用量。五金配件的材料用量，另按定额相应规定计算，其种类和用量，设计与定额不同时，可以换算。普通执手门锁安装，另按定额5-1-110子目的相应规定计算。

21. 塑钢门窗安装，执行塑料门窗安装子目。

22. 现场制作的木结构，不论采用何种木材，均按定额执行。

23. 钢木屋架的工程量，按设计尺寸，只计算木杆件的材积量。附属于屋架的垫木等已并入屋架子目内，不另行计算；与屋架相连的挑檐木，另按木檩条子目的相应规定计算。钢

杆件的用量已包括在子目内，设计与定额不同时，可以调整，其他不变。（钢杆件的损耗为6%）

24. 木屋面板的厚度，设计与定额不同时，木板材用量可以调整，其他不变。（木板材的损耗率平口为4.4%，错口为13%）

25. 封檐板、博封板，定额按板厚25mm编制，设计与定额不同时，木板材用量可以调整，其他不变。（木板材的损耗率为23%）

第二节　工程量计算规则

1. 各类门窗制作、安装工程量，除注明者外，均按图示门窗洞口面积计算。弧形门窗制作、安装，按门窗图示展开面积计算。

$$门窗工程量 = 洞口宽 \times 洞口高$$

2. 木门计算时需注意，由于框的设计项目与扇的项目设置不完全一致，比如自由门门框按单扇带亮、双扇带亮、四扇带亮等列项，而自由门扇按半玻带亮、半玻无亮、全玻带亮、全玻无亮列项。因此，框扇项目工程量不是一一对应关系，框扇的工程量应分别计算。

3. 木门扇设计有纱扇者，纱扇按扇外围面积计算，套用相应定额。定额中门框按带纱无纱列项，而门扇则按无纱扇列项，若设计有纱扇，另套纱扇项目。纱扇工程量按扇外围工程量计算。凡按标准图集设计的，按图集所示的纱扇尺寸计算纱扇的工程量。

4. 木门连窗按门窗洞口面积之和计算。

$$门连窗工程量 = 门洞宽 \times 门洞高 + 窗洞宽 \times 窗洞高$$

5. 普通窗上部带有半圆窗者，工程量按半圆窗和普通窗分别计算（半圆窗的工程量以普通窗和半圆窗之间的横框上面的裁口线为分界线）。

6. 普通木窗设计有纱扇时，纱扇按扇外围面积计算，套用纱窗扇定额。

7. 门窗框包镀锌铁皮、钉橡皮条、钉毛毡、按图示门窗洞口尺寸以延长米计算；门窗扇包镀锌铁皮，按图示门窗洞口面积计算；门扇包铝合金、铜踢脚板，按图示设计面积计算。

8. 密闭钢门、厂库房钢大门、钢折叠门、射线防护门、钢制防火门、变压器室门、钢防盗门等安装项目均按扇外围面积计算；

9. 铝合金门窗制作、安装（包括成品安装）设计有纱扇时，纱扇按扇外围面积计算，套用相应定额。

10. 铝合金卷闸门安装按洞口高度增加600mm乘以门实际宽度以平方米计算。电动装置安装以套计算，小门安装以个计算。

$$卷闸门安装工程量 = 卷闸门宽 \times （洞口高度 + 0.60）$$

11. 型钢附框安装按图示构件钢材质量以吨计算。

12. 钢木屋架按竣工木料以立方米计算。其后备长度及配置损耗已包括在定额内，不另计算。

13. 屋架的制作安装应区别不同跨度，其跨度以屋架上下弦杆的中心线交点之间的长度为准。

14. 带气楼屋架的气楼部分计马尾、折角和正交部分半屋架，并入相连接的屋架内计算。

15. 支撑屋架的混凝土垫块，按混凝土及钢筋混凝土中有关定额计算。

16. 檩条按竣工木料以立方米计算。檩垫木或钉在屋架上的檩托木已包括在定额内，不另计算。简支檩长度按设计规定计算，如设计未规定者，按屋架或山墙中距增加200mm计算，如两端出山，檩条长度算至博风板；连续檩条长度按设计长度计算，其接头长度按全部连续檩的总体积增加5%计算。

17. 屋面板制作、檩木上钉屋面板、油毡挂瓦条，钉板按屋面的斜面积计算。天窗挑檐重叠部分按设计规定计算，屋面烟囱及斜沟部分所占面积不扣除。

18. 封檐板按图示檐口外围长度计算，博封板按斜长度计算，每个大刀头增加长度500mm。

第三节　工程量计算及定额应用

一、木门

[例5-1]　无纱扇玻璃镶木板门如图5-2所示，刷底油，由红松、白松制作共计23樘，装普通门锁。计算木门制作安装工程量及费用。

解：（1）无纱扇玻璃板门框制作安装

工程量：$1.20m \times 2.70m \times 23 = 74.52m^2$

无纱门框双扇带亮制作　套5-1-11　基价 = 323.01元/$10m^2$

直接工程费：$74.52m^2 \div 10 \times 323.01$元/$10m^2 = 2407.07$元

无纱门框双扇带亮安装　套5-1-12　基价 = 104.68元/$10m^2$

直接工程费：$74.52m^2 \div 10 \times 104.68$元/$10m^2 = 780.08$元

（2）无纱玻璃镶板门制作安装

工程量：$1.20m \times 2.70m \times 23 = 74.52m^2$

无纱玻璃镶板门双扇带亮制作　套5-1-43　基价 = 818.68元/$10m^2$

直接工程费：$74.52m^2 \div 10 \times 818.68$元/$10m^2 = 6100.80$元

无纱玻璃镶板门双扇带亮安装　套5-1-44　基价 = 139.80元/$10m^2$

直接工程费：$74.52m^2 \div 10 \times 139.80$元/$10m^2 = 1041.79$元

（3）木板门上装普通门锁安装工程量：23把

普通门锁安装　套5-1-110　基价 = 940.87元/10把

直接工程费：23把$\div 10 \times 940.87$元/10把 = 2164.00元

（4）镶木板门配件工程量：23樘

无纱镶板门双扇带亮　套5-9-2　基价（换）

门上装锁，扣150mm封闭铁插销及80个M4×20木螺丝。

664.85元/10樘 $- 10$个/10樘 $\times 1.90$元/个 $- 0.8$百个/10樘 $\times 3.90$元/百个 = 642.73元/10樘

直接工程费：23樘$\div 10 \times 642.73$元/10樘 = 1478.28元

[例5-2]　某教学楼教室门为门连窗，刷底油，窗框为双裁口采用马尾松制作，门窗扇采用白松制作，门为带纱扇的玻璃镶板门，门上亮带纱扇，窗户上部带纱扇，下部为固定窗

无纱扇，门上装普通门锁，共 36 樘，如图 5-3 所示。试计算门连窗工程量及费用。

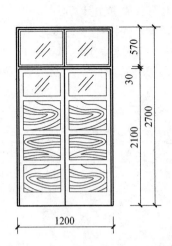

图 5-2 无纱扇玻璃镶木板门示意图

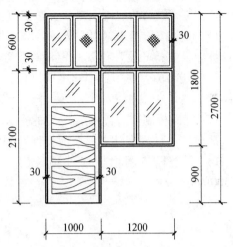

图 5-3 某教学楼教室门示意图

解:（1）门连窗框制作安装工程量

工程量:$(1.0m \times 2.70m + 1.20m \times 1.80m) \times 36 = 174.96m^2$

带纱门连窗框制作 套 5-1-29 基价（换）

560.88 元/$10m^3 + 0.3 \times (89.04 + 7.88)$ 元/$10m^3 = 589.96$ 元/$10m^2$

直接工程费:$174.96m^2 \div 10 \times 589.96$ 元/$10m^2 = 10321.94$ 元

带纱门连窗框安装 套 5-1-30 基价（换）

75.79 元/$10m^3 + 0.35 \times (44.52 + 0.14)$ 元/$10m^3 = 91.42$ 元/$10m^2$

直接工程费:$174.96m^2 \div 10 \times 91.42$ 元/$10m^2 = 1599.48$ 元

（2）门连窗窗扇制作安装工程量

工程量:$(1.0m \times 2.70m + 1.20m \times 1.80m) \times 36 = 174.96m^2$

门连窗双扇窗门窗扇制作 套 5-1-99 基价 $= 632.35$ 元/$10m^2$

直接工程费:$174.96m^2 \div 10 \times 632.35$ 元/$10m^2 = 11063.60$ 元

门连窗双扇门窗扇安装 套 5-1-100 基价 $= 215.48$ 元/$10m^2$

直接工程费:$174.96m^2 \div 10 \times 215.48$ 元/$10m^2 = 3770.04$ 元

（3）纱门扇制作安装工程量 $(1.0m - 0.03m \times 2) \times 2.10m \times 36 = 71.06m^2$

纱门扇制作 套 5-1-103 基价 $= 492.27$ 元/$10m^2$

直接工程费:$71.06m^2 \div 10 \times 492.27$ 元/$10m^2 = 3498.07$ 元

纱门扇安装 套 5-1-104 基价 $= 129.67$ 元/$10m^2$

直接工程费:$71.06m^2 \div 10 \times 129.67$ 元/$10m^2 = 921.44$ 元

（4）纱亮扇制作安装

工程量:$(0.6m - 0.03m \times 2) \times (1.0m - 0.03m \times 2) \times 36 = 18.27m^2$

纱亮扇制作 套 5-1-105 基价 $= 553.53$ 元/$10m^2$

直接工程费:$18.27m^2 \div 10 \times 553.53$ 元/$10m^2 = 1011.30$ 元

纱亮扇安装 套 5-1-106 基价 $= 213.52$ 元/$10m^2$

直接工程费:$18.27m^2 \div 10 \times 213.52$ 元/$10m^2 = 390.10$ 元

（5）纱窗扇制作安装工程量

工程量：$(0.60m - 0.03m \times 2) \times (1.20m - 0.030m) \times 36 = 22.74m^2$

纱窗扇制作　套 5-3-71　基价 = 402.75 元/$10m^2$

直接工程费：$22.74m^2 \div 10 \times 402.75$ 元/$10m^2 = 915.85$ 元

纱窗扇安装　套 5-3-72　基价 = 120.21 元/$10m^2$

直接工程费：$22.74m^2 \div 10 \times 120.21$ 元/$10m^2 = 273.36$ 元

（6）普通门锁安装工程量：1 把/樘 × 36 樘 = 36 把

普通门锁安装　套 5-1-110　基价 = 940.87 元/10 把

直接工程费：36 把 ÷ 10 × 940.87 元/10 把 = 3387.13 元

（7）门连窗玻璃镶板门和木窗户配件

工程量：36 樘

无纱门连窗双扇窗　套 5-9-12　基价（换）

709.12 元/10 樘 − 10 个/10 樘 × 1.90 元/个 − 0.8 百个/樘 × 3.90 元/百个 = 687.00 元/10 樘

直接工程费：36 樘 ÷ 10 × 687.00 元/10 樘 = 2473.20 元

（8）纱门配件

工程量：36 樘

纱门配件　套 5-9-14　基价 = 78.00 元/10 扇

直接工程费：36 樘 ÷ 10 × 78.00 元/10 樘 = 280.80 元

（9）纱亮扇配件

工程量：(36×2) 樘 = 72 樘

纱扇配件　套 5-9-15　基价 = 105.39 元/10 樘

直接工程费：72 樘 ÷ 10 × 105.39 元/10 樘 = 758.81 元

（10）纱窗扇配件

工程量：(36×2) 扇 = 72 扇

纱窗配件　套 5-9-44　基价 = 64.61 元/10 扇

直接工程费：72 扇 ÷ 10 × 64.61 元/10 扇 = 465.19 元

二、特种门

[例 5-3]　某粮仓有平开钢木大门（二面板、防风型）26 樘，大门尺寸如图 5-4 所示，计算钢木大门制作安装工程量及费用。

解： 大门制安工程量

$$3.0m \times 2.70m \times 26 = 210.60m^2$$

平开钢木大门门扇制作　套 5-2-11　基价 = 2512.78 元/$10m^2$

直接工程费：$210.60m^2 \div 10 \times 2512.78$ 元/$10m^2 = 52919.15$ 元

平开钢木大门门扇安装　套 5-2-12　基价 = 755.79 元/$10m^2$

直接工程费：$210.60m^2 \div 10 \times 755.79$ 元/$10m^2 = 15916.94$ 元

三、木窗

[例 5-4]　某教学楼的内走廊窗户采用木材制作，共 28 樘，用白松制作双裁口带纱扇

单层玻璃木窗，刷底油一遍，木窗尺寸如图5-5所示，计算木窗制作安装工程量及费用。

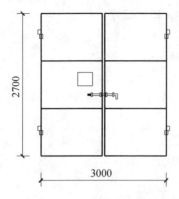

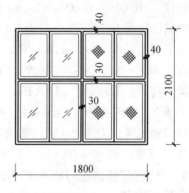

图5-4　某粮仓平开钢木大门示意图　　　图5-5　某教学楼内走廊窗户示意图

解：（1）窗框制作安装

工程量：$2.10m \times 1.80m \times 28 = 105.84m^2$

双裁口单层玻璃窗四扇带亮窗框制作　套5-3-45　基价 $= 566.95$ 元$/10m^2$

直接工程费：$105.84m^2 \div 10 \times 566.95$ 元$/10m^2 = 6000.60$ 元

双裁口单玻璃窗四扇带亮窗框安装　套5-3-46　基价 $= 83.13$ 元$/10m^2$

直接工程费：$105.84m^2 \div 10 \times 83.13$ 元$/10m^2 = 879.85$ 元

（2）窗扇制作安装

工程量：$2.10m \times 1.80m \times 28 = 105.84m^2$

双裁口单层玻璃窗四扇带亮窗扇制作　套5-3-47　基价 $= 604.22$ 元$/10m^2$

直接工程费：$105.84m^2 \div 10 \times 604.22$ 元$/10m^2 = 6395.06$ 元

双裁口单层玻璃窗四扇带亮窗扇安装　套5-3-48　基价 $= 293.45$ 元$/10m^2$

直接工程费：$105.84m^2 \div 10 \times 293.45$ 元$/10m^2 = 3105.87$ 元

（3）纱窗制作安装

工程量：$(2.10m - 0.04m \times 2 - 0.03m) \times (1.80m - 0.04m \times 2 - 0.03m) \times 28 = 94.17m^2$

纱窗扇制作　套5-3-71　基价 $= 402.75$ 元$/10m^2$

直接工程费：$94.17m^2 \div 10 \times 402.75$ 元$/10m^2 = 3792.70$ 元

纱窗扇安装　套5-3-72　基价 $= 120.21$ 元$/10m^2$

直接工程费：$94.17m^2 \div 10 \times 120.21$ 元$/10m^2 = 1132.02$ 元

（4）玻璃窗扇配件

工程量：28 樘

无纱双裁口玻璃四扇带亮　套5-9-39　基价 $= 530.70$ 元$/10$ 樘

直接工程费：28 樘 $\div 10 \times 530.70$ 元$/10$ 樘 $= 1485.96$ 元

（5）纱窗配件

工程量：8×28 扇 $= 224$ 扇

纱窗配件　套5-9-44　基价 $= 64.61$ 元$/10$ 扇

直接工程费：224 扇 $\div 10 \times 64.61$ 元$/10$ 扇 $= 1447.26$ 元

四、铝合金门窗

[**例 5-5**] 某实训楼内走廊有铝合金 8 樘，门为不带纱扇的平开门，铝合金纱窗扇尺寸为 650mm×1240mm，门窗上部均带上亮子，门连窗为现场制作如图 5-6 所示。试计算铝合金门连窗工程量及费用。

解：（1）平开门

工程量：$1.0m×2.70m×8=21.60m^2$

平开门带上亮　套 5-5-23　基价 =3534.71 元/$10m^2$

直接工程费：$21.60m^2÷10×3534.71$ 元/$10m^2$=7634.97 元

（2）推拉窗

工程量：$1.20m×(1.20m+0.60m)×2×8=34.56m^2$

双扇推拉窗带上亮　套 5-5-29　基价 =3123.94 元/$10m^2$

直接工程费：$34.56m^2÷10×3123.94$ 元/$10m^2$=10796.34 元

（3）纱扇

工程量：$0.65m×1.24m×2×8=12.90m^2$

铝合金纱扇制安　套 5-5-36　基价 =943.87 元/$10m^2$

直接工程费：$12.90m^2÷10×943.87$ 元/$10m^2$=1217.59 元

（4）铝合金平开门配件

工程量：8 樘

铝合金单扇平开门　套 5-9-48　基价 =223.41 元/10 樘

直接工程费：8 樘 ÷10×223.41 元/10 樘 =178.73 元

（5）铝合金推拉窗配件

工程量：8 樘

铝合金推拉窗双扇　套 5-9-49　基价 =224.00 元/10 樘

直接工程费：8 樘 ÷10×224.00 元/10 樘 =179.20 元

[**例 5-6**] 某教学楼共有铝合金窗 32 樘，其中纱扇尺寸 980mm×1550mm，并装铝合金防盗网（按洞口尺寸安装），窗户尺寸如图 5-7 所示，计算铝合金窗工程量及费用。

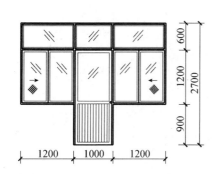

图 5-6　某实训楼内走廊门连窗示意图

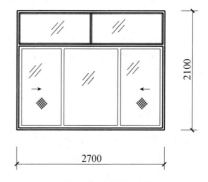

图 5-7　某教学楼铝合金窗示意图

解：（1）铝合金推拉窗制作安装

工程量：$2.70m×2.10m×32=181.44m^2$

123

铝合金三扇推拉窗带亮　套 5-5-31　基价 = 2905.24 元/10m²

直接工程费：181.44m² ÷ 10 × 2905.24 元/10m² = 52712.67 元

（2）铝合金纱扇制作安装

工程量：0.98m × 1.55m × 2 × 32 = 97.22m²

铝合金纱扇制安装　套 5-5-36　基价 = 943.87 元/10m²

直接工程费：97.22m² ÷ 10 × 943.87 元/10m² = 9176.30 元

（3）配件

工程量：32 樘

铝合金推拉窗三扇　套 5-9-50　基价 = 229.60 元/10 樘

直接工程费：32 樘 ÷ 10 × 229.60 元/10 樘 = 734.72 元

（4）防盗网工程量：2.70m × 2.10m × 32 = 181.44m²

铝合金防盗网　套 5-5-7　基价 = 1473.24 元/10m²

直接工程费：181.44m² ÷ 10 × 1473.24 元/10m² = 26730.47 元

复习与测试

1. 木门窗定额在编制时以何种木种为准，若设计与定额不同时如何调整？

2. 木门窗制作和安装如何计算，纱扇如何计算，二者有何不同？

3. 某工程门窗表见表 5-1，门为成品铝合金平开门，窗户为塑料窗带纱扇，计算该工程门窗工程量及费用。

表 5-1　门窗明细表

类别	名称	宽度	高度	数量	纱扇（宽×高）
门	M1	1200	2700	2	570 × 2100
	M2	1000	2700	6	—
窗	C1	1200	1800	8	580 × 1380
	C2	1500	1800	10	720 × 1380
	C3	1800	1800	12	850 × 1380

第六章 屋面、防水、保温及防腐工程

第一节 定额说明及解释

本章包括屋面、防水、保温、排水、变形缝与止水带、耐酸防腐等内容。

一、屋面

1. 设计屋面材料规格与定额规格（定额未注明具体规格的除外）不同时，可以换算，其他不变。

屋面中瓦材的规格已列于相应定额项目中或参考前面有关数据的取定，如果设计使用的规格与定额不同时，可按如下方法调整：

$$调整用量 = [设计实铺面积/(单页有效瓦长 \times 单页有效瓦宽)] \times (1 + 损耗率)$$

$$单页有效瓦长、单页有效瓦宽 = 瓦的规格 - 规范规定的搭接尺寸$$

2. 黏土瓦、水泥瓦屋面板或椽子挂瓦条上铺设项目，工作内容只包括铺瓦、安脊瓦，瓦以下的木基层要套用第五章"木结构"有关项目。

3. 石棉瓦屋面、镀锌铁皮屋面，工作内容包括檩条上铺瓦、安脊瓦，但檩条的制作、安装不包括在定额内，制作及安装另套相应项目。彩钢压型板屋面，檩条已包括在定额内，不另计算。

4. 彩钢压型板屋面檩条，定额按间距 1~1.2m 编制，设计与定额不同时，檩条数量可以换算，其他不变。

5. 屋面找平层执行第九章装饰工程有关规定：即坡屋面按图示尺寸的水平投影面积乘以坡度系数以平方米计算，平屋面按图示尺寸的水平投影面积以平方米计算，并套定额第九章第一节相应子目。

二、防水

1. 定额防水项目不分室内、室外及防水部位，使用时按设计做法套用相应定额。

2. 卷材防水接缝、收头、附加层及找平层的嵌缝、冷底子油等人工、材料，已计入定额中，不另行计算。

3. 细石混凝土防水层，使用钢筋网时，按第四章钢筋混凝土相应规定计算。

4. 定额 6-2-5 防水砂浆 20mm 厚子目，仅适用于基础做水平防水砂浆防潮层的情况。

三、保温

1. 本节定额适用于中温、低温及其恒温的工业厂（库）房保温工程，以及一般保温工程。

2. 保温层种类和保温层材料配合比，设计与定额不同时可以换算，其他不变。

3. 混凝土板上保温和架空隔热，适用于楼板、屋面板、地面的保温和架空隔热。

4. 立面保温，适用于墙面和柱面的保温。

5. 定额不包括保护层或衬墙等内容，发生时按相应章节套用。

6. 隔热层铺贴，除松散保温材料外，其他均以石油沥青作胶结材料。松散材料的包装材料及包装用工已包括在定额中。

7. 墙面保温铺贴块体材料，包括基层涂沥青一遍。

8. 聚氨酯发泡保温，区分不同的发泡厚度，按设计图示尺寸，以平方米计算。混凝土板上架空隔热，不论架空高度如何，均按设计图示尺寸，以平方米计算。其他保温，均按设计图示保温面积乘以保温材料的净厚度（不含胶结材料），以立方米计算。

9. 楼板上、屋面板上、地面、池槽的池底等保温，执行混凝土板上保温子目；梁保温，执行顶棚保温中的混凝土板下保温子目；柱帽保温，并入顶棚保温工程量内，执行顶棚保温子目；墙面、柱面、池槽的池壁等保温，执行立面保温子目。

四、变形缝

变形缝定额取定如下：建筑油膏、聚氯乙烯胶泥 30mm × 20mm；油浸木丝板 150mm × 25mm；木板盖板 200mm × 25mm；紫铜板展开宽 450mm；氯丁橡胶片宽 300mm；涂刷式氯丁胶贴玻璃纤维布止水片宽 350mm；其他均为 150mm × 30mm。

设计与定额不同时，变形缝材料可以换算，其他不变。

五、耐酸防腐

1. 整体面层定额项目，适用于平面、立面、沟槽的防腐工程。

2. 块料面层定额项目按平面铺砌编制。铺砌立面时，相应定额人工乘以系数 1.30，块料乘系数 1.02，其他不变。

3. 花岗岩板以六面剁斧的板材为准。如底面为毛面者，每 $10m^2$ 定额单位耐酸沥青砂浆增加 $0.04m^3$。

4. 各种砂浆、混凝土、胶泥的种类、配合比及各种整体面层的厚度，设计与定额不同时可以换算，但块料面层的结合层砂浆，胶泥用量不变。

第二节　工程量计算规则

一、屋面

1. 各种瓦屋面（包括挑檐部分）均按设计图示尺寸的水平投影面积乘以屋面坡度系数以平方米计算。

不扣除房上烟筒、风帽底座、风道、屋面小气窗、斜洞和脊瓦等所占面积，屋面小气窗出檐部分也不增加。

屋脊分为正脊、山脊和斜脊，如图 6-1 所示。

正脊：屋面的正脊又叫瓦面的大脊，是指与两端山墙尖同高，且在同一条直线上的水平屋脊。

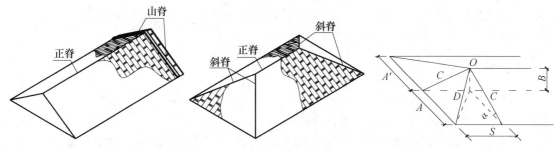

图 6-1 屋脊示意图

山脊：又叫梢头，是指山墙上的瓦脊或用砖砌成的山脊。

斜脊：指四面坡折角处的阳脊。

等两坡屋面工程量 = 檐口总宽度 × 檐口总长度 × 延尺系数

等两坡正脊、山脊工程量 = 檐口总长度 + 檐口总宽度 × 延尺系数 × 山墙端数

等四坡屋面工程量 = 屋面水平投影面积 × 延尺系数

等四坡正脊、斜脊工程量 = 檐口总长度 − 檐口总宽度 + 檐口总宽度 × 隅延尺系数 × 2

其中：延尺系数、隅延尺系数，见屋面坡度系数表 6-1。

表 6-1 屋面坡度系数表

坡度			延尺系数 C	隅延尺系数 D
B/A(A=1)	B/2A	角度 α		
1	1/2	45°	1.4142	1.7321
0.75	—	36°52′	1.2500	1.6008
0.70	—	35°	1.2207	1.5779
0.666	1/3	33°40′	1.2015	1.5620
0.65	—	33°01′	1.1926	1.5564
0.60	—	30°58′	1.1662	1.5362
0.577	—	30°	1.1547	1.5270
0.55	—	28°49′	1.1413	1.5170
0.50	1/4	26°34′	1.1180	1.5000
0.45	—	24°14′	1.0966	1.4839
0.40	1/5	21°48′	1.0770	1.4697
0.35	—	19°17′	1.0594	1.4569
0.30	—	16°42′	1.0440	1.4457
0.25	—	14°02′	1.0308	1.4362
0.20	1/10	11°19′	1.0198	1.4283
0.15	—	8°32′	1.0112	1.4221
0.125	—	7°8′	1.0078	1.4191
0.100	1/20	5°42′	1.0050	1.4177
0.083	—	4°45′	1.0035	1.4166
0.066	1/30	3°49′	1.0022	1.4157

注：1. 上表中字母含义见图 6-1。

2. $A = A'$，且 $S = 0$ 时，为等两坡屋面；$A = A' = S$ 时，为等四坡屋面

3. 屋面斜铺面积 = 屋面水平投影面积 × C

4. 等两坡屋面山墙泛水斜长 = A × C

5. 等四坡屋面斜脊长度 = A × D

2. 琉璃瓦屋面的琉璃瓦脊、檐口线按设计图示尺寸以米计算。设计要求安装勾头（勾尾）或博古（宝顶）等时，另按个计算。

二、防水

1. 屋面防水：坡屋面按图示尺寸的水平投影面积乘以坡度系数以平方米计算；平屋面按图示尺寸的水平投影面积以平方米计算。

不扣除房上的烟囱、风帽底座、风道和屋面小气窗等所占面积，屋面的女儿墙，伸缩缝和天窗等处的弯起部分，按设计图示尺寸并入屋面工程量内计算，设计无规定时，伸缩缝、女儿墙的弯起部分按250mm计算，天窗弯起部分按500mm计算。

$$平屋面防水工程量 = 设计总长度 \times 总宽度 + 弯起部分面积$$

$$坡屋面防水工程量 = 设计总长度 \times 总宽度 \times 坡度系数 + 弯起部分面积$$

2. 平屋面和坡屋面的划分界线

平屋面：屋面坡度小于1/30的屋面。

坡屋面：坡度大于或等于1/30的屋面。

3. 地面防水、防潮层按主墙间净面积，以平方米计算。扣除凸出地面的构筑物、设备基础等所占面积，不扣除柱、垛、间壁墙、烟囱以及单个面积在 0.3m² 以内的孔洞所占面积。平面与立面交接处，上卷高度在500mm以内时，按展开面积并入平面工程量内计算，超过500mm时，按立面防水层计算。

4. 墙体的立面防水、防潮层，不论内墙、外墙均按设计面积以平方米计算。

5. 墙基防水、防潮层，外墙按外墙中心线长度、内墙按墙体净长度乘以宽度，以平方米计算。

6. 涂膜防水的油膏嵌缝、屋面分格缝，按设计图示尺寸，以米计算。

三、保温

1. 保温层按设计图示尺寸，以立方米计算（另有规定除外）。

（1）保温层的厚度按保温材料的净厚度计算，胶结材料不包括在内。

（2）聚氨酯发泡项目，根据不同的发泡厚度，按设计图示的保温尺寸，以平方米计算。

（3）混凝土板上架空隔热，不论高度如何，均按设计架空隔热面积计算。

2. 屋面保温层按图示面积乘以平均厚度，以立方米计算。不扣除房上的烟囱、风帽底座、风道和屋面小气窗等所占体积。

双坡屋面保温层平均厚度，如图6-2所示。

$$双坡屋面保温层平均厚度 = 保温层宽度 \div 2 \times 坡度 \div 2 + 最薄处厚度$$

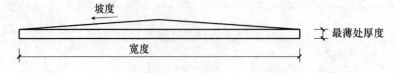

图6-2　双坡屋面保温层平均厚度示意图

单坡屋面保温层平均厚度，如图6-3所示。

$$单坡屋面保温层平均厚度 = 保温层宽度 \times 坡度 \div 2 + 最薄处厚度$$

128

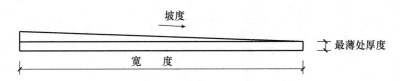

图 6-3　单坡屋面保温层平均厚度示意图

3. 地面保温层按主墙间净面积乘以设计厚度，以立方米计算。扣除凸出地面的构筑物、设备基础等所占体积，不扣除柱、垛、间壁墙、烟囱等所占体积。

4. 顶棚保温层按主墙间净面积乘以设计厚度，以立方米计算。不扣除保温层内的各种龙骨等所占体积，柱帽保温按设计图示尺寸并入相应顶棚保温相应工程量内。

5. 墙体保温层，外墙按保温层中心线长度、内墙按保温层净长度乘以设计高度及厚度，以立方米计算。扣除冷藏门洞口和管道穿墙洞口所占体积，门洞侧壁周围的保温，按设计图示尺寸并入相应墙面保温工程量内。

6. 柱保温层按保温层中心线展开长度乘以设计高度及厚度，以立方米计算。

7. 池槽保温层按设计图示长、宽净尺寸乘以设计厚度，以立方米计算。池壁按立面计算，池底按地面计算。

四、排水

1. 水落管、镀锌铁皮天沟、檐沟，按设计图示尺寸，以米计算。
2. 水斗、下水口、雨水口、弯头、短管等，均以个计算。

五、变形缝与止水带

变形缝与止水带，按设计图示尺寸，以米计算。

六、耐酸防腐

1. 耐酸防腐工程区分不同材料及厚度，按设计实铺面积以平方米计算。扣除凸出地面的构筑物、设备基础、门窗洞口等所占面积，墙垛等凸出墙面部分按展开面积并入墙面防腐工程量内。

2. 平面铺砌双层防腐块料时，按单层工程量乘以系数 2 计算。

第三节　工程量计算及定额应用

一、屋面

[例 6-1]　某单层建筑物双坡屋面如图 6-4 所示，屋面做法为：在混凝土檩条上铺钉苇箔三层，再铺泥挂瓦。试计算屋面部分工程量及费用。

分析：屋面部分是指从檩条或屋面板上的面层部分的工程。各种瓦屋面（包括挑檐部分）均按设计图示尺寸的水平投影面积乘以屋面坡度系数以平方米计算。由图 6-4 可知：屋面的坡度 1:1.5，查表 6-1 得，延尺系数 C = 1.2015。

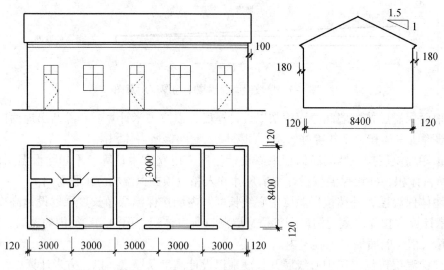

图 6-4　某单层建筑物双坡屋面示意图

解： 瓦屋面工程量

$(3.0m \times 5 + 0.12m \times 2 + 0.10m \times 2) \times (8.4m + 0.12m \times 2 + 0.18m \times 2) \times 1.2015 = 166.96m^2$

混凝土檩条上铺钉苇箔三层铺泥挂瓦　套 6-1-2　基价 = 274.85 元/10m²

直接工程费：166.96m² ÷ 10 × 274.85 元/10m² = 4588.90 元

[**例6-2**]　某单排柱车棚顶部安装蓝色的彩钢波纹瓦，车棚尺寸如 6-5 图所示，试计算车棚屋面的工程量及费用。

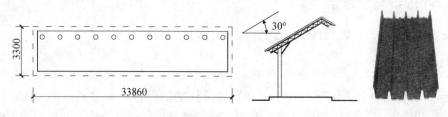

图 6-5　某单排柱车棚顶部尺寸示意图

解： 由图 6-5 可以看出，屋面的角度为 30°，查表 6-1 可得：延迟系数系数 C = 1.1547。

屋面工程量：33.86m × 3.30m × 1.1547 = 129.02m²

彩钢波纹瓦　套 6-1-28　基价 = 1522.11 元/10m²

直接工程费：129.02m² ÷ 10 × 1522.11 元/10m² = 19638.26 元

二、防水、保温

[**例6-3**]　某阶梯教室，外墙厚度为 240mm，屋面采用刚性防水，具体做法：在大型屋面板（利用屋架找坡 8%）上抹 1:3 水泥砂浆找平层，现浇 1:10 水泥蛭石保温层厚 100mm，1:3 水泥砂浆（加防水粉，上翻 250mm）找平厚 25mm，C20 细石混凝土刚性防水层（拒水粉）厚 40mm，教室屋顶平面及剖面图，如图 6-6 所示，该工程共有 10 根塑料落水管。

计算该屋面工程找平层、保温层、防水层和排水管的工程量及费用。

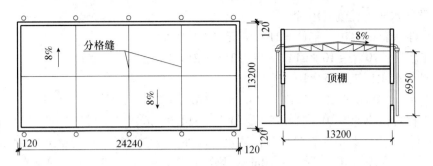

图 6-6　某阶梯教室示意图

分析：该工程屋面的坡度为 8%（0.08），查表 6-1 可知，在 "B/A" 一列中没有恰巧的数值，位于 0.083 和 0.066 之间，这时延迟系数 C 可利用勾股定理直接求出，也可根据表 6-1 提供的数值利用直线内插法求出延迟系数 C。

解：（1）计算屋面的坡度系数

$$勾股定理法： \frac{\sqrt{8^2 + 100^2}}{100} = 1.003$$

$$直线内插法： \frac{1.0035 - 1.0022}{0.083 - 0.066} \times (0.08 - 0.066) + 1.0022 = 1.003$$

（2）屋面板上 1：2.5 水泥砂浆找平层

工程量：$(24.24m - 0.24m) \times (13.2m - 0.24m) \times 1.003 = 311.97m^2$

水泥砂浆找平层　套 9-1-1　基价 = 96.92 元/10m²

直接工程费：$311.97m^2 \div 10 \times 96.92$ 元/10m² = 3023.61 元

（3）水泥蛭石保温层

工程量：$311.97m^2 \times 0.10m = 31.20m^3$

现浇水泥蛭石（1：10）套 6-3-16　基价 = 2082.11 元/10m³

直接工程费：$31.20m^2 \div 10 \times 2082.11$ 元/10m² = 6496.18 元

（4）1：3 水泥砂浆找平层

保温层上部：$(24.24m - 0.24m) \times (13.2m - 0.24m) \times 1.003 = 311.97m^2$

女儿墙内边上翻：$(24.24m + 13.2m - 0.24m \times 2) \times 2 \times 0.25m = 18.48m^2$

小计：$311.97m^2 + 18.48m^2 = 330.45m^2$

防水砂浆找平层　套 6-2-10　基价 = 118.65 元/10m²

直接工程费：$330.45m^2 \div 10 \times 188.65$ 元/10m² = 3920.79 元

（5）细石混凝土刚性防水层

工程量：$(24.24m - 0.24m) \times (13.2m - 0.24m) \times 1.003 = 311.97m^2$

细石混凝土防水层　套 6-2-9　基价 = 400.39 元/10m²

直接工程费：$311.97m^2 \div 10 \times 400.39$ 元/10m² = 12490.97 元

（6）塑料水落管 Φ100

工程量：$6.95m \times 10 = 69.50m$

塑料水落管 Φ100　套 6-4-9　基价 = 205.26 元/10m

直接工程费：$69.50m \div 10 \times 205.26$ 元/10m = 1426.56 元

（7）塑料水斗工程量：10 个

塑料水斗　套 6-4-10　基价 =214.18 元/10 个

直接工程费：10 个 ÷10 ×214.18 元/10 个 =214.18 元

（8）塑料落水口工程量：10 个

塑料落水口　套 6-4-25　基价 =314.98 元/10 个

直接工程费：10 个 ÷10 ×314.98 元/10 个 =314.98 元

[例 6-4]　南方某地区教学楼屋面防水做法如图 6-7 所示，在现浇 C25 钢筋混凝土屋面板上做 1∶2.5 水泥砂浆找平层厚 20mm，刷冷底子油一遍，铺一毡二油隔气层（沥青粘贴），干铺 500mm×500mm 珍珠岩块厚 100mm 保温层，现浇 1∶8 水泥珍珠岩找坡，最薄处 40mm，在找坡层上作 1∶2 水泥砂浆（加防水粉）找平层（往墙上翻 250mm）厚 20mm，满铺 SBS 改性沥青卷材，预制混凝土板（点式支撑）架空隔热层。计算屋面工程量及费用。

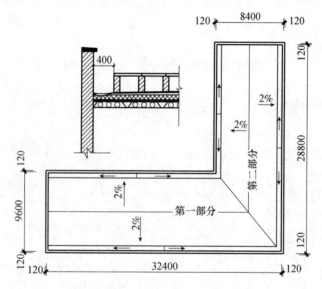

图 6-7　南方某地区教学楼屋面示意图

解：（1）1∶2.5 水泥砂浆找平层

工程量：（32.4m -0.24m）×（9.6m -0.24m）+（8.4m -0.24m）×（28.8m -9.6m）=457.69m²

1∶2.5 水泥砂浆找平层　套 9-1-1　基价（换）

　　96.92 元/10m² -0.202 ×（233.82 -260.23）元/10m² =102.25 元/10m²

直接工程费：457.69m² ÷10 ×102.25 元/10m² =4679.88 元

（2）隔气层

工程量：（32.4m -0.24m）×（9.6m -0.24m）+（8.4m -0.24m）×（28.8m -9.6m）=457.69m²

沥青油毡一毡二油（含冷底子油）套 6-2-14 和 6-2-16　基价（换）

　　363.03 元/10m² -126.06 元/10m² =236.97 元/10m²

直接工程费：457.69m² ÷10 ×236.97 元/10m² =10845.88 元

（3）保温层

工程量：[（32.4m -0.24m）×（9.6m -0.24m）+（8.4m -0.24m）×（28.8m -9.6m）]×

$0.10m = 45.77m^3$

憎水珍珠岩块　套6-3-5　基价 = 4721.38 元/10m³

直接工程费：$45.77m^3 \div 10 \times 4721.38$ 元/10m³ $= 21609.76$ 元

（4）找坡层

第一部分

平均厚度：$(9.6m - 0.24m) \div 2 \times 2\% \div 2 + 0.04m = 0.09m$

水平面积：$(32.4m - 8.4m + 32.4m - 0.24m) \times (9.6m - 0.24m) \div 2 = 262.83m^2$

第二部分

平均厚度：$(8.4m - 0.24m) \div 2 \times 2\% \div 2 + 0.04m = 0.08m$

水平面积：$(28.8m - 9.6m + 28.8m - 0.24m) \times (8.4m - 0.24m) \div 2 = 194.86m^2$

工程量小计：$0.09m \times 262.83m^2 + 0.08m \times 194.86m^2 = 39.24m^3$

现浇水泥珍珠岩（1:8）　套6-3-15　基价（换）

2027.93 元/10m³ $- 10.40 \times (155.39 - 157.45)$ 元/10m³ $= 2049.35$ 元/10m³

直接工程费：$39.24m^3 \div 10 \times 2049.35$ 元/10m³ $= 8041.65$ 元

（5）1:2 水泥砂浆找平层

工程量：$457.69m^2 + [(32.4m + 28.8m) \times 2 - 4 \times 0.24m] \times 0.25m = 488.05m^2$

1:2 防水砂浆找平层　套6-2-10　基价 = 118.65 元/10m²

直接工程费：$488.05m^2 \div 10 \times 118.65$ 元/10m² $= 5790.71$ 元

（6）SBS 改性沥青卷材

工程量：$457.69m^2 + [(32.4m + 28.8m) \times 2 - 4 \times 0.24m] \times 0.25m = 488.05m^2$

SBS 改性沥青卷材（满铺）　套6-2-30　基价 = 437.36 元/10m²

直接工程费：$488.05m^2 \div 10 \times 437.36$ 元/10m² $= 21345.35$ 元

（7）隔热层

工程量：$(32.4m - 0.24m - 0.4m) \times (9.6m - 0.24m - 0.4m \times 2) + (8.4m - 0.24m - 0.4m \times 2) \times (28.8m - 0.24m - 0.4m) = 408.47m^2$

点撑式预制混凝土板架空隔热层　套6-3-24　基价 = 257.70 元/10m²

直接工程费：$408.47m^2 \div 10 \times 257.70$ 元/10m² $= 10526.27$ 元

三、防腐

[例6-5]　某二层仓库一层储藏室地面做防腐处理，如图6-8所示，具体做法：地面抹钢屑砂浆20mm厚，踢脚线高为250mm，计算防腐工程量及费用。

解：（1）地面防腐

储藏室1：$(4.80m - 0.24m) \times (6.0m + 2.1m - 0.24m) - 0.37m \times 0.24m \times 2 + 0.9m \times 0.24m = 35.88m^2$

储藏室2：$(3.30m - 0.24m) \times (6.0m - 0.24m) + 0.9m \times 0.12m = 17.73m^2$

小计：$35.88m^2 + 17.73m^2 = 53.61m^2$

地面钢屑砂浆　套6-6-7　基价 = 338.23 元/10m²

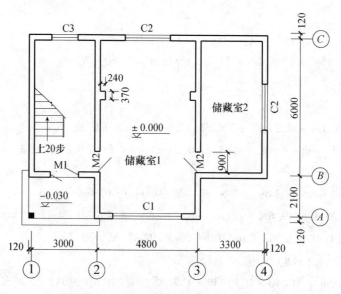

图 6-8　某二层仓库一层储藏室示意图

直接工程费：53.61m² ÷ 10 × 338.23 元/10m² = 1813.25 元

（2）踢脚线

储藏室 1：[（4.80m − 0.24m）× 2 + （6.0m + 2.1m − 0.24m）× 2 + 0.24m × 4 − 0.9m × 2 + 0.24m × 2] × 0.25 = 6.12m²

储藏室 2：[（3.30m − 0.24m）× 2 + （6.0m − 0.24m）× 2 − 0.9m + 0.24m] × 0.25 = 4.25m²

小计：6.12m² + 4.25m² = 10.37m²

钢屑砂浆零星抹灰　套 6-6-8　基价 = 354.57 元/10m²

直接工程费：10.37m² ÷ 10 × 354.57 元/10m² = 367.69 元

复习与测试

1. 瓦屋面工程量如何计算？
2. 平屋面和坡屋面是如何划分？
3. 某工程为四坡屋面，如图 6-9 所示，屋面上铺设英红瓦，试计算瓦屋面工程量及费用。

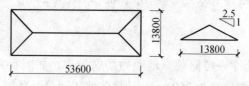

图 6-9　某工程四坡屋面示意图

第七章　金属结构制作工程

第一节　定额说明及解释

1. 本章包括金属构件的制作、探伤、除锈等内容，金属构件的安装按第十章有关项目执行。

2. 本章适用于现场、企业附属加工厂制作的构件。本章除注明者外，均包括现场内（工厂内）的材料运输、号料、加工、组装及成品堆放、装车出场等全部工序。本章未包括加工点至安装点的构件运输，构件运输按相应章节规定计算。

3. 金属构件制作子目中，钢材的规格和用量，设计与定额不同时，可以调整，其他不变。（钢材的损耗率为6%）

4. 定额内包括整段制作、分段制作和整体预装配所需的人工、材料及机械台班用量，整体预装配用的螺栓及锚固杆件用的螺栓已包括在定额内。

5. 各种杆件以焊接为主，螺栓主要用作焊接前连接两组相邻构件使其固定，以及构件运输时为避免出现误差而用的，这部分螺栓已包括在定额内，不另计算。

6. 金属构件制作项目中，均包括除锈、刷一遍防锈漆内容。若构件需要刷其他面层油漆，应按第九章第四节有关项目套用，防锈漆工料不扣除。

7. 轻钢屋架是指每榀质量小于1t的钢屋架，且用小型角钢或钢筋、管材作为支撑、拉杆的钢屋架。

8. 钢屋架、钢托架制作平台摊销子目，是与钢屋架、钢托架制作项目配合使用的子目，摊销中的单位"t"是指钢屋架，钢托架的质量。其他金属构件制作，不计平台摊销费用。

9. 钢梁执行钢制动梁子目，钢支架执行屋架钢支撑（十字）子目。

10. 工业厂房中的楼梯、阳台、走廊的装饰性铁栏杆，民用建筑中的各种装饰性铁栏杆、均按第九章第五节的相应规定计算。

11. 7-5-10钢零星构件，系指定额未列项的、单体质量在0.2t以内的钢构件。

12. 除锈工程的工程量，依据定额单位，分别按除锈构件的质量或表面积计算。

13. 除锈工程分为轻锈、中锈、重锈，标准划分如下：

轻锈：部分氧化皮开始脱落，红锈开始发生。

中锈：氧化皮部分破裂脱落，呈堆粉末状，除锈后用肉眼可见到腐蚀凹点。

重锈：氧化皮大部分脱落，呈片状锈层或凹起的锈斑，脱落后出现麻点或麻坑。

14. 型钢混凝土柱、梁中的H型钢制作，执行定额7-6-3子目。

15. 轻钢檩条间的钢拉条的制作、安装，执行屋架钢支撑相应子目。

第二节　工程量计算规则

1. 金属结构制作，按图示钢材尺寸以吨计算，不扣除孔眼、切边的质量。焊条、铆钉、螺栓等质量，已包括在定额内不另计算。在计算不规则或多边形钢板质量时，均以其最大对角线乘最大宽度的矩形面积计算，如图7-1所示。

多边形钢板质量 = 最大对角线长度 × 最大宽度 × 面密度
$$= A \times B \times 面密度$$

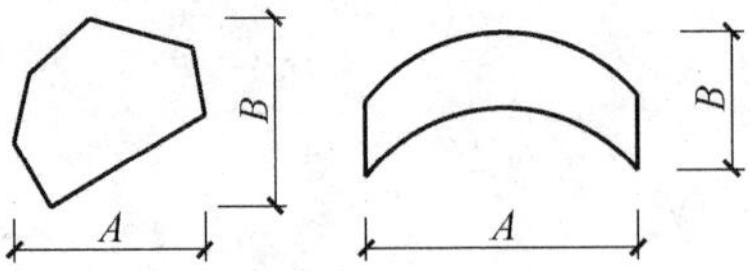

图7-1　不规则或多边形钢板
质量计算示意图

2. 实腹柱、吊车梁、H型钢等均按图示尺寸计算，其中腹板及翼板宽度按每边增加25mm计算。

3. 制动梁的制作工程量包括制动梁、制动桁架、制动板质量；墙架的制作工程量包括墙架柱、墙架梁及连接柱杆质量；钢柱制作工程量包括依附于柱上的牛腿及悬臂梁和柱脚连接板的质量。

4. 铁栏杆制作，仅适用于工业厂房中平台、操作台的钢栏杆。民用建筑中铁栏杆按其他章节有关项目计算。

5. 铁漏斗的制作工程量，矩形按图示分片，圆形按图示展开尺寸，并以钢板宽度分段计算，每段均以其上口长度（圆形以分段展开上口长度）与钢板宽度，按矩形计算，依附漏斗的型钢并入漏斗质量内计算。

6. 计算钢屋架、钢托架、天窗架工程量时，依附其上的悬臂柱、檩托、横档、支爪、檩条爪等分别并入相应构件内计算。

7. X射线焊缝无损探伤，按不同板厚，以"10张"（胶片）为单位。拍片张数按设计规定计算的探伤焊缝总长度除以定额取定的胶片有效长度（250mm）计算。

8. 金属板材对接焊缝超声波探伤，以焊缝长度为计量单位。

第三节　工程量计算及定额应用

[例7-1]　已知：钢屋架共12榀，屋架各部分尺寸及用料如图7-2所示，∠100×100×8的线密度为12.276kg/m，∠70×70×7线密度为7.398kg/m，Φ25钢筋线密度为3.85kg/m，−12连接板面密度为94.20kg/m²，计算屋架工程量及费用。

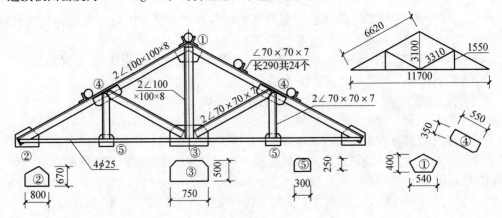

图7-2　钢屋架各部分尺寸及用料示意图

分析：金属结构支座，按设计图示尺寸以质量计算，不扣孔眼、切边、切肢的质量，焊条、铆钉螺栓等不另增加质量。不规则或多边性钢板以机其外接矩形面积乘以厚度乘以单位理论质量计算。

136

解：（1）单榀屋架工程量

上弦质量：6.62m×2×2×12.276kg/m=325kg

下弦质量：11.70m×4×3.85kg/m=180kg

中竖腹杆：3.10m×2×12.276kg/m=76kg

其他腹杆：（3.31m+1.55m）×4×7.398kg/m=144kg

①号连接板质量：0.54m×0.40m×94.20kg/m²=20kg

②号连接板质量：0.80m×0.67m×2×94.20kg/m²=101kg

③号连接板质量：0.75m×0.50m×94.20kg/m²=35kg

④号连接板质量：0.55m×0.35m×2×94.20kg/m²=36kg

⑤号连接板质量：0.30m×0.25m×2×94.2kg/m²=14kg

檩托质量：0.290×24×7.398=51kg

单榀屋架的工程量：325kg+180kg+76kg+144kg+20kg+101kg+35kg+36kg+14kg+51kg=982kg=0.982t<1.0t

单榀屋架的质量小于1t，故此屋架为轻钢屋架。

（2）屋架工程量合计=0.982t×12=11.784t

轻钢屋架　套7-2-1　基价=8029.99元/t

直接工程费：11.784t×8029.99元/t=94625.40元

屋架制作平台摊销　套7-9-1　基价=375.47元/t

直接工程费：11.784t×375.47元/t=4424.54元

[例7-2]　某电业局架设110万伏供电线路，其中供电塔顶部部分钢支架，如图7-3所示，采用角钢和钢板制作，整条供电线路共33座供电塔，刷防锈漆3遍，银粉3遍，其中∠63×6热轧等边角钢线密度为5.721kg/m，∠50×5热轧等边角钢线密度为3.77kg/m，厚度为14mm热轧钢板的面密度为109.9kg/m²，计算图示部分供电塔构件的工程量及费用。

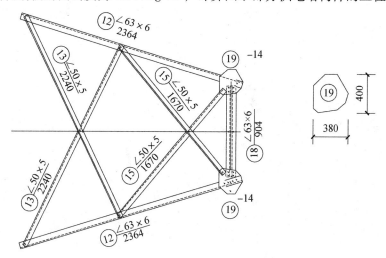

图7-3　某电业局供电塔顶部分钢支架示意图

解：（1）单座供电塔的工程量

⑫号角钢：2.364m×5.721kg/m×2=27kg

⑬号角钢：$2.240\mathrm{m} \times 3.77\mathrm{kg/m} \times 2 = 17\mathrm{kg}$

⑮号角钢：$1.670\mathrm{m} \times 3.77\mathrm{kg/m} \times 2 = 13\mathrm{kg}$

⑱号角钢：$0.904\mathrm{m} \times 5.721\mathrm{kg/m} = 5\mathrm{kg}$

⑲号钢板：$0.38\mathrm{m} \times 0.40\mathrm{m} \times 109.9\mathrm{kg/m}^2 \times 2 = 33\mathrm{kg}$

（2）单座供电塔的工程量

$$(27\mathrm{kg} + 13\mathrm{kg} + 17\mathrm{kg} + 5\mathrm{kg} + 33\mathrm{kg}) \times 33 = 3135\mathrm{kg} = 3.135\mathrm{t}$$

钢防风桁架　套 7-4-8　基价 = 6690.16 元/t

直接工程费：$3.135\mathrm{t} \times 6690.16$ 元/t = 20973.65 元

复习与测试

1. 不规则或多边形钢板的工程量如何计算?

2. 某单层工业厂房下柱柱间钢支撑尺寸如图 7-4 所示，共 18 组，∠75 ×7 热轧等边角钢线密度为 7.976kg/m，厚度为 10mm 热轧钢板的面密度为 78.5kg/m²，计算柱间支撑的工程量及费用。

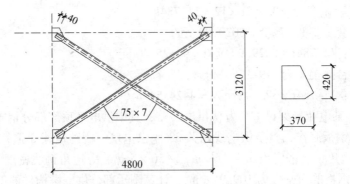

图 7-4　某单层工业厂房下柱柱间钢支撑尺寸示意图

第八章 构筑物及其他工程

第一节 定额说明及解释

1. 本章包括单项及综合项目定额。综合项目是按国标、省标的标准做法编制，使用时对应标准图号直接套用，不再调整。设计文件与标准图做法不同时，套用单项定额。

2. 本章定额不包括的土方内容，发生时按第一章相应定额执行。

3. 砖烟囱筒身不分矩形、圆形，均按筒身高度执行相应子目。

4. 烟囱内衬项目也适用于烟道内衬。

5. 砖水箱内外壁，按定额第三章实砌砖墙的相应规定计算。

6. 倒锥壳水塔中的水箱，定额按地面上浇筑编制。水箱的提升，另按定额第十章第四节的相应规定计算。

7. 贮水（油）池、贮仓、筒仓的基础、支撑柱及柱之间的连系梁，根据构成材料的不同，分别按定额相应规定计算。

8. 水表池、沉砂池、检查井等室外给排水小型构筑物，实际工程中，常依据省标图集 LS 设计和施工。

（1）室外给水小型构筑物，依据省标图集 LS02 编制，包括中Φ1000 圆形给水阀门井、LXS 型水表池、地下式消防水泵接合器闸门井共 7 项；

（2）室外排水小型构筑物，依据省标图集 LS03 编制，包括：雨水沉砂池、雨水口沉砂池、Φ800 和中Φ1000 圆形排水检查井、室外排水管道砂基础共 17 项。

凡依据省标准图集 LS 设计和施工的上述室外给排水小型构筑物，均执行定额，不作调整。

9. 散水、坡道综合项定额是按省标 L96J002 编制的。

10. 室外排水管道的试水所需工料，已包括在定额内，不得另行计算。

11. 室外排水管道定额，其沟深是按 2m 以内（平均自然地坪至垫层上表面）考虑的，当沟深在 2~3m 时，综合工日乘以系数 1.11；3m 以外者，综合工日乘以系数 1.18。

12. 室外排水管道无论人工或机械铺设，均执行定额，不得调整。

13. 毛石混凝土，系按毛石占混凝土体积 20% 计算的，如设计要求不同时，可以换算。其中毛石损耗率为 2%；混凝土损耗率为 1.5%。

14. 排水管道砂石基础中砂：石比例按 1:2 考虑。如设计要求不同时可以换算。

15. 构筑物综合项目中的化粪池及检查井子目，按国标图集 S2 编制。凡设计采用国家标准图集的，均按定额执行，不另调整。

16. 场区道路子目、构筑物综合项目中的散水及坡道子目，按山东省建筑标准设计图集 L96J002 编制。场区道路子目中，已包括留设伸缩缝及嵌缝的工料。

第二节　工程量计算规则

一、烟囱

(一) 烟囱基础

1. 基础与筒身的划分以基础大放脚扩大顶面为分界线，以下为基础，以上为筒身；钢筋混凝土基础包括基础底板及筒座。工程量按设计图纸尺寸以立方米计算。

2. 烟囱的砖基础与混凝土基础，如图 8-1 所示。

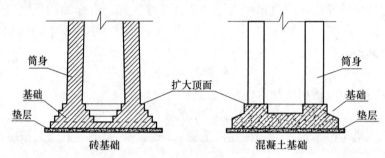

图 8-1　烟囱基础示意图

(二) 烟囱筒身

1. 圆形、方形筒身均按图示筒壁平均中心线周长乘以厚度并扣除筒身 0.3m³ 以上孔洞的体积，钢筋混凝土圈梁、过梁等体积以立方米计算，其筒壁周长不同时可按下式分段计算。

$$V = \Sigma H \times C \times \pi D$$

式中　V——筒身体积，m³；

　　　H——每段筒身垂直高度，m；

　　　C——每段筒壁厚度，m；

　　　D——每段筒身中心线的平均直径，m。

2. 砖烟囱筒身原浆勾缝和烟囱帽抹灰已包括在定额内，不另行计算。如设计要求加浆勾缝时，套用勾缝定额 (9-2-64)，原浆勾缝所含工料不予扣除。

$$勾缝面积 = 1/2 \times \pi \times 烟囱高 \times (上口直径 + 下口直径)$$

3. 烟囱的混凝土集灰斗 (包括：分隔墙、水平隔墙、梁、柱)、轻质混凝土填充砌块及混凝土地面，按有关章节规定计算，套用相应定额。

4. 砖烟囱、烟道及其砖内衬，如设计要求采用楔形砖时，其数量按设计规定计算套用相应定额项目。加工标准半砖和楔形半砖时，按楔形整砖定额的 1/2 计算。

5. 砖烟囱砌体内采用钢筋加固时，其钢筋用量按设计规定计算，套用相应定额。

(三) 烟囱内衬及内表面涂刷隔绝层

1. 烟囱内衬，按不同内衬材料并扣除孔洞后，以图示实体积计算。

2. 填料按烟囱筒身与内衬之间的体积以立方米计算，不扣除连接横砖 (防沉带) 的体积。筒身与内衬之间留有一定空隙作隔绝层。定额是按空气隔绝层编制的，若采用填充材料，

140

填充料另行计算，所需人工已包括在内衬定额内，不另计算。

为防止填充料下沉，从内衬每隔一定间距挑出一圈砌体作防沉带，防沉带工料已包括在定额内，不另计算。烟囱内衬和防沉带，如图8-2所示。

3. 内衬伸入筒身的连接横砖已包括在内衬定额内，不另行计算。

4. 为防止酸性凝液渗入内衬及筒身间，而在内衬顶面上抹水泥砂浆排水坡的工料，已包括在定额内，不单独计算。

5. 烟囱内表面涂刷隔绝层，按筒身内壁并扣除各种孔洞后的面积以平方米计算。

6. 烟囱内衬项目也适用于烟道内衬。

图8-2 烟囱内衬和防沉带示意图

（四）烟道砌砖

1. 烟道与炉体的划分以第一道闸门为界，炉体内的烟道部分列入炉体工程量计算。

2. 烟道中的混凝土构件，按相应定额项目计算。

3. 混凝土烟道以立方米计算（扣除各种孔洞所占体积），套用地沟定额（架空烟道除外）。

二、砖水塔

1. 水塔基础与塔身划分：以砖砌体的扩大部分顶面为界，以上为塔身，以下是基础。水塔基础工程量按设计尺寸以立方米计算，套用烟囱基础的相应项目。

2. 塔身以图示实砌体积计算，扣除门窗洞口、0.3m² 以上的洞口和混凝土构件所占的体积，砖平拱及砖出檐等并入塔身体积计算。

3. 砖水箱内外壁，不分壁厚，均以图示实砌体积计算，套定额第三章的相应的内外砖墙定额。

4. 定额内已包括原浆勾缝，如设计要求加浆勾缝时，套用勾缝定额，原来勾缝的工料不予扣除。

砖水塔如图8-3（a）所示。

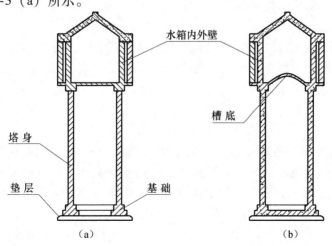

图8-3 水塔示意图

（a）砖水塔；（b）混凝土水塔

三、混凝土水塔

1. 筒身与槽底以槽底连接的圈梁底为界，以下为槽底，以上为筒身。

2. 筒式塔身及依附于筒身的过梁、雨篷挑檐等并入筒身体积内计算；柱式塔身、柱梁合并计算。

3. 塔顶及槽底，塔顶包括顶板和圈梁，槽底包括底板挑出的斜壁板和圈梁等合并计算。

4. 混凝土水塔按设计图示尺寸以立方米计算工程量，分别套用相应定额项目。

5. 倒锥壳水塔中的水箱，定额按地面上浇筑编制。水箱的提升，另按定额第十章第四节的相应规定计算。

混凝土水塔如图 8-3（b）所示。

图 8-4　贮水（油）池示意图

四、贮水（油）池、贮仓

1. 贮水（油）池、贮仓以立方米计算。

2. 贮水（油）池不分平底、锥底、坡底，均按池底计算；壁基梁、池壁不分圆形壁和矩形壁，均按池壁计算。水池池底如图 8-4 所示。

3. 沉淀池水槽，系指池壁上的环形溢水槽，纵横 U 形水槽，但不包括与水槽相连接的矩形梁。矩形梁按相应定额子目计算。

4. 贮仓不分矩形仓壁、圆形仓壁均套用混凝土立壁定额，混凝土斜壁（漏斗）套用混凝土漏斗定额。立壁和斜壁以相互交点的水平线为界，壁上圈梁并入斜壁工程量内，仓顶板及其顶板梁合并计算，套用仓顶板定额。

5. 贮水（油）池、贮仓、筒仓的基础、支撑柱及柱之间的连系梁，根据构成材料的不同，分别按定额相应规定计算。

混凝土独立筒仓如图 8-5 所示。

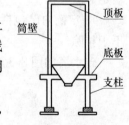

图 8-5　混凝土独立筒仓示意图

五、检查井、化粪池及其他

1. 砖砌井（池）壁不分厚度均以立方米计算，洞口上的砖平拱璇等并入砌体体积内计算。与井壁相连接的管道及其内径在 20cm 以内的孔洞所占体积不予扣除。

2. 渗井系指上部浆砌、下部干砌的渗水井。干砌部分不分方形、圆形，均以立方米计算。计算时不扣除渗水孔所占体积。浆砌部分套用砖砌井（池）壁定额。

3. 混凝土井（池）按实体积以立方米计算。与井壁相连接的管道及内径在 20cm 以内的孔洞所占体积不予扣除。

4. 铸铁盖板（带座）安装以套计算。

六、室外排水管道

1. 外排水管道定额，其沟深是按 2m 以内（平均自然地坪至垫层上表面）考虑的，当沟深在 2 ~ 3m 时，综合工日乘以系数 1.11；3m 以外者，综合工日乘系数 1.18，此条指的是陶土管和混凝土管的铺设项目。

2. 水管道混凝土基础、砂基础、及砂石基础不考虑沟深。排水管道砂基础 90°、120°、180° 是指砂基础表面与管道的两个接触点的中心角的大小。如 180° 是指砂垫层埋半个管子的深度。砂基础示意如图 8-6 所示。

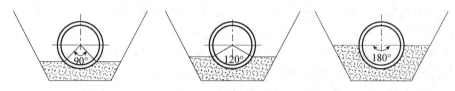

图 8-6　砂基础示意图

3. 外排水管道与室内排水管道的分界，以室内至室外第一个排水检查井为界。检查井至室内一侧为室内排水管道，另一侧为室外排水（厂区、小区内）管道。

4. 水管道铺设以延长米计算，扣除其检查井所占的长度。

5. 水管道基础按不同管径及基础材料分别以延长米计算。

七、场区道路

1. 道路垫层按设计图示尺寸以立方米计算。

2. 路面工程量按设计图示尺寸以平方米计算。

第三节　工程量计算及定额应用

[例 8-1]　某独立烟囱，如图 8-7 所示，普通黏土砖 M5.0 混合砂浆砌筑，烟囱的底面直径为 2500mm，圈梁混凝土强度等级为 C25，底圈梁（DQL）断面尺寸为 370mm × 240mm，中部圈梁 370mm × 240mm，上口封顶圈梁（QL2）为 240mm × 240mm，计算烟囱筒身工程量，确定定额项目，计算直接工程费。

解：（1）烟囱各部位直径

下口中心直径：2.50m − 0.37m = 2.13m

中部（QL1）上口中心直径：2.50m − 12.30m × 1.8% × 2 = 2.06m

上口中心直径：2.50m − （12.30m + 10.30m）× 1.8% × 2 − 0.24m = 1.25m

（2）圈梁体积

DQL 和 QL1 的体积：（2.13m + 2.06m − 0.37m）× π × 0.37m × 0.24m = 1.07m³

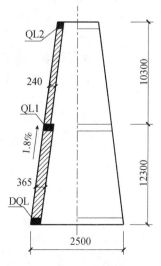

图 8-7　某独立烟囱示意图

143

QL2 的体积：$1.25m \times \pi \times 0.24m \times 0.24m = 0.31m^3$

圈梁工程量：$1.07m^3 + 0.23m^3 = 1.30m^3$

C25 混凝土圈梁　套4-2-26　基价 $= 3431.04$ 元/$10m^3$

直接工程费：$1.30m^3 \div 10 \times 3431.04$ 元/$10m^3 = 446.04$ 元

（3）烟囱砖砌体

下部体积：$12.30m \times 0.365m \times \pi \times (2.13m + 2.06m - 0.37m) \times 1/2 - 1.07m^3 = 25.87m^3$

上部体积：$10.30m \times 0.24m \times \pi \times (2.06m - 0.24m + 1.25m) \times 1/2 - 0.23m^3 = 11.69m^3$

砖砌体工程量：$25.87m^3 + 11.69m^3 = 37.56m^3$

M5.0 混浆筒身高度40m以内　套8-1-6　基价 $= 3490.08$ 元/$10m^3$

直接工程费：$37.56m^3 \div 10 \times 3490.08$ 元/$10m^3 = 13108.74$ 元

[例8-2]　某生活小区室外混凝土排污管道Φ700净长度为8762m，采用混凝土基础90°，10#石油沥青油膏接口，其中管线上有砖砌化粪池［S231（一）2#］共85座，砖砌圆形检查井（S231 Φ700）共275个，据勘探资料知，当地地下水位为3.28m。

试计算室外排污系统的工程量及相关费用。

解：（1）Φ700 混凝土排污管铺设工程量：8762m

石油沥青油膏接口管径700　套8-5-29　定额基价 $= 2137.10$ 元/$10m$

直接工程费 $= 8762m \div 10 \times 2137.10$ 元/$10m = 1872527.02$ 元

（2）排污管道砂石基础工程量：8762m

排水管道混凝土础90°管径700　套8-5-39　基价 $= 481.34$ 元/$10m$

直接工程费：$8762m \div 10 \times 481.34$ 元/$10m = 421750.11$ 元

（3）砖砌矩形化粪池工程量：85座

S231（一）3#无地下水砖砌化粪池　套8-7-18　基价 $= 6987.03$ 元/座

直接工程费 $= 85$ 座 $\times 6987.03$ 元/座 $= 593897.55$ 元

（4）砖砌圆形检查井工程量：275个

S231 Φ700 无地下水井深2m　套8-7-33　基价 $= 789.38$ 元/个

直接工程费：275 个 $\times 789.38$ 元/个 $= 217079.50$ 元

复习与测试

1. 本章哪些项目属于综合项目定额？

2. 砖水塔和混凝土水塔的基础与塔身是如何划分的？

第九章　装饰工程

第一节　楼、地面工程

一、定额说明及解释

1. 地面工程包括楼地面找平层、整体面层、块料面层、木质楼地面及其他饰面等内容。

2. 水泥砂浆、水泥石子浆、混凝土等配合比，设计规定与定额不同时，可以换算，其他不变。

3. 整体面层、块料面层中的楼地项目、楼梯项目，均不包括踢脚板、楼梯侧面、牵边；台阶不包括侧面、牵边；设计有要求时，按相应定额项目计算。细石混凝土、钢筋混凝土整体面层设计厚度与定额不同时，混凝土厚度可按比例换算。

4. 块料面层拼图案项目，其图案材料定额按成品考虑。图案按最大几何尺寸算至图案外边线。图案外边线以内周边异形块料的铺贴，套用相应块料面层铺贴项目及图案周边异形块料铺贴另加工料项目。周边异形铺贴材料的损耗率，应根据现场实际情况，并入相应块料面层铺贴项目内。

5. 设计块料面层中有不同种类、材质的材料，应分别按相应定额项目执行。

6. 硬木地板，定额按不带油漆考虑；若实际使用成品木地板（带油漆地板），按其做法套用相应子目，扣除子目中刨光机械，其他不变。

7. 楼地面铺贴块料面层子目，定额中只包括了块料面层的粘接层，不包括粘接层之下的结合层。结合层另按本节找平层的相应规定计算。

8. 楼地面铺贴大理石、花岗石，遇异形房间需现场切割时（按经过批准的排板方案），按相应图案周边异形块料铺贴的计算方法，计算工程量和实际消耗量，并执行其另加工料的相应子目。

9. 楼地面铺贴全瓷地板砖，遇异形房间需现场切割时（按经过批准的排板方案），按楼地面大理石拼案中图案周边异形块料铺贴的计算方法，计算工程量和实际消耗量，并执行大理石图案周边异形块料铺贴另加工料定额子目9-1-50。

10. 楼地面铺贴大理石、花岗岩、全瓷地板砖，因裁板宽度有特定要求需现场切割时（按经过批准的排版方案），其实际消耗量并入相应块料面层铺贴子目内。

11. 踢脚板（除缸砖、彩釉砖外）定额均按成品考虑编制的，其中异形踢脚板指非矩形的形式。预制水磨石踢脚板，设计为异形时，执行大理石异形踢脚板子目，调整其中的大理石踢脚板，消耗量及其他均不变。

12. 定额中的"零星项目"适用于楼梯和台阶的牵边、侧面、池槽、蹲台等项目。楼梯、台阶的牵边，是指楼梯、台阶踏步的两端（或一端）防止流水直接从踏步端部下落的构造或做法。

13. 水磨石楼地面子目，不包括水磨石面层的分格嵌条。

14. 大理石、花岗岩楼地面面层分色子目，按不同颜色、不同规格的规格块料拼简单图案编制。其工程量，应分别计算，均执行相应分色子目。

15. 大理石、花岗石楼地面面层点缀子目，其点缀块料按规格块料、被点缀的主体块料按现场加工编织。点缀块料面层的工程量，按设计图示尺寸，单独计算；不扣除被点缀的主体块料面层的工程量，其现场加工的人工、机械也不增加。

16. 定额大理石、花岗岩楼梯面层子目，块料按规格块料（成品，现场不切割）编制。实际施工时若不能采用规格块料，其现场加工，执行9-1-162、9-1-163。大理石、花岗岩块料现场加工的损耗率，根据现场加工情况据实测定。

17. 楼地面铺缸砖（勾缝）子目9-1-92、9-1-94，定额按缝宽6mm编制：铺广场砖子目9-1-109、9-1-111，定额按缝宽5mm编制。其他块料面层项目，定额均按密缝编制。若设计缝宽与定额不同时，其块料和勾缝砂的用量可以调整，其他不变。

18. 楼地面层铺地毯，定额按矩形房间编制。若遇异形房间，设计允许接缝时，人工乘系数1.10，其他不变；设计不允许接缝时，人工乘系数1.20，地毯损耗率，根据现场裁剪情况据实测定。

19. 实木踢脚板子目，定额按踢脚板直接铺钉在墙面上编制。若设计要求做基层板，另按定额第二节墙、柱饰面中的基层板子目计算。

20. 瓷砖踢脚板，按9-1-86、9-1-87彩釉砖踢脚板子目换算，其中，瓷砖152mm×152mm的定额用量为1.55m²（踢脚板高152mm，施工损耗率2%）。若设计踢脚板高度与设计面板材料不合模数，其现场加工的实际消耗量，根据现场加工情况实测定，其他不变。

二、工程量计算规则

1. 楼地面找平层和整体面层均按主墙间净面积以平方米计算。计算时应扣除凸出地面的构筑物、设备基础、室内铁道、室内地沟等所占面积，不扣除柱、垛、间壁墙、附墙烟囱及面积在0.3m²以内的孔洞所占面积，但门洞、空圈、暖气包槽、壁龛的开口部分亦不增加。

楼面找平层和整体面层工程量＝主墙间净长度×主墙间净宽度－构筑物所占面积

2. 楼、地面块料面层，按设计图示尺寸实铺面积以平方米计算。门洞、空圈、暖气包槽和壁龛的开口部分的工程量并入相应的面层内计算。

楼地面块料面层工程量＝净长度×净宽度－不做面层面积＋其他实铺面积

3. 楼梯面层（包括踏步及最后一级踏步宽、休息平台、小于500mm宽的楼梯井），按水平投影面积计算。

4. 台阶面层（包括踏步及最上一层一个踏步宽）按水平投影面积计算。

5. 楼梯大理石、花岗岩现场加工，按实际切割长度，以米计算。

6. 旋转、弧形楼梯的装饰，其踏步，按水平投影面积计算，执行楼梯的相应子目，人工乘系数1.20其侧面，按展开面积计算，执行零星项目的相应子目。

7. 踢脚板（线）根据设计做法，以定额单位的m²或m计算工程量。

踢脚线工程量＝踢脚线净长度×高度

或踢脚线工程量 = 踢脚线净长度

8. 防滑条、地面分格嵌条按设计尺寸以延长米计算。

9. 地面点缀按点缀的面积计算，套用相应定额。计算地面铺贴面积时，不扣除点缀所占面积，主体块料加工用工亦不增加。

三、工程量计算及定额应用

[**例 9-1**]　某工程平面图，如图 9-1 所示，外墙厚 370mm，内墙厚 240mm，地面做法为：250mm 厚地瓜石灌浆垫层，35mm 厚 C20 细石混凝土，然后抹 20mm 厚 1∶2.5 水泥砂浆面层。

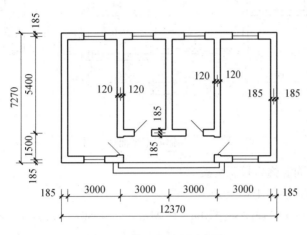

图 9-1　某工程平面示意图

试计算该工程地面工程量及直接费。

解：（1）计算基数

$$S_{房} = (3.0m - 0.185m - 0.12m) \times (7.27m - 0.37m \times 2) \times 2 +$$
$$(3.0m - 0.24m) \times (5.4m - 0.37m) \times 2 = 62.96m^2$$

（2）地瓜石灌浆垫层

工程量：$62.96m^2 \times 0.25m = 15.74m^3$

灌浆地瓜石　套 2-1-10　基价 = 1930.11 元/10m³

直接工程费：$15.74m^3 \div 10 \times 1930.11$ 元/10m³ = 3037.99 元

（3）C20 细石混凝土找平层

工程量：$62.96m^2$

细石混凝土找平层 35mm　套 9-1-4 和 9-1-5　基价（换）
　　　　159.02 元/10m² - 19.96 元/10m² = 139.06 元/10m²

直接工程费：$62.96m^2 \div 10 \times 139.06$ 元/10m² = 875.52 元

（4）水泥砂浆面层

工程量：$62.96m^2$

水泥砂浆面层楼地面 20mm　套 9-1-9　基价 = 128.55 元/10m²

直接工程费：$62.96m^2 \div 10 \times 128.55$ 元/10m² = 809.35 元

[**例 9-2**]　某储藏室平面图如图 9-2 所示，地面做法：（1）素土夯实；（2）C20 细石

147

混凝土垫层厚60mm；（3）采用干硬性1:2水泥砂浆厚30mm，铺800mm×800mm全瓷地板砖，踢脚线为全瓷地板砖踢脚线高度为100mm，1:2.5水泥砂浆粘贴。

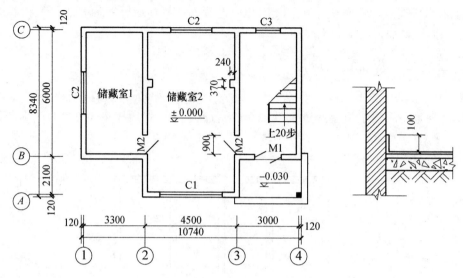

图9-2　某储藏室平面示意图

试求：储藏室地面装修直接工程费。

解：（1）C20细石混凝土垫层

工程量：（3.30m − 0.24m）×（6.0m − 0.24m）+（4.50m − 0.24m）×（8.34m − 0.24m × 2）= 51.11m²

C20细石混凝土垫层　套9-1-4，9-1-5　基价（换）

159.02元/10m² + 19.96元/10m² × 4 = 238.86元/10m²

直接工程费：51.11m² ÷ 10 × 238.86元/10m² = 1220.81元

（2）地板砖

储藏室1：（3.30m − 0.24m）×（6.0m − 0.24m）+ 0.9m × 0.12m = 17.73m²

储藏室2：（4.50m − 0.24m）×（6.0m + 2.1m − 0.24m）− 0.37m × 0.24m × 2 + 0.9m × 0.24m = 33.52m²

小计：17.73m² + 33.52m² = 51.25m²

干硬性水泥砂浆全瓷地板砖（3200以内）套9-1-170　基价 = 2200.53元/10m²

直接工程费：51.25m² ÷ 10 × 2200.53元/10m² = 11277.72元

（3）踢脚线

储藏室1：[（3.30m − 0.24m）×2 +（6.0m − 0.24m）×2 − 0.9m + 0.24m]×0.10 = 1.70m²

储藏室2：[（4.50m − 0.24m）×2 +（6.0m + 2.1m − 0.24m）×2 + 0.24m × 4 − 0.9m × 2 + 0.24m × 2]×0.10 = 2.39m²

小计：1.70m² + 2.39m² = 4.09m²

1:2.5砂浆全瓷地板砖直形踢脚板　套9-1-172　基价 = 729.07元/10m²

直接工程费：4.09m² ÷ 10 × 729.07元/10m² = 298.19元

148

第二节　墙、柱面工程

一、定额说明及解释

1. 墙、柱面工程包括墙、柱面的一般抹灰、装饰抹灰、镶贴块料及饰面、隔断、幕墙等内容。

2. 墙、柱面工程中凡注明砂浆种类、配合比、饰面材料型号规格的，设计与定额不同时，可以按设计规定调整，但人工数量不变。定额不分外墙、内墙，使用时按设计饰面做法和不同材质墙体，分别执行相应定额子目。

3. 墙面抹石灰砂浆分二遍、三遍、四遍，这里的"遍数"，不含罩面的麻刀石灰浆，其标准如下：

二遍：一遍底层，一遍面层。

三遍：一遍底层，一遍中层，一遍面层。

四遍：一遍底层，一遍中层，二遍面层。

抹灰等级、抹灰遍数、工序、外观质量的关系见表9-1：

表9-1　墙、柱面抹灰等级、抹灰遍数、工序、外观质量的关系表

名称	普通抹灰（二遍）	中级抹灰（三遍）	高级抹灰（四遍）
主要工序	分层找平、修整表面压光	阳角找方、设置标筋、分层找平、修整、表面压光	阳角找方、设置标筋、分层找平、修整、表面压平
外观质量	表面光滑、洁净、接槎平整	表面光滑、洁净、接槎平整、压线清晰、顺直	表面光滑、洁净、颜色均匀、无抹纹、压线平直方正

4. 抹灰（含一般抹灰和装饰抹灰）子目，定额注明了抹灰厚度：

（1）定额厚度为××mm者，抹灰种类为一种；

（2）厚度为××mm + ××mm者，抹灰种类为两种，前者为打底抹灰厚度，后者为罩面抹灰厚度；

（3）厚度为××mm + ××mm + ××mm者，抹灰种类为三种，前者为罩面抹灰厚度、中者为中层抹灰厚度；后者为打底抹灰厚度。

5. 墙、柱饰面分一般抹灰和装饰抹灰、定额不分外墙、内墙抹灰，使用时，按不同材质墙面、施工设计抹灰种类、厚度执行相应定额项目。

6. 墙、柱饰面若砂浆种类和抹灰厚度，设计与定额不同时，执行抹灰砂浆厚度调整子目，先调整抹灰厚度，再调整砂浆种类，其他不变。

7. 调整墙柱面抹灰厚度时，抹灰砂浆厚度调整子目中未列的砂浆种类，应区别一般抹灰和装饰抹灰，分别按照各自同类砂浆调整子目进行换算。

8. 窗台（无论内、外）抹灰的砂浆种类和厚度，与墙面一致时，不另计算；否则，按其展开宽度，按相应零星项目或装饰线条计算。

9. 圆弧形墙面的抹灰，圆弧形、锯齿形墙面镶贴块料饰面，按相应项目人工乘以系数1.15。

10. 墙面抹灰（含一般抹灰和装饰抹灰）的工程量，应扣除零星抹灰所占面积，不扣除各种装饰线条所占面积。

11. 墙柱面粘贴块料面层子目，定额中包括了块料面层的粘接层和粘接层之下的结合层，粘接层和结合层的砂浆种类、配合比、厚度与定额不同时，允许调整，砂浆损耗率1%。

12. 墙柱面粘贴面砖子目，定额按三种不同的灰缝宽度编制。灰缝宽度 > 20mm 时，应调整定额中瓷质外墙砖和勾缝砂浆（1:1 砂浆）的用量，其他不变。瓷质外墙砖的损耗率为3%。

13. 墙、柱面干挂大理石、花岗岩目，定额按块料挂在膨胀螺栓上编制。若设计挂在龙骨上，龙骨单独计算，执行相应龙骨子目；扣除子目中膨胀螺拴的消耗量，其他不变。

14. 镶贴块料面层子目，除定额已注明留缝宽度的项目外，其余项目均按密缝编制。若设计留缝宽度与定额不同时，其相应项目的块料和勾缝砂浆用量可以调整，其他不变。

15. 单块面积0.03m² 以内的墙柱饰面面层，其材料与周边饰面面层不一致时，应单独计算，且不扣除周边饰面面层的工程量。

16. 外墙贴面砖项目，灰缝宽按5mm 以内，10mm 以内和20mm 以内列项，其人工、材料已综合考虑。如灰缝超过20mm 以上者，其块料及灰缝材料用量允许调整，其他不变。

17. 定额除注明者外，均未包括压条、收边、装饰线（板），设计有要求时，按相应定额计算。

18. 墙柱面挂贴块料面层子目，定额种包括了块料面层的灌缝砂浆（均为50mm 厚），其砂浆种类、配合比可按定额相应规定换算：其厚度，设计与定额不同时，可按比例调整砂浆用量，其他不变。

19. 墙、柱饰面中的面层、基层、龙骨均未包括刷防火涂料，设计有要求时，按相应定额计算。

20. 块料镶贴和装饰抹灰的"零星项目"适用于挑檐、天沟、腰线、窗台线、门窗套、压顶、栏板、扶手、遮阳板、雨篷周边等。一般抹灰中的"零星项目"适用于各种壁柜、碗柜、过人洞、暖气壁龛、池槽、花台以及1m² 以内的抹灰；"装饰线条"抹灰适用于门窗套、挑檐、腰线、压顶、遮阳板、楼梯过梁、宣传栏边框等展开宽度小于300mm 以内的竖、横线条抹灰。展开宽度超过300mm 时按"零星项目"执行。

21. 墙面镶贴块料高度大于300mm 时，按墙面、墙裙项目套用；小于300mm 按踢脚线项目套用。

22. 阴、阳角面砖、瓷砖450 角割角、对缝，执行补充子目9-2-334。该子目内包括面砖、瓷砖的割角损耗。

23. 幕墙、隔墙（间壁）、隔断所用的轻钢、铝合金龙骨，设计与定额不同时允许换算，人工用量不变（轻钢龙骨损耗率6%，铝合金龙骨损耗率7%，木龙骨损耗率6%）。

24. 各类幕墙的周边封口，若采用相同材料，按其展开面积，并入相应幕墙的工程量内计算：若采用不同材料，其工程量应单独计算。

25. 木龙骨基层项目中龙骨是按双向计算的，设计为单向时，人工、材料、机械消耗量

150

乘以系数 0.55。

26. 基层板上钉铺造型层，定额按不满铺考虑，若在基层板上满铺板时，可套用造型层相应项目，人工消耗量乘系数 0.85。

27. 玻璃幕墙、隔墙中设计有平开窗、推拉窗者，木隔断（间壁）、铝合金隔断（间壁）设计有门者，扣除门窗面积；门窗按相应章节规定计算。

28. 凸弧形装饰线条，共 3 项：

（1）凸弧形装饰线条，系指凸出墙面、断面外形为弧形（由抹灰形成）的直线型线条。

（2）凸弧形装饰线条，区分不同断面，按设计长度，以米计算。

（3）凸出墙面的矩形混凝土或砖外表面，抹灰形成凸弧形装饰线条，该线条的断面面积，应扣除混凝土或砖所占的矩形面积。

（4）线条纵向成弧形，或纵向直线连续长度小于 2m 时，人工乘以系数 1.15。

二、工程量计算规则

（一）内墙抹灰工程量的计算

1. 内墙抹灰以平方米计算，计算时应扣除门窗洞口和空圈所占的面积，不扣除踢脚板、挂镜线、单个面积在 0.3m² 以内的孔洞和墙与构件交接处的面积，洞侧壁和顶面亦不增加。墙垛和附墙烟囱侧壁面积与内墙抹灰工程量合并计算。

2. 内墙抹灰的长度，以主墙间的图示净长尺寸计算。其中"主墙"一般是指在结构上起承重作用和功能性隔断的墙体（轻体隔断墙、间壁墙除外）。其高度确定如下：

无墙裙的，其高度按室内地面或楼面至顶棚底面之间距离计算。

有墙裙的，其高度按墙裙顶至顶棚底面之间距离计算。

有顶棚（吊顶）的，其高度至顶棚底面另加 100mm 计算。

内墙抹灰工程量 = 主墙间净长度 × 墙面高度 - 门窗等面积 + 垛的侧面抹灰面积

3. 内墙裙抹灰面积按内墙净长乘以高度计算（扣除或不扣除，内容同内墙抹灰）。

内墙裙抹灰工程量 = 主墙间净长度 × 墙裙高度 - 门窗所占面积 + 垛的侧面抹灰面积

4. 柱抹灰按结构断面周长乘设计柱抹灰高度以平方米计算。

柱抹灰工程量 = 柱结构断面周长 × 设计柱抹灰高度

（二）外墙一般抹灰工程量计算

1. 外墙抹灰面积，按设计外墙抹灰的垂直投影面积以平方米计算。计算时应扣门窗洞口、外墙裙和单个面积大于 0.3m² 孔洞所占面积，洞口侧壁面积不另增加。附墙垛、梁、柱侧面抹灰面积并入外墙面工程量内计算。

外墙抹灰工程量 = 外墙面长度 × 墙面高度 - 门窗等面积 + 垛梁柱的侧面抹灰面积

2. 外墙裙抹灰面积按其长度乘高度计算（扣除或不扣除内容同外墙抹灰）。

外墙裙抹灰工程量 = 外墙面长度 × 墙裙高度 - 门窗所占面积 + 垛梁柱侧面抹灰面积

3. 其他抹灰：展开宽度在 300mm 以内者，按延长米计算，展开宽度超过 300mm 以上时，按图示尺寸的展开面积计算。

4. 栏板、栏杆（包括立柱、扶手或压顶等）设计抹灰做法相同时，抹灰按垂直投影面积以平方米计算。设计抹灰做法不同时，按其他抹灰规定计算。

栏杆、栏板工程量 = 栏板、栏杆长度 × 栏板、栏杆抹灰高度

5. 墙面勾缝按设计勾缝墙面的垂直投影面积计算。不扣除门窗洞口、门窗套、腰线等零星抹灰所占的面积，附墙柱和门窗洞口侧面的勾缝面积亦不增加。独立柱、房上烟囱勾缝，按图示尺寸的平方米计算。

墙面勾缝工程量 = 墙面长度 × 墙面高度

（三）外墙装饰抹灰工程量计算

1. 外墙各种装饰抹灰均按设计外墙抹灰的垂直投影面积计算，计算时应扣除门窗洞口、空圈及单个面积大于 $0.3m^2$ 孔洞所占面积，其侧壁面积不另增加。附墙垛侧面抹灰面积并入外墙抹灰工程量内计算。

外墙装饰抹灰工程量 = 外墙面长度 × 抹灰高度 − 门窗等面积 + 垛梁柱的侧面抹灰面积

2. 挑檐、天沟、腰线、栏板、门窗套、窗台线、压顶等均按图示尺寸的展开面积以平方米计算。

3. 柱装饰抹灰按结构断面周长乘设计柱抹灰高度以平方米计算。

柱装饰抹灰工程量 = 柱结构断面周长 × 设计柱抹灰高度

（四）块料面层工程量计算

1. 墙面贴块料面层按图示尺寸的实贴面积计算。

墙面贴块料工程量 = 图示长度 × 装饰高度

2. 柱面贴块料面层按块料外围周长乘装饰高度以平方米计算。

柱面贴块料工程量 = 柱装饰块料外围周长 × 装饰高度

（五）墙、柱饰面、隔断、幕墙

1. 墙、柱饰面龙骨按图示尺寸长度乘以高度，以平方米计算。定额龙骨按附墙、附柱考虑，若遇其他情况，按下列规定乘以系数处理：

（1）设计龙骨外挑时，其相应定额项目乘系数 1.15；

（2）设计木龙骨包圆柱，其相应定额项目乘系数 1.18；

（3）设计金属龙骨包圆柱，其相应定额项目乘系数 1.20。

2. 墙、柱饰面基层板、造型层按图示尺寸面积，以平方米计算。面层按展开面积，以平方米计算。

3. 木间壁、隔断按图示尺寸长度乘以高度，以平方米计算。

4. 玻璃间壁、隔断按上横档顶面至下横档底面之间的图示尺寸，以平方米计算。

5. 铝合金（轻钢）间壁、隔断、各种幕墙，按设计四周外边线的框外围面积计算。

6. 墙面保温项目，按设计图示尺寸以平方米计算。

三、工程量计算及定额应用

[例 9-3]　某传达室的平面图及墙身剖面如图 9-3 所示，其装饰做法如下：

（1）外墙裙：高 900mm，贴 194mm × 94mm 瓷质外墙砖，缝宽 10mm 以内，窗台、门边另加 80mm，M1：1000mm × 2400mm，M2：900mm × 2400mm，C1：1500mm × 1500mm。

（2）外墙面：1:1:6 混合砂浆打底厚 14mm，1:1:4 混浆罩面厚 6mm。

（3）内墙面：抹石膏砂浆 12mm 厚。

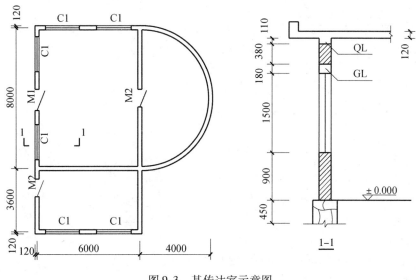

图 9-3　某传达室示意图

（4）踢脚线：外边 2 间，1:2.5 水泥砂浆粘贴彩釉砖高 150mm；里边 1 间，1:3 水泥砂浆 20mm 厚，高 150mm。

试计算外墙裙、外墙面、内墙面、踢脚线的直接工程费。

解： 外墙平直部分长度

$$(6.0m + 0.24m) \times 2 + (8.0m + 3.6m + 0.24m) + 3.6m = 27.92m$$

外边 2 间内墙周边长度

$$(6.0m - 0.24m) \times 4 + (8.0m + 3.6m - 0.24m \times 2) \times 2 = 45.28m$$

（1）外墙裙

平直部分工程量：$(27.92m + 0.08m \times 4 - 1.0m - 0.9m) \times 0.9m + 1.5m \times 6 \times 0.08m = 24.43m^2$

水泥砂浆粘贴瓷质外墙砖　套 9-2-217　基价 = 1112.34 元/10m²

直接工程费：$24.43m^2 \div 10 \times 1112.34$ 元/10m² = 2717.45 元

弧形部分：$\pi \times 4.0m \times 0.9m = 11.31m^2$

水泥砂浆粘贴瓷质外墙砖弧形墙裙　套 9-2-217　基价（换）

1112.34 元/10m² + 232.67 元/10m² × 0.15 = 1147.24 元/10m²

直接工程费：$11.31m^2 \div 10 \times 1147.24$ 元/10m² = 1297.53 元

（2）外墙面抹灰

平直部分工程量：$27.92m \times (1.5m + 0.18m + 0.38m + 0.11m) - 1.5m \times 1.5m \times 6 - (2.4m - 0.9m) \times (1.0m + 0.90m) = 44.24m^3$

墙面抹混合砂浆　套 9-2-31　基价 = 121.85 元/10m²

直接工程费：$44.24m^3 \div 10 \times 121.85$ 元/10m² = 539.06 元

圆弧部分工程量：$\pi \times 4 \times (1.5m + 0.18m + 0.38m + 0.11m) = 27.27m^2$

圆弧墙面抹混合砂浆　套 9-2-31　基价（换）

121.85 元/10m² + 72.61 元/10m² × 0.15 = 132.74 元/10m²

直接工程费：$27.27m^2 \div 10 \times 132.74$ 元/10m² = 361.98 元

（3）内墙面抹灰

平直部分工程量：$(45.28m + 8.0m - 0.24m) \times (0.9m + 1.5m + 0.18m + 0.38m + 0.11m) - (1.0m \times 2.4m + 0.9m \times 2.4m \times 3 + 1.5m \times 1.5m \times 6) = 140.45m^2$

墙面抹石膏砂浆　套9-2-42 和 9-2-60　基价（换）

$$111.79 \text{ 元}/10m^2 + 4.66 \text{ 元}/10m^2 \times 5 = 135.09 \text{ 元}/10m^2$$

直接工程费：$140.45m^2 \div 10 \times 135.09 \text{ 元}/10m^2 = 1897.34 \text{ 元}$

圆弧墙内墙抹石膏砂浆：$\pi \times (4.0m - 0.24m) \times (0.9m + 1.5m + 0.18m + 0.38m + 0.11m) = 36.26m^2$

圆弧墙抹石膏砂浆　套9-2-42 和 9-2-60　基价（换）

$111.79 \text{ 元}/10m^2 + 4.66 \text{ 元}/10m^2 \times 5 + (85.33 + 2.12 \times 5) \text{ 元}/10m^2 \times 0.15 = 149.48 \text{ 元}/10m^2$

直接工程费：$36.26m^2 \div 10 \times 149.48 \text{ 元}/10m^2 = 542.01 \text{ 元}$

（4）踢脚线

外边2间：$45.28m - 1.0m - 0.9m \times 2 + 0.12m \times 6 = 43.20m$

彩釉砖踢脚　套9-1-86　基价 $= 99.38 \text{ 元}/10m$

直接工程费：$43.20m \div 10 \times 99.38 \text{ 元}/10m = 429.32 \text{ 元}$

里边1间：$8.0m - 0.24m - 0.9m + \pi \times (4.m - 0.24m) = 18.67m$

水泥砂浆踢脚　套9-1-13　基价 $= 34.55 \text{ 元}/10m$

直接工程费：$18.67m \div 10 \times 34.55 \text{ 元}/10m = 64.50 \text{ 元}$

第三节　顶棚工程

一、定额说明及解释

1. 顶棚工程包括顶棚抹灰、顶棚龙骨、顶棚饰面等内容。

2. 凡注明砂浆种类、配合比、饰面材料型号规格的，设计规定与定额不同时，可按设计规定换算，其他不变。混凝土顶棚抹灰分现浇和预制混凝土面抹灰，9-3-5子目用于混凝土面顶棚混合砂浆找平。

3. 楼梯底面（包括侧面及连接梁、平台梁、斜梁的侧面）抹灰，按楼梯水平投影面乘以系数1.31并入相应顶棚抹灰工程量内计算。

4. 本节中龙骨是按常用材料及规格编制，设计规定与定额不同时，可以换算，其他不变。材料的损率分别为：木龙骨6%，轻钢龙骨6%，铝合金龙骨7%。

5. 吊顶顶棚等级的划分：

（1）顶棚面层在同一标高者为"一级"顶棚。房间内全部吊顶、局部向下跌落，最大跌落线向外、最小跌落线向里每边各加0.60m，两条0.60m线范围内的吊顶，为二、三级吊顶顶棚，其余为一级吊顶顶棚。

（2）顶棚面层不在同一标高，且龙骨有跌级高差者为"二级~三级"顶棚。

若最大跌落线向外、距墙边≤1.2m时，最大跌落线以外的全部吊顶，为二、三级吊顶顶棚。

若最小跌落线任意两对边之间的距离（或直径）≤1.8m时，最小跌落线以内的全部吊

154

顶，为二、三级吊顶顶棚。

若房间内局部为板底抹灰顶棚、局部向下跌落时，两条 0.6m 线范围内的抹灰顶棚，不得计算为吊顶顶棚；吊顶顶棚与抹灰顶棚只有一个迭级时，该吊顶顶棚的龙骨则为一级顶棚龙骨，该吊顶顶棚的饰面按二、三级顶棚饰面计算。

6. 定额中顶棚龙骨、顶棚面层分别列项，使用时分别套用相应定额。对于二级及以上顶棚的面层，人工乘以系数 1.1。

7. 轻钢龙骨、铝合金龙骨定额按双层结构编制（即中、小龙骨紧贴大龙骨底面吊挂），如采用单层结构时（大、中龙骨底面在同一水平面上），扣除定额内小龙骨及相应配件数量人工乘以系数 0.85。

8. 各种吊顶顶棚龙骨按主墙间净空面积计算，不扣除间壁墙、检查口、附墙烟囱、柱、灯孔、垛和管道所占面积，由于上述原因所引起的工料也不增加。

9. 顶棚木龙骨子目，区分单层结构与双层结构。单层结构是指双向木龙骨形成的龙骨网片，直接由吊杆引上、与吊点固定的情况；双层结构是指双向木龙骨形成的龙骨网片，首先固定在单向设置的主木龙骨上，再由主木龙骨与吊杆连接、引上、与吊点固定的情况。

10. 顶棚木龙骨及其吊杆的规格与用量，设计与定额不同时，可以调整，（木龙骨和角钢的损耗率均为 6%）其他不变。

11. 顶棚装饰面开挖灯孔，按每开 10 个灯孔用工 1.0 工日计算。

二、工程量计算规则

（一）顶棚抹灰

1. 顶棚抹灰面积，按主墙面积计算，不扣除柱、垛、间壁墙、附墙烟囱、检查口和管道所占面积。带梁顶棚，梁两侧抹灰面积，并入顶棚抹灰工程量内计算。

顶棚抹灰工程量 = 主墙间的净长度 × 主墙间的净宽度 + 梁侧面面积

2. 密肋梁和井字梁顶棚抹灰面积，按展开面积计算。

井字梁顶棚抹灰工程量 = 主墙间的净长度 × 主墙间的净宽度 + 梁侧面面积

3. 顶棚抹灰带有装饰线时，装饰线按延长米计算。装饰线的道数以棱角为一道线。

装饰线工程量 = Σ（房间净长度 + 房间净宽度）× 2

4. 檐口顶棚及阳台、雨篷底的抹灰面积，并入相应的顶棚抹工程量内计算。

5. 顶棚中的折线、灯槽线、圆弧形线、拱形线等艺术形式的抹灰，按展开面积，并入相应的顶棚抹灰工程量内。

6. 顶棚刮腻子按本章抹灰工程量规则以平方米计算。

7. 石膏线区别不同型式及规格，按设计延长米计算。

（二）吊顶顶棚

各种吊顶顶棚龙骨按主墙间净空面积以平方米计算；不扣除间壁墙、检查口、附墙烟囱、柱、灯孔、垛和管道所占面积。

1. "二～三级"顶棚龙骨的工程量，按龙骨的跌级高差外边线所含最大矩形面积以平方米计算，套用"二～三级"顶棚龙骨定额。

2. 计算顶棚龙骨时，顶棚中的折线、跌落、高低吊顶槽等面积不展开计算。

（三）顶棚饰面

1. 顶棚装饰面积，按主墙间设计面积以平方米计算：不扣除间壁墙、检查口、附墙烟囱、柱、灯孔、垛和管道所占面积，但应扣除独立柱、灯带、大于0.3m² 的灯孔及顶棚相连的窗帘盒所占的面积。

2. 顶棚中的折线，跌落、拱形、高低灯槽及其他艺术形式顶棚面层均按展开面积计算。

三、工程量计算及定额应用

[例9-4]　某现浇钢筋混凝土有梁板工程，如图9-4所示，墙厚240mm，顶棚1:3水泥砂浆，试计算顶棚抹灰工程量及费用。

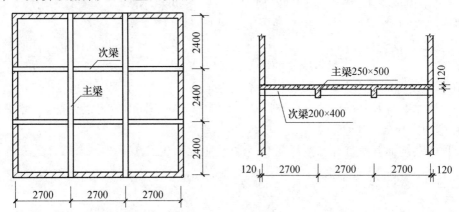

图9-4　某现浇钢筋混凝土有梁板工程示意图

解：（1）顶棚底面抹灰

工程量：$(2.70m \times 3 - 0.24m) \times (2.4m \times 3 - 0.24m) = 54.71m^2$

（2）主梁侧面抹灰

工程量：$(2.40m \times 3 - 0.24m) \times (0.5m - 0.12m) \times 4 - (0.40m - 0.12m) \times 0.2m \times 8 = 10.13m^2$

（3）次梁侧面抹灰

工程量：$(2.7m \times 3 - 0.24m - 0.25m \times 2) \times (0.4mm - 0.12m) \times 4 = 8.24m^2$

（4）顶棚抹灰小计

工程量：$54.71m^2 + 10.13m^2 + 8.24m^2 = 73.08m^2$

（5）顶棚抹灰费用

混凝土顶棚抹水泥砂浆　套9-3-3　基价 $= 134.26$ 元$/10m^2$

直接工程费：$73.08m^2 \div 10 \times 134.26$ 元$/10m^2 = 981.17$ 元

第四节　油漆、涂料及裱糊工程

一、定额说明及解释

1. 油漆、涂料及裱糊工程包括木材面、金属面、抹灰面油漆及裱糊等内容。

156

2. 刷涂料、刷油采用手工操作，喷塑、喷涂、喷油采用机械操作，实际操作方法不同时时不做调整。

3. 定额已综合考虑在同一平面上的分色及门窗内外分色的因素，如需做美术图案的另行计算。

4. 硝基清漆需增刷硝基亚光漆者，套用硝基清漆每增一遍子目，换算油漆种类，油漆用量不变。

5. 喷塑（一塑三油）大压花、中压花、喷中点的规格划分如下：

大压花：喷点压平、点面积在 1.2cm² 以上。

中压花：喷点压平、点面积在 1～1.2cm² 以内。

喷中点、幼点：喷点面积在 1cm² 以内。

6. 墙面、墙裙、顶棚及其他饰面上的装饰线油漆与附着面的油漆种类相同时，装饰线油漆不单独计算；单独的装饰线油漆执行不带托板的木扶于油漆，套用定额时，宽度 50mm 以内的线条乘系数 0.2，宽度 100mm 以内的线条乘系数 0.35，宽度 200mm 内的线条乘系数 0.45。

7. 木踢脚线油漆按踢脚线的计算规则计算工程量，套用其他木材面油漆项目。

8. 抹灰面油漆、涂料项目中均末包括刮腻子内容，刮腻予按基层处理有关项目单独计算。木夹板、石膏板面刮腻子，套用相应定额，其人工乘系数 1.10，材料乘系数 1.20。

9. 木踢脚板油漆，若与木地板油漆相同，并入地板工程量内计算，其工程量计算方法和系数不变。

10. 油漆子目分为基本子目和每增加一遍子目。基本子目中的油漆遍数，是根据施工规范要求或装饰质量要求所确定的最少施工遍数。

11. 木材面油漆

（1）聚酯清漆，每增加一遍透明腻子，执行定额 9-4-215～9-4-219。

（2）聚酯清漆，每增加一遍底油，执行定额 9-4-220～9-4-224。

（3）硝基哑光漆（基本子目），执行定额 9-4-225～9-4-229。

（4）硝基清漆、硝基哑光漆，每增加一遍硝基哑光漆，执行定额 9-4-230～9-4-234。

12. 其他木材面工程量系数表中的"零星木装饰"项目，指木材面工程量系数表中未列的项目。

二、工程量计算规则

1. 楼地面、顶棚面、墙、柱面的喷（刷）涂料、油漆工程、其工程量按本章各自抹灰的工程量计算规则计算。涂料系数表中有规定的，按规定计算工程量并乘系数表中系数。裱糊项目工程量，按设计裱糊面积，以平方米计算。

2. 木材面、金属面油漆工程量分别按油漆、涂料系数表中规定，并乘以系数表内的系数以平方米计算。

3. 明式窗帘盒按延长米计算工程量，套用木扶手（不带托板）项目，暗式窗帘盒按展开面积计算工程量，套用其他木材面油漆项目。

4. 基层处理的工程量按其面层的工程量套用基层处理相应子目。

基层处理工程量 = 面层工程量

5. 木材面刷防火涂料，按所刷木材面的面积计算工程量；木方面刷防火涂料，按木方所附墙、板面的投影面积计算工程量。

木材面刷防火涂料 = 板方框外围投影面积

6. 油漆、涂料工程量系数表

（1）木材面油漆工程量系数表见表9-2 ~ 表9-7。

表9-2　单层木门工程量系数表

定额项目	项目名称	系数	工程量计算方法
单层木门	单层木门	1.00	按单面洞口面积
	双层（一板一纱）木门	1.36	
	双层（单裁口）木门	2.00	
	单层全玻门	0.83	
	木百页门	1.25	
	厂库大门	1.10	

表9-3　单层木窗工程量系数表

定额项目	项目名称	系数	工程量计算方法
单层木窗	单层玻璃窗	1.00	按单面洞口面积
	双层（一玻一纱）窗	1.36	
	双层（单裁口）窗	2.00	
	三层（二玻一纱）窗	2.60	
	单层组合窗	0.83	
	双层组合窗	1.13	
	木百页窗	1.50	

表9-4　木扶手（不带托板）工程量系数表

定额项目	项目名称	系数	工程量计算方法
木扶手（不带托板）	木扶手（不带托板）	1.00	按延长米
	木扶手（带托板）	2.60	
	窗帘盒	2.04	
	封檐板、顺水板	1.74	
	挂衣板、黑板框	0.52	
	挂镜线、窗帘框	0.35	

表9-5　墙面墙裙工程量系数表

定额项目	项目名称	系数	工程量计算方法
墙面墙裙	无造型墙面墙裙	1.00	长×宽
	有造型墙面墙裙	1.25	投影面积

表9-6 其他木材面工程量系数表

定额项目	项目名称	系数	工程量计算方法
其他木材面	木板、纤维板、胶合板顶棚、檐口（其他木材面）	1.00	长×宽
	清水板条顶棚、檐口	1.07	
	木方格吊顶顶棚	1.20	
	吸音板墙面、顶棚面	0.87	
	鱼鳞板墙	2.48	
	窗台板、筒子板、盖板、门窗套、踢脚线	1.00	
	暖气罩	1.28	
	屋面板（带檩条）	1.11	斜长×宽
	木间壁、木隔断	1.90	单面外围面积
	玻璃间壁露明墙筋	1.65	
	木栅栏、木栏杆带扶手	1.82	
	木屋架	1.79	跨度（长）×中高×1/2
	衣柜、壁柜	1.00	展开面积
	零星木装修	1.10	展开面积

表9-7 木地板工程量系数表

定额项目	项目名称	系数	工程量计算方法
木地板	木地板、木踢脚线	1.00	长×宽
	木楼梯（不包括底面）	2.30	水平投影面积

（2）金属面油漆程量系数表见表9-8～表9-10。

表9-8 单层钢门窗工程量系数表

定额项目	项目名称	系数	工程量计算方法
单层钢门窗	单层钢门窗	1.48	洞口面积
	双层（一玻一纱）钢门窗	1.00	
	钢百页钢门	2.74	
	半截百页钢门	2.22	
	满钢门或包铁皮门	1.63	
	钢折叠门	2.30	
	射线防护门	2.96	框（扇）外围面积
	厂库房平开、推拉门	1.70	
	钢丝网大门	0.81	
	间壁	1.85	长×宽
	平板屋面	0.74	斜长×宽
	瓦垄板屋面	0.89	
	排水、伸缩缝盖板	0.78	展开面积
	吸气罩	1.63	水平投影面积

表 9-9　其他金属面工程量系数表

定额项目	项目名称	系数	工程量计算方法
其他金属面	钢屋架、天窗架、挡风架、	1.00	质量（吨）
	屋架梁、支撑、檩条	1.00	
	墙架（空腹式）	0.50	
	墙架（格板式）	0.82	
	钢柱、吊车梁、花式梁、柱、	0.63	
	空花构件	0.63	
	操作台、走台、制动梁、钢梁	0.71	
	车挡	0.71	
	钢栅栏门、栏杆、窗栅	1.71	
	钢爬梯	1.18	
	轻型屋架	1.42	
	踏步式钢扶梯	1.05	
	零星铁件	1.32	

表 9-10　平板屋面涂刷磷化、锌黄底漆工程量系数表

定额项目	项目名称	系数	工程量计算方法
平板屋面	平板屋面	1.00	斜长×宽
	瓦垄板屋面	1.20	
	排水、伸缩缝盖板	1.05	展开面积
	吸气罩	2.20	水平投影面积
	包镀锌铁皮门	2.20	洞口面积

（3）抹灰面油漆、涂料程量系数表见表 9-11。

表 9-11　抹灰面工程量系数表

定额项目	项目名称	系数	工程量计算方法
抹灰面	槽形底板、混凝土折板	1.30	长×宽
	有梁底板	1.10	
	密肋、井字梁底板	1.50	
	混凝土平板式楼梯底	1.30	水平投影面积

三、工程量计算及定额应用

[例 9-5]　某教学楼共有教室 25 间，其中门连窗（一板一纱）50 樘，木窗（一玻一纱）25 樘，如图 9-5 所示，刷底油一遍，调和漆三遍，计算门窗油漆工程量及费用。

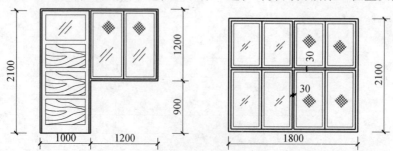

图 9-5　某教学楼门窗示意图

分析：计算门窗油漆工程量时，需要考虑工程量系数。查表9-2得，双层（一板一纱）木门，油漆系数为：1.36；查表9-3得，双层（一玻一纱）木窗，油漆系数为：1.36。

解：（1）木门

工程量：$1.0m \times 2.1m \times 1.36 \times 50 = 142.80m^2$

木门底油一遍，调和漆三遍　套9-4-6　基价 $= 332.69$ 元$/10m^2$

直接工程费：$142.80m^2 \div 10 \times 332.69$ 元$/10m^2 = 4750.81$ 元

（2）木窗

工程量：$(1.2m \times 1.2m \times 50 + 1.8m \times 2.1m \times 25) \times 1.36 = 226.44m^2$

木窗调和漆三遍　套9-4-7　基价 $= 309.27$ 元$/10m^2$

直接工程费：$226.44m^2 \div 10 \times 309.27$ 元$/10m^2 = 7003.11$ 元

第五节　配套装饰项目

一、定额说明及解释

1. 本节定额中的成品安装项目，实际使用的材料品种、规格与定额取定不同时，可以换算，但人工、机械的消耗量不变。

2. 本节定额中均不包括油漆和防火涂料，实际发生时按定额第四节相应规定计算。

3. 本节定额项目中均未包括收口线、封边条、线条边框的工料，使用时另行计算线条用量，套用本节装饰线条相应子目。

4. 本节定额中除有注明外，龙骨均按木龙骨考虑，如实际采用细木工板、多层板等做龙骨，均执行定额不再调整。

5. 本节定额中玻璃均按成品加工玻璃考虑，并计入了安装时的损耗。

6. 零星木装饰

（1）门窗口套、窗台板、暖气罩及窗帘盒是按基层、造型层和面层分别列项，使用时分别套用相应定额。

（2）门窗贴脸按成品线条编制，使用时套用本节装饰线条相应子目。

7. 装饰线条

（1）装饰线条均按成品安装编制。

（2）装饰线条按直线安装编制，如安装圆弧形或其他图案者，按以下规定计算：

①顶棚面安装圆弧装饰线条，人工乘以1.4系数

②墙面安装圆弧装饰线条，人工乘以1.2系数

③装饰线条做艺术图案，人工乘以1.6系数

8. 卫生间零星装饰

（1）大理石洗漱台的台面及裙边与挡水板分别列项，台面及裙边子目中综合取定了钢支架的消耗量。洗漱台面按成品考虑，如需现场开孔，执行相应台面加工子目。

（2）卫生间配件按成品安装编制。

9. 工艺门窗

定额木门窗安装子目中每扇按3个合页编制，如与实际不同时，合页用量可以调整，每

增减 10 个合页，增减 0.25 工日。

10. 橱柜

（1）橱柜定额按骨架制安、骨架围板、隔板制安、橱柜贴面层、抽屉、门扇龙骨及门扇安装、玻璃柜及五金件安装分别列项，使用时分别套用相应定额。

（2）橱柜骨架中的木龙骨用量，设计与定额不同时可以换算，但人工、机械消耗量不变。

11. 美术字安装

（1）美术字定额按成品字安装固定编制，美术字不分字体。

（2）外文或拼音字，以中文意译的单字计算。

（3）材料适用范围：泡沫塑料有机玻璃字，适用于泡沫塑料、硬塑料、有机玻璃、镜面玻璃等材料制作的字；木质字适用于软、硬质木、合成材等材料制作的字；金属字适用于铝铜材、不锈钢、金、银等材料制作的字。

12. 招牌、灯箱

（1）招牌、灯箱分一般及复杂形式。一般形式是指矩形，表面平整无凹凸造型；复杂形式是指异形或表面有凹凸造型的情况。

（2）招牌内的灯饰不包括在定额内。

13. 木龙骨（装修材）的用量、钢龙骨（角钢）的规格和用量，设计与定额不同时，可以调整，其他不变。木龙骨的制作损耗率和下料损耗率分别为 8% 和 6%，钢龙骨损耗率为 6%。

14. 楼梯斜长部分的栏板、栏杆、扶手，按平台梁与连接梁外沿之间的水平投影长度，乘以系数 1.15 计算。

二、工程量计算规则

1. 基层、造型层及面层的工程量均按设计面积以平方米计算。

2. 窗台板按设计长度乘以宽度以平方米计算；设计未注明尺寸时，按窗宽两边共加 100mm 计算长度（有贴脸的按贴脸外边线间宽度），凸出墙面的宽度按 50mm 计算。

3. 暖气罩各层按设计面积计算，与壁柜相连时，暖气罩算至壁柜隔板外侧，壁柜套用橱柜相应子目，散热口按其框外围面积单独计算。

4. 百叶窗帘、网扣帘按设计尺寸面积计算，设计未注明尺寸时，按洞口面积计算；窗帘、遮光帘均按帘轨的长度以米计算（折叠部分已在定额内考虑）。

5. 明式窗帘盒按设计长度以延长米计算；与天棚相连的暗式窗帘盒，基层板（龙骨）、面层板按展开面积以平方米计算。

6. 装饰线条应区分材质及规格，按设计延长米计算。

7. 大理石洗漱台按台面及裙边的展开面积计算，不扣除开孔的面积；挡水板按设计面积计算。台面需现场开孔、磨孔边，按个计算。

8. 不锈钢、塑铝板包门框按框饰面面积以平方米计算。

9. 夹板门门扇木龙骨不分扇的形式，按扇面积计算；基层、造型层及面层按设计面积计算。扇安装按扇个数计算。门扇上镶嵌按镶嵌的外围面积计算。

10. 橱柜木龙骨项目按橱柜正立面的投影面积计算。基层板、造型层板及饰面板按实铺面积计算。抽屉按抽屉正面面板面积计算。

11. 木楼梯按水平投影面积计算，不扣除宽度小于 300mm 的楼梯井面积，踢脚板、平台和伸入墙内部分不另计算；栏板、扶手按延长米计算；木柱、木梁按竣工体积以立方米计算。

12. 栏板、栏杆、扶手，按设计长度以米计算。

13. 美术字安装，按字的最大外围矩形面积以个计算。

14. 招牌、灯箱的龙骨按正立面投影面积计算，基层及面层按设计面积计算。

三、工程量计算及定额应用

[**例 9-6**] 某现浇钢筋混凝土有梁板工程，如图 9-6 所示，墙厚 240mm。顶棚抹完水泥砂浆后在梁板墙角处贴 100mm 宽石膏线，试计算石膏线工程量及费用。

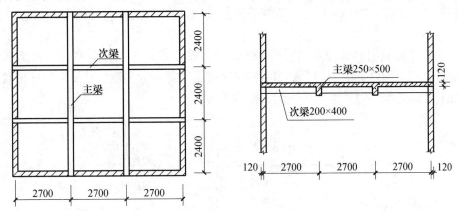

图 9-6 某现浇钢筋混凝土有梁板示意图

解：石膏线工程量

$(2.7m \times 3 - 0.24m - 0.25m \times 2) \times 6 + (2.4m \times 3 - 0.24m - 0.20m \times 2) \times 6 = 83.52m$

石膏线宽度 100mm 以内　套 9-5-83　基价 = 91.87 元/10m

直接工程费：$83.52m \div 10 \times 91.87$ 元/10m = 767.30 元

复习与测试

1. 整体楼地面与块料地面是如何计算的，二者有何区别？

2. 圆弧形和锯齿形等墙面装修时定额如何调整？

3. 定额中的顶棚是如何划分等级的？

第十章　施工技术措施项目

第一节　脚手架工程

一、定额说明及解释

1. 脚手架工程包括外脚手架、里脚手架、满堂脚手架、悬空及挑脚手架、安全网等内容。

2. 脚手架按搭设材料分为木制、钢管式；按搭设形式及作用分为型钢平台挑钢管式脚手架（如图 10-1 所示）、烟囱脚手架和电梯井字脚手架等。为了适应建设单位单独发包的情况，单列了主体工程外脚手架和外装饰工程脚手架。

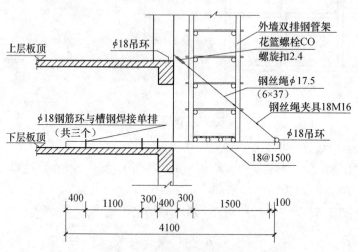

图 10-1　型钢平台挑钢管式脚手架示意图

3. 外脚手架综合了上料平台，护卫栏杆等。依附斜道、安全网和建筑物的垂直封闭等，应依据相应规定另行计算。

4. 脚手架定额的工作内容中，包括底层脚手架下的平土、挖坑，实际与定额不同时，不得调整。

5. 各种现浇混凝土独立柱、框架柱、砖柱、石柱等，均需单独计算脚手架；混凝土构造柱，不单独计算。

6. 现浇混凝土圈梁、过梁、楼梯、雨篷、阳台、挑檐中的梁和挑梁，均不单独计算脚手架。

7. 各种现浇混凝土板、现浇混凝土楼梯，不单独计算脚手架。

8. 现浇混凝土单梁、连续梁的脚手架，按其相应规定计算。但梁下为混凝土墙（同一轴线）、并与墙一起整浇时，不单独计算。有梁板的板下梁，不计算脚手架。

9. 设计室内地坪至顶板下坪（或山墙高度 1/2 处）的高度超过 6m 时，内墙（非轻质砌块墙）砌筑脚手架，执行单排外脚手架子目；轻质砌块墙砌筑脚手架，执行双排外脚手架子目。

10. 石砌基础高度超过 1m，执行双排里脚手架子目；超过 3m，执行双排外脚手架子目。边砌边回填时，不得计算脚手架。

11. 石砌围墙或厚 2 砖以上的砖围墙，增加一面双排里脚手架。

12. 各种石砌挡土墙的砌筑脚手架，按石砌基础的规定执行。

13. 型钢平台外挑双排钢管架子目，一般适用于自然地坪或高层建筑的低层屋面不能承受外脚手架荷载，不能搭设落地脚手架等情况，其工程量计算，执行外脚手架的相应规定。

14. 斜道是按依附斜道编制的，独立斜道按依附斜道子目人工、材料、机械乘以系数 1.8。依附斜道的高度，系指斜道所爬升的垂直高度，从下至上连成一个整体为 1 座。

15. 水平防护架和垂直防护架指脚手架以外单独搭设的，用于车辆通行、人行通道、临街防护和施工与其他物体隔离等的防护。是否搭设和搭设的部位、面积，均应根据工程实际情况，按施工组织设计确定的方案计算。

16. 建筑物垂直封闭采用交替倒用时，工程量按倒用封闭过的垂直投影面积计算；执行定额时，封闭材料乘以下列系数：竹席 0.5. 竹笆和密目网 0.33。

17. 建筑物垂直封闭，编制标底时，建筑物层数 16 层（或檐高 50m）以内，按固定封闭计算；16 层（或檐高 50m）以上，按交替倒用封闭计算。封闭材料采用密目网。

18. 高出屋面水箱间、电梯间，不计算垂直封闭。

19. 滑升钢模浇筑的钢筋混凝土烟囱、倒锥壳水塔及筒仓，定额按无井架施工编制，不另计脚手架费用。

20. 烟囱脚手架综合了垂直运输架、斜道、缆风绳、地锚等内容。

21. 水塔脚手架按相应的烟囱脚手架人工乘以系数 1.11，其他不变。倒锥壳水塔脚手架，按烟囱脚手架相应子目乘以系数 1.3。

22. 大型现浇混凝土贮水（油）池、框架式设备基础的混凝土壁、柱、顶板梁等混凝土浇筑脚手架，按现浇混凝土墙、柱、梁的相应规定计算。

23. 外墙装饰不能利用主体脚手架施工时，需要重新搭设外装饰脚手架，应执行外装饰工程脚手架相应子目。

二、工程量计算规则

（一）一般规定

1. 计算内、外墙脚手架时，均不扣除门窗洞口、空圈洞口等所占的面积。

2. 同一建筑物高度不同时，应按不同高度分别计算。

3. 总包施工单位承包工程范围不包括外墙装饰工程或外墙装饰不能利用主体施工脚手架施工的工程，可分别套用主体外脚手架或装饰外脚手架项目。

（二）外脚手架

1. 外脚手架工程量按外墙外边线长度乘以外脚手架高度以平方米计算。

外墙脚手架工程量 = （外墙外边线长度 + 墙垛侧面宽度 × 2 × n）× 外脚手架高度

2. 脚手架长度按外墙外边线长度计算，凸出墙面宽度大于240mm的墙垛等，按图示尺寸展开计算，并入外墙长度内。

即：长度按外墙结构外边线长度计算，若有凸出墙面宽度大于240mm的墙垛时，应按凸出墙尺寸的2倍乘以垛数并入墙长内计算。

3. 外脚手架的高度，在工程量计算及执行定额时，均自设计室外地坪算至檐口顶（或女儿墙顶）。

（1）先主体、后回填，自然地坪低于设计室外地坪时，外脚手架的高度，自自然地坪算起。

（2）设计室外地坪标高不同时，有错坪的，按不同标高分别计算；有坡度的，按平均标高计算。

（3）外墙有女儿墙的，算至女儿墙压顶上坪；无女儿墙的，算至檐板上坪，或檐沟翻檐的上坪。

（4）坡屋面的山尖部分，其工程量按山尖部分的平均高度计算；但应按山尖顶坪执行定额。

（5）凸出屋面的电梯间、水箱间等，其脚手架按自身高度计算。执行定额时不计入建筑物的总高度。

（6）高低层交界处的高层外脚手架，按低层屋面结构上坪至檐口（或女儿墙顶）的高度计算工程量，按设计室外地坪至檐口（或女儿墙顶）的高度执行定额。

（7）地下室外脚手架的高度，按基础底板上坪至地下室顶板上坪之间的高度计算。

4. 砌筑高度在15m以下的按单排脚手架计算；高度在15m以上或高度虽小于15m，但外墙门窗及装饰面积超过外墙表面积60%以上（或外墙为现浇混凝土墙、轻质砌块墙）时，按双排脚手架计算。建筑物高度超过30m时，可根据工程情况按型钢挑平台双排脚手架计算。

5. 独立柱（现浇混凝土框架柱）按图示结构外围周长另加3.6m，乘以设计柱高以平方米计算，套用单排外脚手架项目。

独立柱包括现浇混凝土独立柱、砖砌独立柱、石砌独立柱。混凝土构造柱不计算柱脚手架。

设计柱高：基础上表面或楼层上表面至上层楼板上表面或屋面板上表面的高度。

独立柱脚手架工程量 = （柱图示结构外围周长 + 3.6）× 设计柱高

6. 现浇混凝土梁、墙，按设计室外地坪或楼板上表面至楼板底之间的高度，乘以梁、墙净长以平方米计算，套用双排外脚手架项目。

梁墙脚手架工程量 = 梁墙净长度 × 地坪（或板顶）至板底高度

7. 型钢平台外挑双排脚手架

（1）建筑物高度超过30m时，可根据工程情况按型钢挑平台双排脚手架计算。施工单位投标报价时，根据施工组织设计规定确定是否使用。编制标底时，外脚手架高度在110m以内按钢管架定额项目编制，高度110m以上的按型钢平台外挑双排钢管架定额项目编制。工程量计算及不同高度分别计算等规定同外脚手架规定。平台外挑宽度定额已综合取定，使用时按定额项目设置高度分别套用。

（2）型钢平台外挑钢管架，按外墙外边线长度乘以设计高度以平方米计算。平台外挑宽度定额已综合取定，使用时按定额项目的设置高度分别套用。

166

型钢平台外挑钢管架工程量 = 外墙外边线长度 × 设计高度

8. 若建筑物有挑出的外墙，挑出宽度大于 1.5m 时，外脚手架工程量按上部挑出外墙宽度乘以设计室外地坪至檐口或女儿墙表面高度计算，套用相应高度的外脚手架；下层缩入部分的外脚手架，工程量按缩入外墙长度乘以设计室外地坪至挑出部分的板底高度计算，不论实际需搭设单、双排脚手架，均按单排外脚手架定额项目执行。

9. 外挑阳台的外脚手架，按其外挑宽度，并入外墙外边线长度内计算。

10. 混凝土独立基础高度超过 1m，按柱脚手架规则计算工程量（外围周长按最大底面周长），执行单排外脚手架子目。

11. 主体工程外脚手架和外装饰工程脚手架，其工程量计算执行外脚手架有关规定。

（三）里脚手架

1. 建筑物内墙脚手架，凡设计室内地坪至顶板下表面（或山墙高度 1/2 处）的高度在 3.6m 以下（非轻质砌块墙）时，按单排里脚手架计算；高度超过 3.6m 小于 6m 时，按双排里脚手架计算。高度超过 6.0m 时，内墙（非轻质砌块墙）砌筑脚手架，执行单排外脚手架子目；轻质砌块墙砌筑脚手架，高度超过 6.0m 时，执行双排外脚手架子目。

2. 里脚手架按墙面垂直投影面积计算，套用里脚手架项目。不能在内墙上留脚手架洞的各种轻质砌块墙等套用双排里脚手架项目。

内墙体里脚手架工程量 = 内墙净长度 × 设计净高度

3. 里脚手架高度自脚手架支撑点至顶板下表面计算（有山尖或坡度的高度折算），计算面积时不扣除门窗洞口，混凝土圈梁，过梁，构造柱及梁头所占面积。

（四）装饰脚手架

1. 高度超过 3.6m 的内墙面装饰不能利用原砌筑脚手架时，可按里脚手架计算规则计算装饰脚手架，即内墙装饰脚手架按装饰的结构面垂直投影面积（不扣除门窗洞口面积）计算。装饰脚手架按双排里脚手架乘以 0.3 系数计算。

内墙面装饰双排里脚手架工程量 = 内墙净长度 × 设计净高度 × 0.3

2. 室内顶棚装饰面距设计室内地坪在 3.6m 以上时，可计算满堂脚手架。满堂脚手架按室内净面积计算，不扣除柱、垛所占面积。其高度在 3.61 ~ 5.2m 之间，计算基本层。超过 5.2m 时，每增加 1.2m 按增加一层计算，不足 0.6m 的不计。如图 10-2 所示。

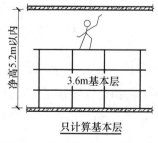
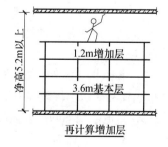

图 10-2　满堂脚手架计算示意图

满堂脚手架工程量 = 室内净长度 × 室内净宽度

室内净高度超过 3.6m 时，方可计算满堂脚手架。室内净高超过 5.2m 时，方可计算增加层。增加层计算公式为：

$$满堂脚手架增加层 = [室内净高度 - 5.2（m）] \div 1.2（m）$$
$$[计算结果 0.5 以内舍去]$$

3. 外墙装饰不能利用主体脚手架施工时，可计算外墙装饰脚手架。外墙装饰脚手架按设计外墙装饰面积计算，套用相应定额项目。外墙油漆、涂刷者不计算外墙装饰脚手架。
$$外墙装饰脚手架工程量 = 装饰面长度 \times 装饰面高度$$

4. 按规定计算满堂脚手架后，室内墙壁装饰不再计算装饰脚手架。

5. 主体工程外脚手架和外装饰工程脚手架，其工程量计算执行外脚手架有关规定。

6. 外墙面局部玻璃幕墙的外装饰工程脚手架，按幕墙宽度两侧各加 1.0m，乘以幕墙高度，以平方米计算工程量；按设计室外地坪至幕墙上边缘高度执行定额。

7. 按规定计算满堂脚手架后，室内墙面装饰工程不再计算脚手架。

8. 内装饰脚手架，内墙高度在 3.6m 以内时按相应脚手架子目 30% 计取。但计取满堂脚手架后，不再计取内装饰脚手架。

（五）其他脚手架

1. 围墙脚手架，按室外自然地坪至围墙顶面的砌筑高度乘长度以平方米计算。围墙脚手架套用单排里脚手架相应项目。
$$围墙脚手架工程量 = 围墙长度 \times 室外自然地坪至围墙顶面高度$$

2. 石砌墙体，凡砌筑高度在 1.0m 以上时，按设计砌筑高度乘长度以平方米计算，套用双排里脚手架项目。
$$石砌墙体双排里脚手架工程量 = 砌筑长度 \times 砌筑高度$$

3. 水平防护架，按实际铺板的水平投影面积，以平方米计算。
$$水平防护架工程量 = 水平投影长度 \times 水平投影宽度$$

4. 垂直防护架，按自然地坪至最上一层横杆之间的搭设高度，乘以实际搭设长度以平方米计算。
$$垂直防护架工程量 = 实际搭设长度 \times 自然地坪至最上一层横杆的高度$$

5. 挑脚手架，按搭设长度和层数，以延长米计算。
$$挑脚手架工程量 = 实际搭设总长度$$

6. 悬空脚手架，按搭设水平投影面积以平方米计算。
$$悬空脚手架工程量 = 水平投影长度 \times 水平投影宽度$$

7. 烟囱脚手架，区别不同搭设高度以座计算。滑升模板施工的混凝土烟囱，筒仓不另计算脚手架。

8. 电梯井脚手架，按单孔以座计算。设备管道井不得套用。电梯井脚手架的搭设高度，系指电梯井底板上坪至顶板下坪（不包括建筑物顶层电梯机房）之间的高度。

9. 斜道区别不同高度以座计算。依附斜道的高度，系指斜道所爬升的垂直高度，从下至上连成一个整体为 1 座。

投标报价时，施工单位应按照施工组织设计要求确定数量。编制标底时，建筑物底面积小于 1200m² 的按 1 座计算，超过 1200m² 按每 500m² 以内增加 1 座。

10. 砌筑贮仓脚手架，不分单筒或贮仓组均按单筒外边线周长、乘以设计室外地坪至贮仓上口之间高度，以平方米计算，套用双排外脚手架项目。

11. 贮水（油）池脚手架，按外壁周长乘以室外地坪至池壁顶面之间高度，以平方米计算。贮水（油）池凡距离地坪高度超过1.2m以上时，套用双排外脚手架项目。

12. 设备基础脚手架，按其外形周长乘以地坪至外形顶面边线之间高度，以平方米计算，套用双排里脚手架项目。

13. 建筑物垂直封闭工程量按封闭面的垂直投影面积计算。若采用交替向上倒用时，工程量按倒用封闭过的垂直投影面积计算，套用定额项目中的封闭材料乘以相应系数计算（竹席0.5.竹笆和密目网0.33），其他不变。

即：建筑物垂直封闭交替倒用时

定额价格 = 定额原价格 – 封闭材料定额消耗量 ×（1 – 相应系数）× 封闭材料价格

关于建筑物垂直封闭：报价时由施工单位根据施工组织设计要求确定。编制标底时，建筑物16层（檐高50m）以内的工程按固定封闭计算；建筑物层数在16层（檐高50m）以上的工程按交替封闭计算，封闭材料采用密目网。

建筑物垂直封闭工程量 =（外围周长 + 1.50 × 8）×（建筑物脚手架高度 + 1.5 护栏高）

14. 立挂式安全网按架网部分的实际长度乘以实际高度以平方米计算。

立挂式安全网工程量 = 实际长度 × 实际高度

15. 挑出式安全网按挑出的水平投影面积计算。

挑出式安全网工程量 = 挑出总长度 × 挑出的水平投影宽度

平挂式安全网（脚手架与建筑物外墙之间的安全网）按水平挂设的投影面积计算，套用10-1-46立挂式安全网定额子目。

投标报价时，施工单位根据施工组织设计要求确定。编制标底时，按平挂式安全网计算，根据"扣件式钢管脚手架应用及安全技术规程"要求，随层安全网搭设数量按每层一道。平挂式安全网宽度按1.5m，工程量按下式计算。

平挂式安全网工程量 =（外围周长 × 1.50m + 1.50m × 1.50m × 4）×（建筑物层数 – 1）

三、工程量计算及定额应用

[例10-1]　　某高层建筑物，如图10-3所示，女儿墙为普通黏土砖砌筑，主体部分脚手架采用双排钢管脚手架搭设，顶部水箱部位为单排钢管脚手架，计算外墙脚手架工程量及费用。

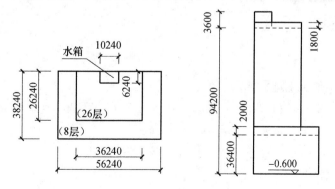

图10-3　某高层建筑物示意图

解：（1）高层（26层）部分外脚手架工程量

$36.24m \times (94.20m + 1.80m) = 3479.04m^2$

$(36.24m + 26.24m \times 2) \times (94.20m - 36.40m + 1.80m) = 5287.71m^2$

$10.24m \times (3.60m - 1.80m) = 18.43m^2$

合计：$3479.04m^2 + 5287.71m^2 + 18.43m^2 = 8785.18m^2$

高度：$94.20m + 1.80m = 96.00m$

说明：电梯、水箱间不计入高度以内

110m 以内钢管双排外脚手架　套 10-1-11　基价 = 612.78 元/$10m^2$

直接工程费：$8850.41m^2 \div 10 \times 612.78$ 元/$10m^2 = 542335.42$ 元

（2）低层（8层）部分脚手架

工程量：$[(38.24m + 56.24m) \times 2 - 36.24m] \times (36.40m + 2.0m) = 5864.45m^2$

高度：$36.40m + 2.0m = 38.40m$

50m 以内钢管双排外脚手架　套 10-1-8　基价 = 218.33 元/$10m^2$

直接工程费：$5864.45m^2 \div 10 \times 218.33$ 元/$10m^2 = 128038.54$ 元

（3）电梯间、水箱间部分

工程量：$(10.24m + 6.24m \times 2) \times 3.60m = 81.79m^2$

单排外钢管脚手架6m 以内　套 10-1-102　基价 = 58.12 元/$10m^2$

直接工程费：$81.79m^2 \div 10 \times 58.12$ 元/$10m^2 = 475.36$ 元

[**例 10-2**]　某高层建筑下部三层为商业房，如图 10-4 所示，采用双排外钢管脚手架，主楼自裙楼上部开始搭设型钢平台外挑脚手架，计算脚手架工程量及费用。

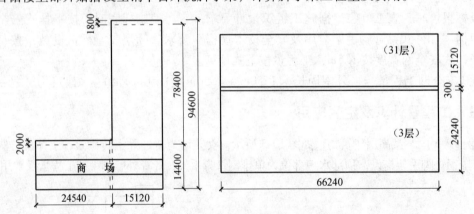

图 10-4　某高层建筑商业房示意图

解：（1）裙楼部分外脚手架

工程量：$[66.24m + (24.24m + 0.3m) \times 2] \times (14.4m + 2.0m) = 1891.25m^2$

脚手架高度为：$14.40m + 2.0m = 16.40m$

外钢管架24m 内双排　套 10-1-6　基价 = 138.80 元/$10m^2$

直接工程费：$1891.25m^2 \div 10 \times 138.80$ 元/$10m^2 = 26250.55$ 元

（2）主楼下部三层脚手架

工程量：$(15.12m \times 2 + 66.24m) \times 14.4m = 1389.31m^2$

外脚手架钢管架15m 以内双排　套 10-1-5　基价 = 124.50 元/$10m^2$

170

直接工程费：1389.31m² ÷ 10 × 124.50 元/10m² = 17296.91 元

（3）主楼型钢平台外挑钢管脚手架

工程量：（15.12m + 66.24m）× 2 ×（94.6m − 14.4m）= 13050.14m²

型钢平台外挑双排钢管脚手架110m以内　套10-1-14　基价 = 629.11 元/10m²

直接工程费：13050.14m² ÷ 10 × 629.11 元/10m² = 820997.36 元

[例10-3]　某学校餐厅学生就餐大厅共2层，如图10-5所示，计算满堂脚手架（钢管架）工程量及费用。

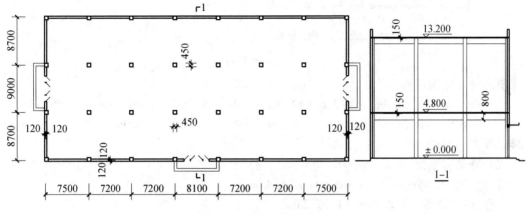

图10-5　某学校餐厅示意图

分析：室内天棚装饰面距设计室内地坪在3.6m以上时，可计算满堂脚手架。满堂脚手架按室内净面积计算，不扣除柱、垛所占面积。其高度在3.61~5.2m之间，计算基本层。超过5.2m时，每增加1.2m按增加一层计算，不足0.6m的不计。

解：（1）底层满堂脚手架

工程量：（7.5m × 2 + 7.2m × 4 + 8.1m − 0.24m）×（8.7m × 2 + 9.0m − 0.24m）= 1351.43m²

脚手架高度：4.8m − 0.15m = 4.65m < 5.2m，只计算基本层

满堂脚手架钢管架基本层　套10-1-27　基价 = 105.22 元/10m²

直接工程费：1351.43m² ÷ 10 × 105.22 元/10m = 14219.75 元

（2）二层满堂脚手架

工程量：（7.5m × 2 + 7.2m × 4 + 8.1m − 0.24m）×（8.7m × 2 + 9.0m − 0.24m）= 1351.43m²

脚手架高度：13.2m − 0.15m − 4.8m = 8.25m

满堂脚手架增加层 =（8.25m − 5.2m）÷ 1.2层 = 3层

二层满堂脚手架　套10-1-27和10-1-28　基价（换）

105.22 元/10m² + 22.20 元/10m² × 3 = 171.82 元/10m²

直接工程费：1351.43m² ÷ 10 × 171.82 元/10m = 23220.27 元

[例10-4]　某教学楼如图10-6所示，外墙采用双排钢管架，内墙单排钢管架，内外脚手架均自室外地坪搭设，楼板厚150mm，安全网每层一道，密目网固定封闭。计算外墙脚手架、里脚手架、安全网、密目网工程量及费用。

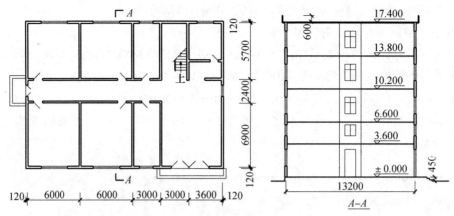

图 10-6　某教学楼示意图

解：（1）基数计算

$L_外 = (6.0m \times 2 + 3.0m \times 2 + 3.6m + 6.9m + 2.4m + 5.7m) \times 2 + 0.24m \times 4 = 74.16m$

$L_内 = (6.9m - 0.24) \times 3 + (5.7m - 0.24m) \times 4 + (6.0m \times 2 + 3.0m) \times 2 + (3.6m \times 2 - 0.24m) = 78.78m$

（2）外墙脚手架

搭设高度：$0.45m + 17.4m + 0.60m = 18.45m$

工程量：$74.16m \times 18.45m = 1368.25m^2$

外脚手架钢管架 24m 以内双排　套 10-1-6　基价 = 138.80 元/10m²

直接工程费：$1368.25m^2 \div 10 \times 138.80$ 元/10m² = 18991.31 元

（3）里脚手架

搭设高度：$0.45m + 17.4m - 0.15mm \times 5 = 17.10m$

工程量：$78.78m \times 17.10m = 1347.14m^2$

里脚手架钢管架 3.6m 以内单排　套 10-1-21　基价 = 36.85 元/10m²

直接工程费：$1347.14m^2 \div 10 \times 36.85$ 元/10m² = 4964.21 元

（4）密目网

工程量：$(74.16m + 1.50m \times 8) \times (18.45m + 1.50m) = 1718.89m^2$

建筑物垂直封闭密目网　套 10-1-51　基价 = 103.56 元/10m²

直接工程费：$1718.89m^2 \div 10 \times 103.56$ 元/10m² = 17800.82 元

（5）安全网

工程量：$(74.16m \times 1.5m + 1.5m \times 1.5m \times 4) \times (5 - 1) = 480.96m^2$

平式安全网　套 10-1-46　基价 = 49.11 元/10m²

直接工程费：$480.96m^2 \div 10 \times 49.11$ 元/10m² = 2361.99 元

第二节　垂直运输机械及超高增加

一、定额说明及解释

（一）建筑物垂直运输机械

1. 建筑物垂直运输机械、建筑物超高人工机械增加内容。这里的檐口高度是指设计室外地坪至屋面板板底（坡屋面算至外墙与屋面板板底）的高度。凸出建筑物屋顶的电梯间、水箱间等不计入檐口高度之内。

2. 檐口高度在3.6m以内的建筑物不计算垂直运输机械。

3. 同一建筑物檐口高度不同时应分别计算。

4. ±0.00以下垂直运输机械

（1）满堂基础混凝土垫层、软弱地基换填毛石混凝土，深度大于3m，执行10-2-1子目。轻钢结构建筑物垂直运输机械子目。

（2）条形基础、独立基础，深度大于3m时，按10-2-1目的50%计算垂直运输机械。

（3）条形基础垫层、独立基础垫层，深度大于3m时，按条形基础、独立基础的相应规定计算垂直运输机械。

（4）满堂基础、满堂基础垫层、条形基础、条形基础垫层、独立基础、独立基础垫层，深度大于3m时，均按相应规定计算垂直运输机械。其中，深度，系指设计外坪至各自底坪的深度；工程量，系指各自总体积，非指超深体积。

（5）定额10-2-2～10-2-4子目，混凝土地下室的层数，指地下室的总层数。地下室层数不同时，应分别计算工程量，以层数多的地下室的外墙外垂直面为其分界。

（6）构筑物现浇混凝土基础，深度大于3m时，执行建筑物基础相关规定。

5. 20m以下垂直运输机械

（1）定额10-2-5～10-2-8子目，适用于檐高大于3.6m小于20m的建筑物。其中，10-2-5子目，适用于除现浇混凝土结构（10-2-6）、预制排架单层厂房（10-2-7）、预制框架多层厂房（10-2-8）以外的所有结构型式。

（2）定额10-2-5、10-2-6目，系指其预制混凝土（钢）构件，采用塔式起重机安装时的垂直运输机械情况；若用轮胎式起重机安装，子目中的塔式起重机乘以系数0.85。

（3）定额10-2-7、10-2-8子目，定额仅列有卷扬机台班，系指预制混凝土（钢）构件安装（采用轮胎式起重机）完成后，维护结构砌筑、抹灰等所用的垂直运输机械。

6. 20m以上垂直运输机械

20m以上垂直运输机械除混合结构及影剧院、体育馆外其余均以现浇框架外砌围护结构编制。若建筑物结构不同时按表10-1乘以相应系数。

表10-1　垂直运输机械系数表　　　　　　　　　　　　　　　　　　　　　　m

结构类型	建筑物檐高（以内）		
	20～40	50～70	80～150
全现浇	0.92	0.84	0.76
滑模	0.82	0.77	0.72
预制框（排）架	0.96	0.96	0.96
内浇外挂	0.71	0.71	0.71

（1）其他混合结构，适用于除影剧院混合结构以外的所有混合结构。

（2）其他框架结构，适用于除影剧院框架结构、体育馆以外的所有框架结构。

（3）垂直运输机械系数表中的结构类型：

①全现浇：内、外墙及楼板均为现浇混凝土，局部内墙为砌体；

②滑模：采用滑升钢模施工的内、外墙及楼板均为现浇混凝土，局部内墙为砌体；

③预制框（排）架：采用吊装机械（含塔吊）安装预制构件，墙体为框架间砌筑；

④内浇外挂：内墙为现浇混凝土剪力墙，外墙为预制混凝土挂板，局部内墙为砌体。

（4）预制框（排）架结构中的预制混凝土（钢）构件，采用塔式起重机安装时，其垂直运输机械执行定额系数表中的系数 0.96；采用轮胎式起重机安装时，执行 10-2-7、10-2-8 子目，并乘以系数 1.05。

7. 同一建筑物，应区别不同檐高及结构形式，分别计算垂直运输机械工程量。以高层外墙外垂直面为其分界。

8. 预制钢筋混凝土柱、钢屋架的厂房按预制排架类型计算。

9. 轻钢结构中有高度大于 3.6m 的砌体、钢筋混凝土、抹灰及门窗安装等内容时，其垂直运输机械按各自工程量，分别套用本节中轻钢结构建筑物垂直运输机械的相应项目。轻钢结构建筑物垂直运输机械子目，仅适用于定额名称所列明的工程内容。

10. 构筑物垂直运输机械子目中，烟囱、水塔、筒仓的高度，系指设计室外地坪至其结构顶面的高度。

11. 对于先主体、后回填，或因地基原因，垂直运输机械必须坐落于设计室外地坪以下的情况，执行定额时，其高度自垂直运输机械的基础上坪算起。

12. 现浇混凝土贮水池的贮水量，系指设计贮水量。设计贮水量大于 5000t 时，按 10-2-49 子目，增加塔式起重机的下列台班数量：10000t 以内，增加 35 台班；15000t 以内，增加 75 台班；15000t 以上，增加 120 台班。

（二）建筑物超高人工、机械增加

1. 建筑物设计室外地坪至檐口高度超过 20m 时，即为"超高工程"。本节定额项目适用于建筑物檐口高度 20m 以上的工程。

2. 本节各项降效系数包括完成建筑物 20m 以上（除垂直运输、脚手架外）全部工程内容的降效。

3. 本节其他机械降效系数是指除垂直运输机械及其所含机械以外的，其他施工机械的降效。

4. 建筑物内装修工程超高人工增加，是指无垂直运输机械，无施工电梯上下，主要用于建设单位单独发包内装修工程的情况。

5. 檐高超过 20m 的建筑物，其超高人工、机械增加的计算基数为除下列工程内容之外的全部工程内容：

（1）室内地坪（±0.000）以下的地面垫层、基础、地下室等全部工程内容；

（2）±0.000 以上的构件制作（预制混凝土构件含：钢筋、混凝土搅拌和模板）及工程内容；

（3）垂直运输机械、脚手架、构件运输工程内容。

为计算超高人工、机械增加，编制预结算时，应将上列工程内容与其他工程量分列。

6. 同一建筑物，檐口高度不同时，其超高人工、机械增加工程量，应分别计算。

7. 单独施工的主体结构工程和外墙装饰工程，也应计算超高人工、机械增加；其计算方法和相应规定，同整体建筑物超高人工、机械增加。单独内装饰工程，不适用于上述规定。

8. 建筑物内装饰超高人工增加，适用于建设单位单独发包内装饰工程的情况。

（1）6 层以下的单独内装饰工程，不计算超高人工增加。

（2）定额中"×层～×层之间"，指单独内装饰施工所在的层数，非指建筑物总层数。

（三）建筑物分部工程垂直运输机械

1. 建筑物主体垂直运输机械项目、建筑物外墙装修垂直运输机械项目、建筑物内装修垂直运输机械项目，适用于建设单位单独发包的情况。建设单位将工程发包给一个施工单位（总包）承建时，应执行建筑物垂直运输机械子目，不得按建筑物分部工程垂直运输子目分别计算。

2. 建筑物主体结构工程垂直运输机械，适用于 ±0.000 以上的主体结构工程。定额按现浇框架外砌围护结构编制，若主体结构为其他形式，按垂直运输系数表乘相应系数。

3. 建筑物外墙装修工程垂直运输机械，适用于由外墙装修施工单位自设垂直运输机械施工的情况。外墙装修是指各类幕墙、镶贴或干挂各类板材等内容。

4. 建筑物外墙装饰工程垂直运输机械子目中的外墙装修高度，系指设计室外地坪至外墙装饰顶面的高度。同一建筑物，外墙装饰高度不同时，应分别计算；高层与低层交界处的工程量，并入高层部分的工程量内。

5. 建筑物内装修工程垂直运输机械，适用于建筑物主体工程完成后，由装修施工单位自设垂直运输机械施工的情况。

6. 建筑物内装饰工程垂直运输机械子目中的层数，指建筑物（不含地下室）的总层数。同一建筑物，层数不同时，应分别计算工程量。

7. 建筑物外墙局部装饰时，其垂直运输机械的外墙装修高度。自设计室外地坪算至外墙装饰顶面。

8. 单独施工装饰类别为 I 类的内装饰，其内装饰分部工程垂直运输机械乘以系数 1.2。

（四）其他

1. 建筑物主要构件柱、梁、墙（包括电梯井壁）、板施工时均采用泵送混凝土，其垂直运输机械子目中的塔式起重机乘以系数 0.8。若主要结构构件不全部采用泵送混凝土时，不乘此系数。

2. 垂直运输机械定额项目中的其他机械包括：排污设施及清理，临时避雷设施，夜间高空安全信号等内容。

二、工程量计算规则

（一）建筑物垂直运输机械

1. 凡定额计量单位为平方米的，均按"建筑面积规则"规定计算。

2. ±0.00 以上工程垂直运输，按"建筑面积计算规则"计算出建筑面积后，根据工程结构形式，分别套用相应定额。

3. ±0.00 以下工程垂直运输机械

（1）钢筋混凝土地下建筑，按其上口外墙（不包括采光井、防潮层及其保护墙）外围水平面积以平方米计算。

（2）钢筋混凝土满堂基础，按其工程量计算出的立方米体积计算。

4. 构筑物垂直运输机械：构筑物垂直运输机械工程量以座为单位计算。构筑物高度超过定额时，按每增高 1m 项目计算。高度不足 1m 时，亦按 1m 计算。

（二）建筑物超高人工、机械增加

1. 人工、机械降效按 20m 以上的全部人工、机械（除脚手架、垂直运输机械外）数量乘以相应子目中的降效系数计算。

2. 建筑物内装修工程的人工降效，按施工层数的全部人工数量乘以定额内分层降效系数计算。

（三）建筑物分部工程垂直运输机械

1. 建筑物主体结构工程垂直运输机械，按"建筑面积计算规则"计算出面积后，套用相应定额项目。

2. 建筑物外装修工程垂直运输机械，按建筑物外墙装饰的垂直投影面积（不扣除门窗洞口，凸出外墙部分及侧壁也不增加）以平方计算。

3. 建筑物内装修工程垂直运输机械按"建筑面积计算规则"计算出面积后，并按所装修建筑物的层数套用相应定额项目。

三、工程量计算及定额应用

[例 10-5]　某高层建筑物地下室为二层，局部三层，如图 10-7 所示，墙体全部为钢筋混凝土墙厚度为 250mm，计算地下室部分垂直运输机械费。

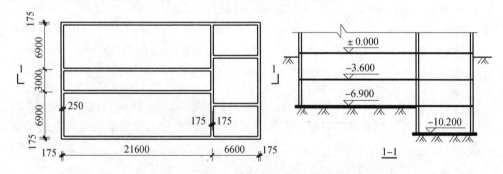

图 10-7　某高层建筑物地下室示意图

解：（1）地下室三层部分

工程量：$(6.6m + 0.25m) \times (6.9m \times 2 + 3.0m + 0.25m) \times 3 = 350.38m^2$

钢筋混凝土地下室三层　套 10-2-4　基价 = 210.26 元/10m²

直接工程费：$350.38m^2 \div 10 \times 210.26 \ 元/10m^2 = 7367.09 \ 元$

（2）地下室二层部分

工程量：$21.6m \times (6.9m \times 2 + 3.0m + 0.25m) \times 2 = 736.56m^2$

钢筋混凝土地下室二层　套 10-2-3　基价 = 269.81 元/10m²

直接工程费：736.56m² ÷ 10 × 269.81 元/10m² = 19873.13 元

[**例 10-6**]　某教学楼 5 层，局部 6 层砖混结构，其平面图及立面图（简图）如图 10-8 所示，计算该工程的垂直运输机械费。

解：（1）五层部分

工程量：(63.24m − 16.98m) × 9.84m × 5 = 2275.99m²

建筑物混合结构 20mm 以下　套 10-2-5　基价 = 214.03 元/10m²

直接工程费：2275.99m² ÷ 10 × 214.03 元/10m² = 48713.01 元

（2）檐高 22.05m 六层部分

工程量：16.98m × 9.84m × 6 = 1002.50m²

其他混合结构檐高 30m 以内　套 10-2-11　基价 = 272.66 元/10m²

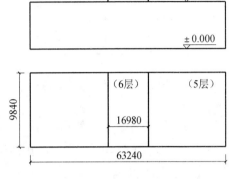

图 10-8　某教学楼示意图

直接工程费：1002.50m² ÷ 10 × 272.66 元/10m² = 27334.17 元

第三节　构件运输及安装工程

一、定额说明及解释

构件运输及安装工程包括混凝土构件运输、金属构件运输、木门窗、铝合金、塑钢门窗运输、成型钢筋场外运输：预制混凝土构件安装、金属结构构件安装等内容。

（一）构件运输

1. 构件运输，包括场内运输和场外运输。即构件堆放场地至施工现场吊装点或构件加工厂至施工现场堆放点的运输。预制混凝土构件在吊装机械起吊点半径 15m 范围内的地面移动和就位，已包括在安装子目内。超过 15m 时的地面移动，按构件运输 1km 以内子目计算场内运输。起吊完成后，地面上各种构件的水平移动，无论距离远近，均不另行计算。

2. 门窗运输的工程量，以第五章门窗洞口面积为基数，分别乘以下列系数：木门，0.975；木窗，0.9715；铝合金门窗，0.9668。

3. 本节按构件的类型和外形尺寸划分类别。构件类型及分类见表 10-2 和表 10-3。

表 10-2　预制混凝土构件分类表

类别	项目
I	4m 内空心墙、实心板
II	6m 内的桩、屋面板、工业楼板、基础梁、吊车梁、楼梯休息板、楼梯段、阳台板
III	6m 以上至 14m 梁、板、柱、桩，各类屋架、桁架、托架（14 以上另行处理）
IV	天窗架、挡风架、侧板、端壁板、天窗上下档、门框及单件体积在 0.1m³ 以内的小型构件
V	装配式内、外墙板、大楼板、厕所板
VI	隔墙板（高层用）

表 10-3　金属结构构件分类表

类别	项目
Ⅰ	钢柱、屋架、托架梁、防风桁架
Ⅱ	吊车梁、制动梁、型钢檩条、钢支撑、上下档、刚拉杆栏杆、盖板、垃圾出灰门、倒灰门、篦子、零星构件、平台、操作台、走道休息台、扶梯、钢吊车梯台、烟囱紧固箍
Ⅲ	墙架、挡风架、天窗架、组合檩条、轻型屋架、滚动支架、悬挂支架、管边支架

4. 预制混凝土构件分类装表中的空心板、实心板，4m 内为一类，4~6m 为二类，6~14m 为三类。

5. 本节定额综合考虑了城镇及现场运输道路等级、重车上下坡等各种因素。

6. 构件运输过程中，如遇路桥限载（限高）而发生的加固、拓宽等费用，另行处理。

（二）构件安装

1. 混凝土构件安装项目中，凡注明现场预制的构件，其构件按第四章有关子目计算，第七章未包括的构件，按其商品价格计入安装项目内。天窗架天窗架端、上下档、支撑、侧板及檩条的灌缝套用 10-3-148 子目。

2. 预制板灌缝子目中的钢筋，非指预制板纵向板缝中的加固（受力）筋，实际用量与定额不同时，不得调整。预制板纵向板缝中的加固（受力）筋，按现浇构件钢筋的相应规定，另行计算。

3. 金属构件安装项目中，未包括金属构件的消耗量。金属构件制作按第七章有关子目计算，第七章未包括的构件，按其商品价格计入工程造价内。

4. 定额的安装高度为 20m 以内。预制混凝土构件安装子目的安装高度，是指建筑物的总高度。

5. 定额中机械吊装是按单机作业编制的。

6. 定额是按机械起吊中心回转半径 15m 以内的距离编制的。

7. 定额中包括每一项工作循环中机械必要的位移。

8. 本节定额安装项目是以轮胎式起重机、塔式起重机（塔式起重机台班消耗量包括在垂直运输机械项目内）分别列项编制的。预制混凝土构件安装子目中，机械栏列出轮胎式起重机台班消耗量的，为轮胎式起重机安装；其余，除定额注明者外，为塔式起重机安装。如使用汽车式起重机时，按轮胎式起重机相应定额项目乘以系数 1.05。

9. 预制混凝土构件的轮胎式起重机安装子目，定额按单机作业编制。双机作业时，轮胎式起重机台班数量乘以系数 2；三机作业时，乘以系数 3。

10. 本节定额中不包括起重机械、运输机械行驶道路的修整、垫铺工作所消耗的人工、材料和机械。

11. 其他混凝土构件安装及灌缝子目，适用于单体体积在 0.1m³ 以内（人力安装）、或 0.5m³（5t 汽车吊安装）以内定额未单独列项的小型构件。

12. 预制混凝土构件安装子目中，未计入构件的操作损耗。施工单位报价时，可根据构件、现场等具体情况，自行确定构件损耗率。编制标底时，预制混凝土构件按相应规则计算的工程量，乘以表 10-4 规定的工程量系数。

表 10-4　预制混凝土构件分类表

定额内容 构件类别	运输	安装	定额内容 构件类别	运输	安装
预制加工场预制	1.013	1.005	现场就地预制	—	1.005
现场（非就地）预制	1.010	1.005	成品构件	—	1.010

13. 升板预制柱加固是指柱安装后至楼板提升完成前的预制混凝土柱的搭设加固。其工程量，按提升混凝土板的体积，以立方米计算。

14. 钢屋架安装单榀质量在 1t 以下者，按轻钢屋架子目计算。

15. 本节定额中的金属构件拼装和安装是按焊接编制的。

16. 钢柱、钢屋架、天窗架安装子目中，不包括拼装工序，如需拼装时，按拼装子目计算。

17. 预制混凝土构件和金属构件安装子目均不包括为安装工程所搭设的临时性脚手架及临时平台，发生时按有关规定计算。

18. 钢柱安装在混凝土柱上时，其人工、机械乘以系数 1.43。

19. 成品 H 型钢柱（梁）安装、现场制作的独立式 H 型钢柱（梁）安装、型钢混凝土柱（梁）中的 H 型钢柱（梁）安装，均执行钢柱（钢吊车梁）安装相应子目。

20. 预制混凝土构件、钢构件必须在跨外安装就位时，按相应构件安装子目中的人工、机械台班乘系数 1.18，使用塔式起重机安装时，不在乘以系数。

21. 预制混凝土（钢）构件安装机械的采用，编制标底时，按下列规定执行：

①檐高 20m 以下的建筑物，除预制排架单层厂房、预制框架多层厂房执行轮胎式起重机安装子目外，其他结构执行塔式起重机安装子目。

②檐高 20m 以上的建筑物，预制框（排）架结构可执行轮胎式起重机安装子目，其他结构执行塔式起重机安装子目。

二、工程量计算规则

1. 预制混凝土构件运输及安装均按图示尺寸，以实体积计算；钢构件按构件设计图示尺寸以吨计算，所需螺栓、电焊条等量不另计算。木门窗、铝合金门窗、塑钢门窗按框外围面积计算。成型钢筋按吨计算。

2. 构件运输

（1）构件运输项目的定额运距为 10km 以内，超出时按每增加 1km 子目累加计算。

（2）加气混凝土板（块）、硅酸盐块运输每立方米折合混凝土构件体积 0.4m³，按 Ⅰ 类构件运输计算。

3. 预制混凝土构件安装

（1）焊接成型的预制混凝土框架结构，其柱安装按框架柱计算；梁安装按框架梁计算。

（2）预制钢筋混凝土工字型柱、矩形柱、空腹柱、双肢柱、空心柱、道管支架等的安装，均按柱安装计算。

（3）组合屋架安装，以混凝土部分的实体积计算，钢杆件部分不另计算。

（4）预制混凝土多层柱安装，首层柱按柱安装计算，二层及二层以上按柱接柱计算。

（5）升板预制柱加固子目，其工程量，按提升混凝土板的体积，以立方米计算。

4. 钢构件安装

（1）钢构件安装按图示构件钢材质量以吨计算。

（2）依附于钢柱上的牛腿及悬臂梁等，并入柱身主材质量内计算。

（3）金属构件中所用钢板，设计为多边形者，按矩形计算，矩形的边长以设计构件尺寸的最大矩形面积计算。如图 10-9 所示，最大矩形面积 $= A \times B$。

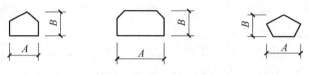

图 10-9　钢板计算示意图

三、工程量计算及定额应用

[例 10-7]　某单层工业厂房采用轮胎式起重机吊装柱子，柱子共 18 根，尺寸如图 10-10 所示，现场预制，计算牛腿柱安装和灌缝的工程量及费用。

解：（1）单根柱子的体积

$0.4m \times 0.4m \times 3.3m + 0.65m \times 0.4m \times (6.3m + 0.55m) + (0.25m \times 2 + 0.3m) \times 0.3m \div 2 \times 0.4m = 2.36m^3 < 6m^3$

（2）预制牛腿桩安装

工程量：$2.36m^3 \times 18 = 42.48m^3$

安装柱构件单根体积（$6m^3$ 以内）套 10-3-51　基价 $= 1086.05$ 元/$10m^3$

直接工程费：$42.48m^3 \div 10 \times 1086.05$ 元/$10m = 4613.54$ 元

（3）预制桩灌缝

工程量：$2.36m^3 \times 18 = 42.48m^3$

预制桩灌缝（$6m^3$ 以内）套 10-3-52　基价 $= 339.60$ 元/$10m^3$

直接工程费：$42.48m^3 \div 10 \times 339.60$ 元/$10m^3 = 1442.62$ 元

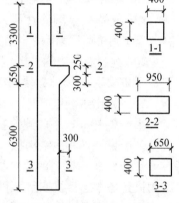

图 10-10　某单层工业厂房
柱子示意图

[例 10-8]　某厂房需安装 T 型吊车梁共 24 根，如图 10-11 所示，轮胎式起重机安装构件场外运输 8km，计算吊车梁运输、吊装和灌缝的工程量及费用。

解：（1）单根吊车梁体积

$[0.30m \times 0.7m + (0.68m - 0.3m) \times 0.15m] \times 6.90m = 1.84m^3 < 2.0m^3$

（2）吊车梁运输

工程量：$1.84m \times 24 = 44.16m^3$

查表 10-2 知，预制梁为预制混凝土Ⅲ类构件

Ⅱ类构件 10km 以内　套 10-3-11　基价 $= 2794.14$ 元/$10m^3$

直接工程费：$44.16m^3 \div 10 \times 2794.14$ 元/$10m^3 = 12338.92$ 元

（3）吊车梁安装

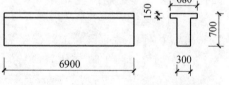

图 10-11　某厂房 T 型吊车梁示意图

工程量：$1.84m \times 24 = 44.16m^3$

T型吊车梁（单体2.0m³以内）　套10-3-84　基价 = 672.55 元/10m³

直接工程费：$44.16m^3 \div 10 \times 672.55$ 元/10m³ = 2969.98 元

（4）吊车梁灌缝

工程量：$44.16m^3$

吊车梁灌缝　套10-3-85　基价 = 631.15 元/10m³

直接工程费：$44.16m^3 \div 10 \times 631.15$ 元/10m³ = 2787.16 元

第四节　混凝土模板及支撑工程

一、定额说明及解释

1. 现浇混凝土模板，定额按不同构件，分别以组合钢模板、钢支撑、木支撑；复合木模板、钢支撑、木支撑；胶合板模板、钢支撑、木支撑；木模板、木支撑编制。使用时，施工企业应根据具体工程的施工组织设计（或模板施工方案）确定的模板种类和支撑方式套用相应定额项目。编制标底时，一般可按组合钢模板、钢支撑套用相应定额项目。

2. 现场预制混凝土模板，定额按不同构件分别以组合钢模板、复合木模板、木模板，并配置相应的混凝土地膜、砖地膜、砖胎膜编制。使用时，施工企业除现场预制混凝土桩、柱按施工组织设计（或模板施工方案）确定的模板种类套用相应定额项目外。其余均按相应构件定额项目执行。编制标底时，桩和柱按组合钢模板，其余套用相应构件定额项目。

3. 胶合板模板，定额按方木框、18mm厚防水胶合板板面、不同混凝土构件尺寸完成加工的成品模板编制。施工单位采用复合木模板、胶合板模板等自制成品模板时，其成品价应包括按实际使用尺寸制作的人工、材料、机械，并应考虑实际采用材料的质量和周转次数。

4. 对拉螺栓与钢、木支撑结合的现浇混凝土模板子目，定额按不同构件、不同模板材料和不同支撑工艺综合考虑，实际使用对拉螺栓、钢、木支撑的多少，与定额不同时，不得调整。

5. 现浇混凝土带形桩承台的模板，执行现浇混凝土带形基础（有梁式）模板子目。

6. 采用钢滑升模板施工的烟囱、水塔及贮仓是按无井架施工编制的，定额内综合了操作平台。使用时不再计算脚手架及竖井架。

7. 用钢滑升模板施工的烟囱、水塔，提升模板使用的钢爬杆用量是按一次摊销编制的，贮仓是按两次摊销编制的，设计要求不同时，可以换算。

8. 倒锥壳水塔塔身钢滑升模板项目，也适用于一般水塔塔身滑升模板工程。

9. 烟囱钢滑升模板项目均已包括烟囱筒身、牛腿、烟道口；水塔钢滑升模板均已包括直筒、门窗洞口等模板用量。

10. 钢筋混凝土直形墙、电梯井壁项目，模板及支撑是按普通混凝土考虑的，若设计要求防水、防油、防射线时，按相应子目增加止水螺栓及端头处理内容。

11. 组合钢模板、复合木模板项目，已包括回库维修费用。回库维修费的内容包括：模板的运输费，维修的人工、材料、机械费用等。

12. 定额附录中的混凝土模板含量参考表，系根据代表性工程测算而得，只能作为投标报价和编制标底时的参考。

二、工程量计算规则

现浇混凝土及预制钢筋混凝土模板工程量，除另有规定者外，应区别模板的材质，按混凝土与模板接触面的面积，以平方米计算。

（一）现浇混凝土模板

1. 现浇混凝土基础的模板工程量，按以下规定计算：

（1）现浇混凝土带形基础的模板，按其展开高度乘以基础长度，以平方米计算；基础与基础相交时重叠的模板面积不扣除；直形基础端头的模板，也不增加。

（2）杯形基础和高杯基础杯口内的模板，并入相应基础模板工程量内。杯形基础杯口高度大于杯口长度的，套用高杯基础定额项目。

（3）现浇混凝土无梁式满堂基础模板子目，定额未考虑下翻梁的模板因素。

2. 现浇混凝土柱模板，按柱四周展开宽度乘以柱高，以平方米计算。

（1）柱、梁相交时，不扣除梁头所占柱模板面积。

（2）柱、板相交时，不扣除板厚所占柱模板面积。

3. 构造柱模板，按混凝土外露宽度，乘以柱高以平方米计算。

（1）构造柱与砌体交错咬茬连接时，按混凝土外露面的最大宽度计算。构造柱与墙的接触面不计算模板面积。

构造柱与砖墙咬口模板工程量＝混凝土外露面的最大宽度×柱高

（2）构造柱模板子目，已综合考虑了各种形式的构造柱和实际支模大于混凝土外露面积等因素，适用于先砌砌体，后支模、浇筑混凝土的夹墙柱情况。

4. 现浇混凝土梁（包括基础梁）模板，按梁三面展开宽度乘以梁长，以平方米计算。

（1）单梁，支座处的模板不扣除，端头处的模板不增加。

（2）梁与梁相交时，不扣除次梁梁头所占主梁模板面积。

（3）梁与板连接时，梁侧壁模板算至板下坪。

5. 现浇混凝土墙壁模板，按混凝土与模板接触面积，以平方米计算。

（1）墙与柱连接时，柱侧壁按展开宽度，并入墙模板面积内计算。

（2）墙与梁相交时，不扣除梁头所占墙的模板面积。

（3）现浇混凝土墙模板中的对拉螺栓，定额按周转使用编制。若工程需要，对拉螺栓（或对拉钢片）与混凝土一起整浇时，按定额"附注"执行；对拉螺栓的端头处理，另行单独计算。

6. 现浇混凝土板的模板，按混凝土与模板接触面积，以平方米计算。

（1）伸入梁、墙内的板头，不计算模板面积。

（2）周边带翻檐的板（如卫生间混凝土防水带等），底板的板厚部分不计算模板面积；翻檐两侧的模板，按翻檐净高度，并入板的模板工程量内计算。

（3）板与柱相交时，不扣除柱所占板的模板面积。但柱与墙相连时，柱与墙等厚部分（柱的墙内部分）的模板面积，应予扣除。

7. 现浇混凝土密肋板模板，按有梁板计算；斜板、折板模板，按平板模板计算；预制板板缝大于40mm时的模板，按平板后浇带模板计算。各种现浇混凝土板的倾斜度大于15°

时，其模板子目的人工乘以系数 1.30，其他不变。

8. 现浇钢筋混凝土墙、板上单孔面积在 0.3m² 以内的孔洞，不予扣除，洞侧壁模板亦不增加；单孔面积在 0.3m² 以外时，应予扣除，洞侧壁模板面积并入墙、板模板工程量内计算。

钢筋混凝土墙模板 = 混凝土与模板接触面积在 0.3m² 以外单孔面积 + 垛、孔洞侧面积

9. 现浇钢筋混凝土框架及框架剪力墙分别按梁、板、柱、墙有关规定计算；附墙柱并入墙内工程量计算。

10. 柱与梁、柱与墙、梁与梁等连接的重叠部分，以及伸入墙内的梁头、板头部分，均不计算模板面积。

11. 轻体框架柱（壁式柱）子目已综合轻体框架中的梁、墙、柱内容，但不包括电梯井壁、单梁、挑梁。轻体框架工程量按框架外露面积以平方米计算。

轻体框架模板工程量 = 框架外露面积

12. 现浇混凝土悬挑板的翻檐，其模板工程量按翻檐净高计算，执行 10-4-211 子目；若翻檐高度超过 300mm 时，执行栏板（10-4-206）子目。

13. 混凝土后浇带二次支模工程量按混凝土与模板接触面积计算，套用后浇带项目。

后浇带二次支模工程量 = 后浇带混凝土与模板接触面积

14. 现浇钢筋混凝土悬挑板（雨篷、阳台）按图示外挑部分尺寸的水平投影面积计算。挑出墙外的牛腿梁及板边模板不另计算。

雨篷、阳台模板工程量 = 外挑部分水平投影面积

15. 现浇钢筋混凝土楼梯，以图示露明面尺寸的水平投影面积计算，不扣除小于 500mm 楼梯井所占面积。楼梯的踏步、踏步板、平台梁等侧面模板，不另计算。

混凝土楼梯模板工程量 = 钢筋混凝土楼梯工程量

16. 混凝土台阶（不包括梯带），按图示台阶尺寸的水平投影面积计算，台阶端头两侧不另计算模板面积。

混凝土台阶模板工程量 = 台阶水平投影面积

17. 现浇混凝土小型池槽模板，按构件外型体积计算，不扣池槽中间的空心部分。

现浇混凝土小型池槽模板工程量 = 池槽外围体积

18. 现浇混凝土梁、板、柱、墙是按支模高度（地面支撑点至模底或支模顶）3.6m 编制的，支模高度超过 3.6m 时，另行计算模板支撑超高部分的工程量。

19. 现浇混凝土柱、梁、墙、板的模板支撑超高：

（1）现浇混凝土柱、梁、墙、板的模板支撑，定额按支撑高度 3.60m 编制。支模高度超过 3.60m 时，执行相应"每增 3m"子目（不足 3m，按 3m 计算），计算模板支撑超高。

（2）构造柱、圈梁、大钢模板墙，不计算模板支撑超高。

（3）支模高度，柱、墙：地（楼）面支撑点至构件顶坪；梁：地（楼）面支撑点至梁底；板：地（楼）面支撑点至板底坪。

（4）现浇混凝土有梁板的板下梁的模板支撑高度，自地（楼）面支撑点计算至板底，执行板的支撑高度超高子目。

梁、板（水平构件）模板支撑超高的工程量计算如下式：

超高次数 = （支模高度 - 3.6）/3（遇小数进为 1）

超高工程量（m²）= 超高构件的全部模板面积 × 超高次数

（5）柱、墙（竖直构件）模板支撑超高的工程量计算如下式：

超高次数分段计算：自3.60m以上，第一个3m为超高1次，第二个3m为超高2次，依次类推；不足3m，按3m计算。

$$超高工程量（m^2）= \sum（相应模板面积 × 超高次数）$$

（6）墙、板后浇带的模板支撑超高，并入墙、板支撑超高工程量内计算。

（7）轻体框架柱（壁式柱）的模板支撑超高，执行10-4-148、10-4-149子目。

20. 构筑物的混凝土模板工程量，定额单位为m^3的，可直接利用按第八章相应规则计算出的构件体积；定额单位为m^2的，按混凝土与模板的接触面积计算。定额未列项目，按建筑物相应构件模板子目计算。

（二）现场预制混凝土构件模板

1. 现场预制混凝土模板工程量，除注明者外均按混凝土实体体积以立方米计算。

2. 预制桩按桩体积（不扣除桩尖虚体积部分）计算。

3. 现场预制混凝土构件的模板工程量，可直接利用按第四章相应规则计算出的构件体积。

（三）构筑物混凝土模板

1. 构筑物工程的水塔、贮水（油）池、贮仓的模板工程量按混凝土与模板的接触面积以平方米计算。

2. 人型池槽等分别按基础、墙、板、梁、柱等有关规定计算并套用相应定额项目。

3. 液压滑升钢模板施工的烟囱、倒锥壳水塔支筒、水箱、筒仓等均按混凝土体积，以立方米计算。

4. 倒锥壳水塔的水箱提升按不同容积以座计算。

5. 构筑物的混凝土模板工程量，定额单位为m^3的，可直接利用按第八章相应规则计算出的构件体积；定额单位为m^2的，按混凝土与模板的接触面积计算。定额未列项目，按建筑物相应构件模板子目计算。

三、工程量计算及定额应用

[例10-9] 某钢筋混凝土独立基础，共38个，如图10-12所示，模板采用复合木模板木支撑，计算素混凝土垫层及独立基础模板工程量及费用。

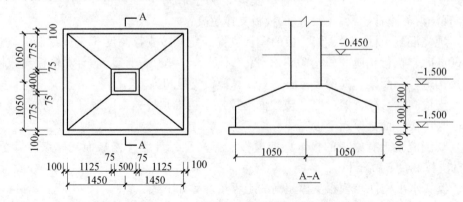

图10-12 某钢筋混凝土独立基础示意图

解：（1）素混凝土垫层模板

工程量：$[(1.45m+0.10m)\times 2+(1.05m+0.10m)\times 2]\times 2\times 0.10m\times 38=41.04m^2$

混凝土垫层木模板　套10-4-49　基价 = 290.24 元/10m²

直接工程费：$41.04m^2\div 10\times 290.24$ 元/10m² = 1191.14 元

（2）独基模板

工程量：$(1.45m+1.05m)\times 4\times 0.3m\times 38=114.00m^2$

独立基础复合木模板木支撑　套10-4-26　基价 = 337.14 元/10m²

直接工程费：$114.00m^2\div 10\times 337.14$ 元/10m² = 3843.40 元

[例10-10]　某框架楼共有框架柱38根，柱顶高度21.63m，基础如图10-12所示，采用胶合板模板钢支撑，计算框架柱模板工程量及费用。

解：柱模板工程量

$$(0.50m+0.40m)\times 2\times(1.50m+21.63m)\times 38=1582.09m^2$$

矩形柱胶合板模板钢支撑　套10-4-88　基价 = 293.36 元/10m²

直接工程费：$1582.09m^2\div 10\times 293.36$ 元/10m² = 46412.19 元

[例10-11]　某工程为砖混结构，如图10-13所示，内外墙均设圈梁，门窗过梁为以圈梁代替过梁，断面尺寸为240mm×240mm，底圈梁（内外墙均设）断面240mm×200mm，全部采用复合木模板支撑，构造柱出槎宽度为60mm，高度为3.30m，门窗尺寸见表10-5。计算过梁、构造柱、圈梁模板工程量及费用。

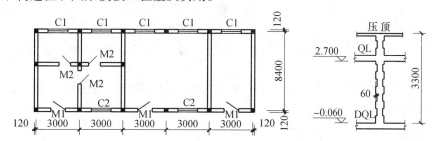

图10-13　某工程砖混结构示意图

表10-5　门窗尺寸明细表

名称	尺寸（宽×高）	数量	名称	尺寸（宽×高）	数量
M1	1000×2700	3	C1	1200×900	5
M2	900×2700	3	C2	1500×1800	2

解：（1）门窗过梁

侧面模板面积：$(1.0m\times 3+0.9m\times 3+1.2m\times 5+1.5m\times 2+0.25m\times 2\times 13)\times 0.24m\times 2=10.18m^2$

底面模板面积：$(1.0m\times 3+0.9m\times 3+1.2m\times 5+1.5m\times 2)\times 0.24m=3.53m^2$

过梁模板工程量：$10.18m^2+3.53m^2=13.71m^2$

过梁复合木模板木支撑　套10-4-117　基价 = 503.31 元/10m²

直接工程费：$13.71m^2\div 10\times 503.31$ 元/10m² = 690.04 元

185

（2）构造柱

第1种方法

直角处：$(0.24m + 0.06m \times 2) \times 2 \times 3.3m \times 4 = 9.504m^2$

丁角处：$(0.24m + 0.06m \times 6) \times 3.3m \times 8 = 15.84m^2$

十字处：$0.06m \times 8 \times 3.3m \times 1 = 1.584m^2$

一字处：$(0.24m + 0.06m \times 2) \times 2 \times 3.3m \times 2 = 4.752m^2$

小计：$9.504m^2 + 15.84m^2 + 1.584m^2 + 4.752m^2 = 31.68m^2$

构造柱　复合木模板木支撑　套10-4-101　基价 = 407.63 元/$10m^2$

直接工程费：$31.68m^2 \div 10 \times 407.63$ 元/$10m^2 = 1291.37$ 元

第2种方法

模板工程量：$(0.24m \times 20 + 0.06m \times 80) \times 3.3m = 31.68m^2$

（3）圈梁

$$L_{中} = (3.0m \times 5 + 8.4m) \times 2 = 46.80m$$

$$L_{内} = (8.4m - 0.24m) \times 3 + (3.0m - 0.24m) \times 2 = 30.00m$$

底圈梁：$(46.80m + 30.00m) \times 0.2m \times 2 = 30.72m^2$

顶圈梁：$(46.80m + 30.00m) \times 2 \times 0.24m - 10.18m^2 - 0.24m \times 0.24m \times 20 = 25.53m^2$

圈梁模板工程量合计　$30.72m^2 + 25.53m^2 = 56.25m^2$

圈梁复合木模板木支撑　套10-4-126　基价 = 277.52 元/$10m^2$

直接工程费：$56.25m^2 \div 10 \times 277.52$ 元/$10m^2 = 1561.05$ 元

说明：圈梁、构造柱、过梁整体现浇时，圈梁部分模板工程量应扣除圈梁与构造柱、过梁交接处模板的面积。

[例10-12]　某现浇钢筋混凝土有梁板，如图10-14所示，采用胶合板模板，钢支撑，计算有梁板模板工程量及费用。

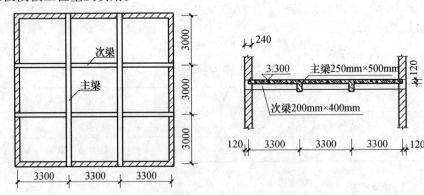

图10-14　某现浇钢筋混凝土梁板示意图

解：（1）有梁板底模

工程量：$(3.3m \times 3 - 0.24m) \times (3.0m \times 3 - 0.24m) = 84.62m^2$

（2）主梁侧模

工程量：$(3.0m \times 3 - 0.24m) \times (0.50m - 0.12m) \times 4 = 13.32m^2$

（3）次梁侧模

工程量：$(3.3m \times 3 - 0.24m - 0.25m \times 2) \times (0.40m - 0.12m) \times 4 = 10.26m^2$

（4）有梁板工程量合计

$84.62m^2 + 13.32m^2 + 10.26m^2 = 108.20m^2$

有梁板胶合板模板钢支撑　套 10-4-160　基价 = 306.15 元/10m²

直接工程费：$108.20m^2 \div 10 \times 306.15$ 元/10m² = 3312.54 元

[**例 10-13**]　某教学楼无柱雨篷如图 10-15 所示，采用木模板木支撑，计算雨篷板和翻檐的模板工程量及费用。

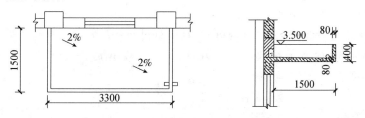

图 10-15　某教学楼无柱雨篷示意图

分析：该工程的现浇混凝土雨篷板，按外挑的水平投影面积计算，执行直行悬挑板（10-4-211）子目；雨篷的翻檐，其模板工程量按翻檐净高计算，执行挑檐（10-4-211）子目；若翻檐高度超过 300mm 时，执行栏板（10-4-206）子目。

解：（1）雨篷板

工程量：$3.3m \times 1.5m = 4.95m^2$

直形悬挑板木模板木支撑　套 10-4-203　基价 = 924.99 元/10m²

直接工程费：$4.95m^2 \div 10 \times 924.99$ 元/10m² = 475.87 元

（2）翻檐板

工程量：$(3.3m + 1.5m \times 2 - 2 \times 0.08m) \times (0.4m - 0.08) \times 2 = 3.93m^2$

栏板木模板木支撑　套 10-4-206　基价 = 587.68 元/10m²

直接工程费：$2.93m^2 \div 10 \times 587.68$ 元/10m² = 172.19 元

[**例 10-14**]　某学校综合楼共 3 层，其楼梯平面图，如图 10-16 所示，墙体厚度为 240mm，采用木模板木支撑，计算楼梯的模板工程量及费用。

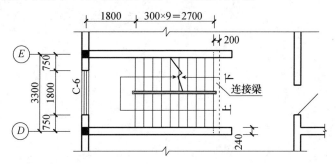

图 10-16　某学校综合楼楼梯平面图

分析：混凝土楼梯（含直形或旋转形）与楼板的分界线，以楼梯顶部与楼板的连接梁为界，连接梁以外为楼板，以内为楼梯。

解：楼梯模板

工程量 = $(1.8m + 2.7m + 0.2m - 0.12m) \times (3.3m - 0.24m) \times 2 = 28.03m^2$

直形楼梯木模板支撑　套10-4-201　基价1141.70元/10m²

直接工程费：28.03m² ÷ 10 × 1141.70 元/10m² = 3200.19 元

复习与测试

1. 外脚手架的计算高度如何确定？

2. 平挂式安全网和垂直密目网如何计算？

3. 现浇混凝土梁的模板如何计算？

4. 带形基础、独立基础和杯形基础的模板怎样计算？

5. 某实验楼共有花篮梁36根，如图10-17所示，采用胶合板模板木支撑，计算花篮梁模板工程量及费用。

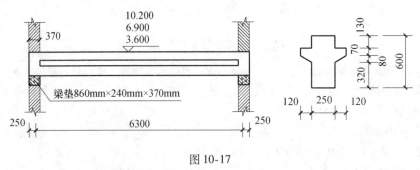

图 10-17

第十一章 建筑工程预算、结算书编制

第一节 工程预算书的编制

一、工程预算书的编制依据

1. 经过批准和会审的全部施工图设计文件。
2. 经过批准的工程设计概算文件。
3. 经过批准的项目管理实施规划或施工组织设计。
4. 建设工程预算定额或计价规范。
5. 单位估价或价目表。
6. 人工工资标准、材料预算价格、施工机械台班单价。
7. 建筑工程费用定额。
8. 预算工作手册。
9. 工程承发包合同文件。

二、单位工程施工图预算书编制内容

1. 预算书封面

预算书的封面应有统一的格式，在编制人位置加盖造价师或预算员印章，在公章位置加盖单位公章。预算书封面见表 11-1 所示。

表 11-1　预算书封面

工程预（　）算书
建设单位＿＿＿＿＿＿＿＿＿＿＿＿
工程名称＿＿＿＿＿＿＿＿＿＿＿＿
结构类型＿＿＿＿＿＿＿＿＿＿＿＿
建筑面积＿＿＿＿＿＿（平方米）
结算造价＿＿＿＿＿＿＿＿（元）
施工单位（公章）
审核单位（公章）＿＿＿＿＿＿
审核人＿＿＿＿＿＿＿＿＿＿＿＿
编制人＿＿＿＿＿＿＿＿＿＿＿＿
编制日期＿＿＿＿＿＿＿＿＿＿＿

2. 编制说明

编制预算书之前，编制预算说明，一般应包括：本工程按几类工程取费；所采用的预算

定额、单位估价表和费用定额；施工组织设计方案；设计变更或图纸会审记录；及图纸存在的问题及处理方法。

3. 取费程序表

按建筑工程费用计算程序进行取费，注意次序不能颠倒，详见绪论第四节。

4. 单位工程预算表

填写工程预算表时，应按定额编号从小到大依次填写，各部分之间留一定空行，以便遗漏项目的增添，单位应和定额单位统一，工程量的小数位数按规定保留。工程预算表见表11-2。

表 11-2　工程预（结）算表

单位工程_____　　　　　　　　　　　　　　年　月　日　　　　　　　共 页 第 页

定额编号	分部分项工程名称	单位	数量	省定额价		地区（市）价	
				单价	合价	单价	合价

5. 工程量计算表

工程量计算应采用表格形式计算，其中定额编号、工程项目名称要和定额保持一致。工程量计算表见表11-3。

表 11-3　工程量计算表

单位工程名称：××××××　　　　　　　　　　　　　　　　共 页 第 页

序号	定额编号	分项工程名称	单位	工程量	计　算　式
9	1-4-3	竣工清理	$10m^3$	1172.79	$24.68 \times 6.6 \times 7.2 = 1172.79$

负责人　×××　　　　　　　　　审核　×××　　　　　　　　　计算　×××

6. 工料分析及工日、材料、机械台班汇总表

工料分析表的前半部分与工程量计算表相同，后半部分按先人工、后材料顺序依次填写，注意和定额顺序保持一致。工料分析表见表11-4，工日、材料、机械台班汇总表，见表11-5。

表 11-4　工料分析表

单位工程名称：　××××××　　　　　　　　　　　　　　共 页 第 页

序号	定额编号	分项工程名称	单位	工程量	工日		材料用量		
					单位用工	小计	C15 现浇混凝土	水	
13	2-1-13	素混凝土垫层	$10m^3$	72.79	10.21	743.19	10.10 735.18	5.00 363.95	

注：分数中，分子为定额用量，分母为工程量乘以分子后的结果。

190

表 11-5　工日、材料、机械台班汇总表

工程名称：×××××× 　　　　　　　　　　　　　　　　　　　　　　　　共　页　第　页

序号	名称	单位	数量	其中
一	综合工日	工日	872.79	土石方：150.03　砌筑 246.56　混凝土：56.23 楼地面：53.20　屋面：60.45……
二	材料			
12	普通砖	千块	82.23	基础：25.69　墙体：56.54
三	机械			
5	混凝土搅拌机 400L	台班	15.70	基础：2.35　圈梁 3.85　柱 2.37……

三、单位工程施工图预算书编制步骤

1. 收集编制预算的基础文件和资料

编制预算的基础文件和资料主要包括：施工图设计文件、施工组织设计文件、设计概算文件、建筑安装工程消耗定额、建筑工程费用定额、工程承包合同文件、材料预算价格及设备预算价格表、人工和机械台班单价，以及造价工作手册等文件和资料。

2. 熟悉施工图设计文件

（1）首先熟悉图纸目录及总说明，了解工程性质、建筑面积、建筑单位名称、设计单位名称、图纸张数等，做到对工程情况有一个初步了解。

（2）按图纸目录检查各类图纸是否齐全；建筑、结构、设备图纸是否配套；施工图纸与说明书是否一致；各单位工程施工图纸之间有无矛盾。

（3）熟悉建筑总平面图，了解建筑物的地理位置、高程、朝向以及有关建筑情况。掌握工程结构形式、特点和全貌；了解工程地质和水文地质资料。

（4）熟悉建筑平面图，了解房屋的长度、宽度、轴线尺寸、开间大小、平面布局，并核对分尺寸之和是否等于总尺寸。然后再看立面图和剖面图，了解建筑做法、标高等。同时要核对平、立、剖之间有无矛盾。如发现错误，就及时与设计部门联系，以取得设计变更通知单，作为编制预算的依据。

（5）根据索引查看详图，如做法不明，应及时提出问题、解决问题，以便于施工。

（6）熟悉建筑构件、配件、标准图集及设计变更。根据施工图中注明的图集名称、编号及编制单位，查找选用图集。阅读图集时要注意了解图集的总说明，了解编制该图集的设计依据、使用范围、选用标准构件、配件的条件、施工要求及注意事项。同时还要了解图集编号及表示方法。

3. 熟悉施工组织设计和施工现场情况

为了编制合格的建筑工程预算书，工程造价师或预算员必须熟悉施工组织设计文件，另外还要掌握施工现场的情况。如施工现场障碍物的拆除情况；场地平整情况；工程地质和水文状况；土方开挖和基础施工状况等，这些对工程预算的准确性影响很大，必须随时观察和掌握，并做好记录以备应用。

4. 划分工程项目与计算工程量

根据建筑工程预算定额和施工技术合理的划分工程项目，确定分部分项工程。在一般情况下，项目内容、排列顺序和计量单位应与消耗量定额一致，这样不仅能避免重复和漏项，也便于套用消耗量定额和价目表来计算分项工程单价。

5. 工料分析及工日、材料、机械台班汇总表

工料分析是单位工程预算书的重要组成部分，也是施工企业内部经济核算和加强经营管理的重要措施；工料分析是建筑安装企业施工管理工作中必不可少的一项技术经济指标。

分部工程的工料分析，首先根据单位工程中的分项工程，逐项从消耗量定额中查出定额用工量和定额材料用量等数据并将其分别乘以相应分项工程量，得出该分项工程各工种和各材料消耗量，然后将用人工、材料、机械台班数量按种类分别汇总。

6. 计算各项费用

计算人工费、材料费、机械费，计算单位工程总造价和各项经济指标。

7. 编制说明、填写封面

8. 复核、装订、审批

工程预算书经复查、审核无误后，一式多份，装订成册，报送建设单位、财政或审计部分，审核批准。

第二节　工程量计算

一、工程量的作用和计算依据

（一）工程量的作用

工程量是以规定的计量单位表示的工程数量。它是编制建设工程招投标文件和编制建筑安装工程预算，施工组织设计，施工作业计划，材料供应计划，建筑统计和经济核算的依据，也是编制基本建设计划和基本建设财务管理的重要依据。在编制单位工程预算过程中，计算工程量是既费力又费时间的工作，其计算快慢和准确程度，直接影响预算速度和质量。因此，必须认真，准确，迅速地进行工程量计算。

（二）工程量的计算依据

工程量是根据施工图纸所标注的分项工程尺寸和数量，以及构配件和设备名细表等数据，按照施工组织设计和工程量计算规则的要求，逐个分项进行计算，并经过汇总进行计算出来。具体依据有以下几个方面：

1. 施工图纸设计文件。
2. 项目管理实施规划（施工组织设计）文件。
3. 建设工程定额说明。
4. 建设工程工程量计算规则。
5. 建设工程消耗量定额。

6. 造价工程手册。

二、工程量计算的要求和步骤

（一）工程量计算的要求

1. 工程量计算应采取表格形式，定额编号要正确，项目名称要完整，单位要用国际单位制表示，如 m、t 等，还要在工程量计算表中列出计算公式，以便于计算和审查。

2. 工程量计算是根据设计图纸规定的各个分部分项工程的尺寸、数量，以及构件、设备明细表等，以物理计量单位或自然单位计算出来的各个具体工程和结构配件的数量。工程量的计量单位应与消耗量定额中各个项目的单位一致，一般应以每延长米，平方米，立方米，公斤，吨，个，组，套等为计量单位。即使有些计量单位一样，其含义也有所不同，如抹灰工程的计量单位大部分按平方米计算，但有的项目按水平投影面积；有的按垂直投影面积；还有的按展开面积计算，因此，对定额中的工程量计算规则应很好的理解。

3. 必须在熟悉和审查图纸的基础上进行，要严格按照定额规定和工程量计算规则，结合施工图所注位置与尺寸进行计算，不能人为地加大或缩小构件的尺寸，以免影响工程量计算的准确性。施工图设计文件上的标志尺寸，通常有两种：标高均以米为单位，其他尺寸均以毫米为单位。为了简单明了和便于检查核对，再列计算式时，应将图纸上标明的毫米数，换算成米数。各个数据应按宽、高（厚）、长、数量、系数的次序填写，尺寸一般要取图纸所注的尺寸（可读尺寸），计算式一定要注明轴线或部位。

4. 数字计算要精确。在计算过程中，小数点要保留三位。汇总时一般可以取小数点后两位，应本着单位大、价值较高的可多保留几位，单位小、价值低的可少保留几位的原则。如钢材、木材及使用贵重材料的项目其结果可保留三位小数。位数的保留应按照有关要求去确定。

5. 要按一定的顺序计算。为了便于计算和审核工程量，防止重复和漏算，计算工程量时除了按定额项目的顺序进行计算外，对于每一个工程分项也要按一定的顺序进行计算。在计算过程中，如发现新项目，要随时补进去，以免遗忘。

6. 要结合图纸，尽量做到结构按分层计算，内装饰按分层分房间计算，外装饰分立面计算或按施工方案的要求分段计算；有些要按使用材料的不同分别进行计算。如钢筋混凝土框架工程量要一层层计算；外装饰可先计算出正立面，再计算背立面，其次计算侧立面等等。这样做可以避免漏项，同时也为编制工料分析和施工时安排进度计划；人工、材料计划创造有利条件。

7. 计算底稿要整齐，数字清楚，数值准确，切忌草率凌乱，辨认不清。工程量计算表示预算的原始单据，计算书要考虑可修改和补充的余地，一般每一个分部工程计算完后，可留部分空白，不要各分部工程量计算之间挤得太紧。

（二）工程量计算的步骤

计算工程量的具体步骤与"统筹图"是一致的。大体上可分为熟悉图纸、基数计算、计算分项工程量、计算其他不能用基数计算的项目、整理与汇总等五个步骤。

在掌握了基础资料，熟悉了图纸之后，不要急于计算，应该先把在计算工程量中需要的数据统计并计算出来，其内容包括：

1. 计算出基数：所谓基数，是指在工程量计算中需要反复使用的基本数据。如在土建工程预算中主要项目的工程量计算，一般都与建筑物中心线长度有关，因此，它是计算和描述许多分项工程量的基数，在计算中要反复多次的使用，为了避免重复使用，一般都事先把它们计算出来，随用随取。

2. 编制统计表：所谓统计表，在土建工程中主要是指门窗洞口面积统计表和墙体构件体积统计表。另外，还应统计好各种预制混凝土构件的数量、体积以及所在的位置。

3. 编制预制构件加工委托计划：为了不影响正常的施工进度，一般需要把预制构件加工或订购计划提前编出来。这项工作多数由预算员来做，也有施工技术员来做的。需要注意的是：此项委托计划应把施工现场自己加工的，委托预制构件厂加工的或去厂家订购的分开编制，以满足施工实际需要。

以上三项内容是属于为工程量计算所准备的工作，做好了这些工作，则可进行下一项内容。

4. 计算工程量：计算工程量要按照一定的顺序计算，根据各项工程的相互关系，统筹安排，既能保证不重复、不漏算，还能加快预算速度。

5. 计算其他项目：不能用线面技术计算的其他项目工程量，如水槽、水池、炉灶、楼梯扶手和栏杆、花台、阳台、台阶等，这些零星项目应该分别计算，列入各项章节内，要特别注意清点，防止遗漏。

6. 工程量整理、汇总：最后按章节对工程量进行整理、汇总，核对无误，为套用定额或单价做准备。

三、工程量计算顺序

（一）一个单位工程，其工程量计算顺序一般有以下几种

1. 按图纸顺序计算：根据图纸排列的先后顺序，有建施到结施；每个专业图纸由前到后，先算平面，后算立面，再算剖面；先算基本图，再算详图。用这种方法计算工程量的要求是，对消耗量定额的章节内容要很熟，否则容易出现项目间的混淆及漏项。

2. 按消耗量定额的分部分项顺序计算：按消耗量定额的章、节、子目次序，有前到后，逐项对照，定额项与图纸设计内容对上号时就计算。这种方法一是要先熟悉图纸，二是要熟练掌握定额。使用这种方法要注意，工程图纸是按使用要求设计的，其平立面造型、内外装修、结构形式以及内部设施千变万化，有些设计采用了新工艺、新材料，或有些零星项目，可能套不上定额项目，在计算时，应单列出来，待以后编补充定额或补充单位估价表，不要因定额缺项而漏掉。

3. 按施工顺序计算：按施工顺序计算工程量，就是先施工的先算，后施工的后算，即由平整场地、基础挖土算起，直到装饰工程等全部施工内容结束为止。如带形基础工程，它一般是由挖基槽土方、做垫层、砌基础和回填土等四个分项工程组成，各分项工程量计算顺序可采用：挖基槽土方—做垫层—砌基础—回填土。用这种方法计算工程量，要求编制人具有一定的施工经验，能掌握组织施工的全过程，并且要求对定额及图纸内容要十分熟悉，否则容易漏项。

4. 按统筹图计算：工程量运用统筹法计算时，必须先行编制"工程量计算统筹图"和

工程量计算手册。其目的是定额中的项目、单位、计算公式以及计算次序，通过统筹安排后反映在统筹图上，既能看到整个工程计算的全貌及其重点，又能看到没一个具体项目得计算方法和前后关系。编好工程量计算手册，且将多次应用的一些数据，按照标准图册和一定的计算公式，先行算出，纳入手册中。这样可以避免临时进行复杂的计算，以缩短计算过程，节省时间，并做到一次计算，多次应用。

工程量计算统筹图的优点是既能反映一个单位工程中工程量计算的全部概况和具体的计算方法，又做到了简化使用，有条不紊，前后呼应，规律性强，有利于具体计算工作，提高工作效率。这种方法能大量减少重复计算，加快计算进度，提高运算质量，缩短预算的编制时间。统筹图一般采用网络图的形式表示。

5. **按造价软件程序计算**：计算机计算工程量的优点是：快速、准确、简便、完整。现在的造价软件大多都能计算工程量。工程量计算及钢筋算量软件在工程量计算方面给用户提供适用于造价人员习惯的上机环境，将五花八门的工程量计算草底按统一表格形式输出，从而实现由计算草底到各种预算表格的全过程电子表格化。钢筋算量模块加入了图形功能，并增加了平法（建筑结构施工图平面整体设计方法）和图法（结构施工图法）输入功能，造价人员在抽取钢筋时只需将平法施工图中的相关数据，依照图纸中的标注形式，直接输入到软件中，便可自动抽取钢筋长度及质量。

6. **管线工程一般按下列顺序进行**：水暖和电器照明工程中的管道和线路系统总是有来龙去脉。因此，计算时，应由进户管线开始，沿着管线的走向，先主管线，后支管线，最后设备，依次进行计算。

7. 此外，计算工程量，还可以先计算平面的项目，后计算立面，先地下，后地上，先主体，后一般，先内墙后外墙。住宅也可按建筑设计对称规律及单元个数计算。因为单元组合住宅设计，一般是由一个到两个单元平面布置类型组合的，所以在这种情况下，只需计算一个或两个单元的工程量，最后乘以单元的个数，把各相同单元的工程量汇总，即得该栋住宅的工程量。这种算法，要注意山墙和公共墙部位工程量的调整，计算时可灵活处理。

应当指出，建施图之间，结施图之间，建施图与结施图之间都是相互关联、相互补充的。无论是采用哪种计算顺序，在计算一项工程量，查找图纸中的数据时，都要互相对照着看图，多数项目凭一张图纸计算不了的。如计算墙砌体，就要利用建施的平面图、立面图、剖面图、墙身详图及结施图的结构平面布置和圈梁布置图等，要注意图纸的连贯性。

（二）分项工程量计算顺序

在同一分项工程内部各个组成部分之间，为了防止重复计算或漏算，也应该遵循一定的计算顺序。分项工程量计算通常采用以下四种不同的顺序：

1. **按照顺时针方向计算**：它是从施工图左上角开始，按顺时针方向计算，当计算路线绕图一周后，再重新回到施工图纸左上角的计算方法。这种方法适用于外墙挖地槽、外墙墙基垫层、外墙砖石基础、外墙砖石墙、圈梁、过梁、楼地面、顶棚、外墙粉饰、内墙粉饰等。

2. **按照横竖分割计算**：横竖分割计算是采用先横后竖、先左后右、先上后下的计算顺序。在同一施工图纸上，先计算横向工程量，后计算竖向工程量。在横向采用：先左后右、从上到下；在竖向采用：先上后下，从左至右。这种方法适用于：内墙挖地槽、内墙墙基垫层、内墙砖石基础、内墙砖石墙、间壁墙、内墙面抹灰等。

3. 按照图纸注明编号、分类计算：这种方法主要用于图纸上进行分类编号的钢筋混凝土结构、金属结构、门窗、钢筋等构件工程量的计算。如钢筋混凝土工程中的桩、框架、柱、梁、板等构件，都可按图纸注明编号、分类计算。

4. 按照图纸轴线编号计算：为计算和审核方便，对于造型或结构复杂的工程，可以根据施工图纸轴线编号确定工程量计算顺序。因为轴线一般都是按国家制图标准编号的，可以先算横轴线上的项目，再算纵轴线上的项目。同一轴线按编号顺序计算。

四、工程量计算方法

（一）工程量计算技巧

1. 熟记消耗量定额说明和工程量计算规则：在建筑安装工程消耗量定额中，除了最前面总说明之外，各个分部、分项工程都有相应说明。在《建筑工程工程量清单计价规范》和《山东省建筑工程量计算规则》内还有专门的工程量计算规则，这些内容都应牢牢记住。在计算开始之前，先要熟悉有关分项工程规定内容，将所选定编号记下来，然后开始工程量计算工作。这样即可以保证准确性，也可以加快计算速度。

2. 准确而详细地填列工程内容：工程量计算表中各项内容填列准确和详细程度，对于整个单位工程预算编制的准确性和速度快慢影响很大。因此，在计算每项工程量的同时，要准确而详细地填列"工程量计算表"中的各项内容，尤其要准确填写各分项工程名称。对于钢筋混凝土工程，要填写现浇、预制、断面形式和尺寸等字样；对于砌筑工程，要填写砌体类型、厚度和砂浆强度等级等字样；对于装饰工程，要填写装饰类型、材料种类等字样，以此类推，目的是为选套定额和单位估价表项目提供方便，加快预算编制速度。

3. 结合设计说明看图纸：在计算工程量时，切不可忘记建施及结施图纸的设计总说明，每张图纸的说明以及选用标准图集的总说明和分项说明等。因为很多项目的做法及工程量来自于这里。另外，对于初学预算者来说，最好是在计算每项工程量的同时，随即采项，这样可以防止因不熟悉消耗量定额而造成的计算结果与定额规定或计算单位不符而发生的返工。还要找出设计与定额不相符的部分，在采项的同时将定额计价换算过来或写出换算要求，以防止漏换。

4. 统筹主体兼顾其他工程：主体结构工程量计算是全部工程量计算的核心。在计算主体工程时，要积极地为其他工程计算提供基本数据。这不但能加快预算编制速度，还会收到事半功倍的效果。例如：在计算现浇钢筋混凝土密肋型楼盖时，不仅要算出混凝土、钢筋和模板工程量，而且要同时算出梁的侧表面积，为天棚装饰工程量计算提供方便；在计算外墙砌筑体积时，除了计算外墙砌筑工程量外，还应按施工组织设计文件规定，同时计算出外墙装饰工程量和脚手架工程量等。

（二）工程量计算的一般方法

在建筑工程中，计算工程量的原则是"先分后合，先零后整"。分别计算工程量后，如果各部分均套同一定额，可以合并套用。如果工程量合并计算，而各部分必须分别套定额，就必须重新计算工程量，就会造成返工。在建筑工程中，各部分的建筑结构和建筑做法不完全相同，要求也不一样，必须分别计算工程量。

工程量计算的一般方法有分段法、分层法、分块法、补加补减法、平衡法或近似法。

1. 分段法：如果基础断面不同时，所有基础垫层和基础等都应分段计算。又如内外墙各有几种墙厚，或者各段采用的砂浆强度等级不同时，也应分段计算。高低跨单层工业厂房，由于山墙的高度不同，计算墙体也应分段计算。

2. 分层法：如果有多层建筑物的各楼层建筑面积不等，或者各层的墙厚及砂浆强度等级不同时，要分层计算。有时为了按层进行工料分析、编制施工预算、下达施工任务书、备工备料等，则均可采用上述类同的办法，分层、分段、分面计算工程量。

3. 分块法：如果楼地面、天棚、墙面抹灰等有多种构造和做法时，应分别计算。即先计算小块，然后在总的面积中减去这些小块的面积，得最大的一种面积，对复杂的工程，可用这种方法进行计算。

4. 补加补减法：如每层的墙体都相同，只是顶层多（或少）一个隔墙，可先按照每层都无（有）这一隔墙的情况计算，然后在顶层补加（补减）这一隔墙。

5. 平衡法或近似法：当工程量不大或因计算复杂难以正确计算时，可采用平衡抵销或近似计算的方法。如复杂地形土方工程就可以采用近似法计算。

五、运用统筹法原理计算工程量

（一）统筹法在计算工程量中的运用

统筹法是按照事物内部固有的规律性，逐步地、系统的、全面地加以解决问题的一种方法。利用统筹法原理计算工程量，使计算工作快、准、好地进行。即抓住工程量计算的主要矛盾加以解决问题的方法。

工程量计算中有许多共性的因素，如外墙条形基础垫层工程量按外墙中心线长度乘垫层断面计算，而条形基础工程量按外墙中心线长度乘以设计断面计算；地面垫层按室内主墙间净面积乘以设计厚度以立方米计算，而楼地面找平层和整体面层均按主墙间净面积以平方米计算，等等。可见，有许多子项工程量的计算都会用到外墙中心线长度和主墙间净面积等，即"线"、"面"可以作为许多工程量计算的基数，它们在整个工程量计算过程中要反复多次被使用，在工程量计算之前，就可以根据工程图纸尺寸将这些基数先计算好，在工程量计算时利用这些基数分别计算与它们各自有关子项的工程量。各种型钢、圆钢，只要计算出长度，就可以查表求出其质量；混凝土标准构件，只要列出其型号，就可以查标准图，知道其构件的质量、体积和各种材料的用量等，都可以列"册"表示。总之，利用"线、面、册"计算工程量，就是运用统筹法的原理，在编制预算中，以减少不必要的重复工作的一种简捷方法，亦称"四线"、"二面""一册"计算法。

所谓"四线"是指在建筑设计平面图中外墙中心线的总长度（代号 $L_{中}$）；外墙外边线的总长度（代号 $L_{外}$）；内墙净长线长度（代号 $L_{内}$）；内墙基槽或垫层净长度（代号 $L_{净}$）。

"二面"是指在建筑设计平面图中底层建筑面积（代号 $S_{底}$）和房心净面积（代号 $S_{房}$）。

"一册"是指各种计算工程量有关系数；标准钢筋混凝土构件、标准木门窗等个体工程量计算手册（造价手册）。它是根据各地区具体情况自行编制的，以补充"四线"、"二面"、的不足，扩大统筹范围。

（二）统筹法计算工程量的基本要求

统筹法计算工程量的基本要点是：统筹程序、合理安排；利用基数、连续计算；一次算出、多次应用；结合实际、灵活机动。

1. 统筹程序、合理安排：按以往的习惯，工程量大多数是按施工顺序或定额顺序进行计算，按统筹方法计算，已突破了这种习惯的计算方法。例如，按定额顺序应先计算墙体，后计算门窗。在计算墙体时要扣除门窗面积，在计算门窗面积时又要重新计算。计算顺序不应该受到定额顺序和施工顺序的约束，可以先计算门窗，后计算墙体，合理安排顺序，避免重复劳动，加快计算速度。

2. 利用基数、连续计算：就是根据图纸的尺寸，把"四条线"、"二个面"的长度和面积先算好，作为基数，然后利用基数分别计算与他们各自有关的分项工程量。例如，同外墙中心线长度计算有关的分项工程有：外墙基础垫层、外墙基础、外墙现浇混凝土圈梁、外墙身砌筑等项目。

利用基数把与它有关的许多计算项目串起来，使前面的计算项目为后面的计算项目创造条件，后面的计算项目利用前面的计算项目的数量连续计算，彼此衔接，就能减少许多重复劳动，提高计算速度。

3. 一次算出、多次应用：就是把不能用"线"、"面"基数进行连续计算的项目，如常用的定型混凝土构件和建筑构件项目的工程量，以及那些有规律性的项目的系数，预先组织力量，一次编好，汇编成工程量计算手册，供计算工程量时使用。如某一型号的混凝土板的块数知道了，就可以用块数乘以系数得出砂子、石子、水泥、钢筋的数量；又如定额需要换算的项目，一次换算出，以后就可以多次使用，因此这种方法方便易行。

4. 结合实际、灵活机动：由于建筑物的造型，各楼层的面积大小，以及它的墙厚、基础断面、砂浆强度等级、各部位的装饰标准等都可能不同，不一定都能用上"线、面、册"进行计算，在具体的计算中要结合图纸的情况，分段、分层等灵活计算。

工程量运用统筹法计算时，应先行编制"工程量计算统筹图"和工程量计算手册。其目的是将定额中的项目、单位、计算公式以及计算次序，通过统筹安排后反映在统筹图上，既能看到整个工程计算的全貌及其重点，又能看到每一个具体项目的计算方法和前后关系。编好工程量计算手册，且将多次应用的一些数据，按照标准图册和一定的计算公式，先行算出，纳入手册中。这样可以避免临时进行复杂的计算，以缩短计算过程，节省时间，并做到一次计算，多次应用。

第三节 工程结算书的编制

一、工程结算

工程结算亦称工程竣工结算，是指单位工程竣工后，施工单位根据施工实施过程中实际发生的变更情况，对原施工图预算工程造价或工程承包价进行调整、修正，重新确定工程造价的经济文件。

虽然承包商与业主签订了工程承包合同，按合同价支付工程价款，但是，施工过程中往往会发生地质条件的变化、设计变更、业主新的要求、施工情况发生了变化等。这些变化通过工程索赔已确认，那么，工程竣工后就要在原承包合同价的基础上进行调整，重新确定工程造价。这一过程就是编制工程结算的主要过程。

二、工程结算与竣工决算的联系和区别

（1）工程结算是由施工单位编制的，一般以单位工程为对象；竣工决算是由建设单位编制的，一般以一个建设项目或单项工程为对象。

（2）工程结算如实反映了单位工程竣工后的工程造价；竣工决算综合反映了竣工项目建设成果和财务情况。

（3）竣工决算由若干个工程结算和费用概算汇总而成。

三、工程结算一般包括下列内容

（1）封面

内容包括：工程名称、建设单位、建筑面积、结构类型、结算造价、编制日期等，并设有施工单位、审核单位以及编制人、审核人的签字盖章的位置。

（2）编制说明

内容包括：编制依据、结算范围、变更内容、双方协商处理的事项及其他必须说明的问题。

（3）工程结算直接费计算表

内容包括：定额编号、分项工程名称、单位、工程量、定额基价、合价、人工费、机械费等。

（4）工程结算费用计算表

内容包括：费用名称、费用计算基础、费率、计算式、金额等。

（5）附表

内容包括：工程量增减计算表、材料价差计算表、补充基价分析表等。

四、工程结算编制依据

编制工程结算除了应具备全套竣工图纸、预算定额、材料价格、人工单位、取费标准外，还应具备以下资料。

（1）工程施工合同。

（2）施工图预算书。

（3）设计变更通知单。

（4）施工技术核定单。

（5）隐蔽工程验收单。

（6）材料代用核定单。

（7）分包工程结算书。

（8）经业主、监理工程师同意确认的应列入工程结算的其他事项。

五、工程结算的编制程序和方法

单位工程竣工结算的编制，是在施工图预算的基础上，根据业主和监理工程师确认的设计变更资料、修改后的竣工图、其他有关工程索赔资料，先进行直接费的增减调整计算，再按取费标准计算各项费用，最后汇总为工程结算造价。其编制程序和方法概述为：

（1）收集、整理、熟悉有关原始资料。

（2）深入现场，对照观察竣工工程。

（3）认真检查复核有关原始资料。

（4）计算调整工程量。

（5）套定额基价，计算调整直接费。

（6）计算结算造价。

复习与测试

1. 工程预算书的编制依据有哪些？

2. 编制工程预算书要经过哪些步骤？

3. 采用统筹法计算工程量有哪些优点？

第十二章　建筑工程预算书编制实例

第一节　砖混结构施工图预算书编制实例

一、建筑施工图及说明

（一）施工说明

1. 墙体采用 75# 机制黏土砖，墙厚均为 240mm。

2. 基础采用 M5.0 水泥砂浆砌筑，墙体采用 M5.0 混合砂浆砌筑。

3. 垫层采用 3:7 灰土，圈梁及现浇屋面板采用 C20 混凝土。

4. 外墙抹灰做法：1:3 水泥砂浆打底厚 14mm，1:2 水泥砂浆抹光厚 6mm；

外墙涂料做法：满刮腻子二遍，刷丙烯酸外墙涂料（一底二涂）；外墙装饰分格条（价格每米 0.5 元）二道。

5. 内墙做法：1:1:4 混浆打底厚 14mm，1:1:6 混浆抹面厚 6mm，满刮腻子二遍，刮仿瓷涂料二遍。

6. 顶棚做法：采用水泥砂浆抹面，满刮腻子二遍，刮瓷二遍，墙角贴石膏线宽 100mm。

7. 室内地面：3:7 灰土 220mm 厚，C20 混凝土 40mm 厚，30 厚 1:2.5 水泥砂浆粘贴 600mm×600mm 普通地面砖（地面砖厚 10mm），地面砖假定价格每块 3.5 元。

8. 散水：素土夯实，C20 混凝土 60mm 厚，边打边抹光。

9. 混凝土坡道：1:1 水泥砂浆抹光，C20 混凝土垫层厚 60mm，素土夯实。

10. 圈梁遇门窗洞口另加 1Φ14 钢筋，内外墙均设圈梁，梁的保护层为 20mm，现浇板的保护层为 15mm。

11. 屋面板配筋时，紧贴所有负筋下边加配⑩6Φ6.5 通长分布筋。

12. 内墙踢脚线为彩釉砖，水泥砂浆粘贴，高度为 150mm。

13. M1 为铝合金平开门，带上亮，玻璃 5mm 厚，带普通锁。M2 为无纱镶木板门，带上亮，不上锁，用马尾松制作，刷调和漆三遍。窗户为铝合金推拉窗，带上亮，玻璃 5mm 厚，门窗明细见表 12-1。

14. 屋面做法

SBS 改性沥青卷材（满铺）一遍

刷石油沥青一遍，冷底子油二遍

1:3 水泥砂浆找平层厚 20mm

1：10 现浇水泥珍珠岩找坡最薄处 20mm

干铺水泥珍珠岩块厚 100mm

现浇钢筋混凝土屋面板

表 12-1 门窗明细表

类别	名称	宽度	高度	数量	纱扇（宽×高）
门	M1	1000	2700	1	930×2100
	M2	800	2700	1	无
窗	C1	1200	1800	1	580×1380
	C2	1500	1800	2	720×1380
	C3	1800	1800	1	850×1380

（二）施工组织设计

1. 土石方工程

（1）使用挖掘机挖沟槽（普通土），挖土弃于槽边 1m 以外，待室内外回填用土完成后，若有余土，用人工装车，自卸汽车外运 2 公里，否则同距离内运。

（2）沟槽边要人工夯填，室内地坪机械夯填。

（3）人工平整场地，基底钎探眼单排，探眼每米 1 个。

2. 砌体脚手架采用钢管脚手架，内外墙脚手架均自室外地坪开始搭设。

3. 混凝土模板采用胶合板模板，钢管支撑。

4. 门窗在公司基地加工制作，运距 10 公里以内。

5. 本工程座落在县城以内。

二、建筑施工图预算书

预算书编写说明

（1）山东省价目表采用 2011 年 6 月省统一颁布的价目表。

（2）地区价目表是采用 2011 年 12 月淄博市颁布的价目表。

（3）本工程不计取二次搬运费、已完工设备保护费、总承包服务费，安全施工费为 2.0%，环境保护费 0.11%，文明施工费为 0.29%，临时设施费 0.72，社会保障费 2.6%。

（4）建筑工程部分费用计取：夜间施工费费率 0.7%，冬雨季施工增加费 0.8%，工程排污费为 42.79 元，住房公积金为 85.58 元，危险作业意外伤害保险 142.64 元。

（5）装饰工程部分费用计取：夜间施工费费率 4.0%，冬雨季施工增加费 4.5%，工程排污费为 11.80 元，住房公积金为 23.60 元，危险作业意外伤害保险 11.80 元。

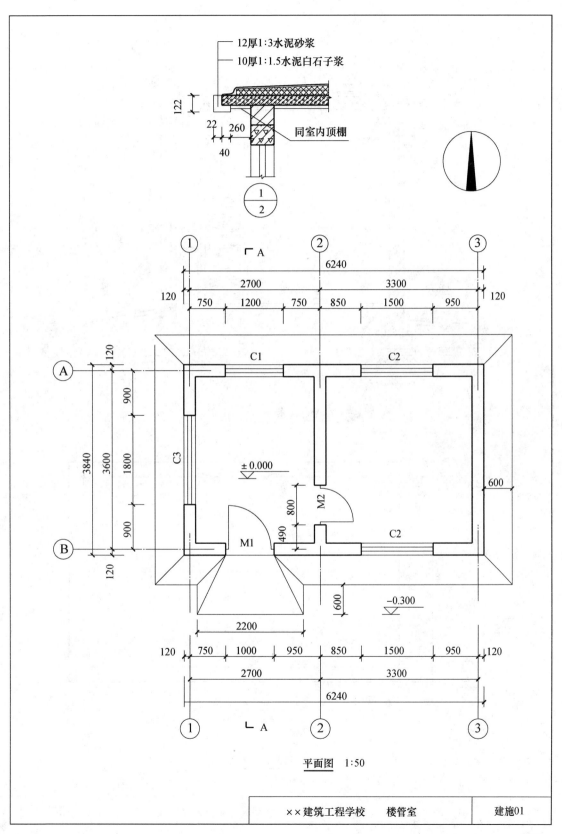

平面图 1:50

| ××建筑工程学校 楼管室 | 建施01 |

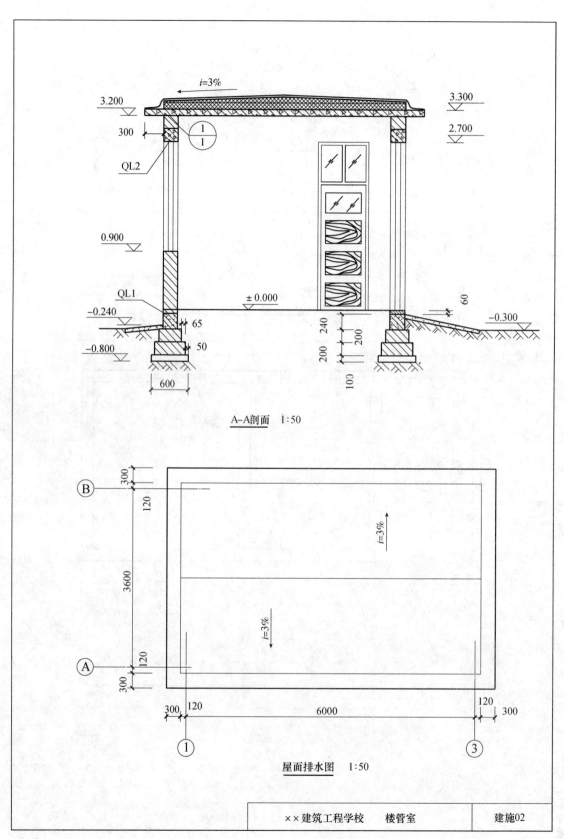

i=3%

3.200

300

QL2

1
1

0.900

QL1

−0.240

−0.800

65

50

600

3.300

2.700

± 0.000

60

−0.300

200 240
200
100

A−A剖面　1:50

300
120

B

3600

A
120
300

300 120

6000

120 300

i=3%

i=3%

1

3

屋面排水图　1:50

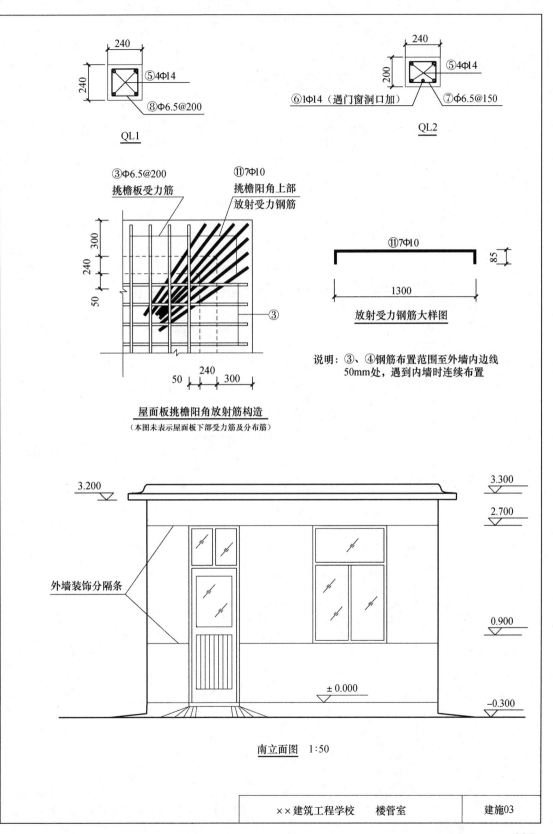

240

⑤4Φ14

240

⑧Φ6.5@200

QL1

240

200

⑤4Φ14

⑥1Φ14（遇门窗洞口加）

⑦Φ6.5@150

QL2

③Φ6.5@200
挑檐板受力筋

⑪7Φ10
挑檐阳角上部
放射受力钢筋

300

240

50

③

50   240   300

屋面板挑檐阳角放射筋构造
（本图未表示屋面板下部受力筋及分布筋）

⑪7Φ10

85

1300

放射受力钢筋大样图

说明：③、④钢筋布置范围至外墙内边线
50mm处，遇到内墙时连续布置

3.200

3.300

2.700

外墙装饰分隔条

0.900

±0.000

−0.300

南立面图 1:50

××建筑工程学校   楼管室

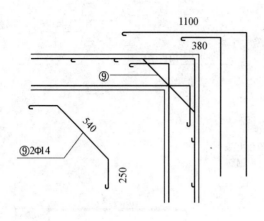

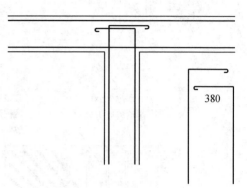

圈梁直角处纵筋布置   圈梁丁交处纵筋布置

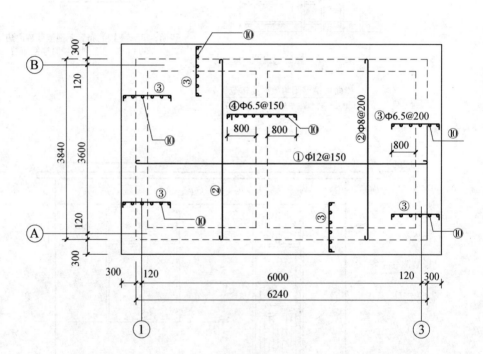

屋面配筋图   1:50

注: 1.③号负筋下部配⑩6Φ6.5分布筋; ④号负筋下部配⑩9Φ6.5分布筋
     2.⑩分布筋在屋面板 (含挑檐) 内通长设置
     3.①、②钢筋长度伸至外墙外边线, 配筋范围至外墙外边线50mm
     处, 遇到内墙时连续布置

（一）计算基数

1. $L_{中} = (3.3m + 2.7m + 3.6m) \times 2 = 19.20m$

2. $L_{外} = (6.24m + 3.84m) \times 2 = 20.16m$

或： $L_{外} = 19.20m + 4 \times 0.24m = 20.16m$

3. $L_{内} = 3.60m - 0.24m = 3.36m$

4. $S_{建(底)} = 6.24m \times 3.84m = 23.96m^2$

5. $S_{房} = (2.7m - 0.24m + 3.3m - 0.24m) \times (3.6m - 0.24m) = 18.55m^2$

或： $S_{房} = S_{建(底)} - (L_{中} + L_{内}) \times 0.24 = 23.96m^2 - (19.20m + 3.36m) \times 0.24m = 18.55m^2$

6. $L_{净} = 3.6m - 0.60m = 3.00m$

（二）工程量计算

建筑工程学校楼管室工程量计算表，见表12-2。

表12-2　工程量计算表

单位工程名称:建筑工程学校楼管室

序号	定额编号	分项工程名称	单位	工程量	计算式
					（一）土石方工程
1	1-3-12	挖掘机挖沟槽	10m³	0.885	开挖沟槽(普通土) 挖土深度:0.8m - 0.3m = 0.5m < 1.2m(允许放坡深度),不需放坡。 (1)垫层部分挖土量 $V_{垫层} = [19.2m(L_{中}) + 3.0m(L_{净})] \times 0.6m \times 0.1m = 1.33m^3$ (2)砖基部分挖土量: $S_{断} = (0.6m - 0.05m \times 2 + 0.2m \times 2) \times (0.5m - 0.1m) = 0.36m^2$ $V_{砖基} = 0.36m^2 \times [19.2m(L_{中}) + 3.0m(L_{净})] = 7.99m^3$ 挖普通土挖土合计:$1.33m^3 + 7.99m^3 = 9.32m^3$ (3)其中机械(挖掘机)挖土 $9.32m^3 \times 95\% = 8.85m^3$
2	1-2-10	人工挖沟槽	10m³	0.047	人工挖土:$9.32m^3 \times 5\% = 0.47m^3$
3	1-4-12	槽边夯填土	10m³	0.406	条基垫层体积 $0.6m \times 0.1m \times [19.2m(L_{中}) + 3.0m(L_{净})] = 1.33m^3$ 室外地坪以下砖基础体积 $(0.6m - 0.05m \times 2 + 0.24m + 0.065m \times 2) \times 0.2m \times [19.2m(L_{中}) + 3.36m(L_{内})] = 3.93m^3$ 槽边回填:$9.32m^3 - (1.33m^3 + 3.93m^3) = 4.06m^3$

负责人　×××　　　　　　　　　　审核　×××　　　　　　　　　计算　×××

单位工程名称:建筑工程学校楼管室

序号	定额编号	分项工程名称	单位	工程量	计算式
4	1-4-11	室外斜坡道	10m³	0.016	室外斜坡道夯填工程量(按三棱柱计算,并扣除散水部分) $(1.2m-0.06m)\times(0.3m-0.06m\times2)\div2\times(2.2m-0.6m)=0.16m^3$
5	1-2-56	人工装车	10m³	0.181	取运土 (1)室内回填用黏土 $18.55m^2(S_{房})\times0.22m\times1.01\times1.15=4.74m^3$ (2)基础垫层3:7灰土中黏土含量 $1.33m^3\times1.01\times1.15=1.54m^3$ (3)取运土:$9.32m^3-(4.06m^3+0.16m^3)\times1.15-(4.47m^3+1.54m^3)$ $=-1.81m^3$(取土内运) 说明:10m³3:7灰土垫层定额含10.1m³灰土;1m³3:7灰土用1.15m³黏土
6	1-3-57	自卸汽车运输	10m³	0.175	自卸汽车运土方1km以内工程量:1.75m³
7	1-3-58	自卸汽车运输增运1km	10m³	0.175	自卸汽车运上方每增运1km,工程量:1.75m³
8	1-4-4	基底钎探	10眼	2.30	$[19.20m(L_{中})+3.36m(L_{内})]\div1$眼/m²=23眼
9	1-4-17	钎探灌砂	10眼	2.30	23眼
10	1-4-1	人工场地平整	10m²	8.028	$(6.24m+4.0m)\times(3.84m+4.0m)=80.28m^2$
11	1-4-3	竣工清理	10m³	7.907	$23.96m^2(S_{底})\times3.3m=79.07m^3$
(二)地基处理与防护工程					
12	2-1-1	条形基础3:7灰土垫层	10m³	0.133	$0.6m\times0.1m\times[19.2m(L_{中})+3.0m(L_{净})]=1.33m^3$
13	2-1-1	室内地面3:7灰土垫层	10m³	0.408	$18.55m^2(S_{房})\times0.22m=4.08m^3$
(三)砌筑工程					
14	3-1-1	条形砖基础	10m³	0.429	$S_{断}=(0.6m-0.05m\times2+0.24m+0.065m\times2)\times0.2m+0.24m\times$ $0.06m=0.19m^2$ $V_{砖基}=0.19m^2\times[19.20m(L_{中})+3.36m(L_{内})]=4.29m^3$
15	3-1-14	混浆砌筑砖墙	10m³	1.248	门窗面积:$1.0m\times2.7m+0.8m\times2.7m+1.2m\times1.8m+1.5m\times1.8m$ $\times2+1.8m\times1.8m=15.66m^2$ 墙体高度:$3.2m-0.2m=3.0m$ 砖墙体积:$\{[19.20m(L_{中})+3.36m(L_{内})]\times3.0m-15.66m^2\}\times$ $0.24m=12.48m^3$

负责人 ×××　　　　　审核 ×××　　　　　计算 ×××

单位工程名称:建筑工程学校楼管室

序号	定额编号	分项工程名称	单位	工程量	计算式
					(四)钢筋及混凝土工程
16	4-1-5	现浇构件圆钢筋(Φ12)	t	0.147	屋面板钢筋:①Φ12@150 单根 $L=6.24\text{m}+2\times6.25\times0.012\text{m}=6.39\text{m}$ 根数 $n=(3.84\text{m}-0.05\text{m}\times2)\div0.15\text{m/根}+1=26$ 根 工程量:$6.39\text{m}\times26\times0.888\text{kg/m}=147\text{kg/m}=0.147\text{t}$
17	4-1-3	现浇构件圆钢筋(Φ8)	t	0.050	屋面板钢筋:②Φ8@200 单根 $L=3.84\text{m}+2\times6.25\times0.008\text{m}=3.94\text{m}$ 根数 $n=(6.24\text{m}-0.05\text{m}\times2)\div0.2\text{m/根}+1=32$ 根 工程量:$3.94\text{m}\times32\times0.395\text{kg/m}=50\text{kg}=0.050\text{t}$
18	4-1-2	现浇构件圆钢筋(Φ6.5)	t	0.096	(1)屋面板钢筋:③Φ6.5@200 单根 $L=0.8\text{m}+0.24\text{m}+0.3\text{m}-0.015\text{m}+(0.1\text{m}-0.015\text{m})\times2=1.50\text{m}$ ①、③轴根数 $n=[(3.6\text{m}-0.24\text{m}-0.05\text{m}\times2)\div0.2\text{m/根}+1\text{ 根}]\times2=(17\text{ 根}+1\text{ 根})\times2=36$ 根 Ⓐ Ⓑ轴根数 $n=[(6.0\text{m}-0.24\text{m}-0.05\text{m}\times2)\div0.2\text{m/根}+1\text{ 根}]\times2==(29\text{ 根}+1\text{ 根})\times2=60$ 根 工程量:$1.50\text{m}\times(36+60)\times0.260\text{kg/m}=37\text{kg}$ (2)④Φ6.5@150 单根 $L=0.8\text{m}\times2+0.24\text{m}+(0.1\text{m}-0.015\text{m})\times2=2.01\text{m}$ 根数 $n=(3.6\text{m}-0.24\text{m}-0.05\text{m}\times2)\div0.15\text{m/根}+1\text{ 根}=23$ 根 工程量:$2.01\text{m}\times23\times0.260\text{kg/m}=12\text{kg}$ (3)⑩6Φ6.5分布筋 Ⓐ、Ⓑ轴线上的③负筋下的⑩分布筋 工程量:$(6.24\text{m}+0.3\text{m}\times2-0.015\text{m}\times2+2\times6.25\times0.0065\text{m})\times(6\times2)\times0.26\text{kg/m}=22\text{kg}$ ①、③轴线上的③负筋下和②轴线上的④负筋下的⑩分布筋 工程量:$(3.84\text{m}+0.3\text{m}\times2-0.015\text{m}\times2+2\times6.25\times0.0065\text{m})\times(6\times2+9)\times0.26\text{kg/m}=25\text{kg}$ (4)Φ6.5 钢筋工程量合计 $37\text{kg}+12\text{kg}+(22\text{kg}+25\text{kg})=96\text{kg}=0.096\text{t}$

负责人 ×××   审核 ×××   计算 ×××

单位工程名称:建筑工程学校楼管室

序号	定额编号	分项工程名称	单位	工程量	计算式
19	4-1-6	现浇构件圆钢筋（Φ14）	t	0.341	过梁、圈梁钢筋:⑤4 Φ14 ①、③轴线单根长 $L=3.84m-0.02m\times2+(0.38m+1.1m)+2\times6.25\times0.014m=5.46m$ ②轴线单根长度 $L=3.84m-0.02m\times2+0.38m\times2+2\times6.25\times0.014m=4.74m$ Ⓐ、Ⓑ轴线单根长 $L=6.24m-0.02m\times2+(0.38m+1.1m)+2\times6.25\times0.014m$ $=7.86m$ ⑥1 Φ14 总长度 $L=(1.0m+0.8m+1.2m+1.5m\times2+1.8m)+0.25m\times2\times6+6.25$ $\times2\times0.014m\times6=11.85m$ ⑨Φ14 附加筋 单根长度 $L=0.54m+(0.25m+6.25\times0.014m)\times2=1.22m$ ⑤、⑥、⑨Φ14 钢筋工程量合计 $(5.46m\times4\times4+4.74m\times4\times2+7.86m\times4\times4+11.85m+1.22m\times$ $16)\times1.208kg/m=341kg=0.341t$
20	4-1-52	现浇构件箍筋(Φ6.5)	t	0.061	过梁、圈梁箍筋:⑦Φ6.5@150 单根 $L=(0.24m+0.20m)\times2-8\times0.02m+6.9\times0.0065m\times2=0.81m$ 说明:钢筋长度按非抗震来计算,弯钩增加值为6.9d,具体查阅图4-1。 根数 $n=(6.24m+3.84m-0.02m\times4)\times2\div0.15m/根+[(3.6m-$ $0.24m)\div0.15m/根+1 根]=134 根+24 根=158 根$ ⑧Φ6.5@200 单根 $L=(0.24m+0.24m)\times2-8\times0.02m+6.9\times0.0065m\times2$ $=0.89m$ 根数 $n=(6.24m+3.84m-0.02m\times4)\times2\div0.2m/根+[(3.6m-$ $0.24m)\div0.2m/根+1 根]=100 根+18 根=118 根$ ⑦、⑧Φ6.5 箍筋工程量合计 $(0.81m\times158+0.89m\times118)\times0.26kg/m=61kg=0.061t$
21	4-2-27	C20 现浇混凝土过梁	10m³	0.052	过梁长度:$1.0m+0.8m+1.2m+1.5m\times2+1.8m+0.25m\times2\times6=10.80m$ 过梁体积:$0.24m\times0.2m\times10.80m=0.52m^3$
22	4-2-26	C20 现浇混凝土圈梁	10m³	0.186	$0.24m\times0.24m\times[19.2m(L_中)+3.36m(L_内)]+0.24m\times0.20m\times$ $[19.2m(L_中)+3.36m(L_内)]-0.52m^3=1.86m^3$

负责人　×××　　　　　　　审核　×××　　　　　　　计算　×××

序号	定额编号	分项工程名称	单位	工程量	计算式
23	4-2-38	C20 现浇混凝土屋面板	10m³	0.240	6.24m×3.84m×0.1m=2.40m³
24	4-2-56	C20 现浇混凝土挑檐	10m³	0.064	[20.16m(L外)+4×0.3m]×0.3m×0.1m=0.64m³
25	4-4-16	现场搅拌混凝土	10m³	0.550	(0.52m³+1.86m³+2.40m³+0.64m³)×10.15÷10=5.50m³
				(五)门窗及木结构工程	
26	5-1-9	无纱木门框(单扇带亮)制作	10m²	0.216	0.8m×2.7m×1=2.16m²
27	5-1-10	无纱木门框(单扇带亮)安装	10m²	0.216	0.8m×2.7m×1=2.16m²
28	5-1-33	无纱镶木板门(单扇带亮)制作	10m²	0.216	0.8m×2.7m×1=2.16m²
29	5-1-34	无纱镶木板门(单扇带亮)安装	10m²	0.216	0.8m×2.7m×1=2.16m²
30	5-9-1	无纱镶木板门配件	10 樘	0.10	1 樘
31	5-5-23	单扇平开铝合金门带上亮	10m²	0.27	M1 为铝合金带上亮平开门制作安装 1.0m×2.7m×1=2.6m²
32	5-9-48	铝合金单扇平开门配件	10 樘	0.10	配件工程量:1 樘
33	5-5-29	铝合金推拉窗制作安装	10m²	1.080	1.2m×1.8m+1.5m×1.8m×2+1.8m×1.8m=10.80m²
34	5-9-49	铝合金推拉窗配件	10 樘	0.40	4 樘
35	5-5-35	铝合金纱门扇制作安装	10m²	0.195	0.93m×2.1m=1.95m²
36	5-5-36	铝合金纱窗扇制作安装	10m²	0.396	(0.58m+0.72m×2+0.85m)×1.38m=3.96m²
				(六)屋面防水工程	
37	6-3-5	保温层珍珠岩块	10m³	0.240	屋面保温层:6.24m×3.84m×0.1m=2.40m³
38	6-3-15	找坡层现浇珍珠岩	10m³	0.162	找坡层:[0.02m+3%×(3.84m+0.3m×2)÷4]×(3.84m+0.3m×2)×(6.24m+0.3m×2)=1.62m³

负责人　×××　　　　　　　　审核　×××　　　　　　　　计算　×××

211

单位工程名称:建筑工程学校楼管室

序号	定额编号	分项工程名称	单位	工程量	计算式
39	6-2-72	刷石油沥青一遍(含第一遍冷底子油)平面	$10m^2$	3.037	石油沥青隔气层:$(6.24m+0.3m\times2)\times(3.84m+0.3m\times2)=30.37m^2$
40	6-2-63	第二遍冷底子油平面	$10m^2$	3.037	结合层:$(6.24m+0.3m\times2)\times(3.84m+0.3m\times2)=30.37m^2$
41	6-2-30	SBS改性沥青卷材(满铺)一遍	$10m^2$	3.037	$30.37m^2$
					(八)构筑物及其他工程
42	8-7-49	混凝土散水	$10m^2$	1.258	$[20.16m(L_{外})+0.6m\times4]\times0.6m-(2.2m-0.6m)\times0.6m$ $=12.58m^2$
43	8-7-53	混凝土坡道	$10m^2$	0.228	$2.2m\times1.2m-0.6m\times0.6m=2.28m^2$
					(九)装饰工程
44	9-1-1	地面水泥砂浆找平层	$10m^2$	1.855	$S_{房}=18.55m^2$
45	9-1-2	屋面水泥砂浆找平层	$10m^2$	3.037	$(6.24m+0.3m\times2)\times(3.84m+0.3m\times2)=30.37m^2$
46	9-1-4	C20细石混凝土找平层	$10m^2$	1.855	$S_{房}=18.55m^2$
47	9-1-114	全瓷地板砖面层	$10m^2$	1.886	$18.55m^2(S_{房})+0.24m\times0.8m+0.12m\times1.0m=18.86m^2$
48	9-1-86	踢脚线	$10m$	2.260	$(3.60m-0.24m)\times4-0.8m\times2+(2.7m+3.3m-0.24m\times2)\times2-$ $1.0m+0.12m\times6=22.60m$
49	9-2-20	外墙水泥砂浆	$10m^2$	5.706	$20.16m(L_{外})\times(3.2m+0.3m)-[2.7m^2(M1面积)+10.80m^2(铝合$ 金窗面积$)]=57.06m^2$
50	9-4-211	外墙满刮腻子	$10m^2$	5.585	$20.16m(L_{外})\times(3.2m+0.24m)-[2.7m^2(M1面积)+10.80m^2(铝$ 合金窗面积$)]=55.85m^2$
51	9-4-184	外墙丙烯酸涂料	$10m^2$	5.585	$55.85m^2$
52	9-2-110	外墙分格嵌缝	$10m^2$	5.706	$57.06m^2$
53	9-2-31	内墙抹混合砂浆	$10m^2$	6.052	$[(3.6m-0.24m)\times4+(3.3m+2.7m-0.24m\times2)\times2]\times3.2m-$ $[2.7m^2(M1面积)+2.16m^2\times2(M1面积)+10.80m^2(铝合金窗面$ 积$)]=60.52m^2$

负责人　×××　　　　　　　　　审核　×××　　　　　　　　　计算　×××

单位工程名称:建筑工程学校楼管室

序号	定额编号	分项工程名称	单位	工程量	计算式
54	9-3-3	顶棚抹水泥砂浆	10m²	2.406	$18.55m^2(S_房) + [20.16m(L_外) + 4 \times 0.26m] \times 0.26m = 24.06m^2$
55	9-4-164	内墙、顶棚刮瓷	10m²	8.458	$60.52m^2 + 24.06m^2 = 84.58m^2$
56	9-4-209	内墙、顶棚满刮腻子	10m²	8.458	$60.52m^2 + 24.06m^2 = 84.58m^2$
57	9-4-6	M2 调和漆	10m²	0.216	$0.8m \times 2.7mm \times 1.0(油漆系数) = 2.16m^2$
58	9-5-83	顶棚石膏线	10m	2.448	$(3.6m - 0.24m) \times 4 + (3.3m + 2.7m - 0.24m \times 2) \times 2 = 24.48m$
59	9-2-77	屋面檐口水刷石	10m²	0.365	$[20.16m(L_外) + 8 \times 0.3m] \times 0.122m + [20.16m(L_外) + 8 \times (0.3m - 0.02m)] \times 0.04m = 3.65m^2$
					(十)施工技术措施项目
60	10-1-4	外墙钢管脚手架	10m²	7.258	$20.16m(L_外) \times (3.3m + 0.3m) = 72.58m^2$
61	10-1-21	内墙钢管脚手架	10m²	1.176	$3.36m(L_内) \times (3.2m + 0.3m) = 11.76m^2$
62	10-3-38	木门运输	10m²	0.211	$0.8m \times 2.7m \times 0.975(运输系数) = 2.11m^2$
63	10-3-41	铝合金门运输	10m²	0.261	$1.0m \times 2.7m \times 0.9668(运输系数) = 2.61m^2$
64	10-3-44	铝合金(带纱)推拉窗运输	10m²	1.044	$(1.2m \times 1.8m + 1.5m \times 1.8m \times 2 + 1.8m \times 1.8m) \times 0.9668(运输系数) = 10.44m^2$
65	10-4-118	过梁胶合板模板木支撑	10m²	0.619	过梁底模长度:$1.0m + 0.8m + 1.2m + 1.5m \times 2 + 1.8m = 7.80m$ 过梁侧模长度:$1.0m + 0.8m + 1.2m + 1.5m \times 2 + 1.8m + 0.25m \times 2 \times 6 = 10.80m$ 过梁模板面积:$7.80m \times 0.24m + 10.80m \times 0.2m \times 2 = 6.19m^2$
66	10-4-127	圈梁胶合板模板	10m²	1.553	$[19.20m(L_中) + 3.36m(L_内)] \times 2 \times 0.24m + [19.20m(L_中) + 3.36m(L_内)] \times 0.2m \times 2 - 10.80m \times 0.2m \times 2 = 15.53m^2$
67	10-4-172	现浇屋面板模板	10m²	1.855	$S_房 = 18.55m^2$
68	10-4-211	现浇混凝土挑檐	10m²	0.641	$[20.16m(L_外) + 4 \times 0.3m] \times 0.3 = 6.41m^2$

负责人 ×××　　　　　审核 ×××　　　　　计算 ×××

213

（三）计算直接工程费

据山东省 2003 年的《建筑工程消耗量定额》及 2011 年的《淄博市价目表》和《山东省价目表》计算得出建筑工程预算表，见表 12-3。

表 12-3　建筑工程预算表

工程编号：12-018 建筑

工程名称：**楼管室**　　　　　　　　　　　　　　　　　　　　建筑面积：23.96m²

序号	定额编号	定额名称	单位	工程量	淄博11单价	淄博11合价	省价11单价	省价11合价	省人工费合计
				（一）土石方工程					
1	1-3-12	挖掘机挖沟槽普通土	10m³	0.885	27.67	24.49	27.72	24.53	5.63
2	1-2-10	人工挖沟槽（槽深）2m 以内普通土	10m³	0.047	342.3	16.09	342.3（换1）	16.09	16.04
3	1-4-12	夯填土(沟槽、地坑)人工	10m³	0.406	106.53	43.25	106.68	43.31	43.04
4	1-4-11	夯填土(地坪)机械	10m³	0.016	44.91	0.72	44.91	0.72	0.45
5	1-2-56	人工装车　土方	10m³	0.181	82.68	14.97	82.68	14.97	14.47
6	1-3-57	自卸汽车运输土方运距 1km 以内	10m³	0.175	68.16	11.93	68.41	11.97	0.28
7	1-3-58	自卸汽车运输土方　每增运 1km	10m³	0.175	11.91	2.08	11.94	2.09	
8	1-4-4	基底钎探	10 眼	2.3	60.42	138.97	60.42	138.97	138.97
9	1-4-17	钎探灌砂	10 眼	2.3	2.26	5.2	2.19	5.04	2.69
10	1-4-1	人工场地平整	10m²	8.028	33.39	268.05	33.39	268.05	268.05
11	1-4-3	竣工清理	10m³	7.907	8.48	67.05	8.48	67.05	67.05
				（二）地基处理与防护工程					
12	2-1-1	3:7 灰土垫层（条形基础）	10m³	0.133	1442.49	191.85	965.97（换2）	128.47	61.95
13	2-1-1	3:7 灰土垫层	10m³	0.408	1419.71	579.24	943.19（换3）	384.82	180.99
				（三）砌筑工程					
14	3-1-1	M5.0 水泥砂浆砌普砖基础	10m³	0.429	3173.77	1361.55	2605.28	1117.67	276.94
15	3-1-14	M5.0 混合混水砖墙(墙厚240mm)	10m³	1.248	3410.94	4256.85	2809.78	3506.61	1017.29
				（四）钢筋及混凝土工程					
16	4-1-5	现浇构件圆钢筋Φ12	t	0.147	5510.08	809.98	5192.59	763.31	72.14
17	4-1-3	现浇构件圆钢筋Φ8	t	0.05	5643.84	282.19	5405.29	270.26	37.95
18	4-1-2	现浇构件圆钢筋Φ6.5	t	0.096	6098.55	585.46	5864.87	563.03	112.44
19	4-1-6	现浇构件圆钢筋Φ14	t	0.341	5247.53	1789.41	5102.57	1739.98	142.78
20	4-1-52	现浇构件箍筋Φ6.5	t	0.061	6412.3	391.15	6178.62	376.9	90.43
21	4-2-27	C20 现浇混凝土过梁	10m³	0.052	3881.1（换4）	201.82	3461.36（换5）	179.99	65.07
22	4-2-26	C20 现浇混凝土圈梁	10m³	0.186	3691.74（换6）	686.66	3286.30（换7）	611.25	213.03
23	4-2-38	C20 现浇混凝土平板	10m³	0.24	3243.91（换8）	778.54	2827.2（换9）	678.53	140.17
24	4-2-56	C20 现浇混凝土挑檐、天沟	10m³	0.064	3905.8	249.97	3485.59	223.08	77.3
25	4-4-16	现场搅拌混凝土	10m³	0.55	230.55	126.8	238.81	131.35	66.75

214

序号	定额编号	定额名称	单位	工程量	淄博11单价	淄博11合价	省价11单价	省价11合价	省人工费合计
		(五)门窗及木结构工程							
26	5-1-9	单扇带亮木门框制作 3-4 类材	10m²	0.216	497.86	107.54	460.26（换10）	99.42	12.8
27	5-1-10	单扇带亮木门框安装 3-4 类材	10m²	0.216	185.9	40.15	178.76（换11）	38.61	22.72
28	5-1-33	单扇带亮木门扇制作 3-4 类材	10m²	0.216	932.25	201.37	866.46（换12）	187.16	36.61
29	5-1-34	单扇带亮木门扇安装 3-4 类材	10m²	0.216	128.83	27.83	136.99（换13）	29.59	23.65
30	5-9-1	无纱镶板纤维胶合门 单扇带亮配件	10樘	0.1	301.11	30.11	358.76	35.88	
31	5-5-23	铝合金单扇平开门 带上亮制安	10m²	0.27	3637.34	982.08	3534.71	954.37	142.24
32	5-9-48	铝合金门 单扇平开门配件	10樘	0.1	200.49	20.05	223.41	22.34	
33	5-5-29	铝合金双扇推拉窗 带亮制安	10m²	1.08	3192	3447.36	3123.94	3373.86	555.8
34	5-9-49	铝合金推拉窗双扇配件	10樘	0.4	223	89.2	224	89.6	
35	5-5-35	铝合金纱门扇制安	10m²	0.195	1133.11	220.96	1095.43	213.61	41.44
36	5-5-36	铝合金纱扇制作、安装	10m²	0.396	973.54	385.52	943.87	373.77	84.16
		(六)屋面、防水、保温及防腐工程							
37	6-3-5	混凝土板上保温憎水珍珠岩块	10m³	0.24	5236.86	1256.85	4721.38	1133.13	193.34
38	6-3-15	混凝土板上保温 现浇水泥珍珠岩1:10	10m³	0.162	2107.7	341.45	2027.93	328.52	61.73
39	6-2-72	涂膜防水 石油沥青一遍 平面	10m²	3.037	147.57	448.17	111.63	339.02	20.92
40	6-2-63	涂膜防水 冷底子油 第二遍	10m²	3.037	35.23	106.99	31.53	95.76	20.92
41	6-2-30	SBS 改性沥青卷材 (满铺)一层平面	10m²	3.037	427.72	1298.99	437.36	1328.26	64.38
		(八)构筑物及其他工程							
42	8-7-49	混凝土散水 3:7 灰土垫层	10m²	1.258	488.56（换14）	614.61	438.81（换15）	552.02	248.69
43	8-7-53	混凝土坡道 3:7 灰土垫层 混凝土厚100mm	10m²	0.228	398.19（换16）	90.79	369.72（换17）	84.3	48.22
		(九)装饰工程							
44	9-1-1	地面1:3 水泥砂浆找平层	10m²	1.855	156.68（换18）	290.64	145.31（换19）	269.55	104.21
45	9-1-2	屋面1:3 水泥砂浆找平	10m²	3.037	113.75	345.46	105.74	321.13	128.77
46	9-1-4	细石混凝土40mm	10m²	1.855	166.77	309.36	159.02	294.98	101.26
47	9-1-114	地面全瓷地板砖周长 2400mm 内	10m²	1.886	332.73（换20）	627.53	331.32（换21）	624.87	348.85
48	9-1-86	踢脚线	10m	2.26	89.13	201.43	99.38	224.6	114.99
49	9-2-20	外墙面1:3 水泥砂浆	10m²	5.706	144.17	822.63	136.63	779.61	438.51
50	9-4-211	外墙抹灰面满刮腻子二遍	10m²	5.585	39.59	221.11	38.87	217.09	159.84

序号	定额编号	定额名称	单位	工程量	淄博11单价	淄博11合价	省价11单价	省价11合价	省人工费合计
51	9-4-184	丙烯酸外墙涂料抹灰墙面	10m²	5.585	140.06	782.24	149.2	833.28	239.76
52	9-2-110	分格嵌缝分格	10m²	5.706	30.74	175.4	30.74	175.4	175.4
53	9-2-31	内墙面 1:1:6 混合浆	10m²	6.052	132.25	800.38	121.85	737.44	439.44
54	9-3-3	混凝土面顶棚水泥砂浆	10m²	2.406	140.67	338.45	134.26	323.03	201.48
55	9-4-164	内墙、顶棚抹灰面刷仿瓷涂料	10m²	8.458	83.5	706.24	82.9	701.17	260
56	9-4-209	顶棚、内墙抹灰面满刮腻子	10m²	8.458	30.16	255.09	31.69	268.03	197.24
57	9-4-6	调和漆三遍 单层木门 M2	10m²	0.216	331.73	71.65	332.69	71.86	41.44
58	9-5-83	石膏阴阳角线宽度 100mm 以内	10m	2.448	70.27	172.02	91.87	224.9	66.17
59	9-2-77	水刷白石子 厚 12+10mm 零星项目	10m²	0.365	596.68	217.79	589.54	215.18	172.56
		（十）施工技术措施项目							
60	10-1-102	单排外钢管脚手架6m以内	10m²	7.258	58.19	422.34	58.12	421.83	161.56
61	10-1-21	里脚手架钢管架3.6m以内单排	10m²	1.176	36.4	42.81	36.85	43.34	24.31
62	10-3-38	木门窗运输 10km 以内	10m²	2.11	42.68	90.05	42.78	90.27	16.77
63	10-3-41	不带纱铝合金门窗运输 10km 内	10m²	0.261	54.33	14.18	52.99	13.83	1.11
64	10-3-44	带纱铝合金门窗运输 10km 内	10m²	1.044	55.34	57.77	54	56.38	4.43
65	10-4-118	过梁 胶合板模板 木支撑	10m²	0.619	426.09	263.75	438.13	271.2	133.52
66	10-4-127	直形圈梁 胶合板模板 木支撑	10m²	1.553	254.84	395.77	270.08	419.43	198.36
67	10-4-172	平板 胶合板模板 钢支撑	10m²	1.855	259.62	481.6	270.12	501.07	233.99
68	10-4-211	挑檐、天沟 木模板 木支撑	10m²	0.641	510.25	327.07	497.23	318.72	182.1

单位名称：

编制日期:2012 年 5 月 18 日

建筑工程预算表价格换算说明（换 1~换 9 单位为元/10m³，换 10~换 21 单位为元/10m²）

换 1：171.15 元/10m³ × 2 = 342.30 元/10m³　省人工费换算：170.66 元/10m³ × 2 = 341.32 元/10m³

换 2：1268.41元/10m³ + (443.61 + 12.05)元/10m³ × 0.05 − 10.1 × (80.47 − 48.27)元/10m³ = 965.97元/10m³

换 3：1268.41 元/10m³ − 10.1m³/10m³ × 1.15 × 28 元/m³ = 943.19 元/10m³

或1268.41元/10m³ − 10.1 × (80.47 − 48.27)元/10m³ = 943.19元/10m³

换 4：4046.65元/10m³ − 10.15 × (260.19 − 243.88)元/10m³ = 3881.10元/10m³

换 5：3606.10元/10m³ − 10.15 × (219.42 − 205.16)元/10m³ = 3461.36元/10m³

换 6：3857.29元/10m³ − 10.15 × (260.19 − 243.88)元/10m³ = 3691.74元/10m³

换 7：3431.04元/10m³ − 10.15 × (219.42 − 205.16)元/10m³ = 3286.30元/10m³

换 8：3414.43元/10m³ − 10.15 × (266.62 − 249.82)元/10m³ = 3243.91元/10m³

换 9：2976.50元/10m³ − 10.15 × (225.40 − 210.69)元/10m³ = 2827.19元/10m³

换 10：444.57元/10m² + (45.58 + 6.72)元/10m² × 0.3 = 460.26元/10m²

换11：$151.43 元/10m^2 + (77.91 + 0.17)元/10m^2 \times 0.35 = 178.76 元/10m^2$

换12：$821.05 元/10m^2 + (130.38 + 20.99)元/10m^2 \times 0.3 = 866.46 元/10m^2$

换13：$108.61 元/10m^2 + 81.09 元/10m^2 \times 0.35 = 136.99 元/10m^2$

换14：$663.63 元/10m^2 - 0.606 \times (216.67 - 238.28)元/10m^2 - 1.515 \times 124.20 元/10m^2 = 488.81 元/10m^2$

换15：$549.46 元/10m^2 - 0.606 \times (181.34 - 199.93)元/10m^2 - 1.515 \times 80.47 元/10m^2 = 438.81 元/10m^2$

换16：$894.14 元/10m^2 - 59.81 元/10m^2 \times 2 - 3.03 \times 124.20 元/10m^2 （扣除灰土费用）= 398.19 元/10m^2$

换17：$717.88 元/10m^2 - 52.17 元/10m^2 \times 2 - 3.03 \times 80.47 元/10m^2 = 369.72 元/10m^2$

换18：$103.95 元/10m^2 + 21.81 元/10m^2 （9-1-3 基价）\times 2 - (0.2020 + 0.0510 \times 2) \times (265.70 - 295.67)元/10m^2 = 156.68 元/10m^2$

换19：$96.92 元/10m^2 + 20.18 元/10m^2 \times 2 - (0.202 + 0.051 \times 2) \times (233.82 - 260.23)元/10m^2 = 145.31 元/10m^2$

省人工费换算：$41.34 元/10m^2 + 7.42 元/10m^2 \times 2 = 56.18 元/10m^2$

换20：$738.73 元/10m^2 - 28 \times (18 - 3.5)元/10m^2 = 323.73 元/10m^2$

换21：$737.32 元/10m^2 - 28 \times (22 - 3.5)元/10m^2 = 331.32 元/10m^2$

（四）工程费用统计

1. 建筑工程部分

市价直接工程费：22593.99 元

参照市定额计取措施费：2095.34 元

计费基础 JF_1：20546.96 元

参照省定额计取措施费：2351.25 元

计费基础 JF_2：2444.27 元

2. 装饰工程部分

市价直接工程费费用合计：6337.42 元

计费基础 JF_1：3189.92 元

计费基础 JF_2：54.23 元

（五）建筑工程费用计算

楼管室建筑工程费用计算程序表见表12-4。

表 12-4　建筑工程定额计价计算程序表

序号	费用名称	计算方法	费用金额
一	直接费	（一）+（二）	24997.54
	（一）直接工程费	∑工程量×∑[（定额工日消耗量×人工单价）+（定额材料消耗量×材料单价）+（定额机械台班消耗量×机械台班单价）]	22593.99
	计费基础 JF_1	∑（工程量×省基价）	20546.96

217

序号	费用名称	计算方法	费用金额
一	（二）措施费	$1.1 + 1.2 + 1.3 + 1.4$	2403.55
	1.1 参照定额规定计取的措施费	按定额规定计算	2095.34
	1.2 参照费率计取的措施费	（1）+（2）+（3）+（4）	308.21
	（1）夜间施工费	计费基础 $JF_1 \times 0.7\%$	143.83
	（2）二次搬运费	计费基础 $JF_1 \times$ 费率	0
	（3）冬雨季施工增加费	计费基础 $JF_1 \times 0.8\%$	164.38
	（4）已完工程及设备保护费	计费基础 $JF_1 \times$ 费率	0
	1.3 按施工组织设计（方案）计取的措施费	按施工组织设计（方案）计取	0
	1.4 总承包服务费	专业分包工程费（不包括设备费）×费率	0
	计费基础 JF_2	$\sum$ 措施费中 1.1、1.2、1.3 中省价措施费	2444.27
二	企业管理费	$(JF_1 + JF_2) \times 5\%$	1149.56
三	利润	$(JF_1 + JF_2) \times 3.1\%$	712.73
四	规费	$4.1 + 4.2 + 4.3 + 4.4 + 4.5$	1807.40
	4.1 安全文明施工费	（1）+（2）+（3）+（4）	838.03
	（1）安全施工费	（一+二+三）×2%	537.20
	（2）环境保护费	（一+二+三）×0.11%	29.55
	（3）文明施工费	（一+二+三）×0.29%	77.89
	（4）临时设施费	（一+二+三）×0.72%	193.39
	4.2 工程排污费	按相关规定计算	42.79
	4.3 社会保障费	（一+二+三）×2.6%	698.36
	4.4 住房公积金	按相关规定计算	85.58
	4.5 危险作业意外伤害保险	按相关规定计算	142.64
五	税金	（一+二+三+四）×3.41%	977.55
六	建筑工程造价	一+二+三+四+五	29644.78

（六）装饰工程费用计算

楼管室装饰工程费用计算程序表见表12-5。

表12-5　装饰工程定额计价计算程序表

序号	费用名称	计算方法	费用金额
一	直接费	（一）+（二）	6608.57
	（一）直接工程费	$\sum$ 工程量×$\sum$［（定额工日消耗量×人工单价）+（定额材料消耗量×材料单价）+（定额机械台班消耗量×机械台班单价）］	6337.42
	计费基础 JF_1	$\sum$［工程量×（定额工日消耗量×省价人工单价）］	3189.92
	（二）措施费	$1.1 + 1.2 + 1.3 + 1.4$	271.15

序号	费用名称	计算方法	费用金额
一	1.1 参照定额规定计取的措施费	按定额规定计算	
	1.2 参照省发布费率计取的措施费	(1)+(2)+(3)+(4)	271.15
	(1)夜间施工费	计费基础 JF_1×4%	127.6
	(2)二次搬运费	计费基础 JF_1×费率	
	(3)冬雨季施工增加费	计费基础 JF_1×4.5%	143.55
	(4)已完工程及设备保护费	省直接工程费×费率	
	其中:人工费	271.15×20%	54.23
	1.3 按施工组织设计(方案)计取的措施费	按施工组织设计(方案)计取	
	1.4 总承包服务费	专业分包工程费(不包括设备费)×费率	
	计费基础 JF_2	∑措施费中 1.1、1.2、1.3 中省价措施费中人工费之和	54.23
二	企业管理费	(JF_1+JF_2)×49%	1589.63
三	利润	(JF_1+JF_2)×16%	519.06
四	规费	4.1+4.2+4.3+4.4+4.5	613.71
	4.1 安全文明施工费	(1)+(2)+(3)+(4)	334.75
	(1)安全施工费	(一+二+三)×2%	174.35
	(2)环境保护费	(一+二+三)×0.12%	10.46
	(3)文明施工费	(一+二+三)×0.1%	8.72
	(4)临时设施费	(一+二+三)×1.62%	141.22
	4.2 工程排污费	按相关规定计算	13.08
	4.3 社会保障费	(一+二+三)×2.6%	226.65
	4.4 住房公积金	按相关规定计算	26.15
	4.5 危险作业意外伤害保险	按相关规定计算	13.08
五	税金	(一+二+三+四)×3.41%	318.19
六	装饰工程造价	一+二+三+四+五	9649.16

（七）工程预算造价合计

楼管室预算造价合计　29644.78 元 +9649.16 元 =39293.94 元

第二节　框架结构施工图预算书编制实例

一、建筑施工图及设计说明

二、分部分项工程量计算

阅读传达室施工图计算分部分项工程量并确定定额项目。

建筑设计说明

一、工程概况
1）本工程为××学校传达室，建筑面积55.26平方米。
2）本工程坐落于平缓场地，土壤为Ⅱ类普通土，合理使用年限为50年。
3）本工程抗震设防烈度为7度，结构类型为框架结构体系。
二、建筑做法说明
1.墙体工程
1）墙体全部采用M5.0混浆砌筑。
2）厚度：除厕所、洗涮间墙体厚180mm外，其余全部240mm。
3）女儿墙厚240mm，采用机制红砖。
2.屋面做法
1）防水层：铺贴SBS改性沥青油毡一层并且沿女儿墙四周上翻高度为250mm。
2）找平层：20mm厚1:3水泥砂浆找平。
3）找坡层：1:10水泥珍珠岩最薄处30mm厚。
4）保温层：干铺100厚珍珠岩块。
5）找平层：20mm厚1:3水泥砂浆找平。
6）基层：现浇混凝土屋面板。
2.散水做法
1）60mm厚C20细石混凝土面层，外找坡3%。
2）150mm厚地瓜石灌1:3水泥砂浆，宽出面层200mm。
3）素土夯实，向外找坡4%。
3.室外台阶做法
1）130mm厚C20混凝土台阶向外坡（2%）。
2）素土夯实。
4.外墙裙做法
1）高度从设计室外地坪至值班（休息）室窗台（含窗台），高度为1.05m。
2）贴200×50白色瓷砖，稀水泥浆擦缝。
3）5mm厚建筑胶水泥砂浆粘结层。
4）15mm厚1:3水泥砂浆找平。
5）20mm厚1:1:4混合砂浆打底。

5.外墙面做法
1）喷刷橘黄色丙烯酸外墙涂料，满刮腻子两遍。
2）1:1:4混合砂浆抹面厚6mm。
3）1:1:6混合砂浆打底厚14mm。
4）高度从值班（休息）室窗台至女儿墙压顶顶部。
6.女儿墙内面做法
1）1:2.5水泥砂浆抹面厚6mm。
2）1:3水泥砂浆打底厚14mm。
7.值班室、休息室地面
1）铺10mm厚800×800防滑地砖，稀水泥浆擦缝。
2）6mm厚建筑胶水泥砂浆粘结层。
3）30mm厚1:3水泥浆找平。
4）40厚C20细石混凝土。3:7灰土夯实。
8.洗刷间、厕所地面
1）1:2.5水泥砂浆抹面厚20mm。
2）20mm厚1:3水泥砂浆找平。
3）50厚C20细石混凝土。
4）3:7灰土夯实。
9.踢脚线做法
1）地板砖踢脚（和室内地砖同规格）高100mm。
2）10mm厚1:1水泥砂浆粘结层。
10.内墙面做法
1）刷乳胶漆二遍，满刮腻子两遍。
2）6mm厚1:1:6混合砂浆抹面。
3）14mm厚1:1:4混合砂浆打底。
11.雨水管为Φ100白色PVC管，下端离室外地坪100mm。

门窗明细表

类别	名称	数量	宽度	高度	过梁	纱扇（宽×高）	材料
门	M1027	1	1000	2700	GL1	970×2120	铝合金平开门带纱扇
	M0927	1	900	2700	GL1	无	无纱带亮玻璃镶木板门
	M0921	1	900	2100	GL1	无	镶木板门
窗	C2118	1	2100	1800	GL2	1020×1250	塑料推拉窗带纱扇
	C1818	3	1800	1800	GL2	870×1250	
	C1212	1	1200	1200	GL1	580×1170	
	C0912	1	900	1200	GL1	440×1170	

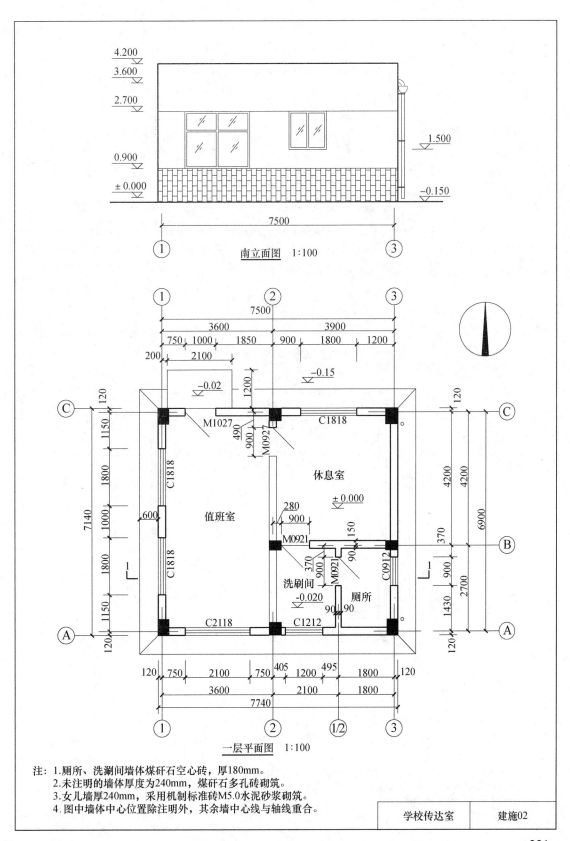

南立面图 1:100

一层平面图 1:100

注：1.厕所、洗涮间墙体煤矸石空心砖，厚180mm。
　　2.未注明的墙体厚度为240mm，煤矸石多孔砖砌筑。
　　3.女儿墙厚240mm，采用机制标准砖M5.0水泥砂浆砌筑。
　　4.图中墙体中心位置除注明外，其余墙中心线与轴线重合。

| 学校传达室 | 建施02 |

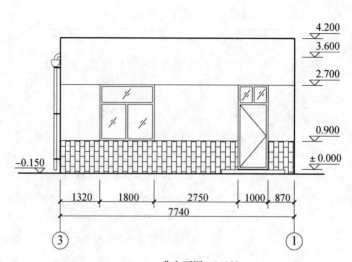

北立面图 1:100

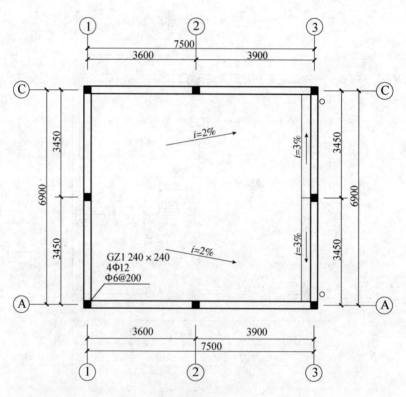

屋顶平面图 1:100

注：女儿墙构造柱，纵筋采用预留筋方法施工。植根于框架柱时，在柱内
锚固长度400mm；植根于框架梁时，下部伸至框架梁底弯锚150mm，
纵筋上部至压顶顶部弯锚150mm。

| 学校传达室 | 建施03 |

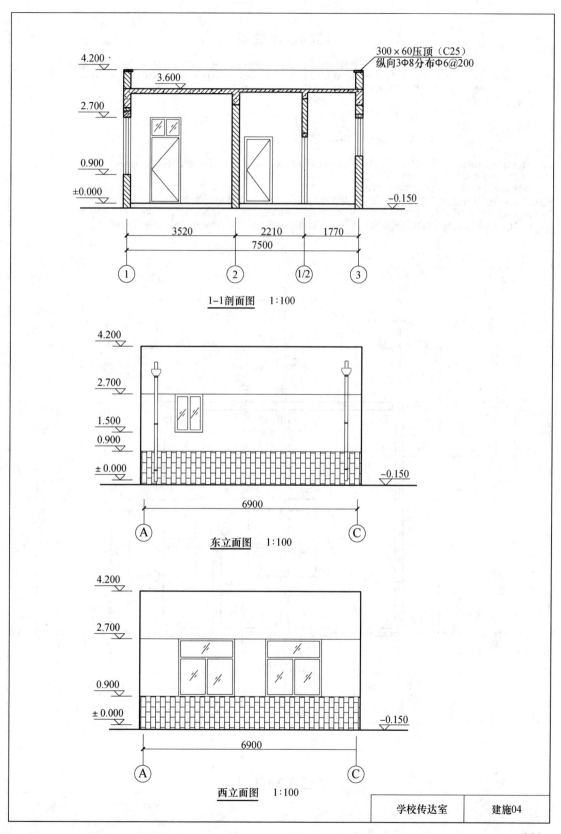

300×60压顶（C25）
纵向3Φ8分布Φ6@200

4.200

3.600

2.700

0.900

±0.000

−0.150

3520   2210   1770

7500

① ② ⑴/2⑵ ③

1-1剖面图   1:100

4.200

2.700

1.500

0.900

±0.000

−0.150

6900

Ⓐ   Ⓒ

东立面图   1:100

4.200

2.700

0.900

±0.000

−0.150

6900

Ⓐ   Ⓒ

西立面图   1:100

学校传达室   建施04

223

结构设计说明

1. 本工程采用钢筋混凝土结构施工图平面整体表示方法绘制，图中未注明的构造要求应按国家建筑标准设计《混凝土结构施工图平面整体表示方法制图规则和构造详图》（11G101—1、11G101—2、11G101—3）执行。
2. 本工程结构类型为框架结构，设防烈度为7度，抗震等级为四级抗震。
3. 混凝土强度等级：
   独立基础、基础梁、框架梁、现浇板、框架柱为C25；过梁、压顶等为C20；垫层为C15。
4. 混凝土保护层厚度：
   板：15mm；基础梁、框架梁、框架柱：20mm；基础：40mm。
5. 钢筋接头形式：
   钢筋直径≥16mm采用焊接连接，钢筋直径<16mm采用绑扎连接。本工程钢筋定尺长度为9.0m。
6. 未注明的分布筋均为Φ6@200。
7. 柱顶部受力钢筋自梁底向上锚固1.5labE。
8. 砌块墙与框架柱连接处均设置连接筋，每隔500mm高度配2根Φ6连接筋，并伸进墙内不少于1000mm。
9. 钢筋抗拉压强度设计值：HPB300（Φ）fy=270N/mm；HRB335（Φ）fy=300N/mm；HRB400（Φ）fy=360N/mm。
10. WMB的马凳的材料比底板钢筋将低一个规格，长度按板厚的两倍加200mm计算，每平方米1个。

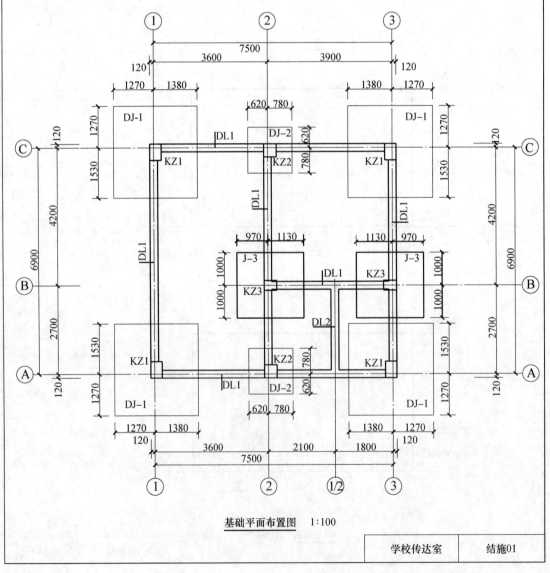

基础平面布置图 1:100

| 学校传达室 | 结施01 |

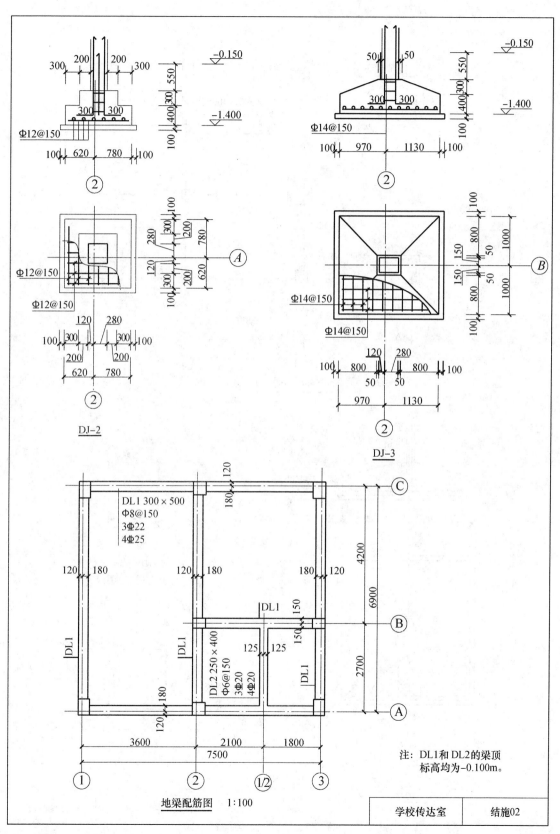

−0.150

Φ12@150

300 200 200 300
300 300

550 400 300 100

−1.400

100 620 780 100

②

−0.150

50 50

300 300

Φ14@150

550 400 300 100

−1.400

100 970 1130 100

②

Φ12@150

Φ12@150

280 300 200
120 300 200

A

100 300 200 620 780 100

120 280
300 300
200 200
620 780

②

DJ−2

Φ14@150

Φ14@150

800 50 50 800
150 150

B

100 800 800 100

120 280

100 300 300 100

50 50

970 1130

②

DJ−3

120

120

C

DL1 300×500
Φ8@150
3Φ22
4Φ25

180

120 180

120 180

180 120

4200

6900

DL1

DL1

DL1

DL1

DL2 250×400
Φ6@150
3Φ20
4Φ20

DL1

DL1

150

150

125 125

2700

180

120

3600 2100 1800

7500

① ② ⑴/2 ③

注：DL1和DL2的梁顶
标高均为−0.100m。

地梁配筋图 1:100

学校传达室 结施02

225

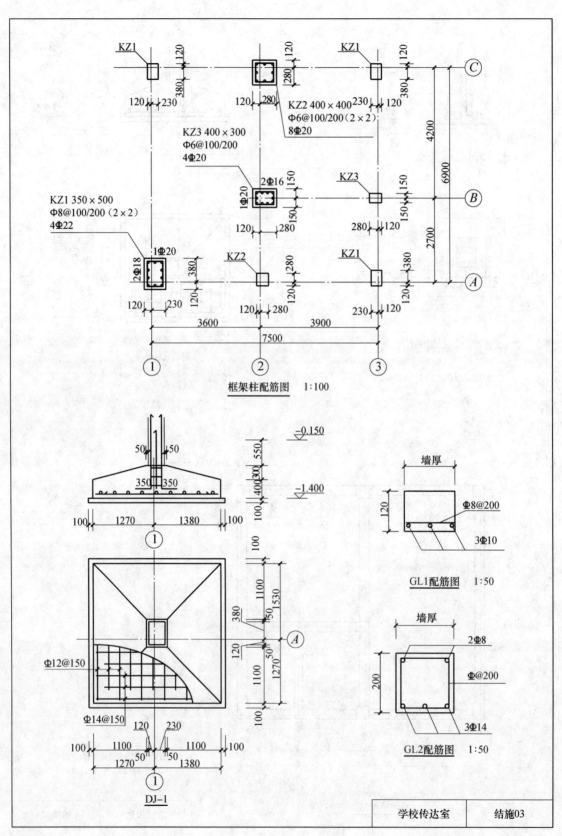

框架柱配筋图 1:100

KZ1 350×500
Φ8@100/200（2×2）
4Φ22

KZ2 400×400
Φ6@100/200（2×2）
8Φ20

KZ3 400×300
Φ6@100/200
4Φ20

DJ–1

GL1配筋图 1:50

GL2配筋图 1:50

学校传达室 | 结施03

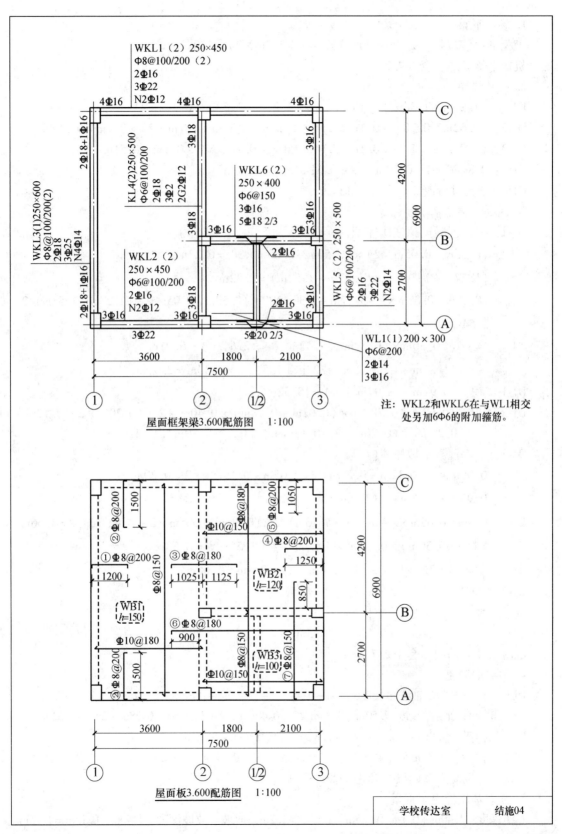

WKL1（2）250×450
Φ8@100/200（2）
2Φ16
3Φ22
N2Φ12

4Φ16　　4Φ16　　　　4Φ16

2Φ18+1Φ16

KL4(2)250×500
Φ6@100/200
2Φ18
3Φ2
2G2Φ12

3Φ18

WKL6（2）
250×400
Φ6@150
3Φ16
5Φ18 2/3

3Φ16

WKL3(1)250×600
Φ8@100/200(2)
2Φ18
3Φ25
N4Φ14

3Φ18

3Φ16

3Φ16

2Φ16

WKL2（2）
250×450
Φ6@100/200
2Φ16
N2Φ12

WKL5（2）250×500
Φ6@100/200
2Φ16
3Φ22
N2Φ14

2Φ18+1Φ16

3Φ16

3Φ18

3Φ16

2Φ16

3Φ22

5Φ20 2/3

WL1（1）200×300
Φ6@200
2Φ14
3Φ16

C

4200

6900

B

2700

A

3600　　　1800　　2100

7500

① ② ①/2 ③

注：WKL2和WKL6在与WL1相交
处另加6Φ6的附加箍筋。

屋面框架梁3.600配筋图　1:100

① Φ8@200
②Φ8@200
Φ8@150

1500

Φ10@150

Φ8@180

⑤

④ Φ8@200

1050

1250

③Φ8@180

1025 1125

WB2
h=120

850

WB1
h=150

⑥ Φ8@180

900

Φ10@180

②Φ8@200

1500

Φ8@150

WB3
h=100

⑦Φ8@150

Φ10@150

1200

C

4200

6900

B

2700

A

3600　　　1800　　2100

7500

① ② ①/2 ③

屋面板3.600配筋图　　1:100

学校传达室　　结施04

227

1. 场地平整

工程量：$(7.74m + 2.0m \times 2) \times (7.14m + 2.0m \times 2) = 130.78m^2$

机械平整场地　套1-4-2

2. 独基垫层

DJ-1：$(1.27m + 1.38m + 0.10m \times 2) \times (1.27m + 1.53m + 0.1m \times 2) \times 0.1m = 0.86m^3$

DJ-2：$(0.62m + 0.78m + 0.1m \times 2) \times (0.62m + 0.78m + 0.1m \times 2) \times 0.1m = 0.26m^3$

DJ-3：$(0.97m + 1.13m + 0.1m \times 2) \times (1.0m + 0.1m) \times 2 \times 0.1m = 0.51m^3$

小计：$0.86m^3 \times 4 + 0.26m^3 \times 2 + 0.51m^3 \times 2 = 4.98m^3$

C15 现浇无筋混凝土　套2-1-13

3. 混凝土独立基础

DJ-1：上部混凝土拟柱体体积：$V = 1/6 \times (S_上 + S_下 + 4S_中)$

$S_上 = (0.35m + 0.05m \times 2) \times (0.50m + 0.05m \times 2) = 0.27m^2$

$S_下 = (1.27m + 1.38m) \times (1.27m + 1.53m) = 7.42m^2$

$S_中 = (0.35m + 0.05m \times 2 + 1.27m + 1.38m)/2 \times (0.50m + 0.05m \times 2 + 1.27m + 1.53m)/2$
$\quad = 2.64m^2$

$V_{拟柱体} = 1/6 \times 0.30m \times (0.27m^2 + 7.42m^2 + 4 \times 2.64m^2) = 0.91m^3$

$V_{下部长方体} = (1.27m + 1.38m) \times (1.27m + 1.53m) \times 0.40m = 2.97m^3$

DJ-1 体积：$(0.91m^3 + 2.97m^3) \times 4 = 15.52m^3$

DJ-2 体积：$(0.62m + 0.78m) \times (0.62m + 0.78m) \times 0.40m \times 2 + (0.20m \times 2 + 0.12m +$
$\quad 0.28m) \times (0.20m \times 2 + 0.12m + 0.28m) \times 0.30m \times 2 = 1.95m^3$

DJ-3：上部混凝土拟柱体体积

$S_上 = (0.05m \times 2 + 0.12m + 0.28m) \times (0.05m + 0.15m) \times 2 = 0.20m^2$

$S_下 = (0.97m + 1.13m) \times (1.0m \times 2) = 4.20m^2$

$S_中 = (0.4m + 0.05m \times 2 + 0.97m + 1.13m)/2 \times (0.30m + 0.05m \times 2 + 1.0m \times 2)/2 = 1.56m^2$

$V_{拟柱体} = 1/6 \times 0.30m \times (0.20m^2 + 4.20m^2 + 4 \times 1.56m^2) = 0.53m^3$

$V_{下部长方体} = (0.97m + 1.13m) \times (1.0m \times 2) \times 0.4m = 1.68m^3$

DJ-3 体积：$(0.53m^3 + 1.68m^3) \times 2 = 4.42m^3$

混凝土独立基础工程量合计

$$15.52m^3 + 1.95m^3 + 4.42m^3 = 21.89m^3$$

混凝土独立基础　套4-2-7

4. 地梁混凝土

DL1：①、②、③轴线净长度$6.90m - 0.38 \times 2 + (6.90m - 0.38m \times 2 - 0.30m) \times 2 = 17.82m$

Ⓐ、Ⓑ、Ⓒ轴线净长度$(7.50m - 0.23m \times 2 - 0.40m) \times 2 + (3.90m - 0.28m \times 2) = 16.62m$

DL1 工程量：$0.30m \times 0.50m \times (17.82m + 16.62m) = 5.17m^3$

DL2 工程量：$0.25m \times 0.40m \times (2.70m - 0.15m - 0.18m) = 0.24m^3$

C25 现浇混凝土基础梁　套4-2-23

5. 独立基础挖土工程量

挖土深度：$1.40m + 0.1m - 0.15m = 1.35m > 1.2m$，放坡。放坡深度：$1.40m - 0.15m = 1.25m$

（1）DJ-1 挖土

$V_{垫层} = (1.27m + 1.38m + 0.1m \times 4) \times (1.27m + 1.53m + 0.10m \times 4) \times 0.10m = 0.98m^3$

$V_{基础} = (1.27m + 1.38m + 0.3m \times 2 + 0.5 \times 1.25m) \times (1.27m + 1.53m + 0.3m \times 2 + 0.5 \times 1.25m) \times 1.25m + 1/3 \times 0.50^2 \times (1.25m)^3 = 19.66m^3$

（2）DJ-2 挖土

$V_{垫层} = (0.62m + 0.78m + 0.1m \times 4) \times (0.62m + 0.78m + 0.10m \times 4) \times 0.10m = 0.32m^3$

$V_{基础} = (0.62m + 0.78m + 0.3m \times 2 + 0.5 \times 1.25m) \times (0.62m + 0.78m + 0.3m \times 2 + 0.5 \times 1.25m) \times 1.25m + 1/3 \times 0.5^2 \times (1.25m)^3 = 8.78m^3$

（3）DJ-3 挖土

$V_{垫层} = (0.97m + 1.13m + 0.10m \times 4) \times (1.0m \times 2 + 0.10m \times 4) \times 0.10m = 0.60m^3$

$V_{基础} = (0.97m + 1.13m + 0.30m \times 2 + 0.5 \times 1.25m) \times (1.0m \times 2 + 0.30m \times 2 + 0.5 \times 1.25m) \times 1.25m + 1/3 \times 0.5^2 \times (1.25m)^3 = 13.57m^3$

（4）独基挖土工程量合计

$(0.98m^3 + 19.66m^3) \times 4 + (0.32m^3 + 8.78m^3) \times 2 + (0.60m^3 + 13.57m^3) \times 2 = 129.10m^3$

基础采用机械开挖，人工修正边坡基底

机械挖土量：$129.10m^3 \times 95\% = 122.65m^3$

挖掘机挖地坑普通土　套1-3-12

人工挖土量：$129.10m^3 \times 5\% = 6.46m^3$

人工挖地坑普通土　套1-2-16

6. 施工组织规定：基础采用挖掘机大开挖，开挖范围从最外侧基础（DJ-1）工作面外侧大开挖，试计算大开挖工程量，并确定定额项目。

$V_{基础} = (7.5m + 1.27m \times 2 + 0.3m \times 2 + 0.5 \times 1.25m) \times (6.90m + 1.27m \times 2 + 0.3m \times 2 + 0.5 \times 1.25m) \times 1.25m + 1/3 \times 0.5^2 \times (1.25m)^3 = 150.34m^3$

$V_{垫层} = (7.50m + 1.27m \times 2 + 0.1m \times 4) \times (6.90m + 1.27m \times 2 + 0.1m \times 4) \times 0.1m = 10.27m^3$

大开挖工程量小计：$150.34m^3 + 10.27m^3 = 160.61m^3$

挖掘机挖土方普通土　套1-3-9

7. 框架柱混凝土

高度：$0.55m + 0.15m + 3.60m = 4.30m$

工程量：$0.35m \times 0.50m \times 4.30m \times 4 + 0.40m \times 0.40m \times 4.30m \times 2 + 0.40m \times 0.30m \times 4.30m \times 2 = 5.42m^3$

C25 混凝土矩形柱　套4-2-17

8. 构造柱混凝土

构造柱主体部分：$0.24m \times 0.24m \times (4.20m - 3.6m) \times 8 = 0.28m^3$

马牙槎部分：$0.24m \times 0.06m \times (4.2m - 3.6m - 0.06m) \times 8 = 0.06m^3$

工程量小计：$0.28m^3 + 0.06m^3 = 0.34m^3$

C25 混凝土构造柱　套4-2-20

9. 计算现浇混凝土屋面工程量

说明：据山东省工程建设标准定额站的解释：梁、板、柱整体现浇的框架结构，框架梁高度算至板底，执行单梁、连续梁子目；框架梁之间无框架次梁（非框架梁）时，板执行平板子目；框架梁之间有次梁时，次梁和板体积合并执行有梁板子目。

（1）框架梁

WKL1：$0.25m \times (0.45m - 0.15m) \times (3.60m - 0.23m - 0.12m) + 0.25m \times (0.45m - 0.12m) \times (3.90m - 0.23m - 0.28m) = 0.52m^3$

WKL2：$0.25m \times (0.45m - 0.15m) \times (3.60m - 0.23m - 0.12m) + 0.25m \times (0.45m - 0.10m) \times (3.90m - 0.28m - 0.23m) = 0.54m^3$

WKL3：$0.25m \times (0.60m - 0.15m) \times (6.90m - 0.38m \times 2) = 0.69m^3$

WKL4：$0.25m \times [0.50m - (0.15m + 0.10m)/2] \times (2.70m - 0.28m - 0.15m) + 0.25m \times [0.50m - (0.15m + 0.12m)/2] \times (4.20m - 0.15m - 0.28m) = 0.56m^3$

WKL5：$0.25m \times (0.50m - 0.10m) \times (2.70m - 0.38m - 0.15m) + 0.25m \times (0.50m - 0.12m) \times (4.20m - 0.15m - 0.38m) = 0.57m^3$

WKL6：$0.25m \times [0.40m - (0.12m + 0.10m)/2] \times (3.90m - 0.28m \times 2) = 0.24m^3$

框架梁工程量合计

$$0.52m^3 + 0.54m^3 + 0.69m^3 + 0.56m^3 + 0.57m^3 + 0.24m^3 = 3.12m^3$$

C25 现浇混凝土矩形梁　套 4-2-24

（2）平板

WB1：$(3.60m + 0.25m/2) \times (6.90m + 0.24m) \times 0.15m = 3.99m^3$

WB2：$(3.90m + 0.12m \times 2 - 0.25m/2) \times (4.2m + 0.12m - 0.15m + 0.25m/2) \times 0.12m = 2.07m^3$

平板工程量合计

$$3.99m^3 + 2.07m^3 = 6.06m^3$$

C25 现浇混凝土平板　套 4-2-38

（3）有梁板

WL1：$0.20m \times (0.30 - 0.10m) \times (2.70m + 0.12m - 0.25m + 0.15m - 0.25m) = 0.10m^3$

WB3：$(1.8m + 2.10m + 0.12m \times 2 - 0.25m/2) \times (2.70m + 0.12m + 0.15m - 0.25m/2) \times 0.10m = 1.14m^3$

有梁板工程量合计

$$0.10m^3 + 1.14m^3 = 1.24m^3$$

C25 现浇混凝土有梁板　套 4-2-36

10. 现浇混凝土台阶

工程量：$2.1m \times 1.20m \times (0.15m - 0.02m) = 0.33m^3$

C20 现浇混凝土台阶　套 4-2-57

11. 设计规定：钎探时探眼按垫层面积 2 眼/3m² 来施工计算钎探工程量

DJ-1 垫层面积：$(1.27m + 1.38m + 0.10m \times 2) \times (1.27m + 1.53m + 0.1m \times 2) \times 2眼/3m^2 = 6眼$

DJ-2 垫层面积：$(0.62m + 0.78m + 0.1m \times 2) \times (0.62m + 0.78m + 0.10m \times 2) \times 2眼/3m^2 = 2眼$

DJ-3 垫层面积：$(0.97m + 1.13m + 0.1m \times 2) \times (1.0m \times 2 + 0.10m \times 2) \times 2眼/3m^2 = 4眼$

钎探工程量：6 眼 ×4 +2 眼 ×2 +4 眼 ×2 =36 眼

基底钎探　套1-4-4

12. 竣工清理

工程量：7. 74m ×7. 14m ×3. 60m =198. 95m³

竣工清理　套1-4-3

13. 混凝土过梁

（1）GL1

M1027：（1.0m +0.25m ×2）×2 ×0.24m ×0.12m =0.04m³

M0927：（0.90m +0.25m ×2 −0.28m）×0.24m ×0.12m =0.04m³

ⒷM0921：（0.90m +0.25m）×0.24m ×0.12m =0.03m³

①/2轴 M0921：（0.90m +0.25m）×0.24m ×0.12m =0.03m³

C1212：（1.20m +0.25m +0.405m −0.28m）×0.24m ×0.12m =0.05m³

C0912：（0.90m +0.25m ×2）×0.18m ×0.12m =0.03m³

（2）GL2

C2118：（2.10m +0.25 ×2）×0.24m ×0.20m =0. 12m³

C1818：（1.80m +0.25 ×2）×0.24m ×0.20m =0. 11m³

（3）过梁工程量和合计

$\quad$ 0.04m³ ×2 +0.03m³ ×2 +0.05m³ +0.03m³ +0. 12m³ +0. 11m³ ×3 =0. 67m³

C25 现浇混凝土过梁　套4-2-27

14. 计算门窗工程量

（1）铝合金平开门

M1027：1.0m ×2.7m =2.7m²

（2）玻璃镶板门

M0927：0.90m ×2.7m =2. 43m²

（3）镶木板门

M0921：0.90m ×2. 10m =1. 89m²

（4）塑料推拉窗

C2118：2. 10m ×1.80m =3. 78m²

C1818：1.80m ×1.80m =3. 24m²

C1212：1.20m ×1.20m =1. 44m²

C0921：0.90m ×1.20m =1. 08m²

塑料推拉窗工程量合计

$\quad$ 3. 78m² +3. 24m² ×3 +1. 44m² +1. 08m² =16. 02m²

15. 计算墙体工程量并确定定额项目

（1）女儿墙

工程量：［（7.50m +6.90m）×2 −（0.24m +0.06m）×8］×（4.2m −3.6m −0.06m）×

$\quad$ 0.24m =3. 42m³

M5. 0 混合砂浆混水砖墙　套3-1-14

（2）240墙体工程量

分析：识图结构施工图可知，学校传达室基础为独立基础，独立基础间为地梁承受上部墙体荷载，又因为地梁顶部标高为-0.10m，小于300mm，所以±0.00以下这部分墙体应合并到墙体工程量中。

①轴线墙体

$$[(6.90\text{m} - 0.38\text{m} \times 2) \times (3.6\text{m} + 0.10\text{m} - 0.60\text{m}) - 3.24\text{m}^2 < \text{C1818面积} > \times 2] \times 0.24\text{m}$$
$$- 0.11\text{m}^3 < \text{C1818过梁体积} > \times 2 = 2.79\text{m}^3$$

②轴线墙体

$$[(6.90\text{m} - 0.28\text{m} \times 2 - 0.30\text{m}) \times (3.6\text{m} + 0.10\text{m} - 0.50\text{m}) - 2.43\text{m}^2 < \text{M0927面积} >]$$
$$\times 0.24\text{m} - 0.04\text{m}^3 < \text{M0927过梁体积} > = 4.02\text{m}^3$$

③轴线墙体

$$[(6.90\text{m} - 0.38\text{m} \times 2 - 0.30\text{m}) \times (3.6\text{m} + 0.10\text{m} - 0.50\text{m}) - 1.08\text{m}^2 < \text{C0912面积} >]$$
$$\times 0.24\text{m} - 0.03\text{m}^3 < \text{C0912过梁体积} > = 4.20\text{m}^3$$

Ⓐ轴线墙体

$$[(7.50\text{m} - 0.23\text{m} \times 2 - 0.40\text{m}) \times (3.6\text{m} + 0.10\text{m} - 0.45\text{m}) - 3.78\text{m}^2 < \text{C2118面积} > - 1.44\text{m}^2$$
$$< \text{C1212面积} >] \times 0.24\text{m} - 0.12\text{m}^3 < \text{C2118过梁体积} > - 0.05\text{m}^3 < \text{C1212GL体积} > = 3.76\text{m}^3$$

Ⓑ轴线墙体

$$[(2.10\text{m} + 1.8\text{m} - 0.28\text{m} \times 2) \times (3.6\text{m} + 0.10\text{m} - 0.40\text{m}) - 1.89\text{m}^2 (\text{M0921面积})]$$
$$\times 0.24\text{m} - 0.03\text{m}^3 < \text{M0921过梁体积} > = 2.16\text{m}^3$$

Ⓒ轴线墙体

$$[(7.50\text{m} - 0.23\text{m} \times 2 - 0.40\text{m}) \times (3.6\text{m} + 0.10\text{m} - 0.45\text{m}) - 2.7\text{m}^2 < \text{M1027面积} > - 3.24\text{m}^2$$
$$< \text{C1818面积} >] \times 0.24\text{m} - 0.04\text{m}^3 < \text{M1027过梁体积} > - 0.11\text{m}^3$$
$$< \text{C1818过梁体积} > = 3.60\text{m}^3$$

240墙体工程量小计

$$2.79\text{m}^3 + 4.02\text{m}^3 + 4.20\text{m}^3 + 3.76\text{m}^3 + 2.16\text{m}^3 + 3.60\text{m}^3 = 20.53\text{m}^3$$

M5.0混浆煤矸石多孔砖240　套3-3-11

（3）180墙体

$$[(2.70\text{m} - 0.09\text{m} - 0.12\text{m}) \times (3.60\text{m} + 0.10\text{m} - 0.30\text{m}) - 1.89\text{m}^2 < \text{M0921面积} >]$$
$$\times 0.18\text{m} - 0.03\text{m}^3 < \text{M0921过梁体积} > = 1.15\text{m}^3$$

M5.0混浆煤矸石空心砖180　套3-3-21

16. 屋面工程

屋面的水平面积：$(7.50\text{m} - 0.24\text{m}) \times (6.90\text{m} - 0.24\text{m}) = 48.35\text{m}^2$

（1）防水层

工程量：$48.35\text{m}^2 + [(7.50\text{m} + 6.9\text{m}) \times 2 - 4 \times 0.24\text{m}] \times 0.25\text{m} = 51.31\text{m}^2$

SBS改性沥青卷材一层　套6-2-30

（2）找平层（找坡上）

工程量：48.35m^2

水泥砂浆在填充材料上20mm　套9-1-2

（3）找坡层

工程量：$48.35m^2 \times \left[(7.5m - 0.24m) \div 2 \times 2\% + 0.03m \right] = 4.96m^3$

现浇水泥珍珠岩　套6-3-15

（4）保温层

工程量：$48.35m^2 \times 0.10m = 4.84m^3$

现浇水泥珍珠岩　套6-3-5

（5）找平层（基层上）

工程量：$48.35m^2$

水泥砂浆在混凝土基层上20mm　套9-1-1

17. 散水

工程量：$\left[(7.74m + 7.14m) \times 2 + 4 \times 0.60m - 2.10m \right] \times 0.60m = 18.04m^2$

混凝土散水地瓜石垫层　套8-7-50

复习与测试

1. 简述工程案例楼管室的预算书编制步骤？

2. 计算传达室的外墙墙裙（门窗框厚度取90mm）工程量并确定定额项目。

3. 计算传达室的外墙抹灰工程量并确定定额项目。

233

附　　录

附录 A　部分参考答案

绪　　论

4. 计算如图 0-29 所示单层建筑物的建筑面积。

解： $S_建 = (3.0m \times 3 + 0.24m) \times (5.4m + 0.24m) = 52.11m^2$

5. 计算如图 0-30 所示火车站单排柱站台的建筑面积。

解： $30.0m \times 6.0m \times 1/2 = 90m^2$

第一章　土石方工程

6. 某基础工程如图 1-17 所示，采用挖掘机挖沟槽，普通土，将土弃于槽边 1m 以外，挖掘机坑上挖土。试计算挖土工程量及费用。

解：（1）挖土深度 $H = 0.96m - 0.15m + 0.20m = 1.01m < 1.2m$，不放坡。

（2）砖基工作面由图可知为 $0.25m > 0.20m$，满足砖基工作面的要求。

（3）基数

$$L_中 = (3.60m \times 4 + 6.0m) \times 2 = 40.80m$$

$$L_净 = (6.0m - 1.20m) \times 3 = 14.40m$$

（4）挖土工程量

$$1.2m \times 1.01m \times (40.80m + 14.40m) = 66.90m^3$$

（5）其中机械挖土工程量

$$66.90m^3 \times 95\% = 63.56m^3$$

挖掘机挖沟槽地坑普通土　套 1-3-12　定额基价 $= 27.72$ 元$/10m^3$

直接工程费：$63.56m^3 \div 10 \times 27.72$ 元$/10m^3 = 176.19$ 元

（6）其中人工挖沟槽工程量

$$66.90m^3 \times 5\% = 3.35m^3$$

人工挖沟槽 2m 以内普通土　套 1-2-10　定额基价（换）

$$171.15 \text{ 元}/10m^3 \times 2 = 342.30 \text{ 元}/10m^3$$

直接工程费：$3.35m^3 \div 10 \times 342.30$ 元$/10m^3 = 114.67$ 元

第二章　地基处理与防护工程

3. 某建筑物平面图及基础详图如图 2-12 所示，地面铺设 150mm 厚的素混凝土（C15）垫层。

（1）计算地面垫层的工程量及费用。

（2）计算基础垫层的工程量及费用。

解：（1）房心垫层

工程量：$(3.0m \times 3 - 0.24m) \times (4.5m - 0.24m) \times 0.15m = 5.60m^3$

C20 素混凝土垫层　套2-1-13　基价 = 2405.26 元/10m³

直接工程费：$5.60m^3 \div 10 \times 2405.26$ 元/10m³ $= 1346.95$ 元

（2）条基垫层

$$L_{\text{中}} = (3.0m \times 3 + 4.5m) \times 2 = 27.00m$$

工程量：$(27.00m + 0.24m \times 4) \times 0.985m \times 0.30m = 8.26m^3$

3:7 灰土　套2-1-1　基价（换）

1268.41元/10m³ $+ (443.61$元/10m³ $+ 12.05$元/10m³$) \times 0.05 = 1291.19$元/10m³

直接工程费：$8.26m^3 \div 10 \times 1291.19$ 元/10m³ $= 1066.52$ 元

第三章　砌筑工程

5. 某工程如图3-17所示，毛石基础与砖分界线为 $-0.20m$，门窗过梁断面为 $240 \times 180mm$，采用 M5.0 混浆砌筑无圈梁，计算砖墙工程量及费用。

解：（1）计算基数

$$L_{\text{中}} = (4.5 \times 3 + 5.4) \times 2 = 37.80m$$

$$L_{\text{内}} = 5.4 - 0.24 = 5.16m$$

（2）门窗面积

$$1.0m \times 2.7m \times 3 + 1.5m \times 1.8m \times 4 = 18.90m^2$$

（3）过梁体积

$0.24m \times 0.18m \times [(1.0m + 0.25m \times 2) \times 3 + (1.5m + 0.25m \times 2) \times 4] = 0.54m^3$

（4）砖墙工程量

$[(37.80m + 5.16m + 0.12m \times 2) \times (3.9m - 0.1m + 0.2m) - 18.90m^2]$

$\times 0.24m - 0.54m^3 = 36.40m^3$

M5.0 混浆砌240砖墙　套3-1-14　基价 2809.78 元/10m³

直接工程费：$36.40m^3 \div 10 \times 2809.78$ 元/10m³ $= 10227.60$ 元

第四章　钢筋及混凝土工程

6. 已知某工程为框架结构，共11层，设计为一类环境，一级抗震，混凝土强度等级为 C30，其中二层 KL1（共5根）的配筋如图4-28所示，侧面构造筋的拉筋为 Φ6.5@400，计算 KL1 的钢筋工程量及费用。

解：（1）上部通长筋 2Φ22

端部锚固判断：据已知条件，查表4-3得：$l_{ab} = 29d$；查表4-4得：$\zeta_{aE} = 1.15$；查表4-5得：$\zeta a = 1.0$。

KL1 端部直锚长度：$l_a = \zeta a l_{ab} = 1.0 \times 29d = 29d$

$l_{aE} = \zeta_{aE} l_a = 1.15 \times 29d = 34d = 34 \times 0.022m = 0.75m$

支座 KZ1 允许的直锚长度 $0.40m - 0.02m = 0.38m < 0.75m$，故采取弯锚。

支座锚固长度：$0.40m - 0.020m + 15 \times 0.022m = 0.71m$

单根总长：$(6.0m - 0.4m) + 0.71m \times 2 = 7.02m$

（2）下部通长筋 4 Φ 25

单根总长：$(6.0m - 0.4m) + (0.40m - 0.020m + 15 \times 0.025m) \times 2 = 7.11m$

（3）箍筋Φ10@100/150

单长：$(0.25m + 0.6m) \times 2 - 8 \times 0.020m + 11.9 \times 0.010m \times 2 = 1.78m$

箍筋数量

加密区范围：$2.0 \times 0.6m = 1.20m > 0.5m$，取 $1.20m$

加密区数量：$[(1.2m - 0.05m) \div 0.1m/根 + 1根] \times 2 = [12根 + 1根] \times 2 = 26根$

非加密区数量：$(6.0m - 0.4m - 1.2m \times 2) \div 0.2m/根 - 1根 = 15根$

（4）左支座筋 2 Φ 22

单根总长：$(0.40m - 0.020m + 15 \times 0.022m) + 1/3 \times (6.0m - 0.40m) = 2.58m$

（5）右支座筋上排 2 Φ 22

单根总长：$(0.40m - 0.020m + 15 \times 0.022m) + 1/3 \times (6.0m - 0.40m) = 2.58m$

（6）右支座筋下排 2 Φ 22

单根总长：$(0.40m - 0.020m + 15 \times 0.022m) + 1/4 \times (6.0m - 0.40m) = 2.11m$

（7）钢筋工程量汇总

Φ22

工程量：$[7.02m \times 2 + (2.58m + 2.58m + 2.11m) \times 2] \times 2.984kg/m = 85kg = 0.085t$

现浇构件螺纹钢筋Ⅱ级Φ22　套4-1-18　基价 $= 4909.36$ 元/t

直接工程费：$0.058t \times 4909.36$ 元/t $= 284.74$ 元

Φ25

工程量：$7.11m \times 4 \times 3.850kg/m = 109kg = 0.109t$

现浇构件螺纹钢筋Ⅱ级Φ25　套4-1-19　基价 $= 4884.63$ 元/t

直接工程费：$0.109t \times 4884.63$ 元/t $= 532.42$ 元

第五章　门窗及木结构工程

3. 某工程门窗表见表5-1，门为成品铝合金平开门，窗户为塑料窗带纱扇，计算该工程门窗工程量及费用。

解：（1）铝合金门

工程量：$1.2m \times 2.7m \times 2 = 6.48m^2$

铝合金门平开门　套5-5-2　基价 $= 4344.36$ 元/m^2

直接工程费：$6.48m^2 \div 10 \times 4344.36$ 元/$10m^2 = 2815.15$ 元

（2）铝合金门纱扇

工程量：$0.57m \times 2.1m \times 4 = 4.79m^2$

铝合金门平开门　套5-5-8　基价 $= 1032.01$ 元/m^2

直接工程费：$4.79m^2 \div 10 \times 1032.01$ 元/$10m^2 = 494.33$ 元

（3）塑料窗

工程量：$1.2m \times 1.8m \times 8 + 1.5m \times 1.8m \times 10 + 1.8m \times 1.8m \times 12 = 83.16m^2$

塑料窗带纱扇　套5-6-3　基价 $= 2661.49$ 元/m^2

直接工程费：$83.16m^2 \div 10 \times 2661.49$ 元/$10m^2 = 22132.95$ 元

第六章 屋面、防水、保温及防腐工程

3. 某工程为四坡屋面，如图6-9所示，屋面上铺设英红瓦，试计算瓦屋面工程量及费用。

解：（1）屋面工程量

据屋面坡度1：2.5查表6-1得，延尺系数C为1.0770，隔延尺系数为1.4697

$$53.60m \times 13.80m \times 1.0770 = 796.64m^2$$

英红瓦四坡以内　套6-1-15　基价1353.13元/10m²

直接工程费：796.64m² ÷ 10 × 1353.13元/10m² = 107795.75元

（2）正斜脊工程量

$$53.60m - 13.80m + 13.80m \times 1.4697 \times 2 = 80.36m$$

英红瓦正斜脊　套6-1-16　基价407.14元/10m

直接工程费：80.36m ÷ 10 × 407.14元/10m = 3271.78元

第七章 金属结构制作工程

2. 某单层工业厂房下柱柱间钢支撑尺寸如图7-4所示，共18组，∠75×7热轧等边角钢线密度为7.976kg/m，厚度为10mm热轧钢板的面密度为78.5kg/m²，计算柱间支撑的工程量及费用。

解： 斜撑：$\left[\left(\sqrt{4.80^2 + 3.12^2} \right)m - 0.04m \times 2 \right] \times 7.976kg/m \times 2 \times 18 = 1621kg$

连接板：0.37m × 0.42m × 78.5kg/m² × 4 × 18 = 878kg

$$1621kg + 878kg = 2499kg = 2.499t$$

柱间支撑　套7-4-1　基价 = 7201.90元/t

直接工程费：2.499t × 7201.90元/t = 17997.55元

第十章 施工技术措施项目

5. 某实验楼共有花篮梁36根，如图10-17所示，采用胶合板模板木支撑，计算花篮梁模板工程量及费用。

解：（1）花篮梁模板

工程量：$\{ 0.25m + [0.32m + (\sqrt{0.08^2 + 0.12^2})m + 0.07m + 0.13m] \times 2 \} \times (6.3m + 0.25m \times 2) \times 36 = 386.40m^2$

（2）梁垫模板

工程量：0.86m × 0.24m × 4 × 36 = 29.72m²

（3）模板工程量合计

$$386.40m^2 + 29.72m^2 = 416.12m^2$$

（4）模板的费用

异型梁胶合模板木支撑　套10-4-124　基价460.46元/10m²

直接工程费：416.12m² ÷ 10 × 460.46元/10m² = 19160.66元

第十二章 建筑工程预算书编制实例

2. 计算传达室的外墙墙裙（门窗框厚度取90mm）工程量并确定定额项目。

M1027 侧面积：0.90m × （0.24m − 0.09m） = 0.14m²

外墙窗台面积：$(1.80m \times 3 + 2.10m) \times (0.24m - 0.09m) \div 2 = 0.56m^2$

室外台阶占墙面积：$0.13m \times 2.10m = 0.27m^2$

墙裙工程量：$(7.14m + 7.74m) \times 2 \times 1.05m - 1.0m \times 0.9m + 0.14m^2 + 0.56m^2 - 0.27m^2 = 30.78m^2$

水泥砂浆粘贴瓷砖墙裙　套9-2-172

3. 计算传达室的外墙抹灰工程量并确定定额项目。

抹灰高度：$4.2m - 0.9m = 3.30m$

抹灰长度：$(7.14m + 7.74m) \times 2 = 29.76m$

门窗面积：$1.0m \times (2.70m - 0.9m) + 1.8m \times 1.8m \times 3 + 2.10m \times 1.8m + 1.2m \times 1.2m + 0.9m \times 1.2m = 17.82m^2$

外墙抹灰工程量 $3.30m \times 29.76m - 17.82m^2 = 80.39m^2$

混合砂浆墙面　套9-2-31

附录 B 山东省定额与价目表摘录

山东省建设厅
山东省工程建设标准定额站

第一部分 《山东省建筑工程消耗量定额》摘录

第一章 土石方工程

一、单独土石方

工作内容：（1）挖土，装土，运土，卸土，平整；
　　　　　（2）工作面内排水，清理机下余土，维护行驶道路。　　　　　单位：10m³

定额编号			1-1-13	1-1-14	1-1-15	1-1-21
项目			反铲挖掘机挖土方		自卸汽车每增运1km	机械回填碾压
			自卸汽车运土方			
			运距1km以内			
			普通土	坚土		光轮压路机
名称		单位	数量			
人工	综合工日	工日	0.09	0.09	—	0.44
材料	水	m³	0.1200	0.1200	—	0.1550
机械	履带式推土机75kW	台班	0.015	0.018	—	0.019
	洒水车4000L	台班	0.006	0.006	—	0.008
	自卸汽车10t	台班	0.075	0.089	0.021	—
	履带式单斗挖掘机（液压）1.25m³	台班	0.017	0.020	—	—
	光轮压路机（内燃）8t	台班	—	—	—	0.017
	光轮压路机（内燃）15t	台班	—	—	—	0.055

二、人工挖土方

工作内容：挖土，装土，修整边底。　　　　　单位：10m³

定额编号			1-2-1	1-2-2	1-2-3	1-2-4
项目			人工挖土方（深度）			
			2m以内	2m以外	2m以内	4m以内
			普通土		坚土	
名称		单位	数量			
人工	综合工日	工日	2.28	3.49	4.35	5.56

工作内容：（1）挖土，弃土于槽边 1m 以外，修整边底；

（2）槽底夯实。 单位：10m³

定额编号			1-2-10	1-2-11	1-2-12	1-2-13
项目			人工挖土方（深度）			
			2m 以内	2m 以外	2m 以内	4m 以内
			普通土		坚土	
名称		单位	数量			
人工	综合工日	工日	3.22	4.39	6.35	7.15
机械	电动夯实机 20~62N·m	台班	0.018	0.008	0.018	0.008

工作内容：（1）挖土，弃土于坑边 1m 以外，修整边底；

（2）坑底夯实。 单位：10m³

定额编号			1-2-16	1-2-17	1-2-18	1-2-19
项目			人工挖土方（深度）			
			2m 以内	2m 以外	2m 以内	4m 以内
			普通土		坚土	
名称		单位	数量			
人工	综合工日	工日	3.57	4.78	7.14	8.05
机械	电动夯实机 20~62N·m	台班	0.052	0.025	0.052	0.025

工作内容：装车，清理车下余土。 单位：10m³

定额编号			1-2-56	1-2-57
项目			人工装车	
			土方	石渣
名称		单位	数量	
人工	综合工日	工日	1.56	2.09

三、机械土石方

工作内容：（1）挖土，弃土于 1m 以外。

（2）工作面内排水，清理机下余土，维护行驶道路。 单位：10m³

定额编号			1-3-9	1-3-10	1-3-12	1-3-13
项目			挖掘机挖土方		挖掘机挖沟槽、地坑	
			普通土	坚土	普通土	坚土
名称		单位	数量			
人工	综合工日	工日	0.06	0.06	0.12	0.12
机械	履带式推土机 75kW	台班	0.002	0.002	0.002	0.002
	履带式单斗挖掘机（液压）0.6m³	台班	—	—	0.028	0.031
	履带式单斗挖掘机（液压）1m³	台班	0.018	0.023	—	—

工作内容：（1）挖土，装土，运土，卸土，平整。
（2）工作面内排水，清理就机下余土，维护行驶道路。　　　　　　单位：10m³

定额编号		1-3-14	1-3-15
项目		挖掘机挖土方　自卸汽车运土方	
		运距1km以内	
		普通土	坚土
名称	单位	数量	
人工 综合工日	工日	0.09	0.09
材料 水	m³	0.1200	0.1200
机械 履带式推土机75kW	台班	0.023	0.029
自卸汽车8t	台班	0.101	0.120
洒水车4000L	台班	0.006	0.006
履带式单斗挖掘机（液压）1m³	台班	0.025	0.032

工作内容：铲土，装土，清理就机下余土。　　　　　　　　　　　单位：10m³

定额编号		1-3-45	1-3-47
项目		装载机装车	挖掘机装车
		土方	
名称	单位	数量	
人工 综合工日	工日	0.06	0.06
机械 履带式推土机75kW	台班	0.002	0.002
履带式单斗挖掘机（液压）0.6m³	台班	—	0.020
轮胎式装载机1.5m³	台班	0.021	—

工作内容：运土，卸土，平整，维护行驶道路。　　　　　　　　　单位：10m³

定额编号		1-3-57	1-3-58
项目		自卸汽车运输　土方	
		运距1km以内	每增运1km
名称	单位	数量	
人工 综合工日	工日	0.03	—
材料 水	m³	0.1200	—
机械 自卸汽车8t	台班	0.101	0.010
洒水车4000L	台班	0.006	—

四、其他

工作内容：（1）场地平整：就地挖土、填、平整。
（2）竣工清理：建筑垃圾的清理、场内运输和集中堆放。
（3）基底钎探：打钎、拔钎。　　　　　　　　　　　　　单位：分示

定额编号		1-4-1	1-4-2	1-4-3	1-4-4
项目		场地平整		竣工清理	基底钎探
		人工	机械		
		10m²		10m³	10眼
名称	单位	数量			
人工 综合工日	工日	0.63	0.01	0.16	1.14
机械 履带式推土机75kW	台班	—	0.006	—	—

工作内容：（1）夯实：打夯，平整。
　　　　　（2）碾压：就地取土，分层填土，洒水，碾压，平整。　　　　　　　　单位：分示

定额编号			1-4-7	1-4-8
项目			机械碾压	
			原土	填土
			10m²	10m³
	名称	单位	数量	
人工	综合工日	工日	0.09	0.09
材料	水	m³	0.1200	0.1200
机械	履带式推土机75kW	台班	—	0.021
	光轮压路机（内燃）8t	台班	—	0.018
	光轮压路机（内燃）15t	台班	0.001	0.072
	洒水车4000L	台班	—	0.008

工作内容：就地取土，分层填土，沙水，打夯，平整。　　　　　　　　单位：10m³

定额编号			1-4-9	1-4-10	1-4-11	1-4-12	1-4-13
项目			松填土	夯填土			
				地坪		沟槽、地坑	
				人工	机械	人工	机械
	名称	单位	数量				
人工	综合工日	工日	0.79	1.60	0.53	2.00	0.70
材料	水	m³	—	0.1550	—	0.1550	—
机械	电动夯实机20~62Nm	台班	−2	—	0.614	—	0.798

工作内容：钎孔灌水、灌砂、堵眼等。　　　　　　　　单位：10m³

定额编号			1-4-17
项目			钎探灌砂
	名称	单位	数量
人工	综合工日	工日	0.022
材料	黄砂（粗砂）	m³	0.008
	钢钎22~25	kg	0.046
	水	m³	0.032

242

第二章　地基处理与防护工程

一、垫层

工作内容：拌和、铺设、找平、夯实、调制砂浆、灌浆。　　　　　　　单位：10m³

定额编号		2-1-1	2-1-2	2-1-6	2-1-10
项目		3:7 灰土	砂	碎石	地瓜石
				灌浆	灌浆
名称	单位	数量			
人工　综合工日	工日	8.37	4.66	8.15	10.81
材料　灰土3:7	m³	10.1000	—	—	—
黄砂（过筛中砂）	m³	—	11.5260	—	—
黄砂（粗砂）	m³	—	—	2.9000	—
碎石	m³	—	—	11.1240	—
水	m³	—	3.0000	1.0000	1.0000
水泥砂浆 1:3	m³	—	—	2.8400	2.9810
地瓜石	m³	—	—	—	11.7400
机械　电动夯实机 20～62Nm	台班	0.440	—	0.260	0.276
混凝土振捣器（平板式）	台班	—	0.160	—	—
灰浆搅拌机 200L	台班	—	—	0.470	0.480

工作内容：调制混凝土、铺设、捣固、找平、养护。　　　　　　　单位：10m³

定额编号		2-1-13	2-1-14
项目		无筋混凝土	毛石混凝土
名称	单位	数量	
人工　综合工日	工日	10.21	9.68
材料　现浇混凝土 C15，石子 <40mm	m³	10.1000	8.6300
毛石	m³	—	2.7200
水	m³	5.0000	5.0000
机械　混凝土振动器（平板式）	台班	0.790	0.790

二、填料加固

工作内容：（1）拌和、铺设、找平、夯实。
　　　　　　（2）推土机推砂、填砂、碾压。　　　　　　　单位：10m³

定额编号		2-2-1	2-2-4	2-2-5
项目		夯填灰土	推土机	
			填砂碾压	挤於碾压
名称	单位	数量		
人工　综合工日	工日	8.12	0.07	0.12
材料　灰土3:7	m³	10.1	—	—
天然砂石	m³	—	13.0000	13.0000
水	m³	2.0200	1.1000	0.5500

续表

定额编号		2-2-1	2-2-4	2-2-5
项目		夯填灰土	推土机	
			填砂碾压	挤於碾压
名称	单位	数量		
人工 综合工日	工日	8.12	0.07	0.12
机械 电动夯实机 20~62N·m	台班	0.440	—	—
光轮压路机（内燃）8t	台班	—	0.016	—
洒水车 4000L	台班	—	0.034	0.017
履带式推土机 105kW	台班	—	0.011	0.052

三、桩基础

工作内容：准备打桩机具、移动打桩机及其轨道、吊装定位、按卸桩帽校正、打桩。 单位：10m³

定额编号		2-3-2	2-3-3	2-3-4
项目		打预制钢筋混凝土方柱桩（桩长）		
		18m 以内	30m 以内	30m 以外
名称	单位	数量		
人工 综合工日	工日	5.34	3.19	2.73
材料 钢筋混凝土方柱桩	m^3	（10.1000）	（10.1000）	（10.1000）
麻袋	条	2.5000	2.5000	2.5000
草袋	条	4.5000	4.5000	4.5000
二等板方材	m^3	0.0200	0.0200	0.0200
机械 履带式起重机 15t	台班	0.594	0.355	0.304
履带式柴油打桩机 5t	台班	0.594	—	—
履带式柴油打桩机 7t	台班	—	0.355	0.304

工作内容：准备压桩机具、移动压桩机、就位、捆桩身、吊装找位、按卸桩帽、校正、压桩。

单位：10m³

定额编号		2-3-5	2-3-6	2-3-7
项目		压预制钢筋混凝土方桩（桩长）		
		12m 以内	18m 以内	30m 以内
名称	单位	数量		
人工 综合工日	工日	7.18	7.57	6.27
材料 钢筋混凝土方柱桩	m^3	（10.1000）	10.1000）	10.1000）
麻袋	条	0.6400	0.6400	0.6400
二等板方材	m^3	0.1250	0.1250	0.1250
橡胶垫	kg	0.0700	0.0700	0.0700
机械 履带式起重机 10t	台班	0.730	—	—
静力压桩机（液压）1200kN	台班	0.730	—	—
履带式起重机 15t	台班	—	0.631	0.606
静力压桩机（液压）1600kN	台班	—	0.631	—
静力压桩机（液压）2000kN	台班	—	—	0.606

工作内容：准备打桩机具、移动打桩机及其轨道、吊装定位、按卸桩帽校正、打桩。 单位：10m³

定额编号		2-3-9	2-3-10
项目		打预制钢筋混凝土管桩（桩长）	
		16m 以内	24m 以内
名称	单位	数量	
人工 综合工日	工日	10. 15	8. 66
材料 钢筋混凝土管桩	m³	10. 1000	10. 1000
麻袋	条	3. 0000	3. 0000
草袋	条	7. 9000	7. 9000
二等板方材	m³	0. 0400	0. 0400
机械 履带式柴油打桩机 3. 5t	台班	1. 010	0. 863
履带式起重机 15t	台班	1. 010	0. 863

工作内容：准备机具，移动桩机，钻孔，安放钢筋笼，灌注混凝土、清理钻孔余土，养护混凝土。

单位：10m³

定额编号		2-3-22	2-3-23	2-3-24	2-3-25
项目		螺旋钻机钻孔灌注混凝土桩（桩长）			
		12m 以内		12m 以外	
		钻孔	灌注混凝土	钻孔	灌注混凝土
名称	单位	数量			
人工 综合工日	工日	9. 98	4. 46	8. 53	3. 01
材料 现浇混凝土 C20，石子 <31. 5mm	m³	—	12. 1800	—	12. 1800
其他材料费占材料费	%	—	6. 900	—	6. 900
机械 履带式钻孔机 400 ~ 700mm	台班	0. 185	—	0. 163	—
机动翻斗车 1t	台班	—	0. 185	—	0. 163
混凝土振捣器（插入式）	台班	—	0. 185	—	0. 163

工作内容：（1）接桩：准备接桩工具，对接桩、铜铁、钢板焊制、焊接、安放、拆卸夹箍（灌注胶泥）等。

（2）截桩：定位、切割、桩头运至 50m 内堆放。 单位：分示

定额编号		2-3-62	2-3-63	2-3-64	2-3-65
项目		预制钢筋混凝土桩接桩		预制钢筋混凝土桩截桩	
		包钢板	硫磺胶泥	方桩	管桩
		10 根	10m³	10 根	
名称	单位	数量			
人工 综合工日	工日	19. 16	96. 40	4. 68	3. 80
材料 电焊条 E4303 Φ3. 2	kg	53. 2000	—	—	—
硫磺胶泥 6：4：0. 15	m³	—	0. 5400	—	—
垫铁	kg	1. 0500	—	—	—
钢板	kg	599. 0000	—	—	—
方木	m³	—	0. 0200	—	—
石料切割锯片	片	—	—	10. 0000	—

定额编号		2-3-62	2-3-63	2-3-64	2-3-65
项目		预制钢筋混凝土桩接桩		预制钢筋混凝土桩截桩	
		包钢板	硫磺胶泥	方桩	管桩
		10 根	10m³	10 根	
名称	单位	数量			
人工	综合工日	工日	19.16	96.40	4.68	3.80
机械	履带式柴油打桩机 3.5t	台班	1.370	7.000	—	—
	交流电焊机 40kVA	台班	5.460	—	—	—
	履带式起重机 15t	台班	1.370	7.000	—	—
	石料切割机	台班	—	—	2.120	—
	管桩切割机 GQJ40-60 型	台班	—	—	—	1.430

工作内容：桩头混凝土凿除，梳理整形钢筋。

单位：分示

定额编号		2-3-66	2-3-67	2-3-68
项目		凿桩头		桩头钢筋整理
		预制钢筋混凝土方桩	灌注混凝土桩	
		10m³ 桩头体积		10 根（桩）
名称	单位	数量		
人工	综合工日	工日	35.54	14.15	0.86
机械	电动空气压缩机 1m³/min	台班	5.790	2.310	—

四、强夯

工作内容：机具准备、按设计要求布置锤位线，夯击、夯锤位移、施工道路平整、资料记载。

单位：10m³

定额编号		2-4-79	2-4-80	2-4-81
项目		夯机能 300t·m 以内		
		4 夯点以内		低锤满拍
		4 击	每增减 1 击	
名称	单位	数量		
人工	综合工日	工日	2.48	0.27	5.85
机械	强夯机械 3000kN·m	台班	0.310	0.038	1.520
	履带式推土机 135kW	台班	0.217	0.027	0.988

工作内容：机具准备、按设计要求布置锤位线，夯击、夯锤位移、施工道路平整、资料记载。

单位：10m³

定额编号		2-4-84	2-4-85	2-4-86
项目		夯击能 400t·m 以内		
		4 夯点以内		低锤满拍
		4 击	每增减 1 击	
名称	单位	数量		
人工	综合工日	工日	3.66	0.55	9.99
机械	强夯机械 4000kN·m	台班	0.458	0.079	1.520
	履带式推土机 135kW	台班	0.320	0.055	0.988

五、防护

工作内容：制作、运输、安装及拆除。
单位：10m²

定额编号			2-5-1	2-5-2	2-5-3	2-5-4
项目			木挡土板			
			疏板		密板	
			木撑	钢撑	木撑	钢撑
名称		单位	数量			
人工	综合工日	工日	1.66	1.27	2.14	1.63
材料	圆木	m³	0.0226	—	0.0226	—
	方撑木	m³	0.0051	0.0049	0.0065	0.0060
	木挡土板（三等级材）	m³	0.0240	0.0257	0.0395	0.0395
	钢套管	kg	—	1.5610	—	1.5610
	支撑钢管及扣件	kg	—	1.9000	—	2.0000
	机制红砖 240×115×53	千块	0.0188	0.0188	—	—

工作内容：（1）钻孔机具安拆，钻孔，安拔防护套管，灌浆，浇捣端头锚固件保护混凝土。
（2）搅拌灰浆及混凝土，基层清理，喷射混凝土。收回弹料，找平面层。单位：10m³

定额编号			2-5-21	2-5-23	2-5-25
项目			钻杆机钻孔灌浆	喷射混凝土护坡 初喷 50mm	
				土层	每增减 10mm
名称		单位	数量		
人工	综合工日	工日	6.00	1.48	0.27
材料	现浇混凝土 C25，石子 <16mm	m³	0.0100	0.5100	1.1020
	普通硅酸盐水泥 32.5MPa	t	0.5300	—	—
	电焊条 E4303 Φ3.2	kg	1.0000	—	—
	黄砂（过筛中砂）	m³	0.2300	—	—
	速凝剂	kg	25.0000	—	—
	水	m³	1.5000	1.1260	0.2250
	金属周转材料摊销	kg	11.4000	—	—
	耐压胶管	m	—	0.1860	0.0370
	其他材料费占材料费	%	—	1.6970	1.6970
机械	灰浆搅拌机 200L	台班	0.500	—	—
	交流电焊机 30kVA	台班	0.130	—	—
	锚杆机 HD90	台班	0.130	—	—
	内燃单级离心清水泵 50mm	台班	0.500	—	—
	液压拔管机	台班	0.130	—	—
	液压注浆泵 HYB50/50-1 型	台班	0.500	—	—
	电动空气压缩机 10m³/min	台班	—	0.052	0.010
	混凝土喷射机 5m³/h	台班	—	0.056	0.011

六、排水与降水

工作内容：安装拆除：井点装配成型，地面试管铺总管，装水泵、水箱，冲水沉管，连接试抽，拆管，抽水，清洗整理，堆放。

设备使用：抽水、值班、井管堵漏。　　　　　　　　　　　　　　　　单位：分示

定额编号			2-6-12	2-6-13
项目			轻型井点（深7m）降水	
			井管安装、拆除	设备使用
			10 根	每套每天
名称		单位	数量	
人工	综合工日	工日	15.66	3.00
材料	白麻绳	m	8.2600	—
	黄砂（过筛中砂）	m³	1.1000	—
	轻型井点井管7m	根	0.0300	0.1800
	轻型井点总管Φ108	m	0.0100	0.0600
	水	m³	53.3600	—
	其他材料费占材料费	%	3.2000	15.0000
机械	单级射流泵	台班	—	6.000
	多级离心泵150×180m	台班	0.570	—
	履带式起重机5t	台班	1.050	—
	污水泵100mm	台班	0.570	—

第三章　砌筑工程

一、砌普通黏土砖

工作内容：（1）调运砂浆，运砖，清理基槽坑，砌砖等。

（2）砌砖包括窗台虎头砖、腰线、门窗套；安放木砖、铁件等。　　单位：10m³

定额编号			3-1-1	3-1-8	3-1-14
项目			砖基础	单面清水砖墙	混水砖墙
				240	240
名称		单位	数量		
人工	综合工日	工日	12.18	18.05	15.38
材料	水泥砂浆，M5.0	m³	2.3600	—	—
	混合砂浆，M2.5	m³	—	2.2500	2.2500
	混合砂浆，M5.0	m³	—	(2.2500)	(2.2500)
	机制红砖240×115×53	千块	5.1907	5.3140	5.3140
	水	m³	1.0500	1.0600	1.0600
机械	灰浆搅拌机200L	台班	0.295	0.281	0.281

二、砌石

工作内容：调运砂浆、铺砂浆，运石，砌筑石料，墙角洞口处石料加工等。 单位：10m³

定额编号		3-2-1	3-2-2	3-2-3
项目		乱毛石		
		基础	墙	挡土墙
名称	单位	数量		
人工 综合工日	工日	11.81	19.02	13.14
材料 水泥砂浆，M5.0	m³	3.9289	—	—
混合砂浆，M5.0	m³	—	3.9300	3.9300
毛石	m³	9.7434	11.2200	11.2200
水	m³	0.7900	0.7900	0.7900
机械 灰浆搅拌机 200L	台班	0.491	0.491	0.491

三、砌轻质砖和砌块

工作内容：（1）调运砂浆、铺砂浆，运砖、砌块；

（2）砌砖包括高台虎头砖、腰线、门窗套、安放木砖、铁件等。 单位：10m³

定额编号		3-3-7	3-3-8
项目		黏土多孔砖墙（墙厚 mm）	
		240	365
名称	单位	数量	
人工 综合工日	工日	11.87	10.70
材料 混合砂浆，M5.0	m³	1.8900	2.0160
机制红砖 240×115×53	千块	0.3400	0.3353
黏土多孔砖 240×115×90	千块	3.2314	3.3863
水	m³	1.1200	1.0700
机械 灰浆搅拌机 200L	台班	0.236	0.252

工作内容：（1）调运砂浆、铺砂浆，运砖、砌块。

（2）砌砖包括高台虎头砖、腰线、门窗套、安放木砖、铁件等。 单位：10m³

定额编号		3-3-11	3-3-21	3-3-22
项目		煤矸石多孔砖墙	煤矸石空心砖墙	
		240	180	240
名称	单位	数量		
人工 综合工日	工日	12.28	12.24	12.93
材料 混合砂浆，M5.0	m³	1.9868	1.6187	1.8636
煤矸石多孔砖 190×90×90	千块	1.1250	—	—
煤矸石多孔砖 190×140×90	千块	2.125	—	—
水	m³	1.0874	1.0870	1.0580
机制红砖 240×115×53	千块	—	0.8510	0.8580
煤矸石空心砖 240×115×115	千块	—	—	2.3110
煤矸石空心砖 240×180×115	千块	—	1.5400	—
机械 灰浆搅拌机 200L	台班	0.248	0.202	0.233

工作内容：调运砂浆、铺砂浆，运、淋砌块，砌砌块包括高台虎头砖、腰线、门窗套、留洞、安放木砖铁件等。

单位：10m³

定额编号		3-3-24	3-3-25	3-3-26
项目		加气混凝土砌块墙（墙厚mm）		
		120	180	240
名称	单位	数量		
人工　综合工日	工日	11.23	10.34	9.03
材料　混合砂浆，M5.0	m³	0.6527	0.6528	0.6527
加气混凝土块585×120×240	千块	0.5830	—	—
加气混凝土块585×180×240	千块	—	0.3700	—
加气混凝土块585×240×240	千块	—	—	0.2920
水	m³	1.4667	1.0944	0.8750
机械　灰浆搅拌机200L	台班	0.082	0.082	0.082

四、轻质墙板

工作内容：清理基层、运料、水刷墙板粘结面，调铺砂浆或专用胶粘剂，拼装墙板、粘网格布条，填灌板下细石混凝土及填充层等墙板安装操作。

单位：10m³

定额编号		3-4-16	3-4-17
项目		硅镁多孔板墙（板厚mm）	
		90	100
名称	单位	数量	
人工　综合工日	工日	1.48	1.53
材料　细石混凝土C20	m³	0.0137	0.0152
普通硅酸盐水泥32.5MPa	t	0.0390	0.0434
硅镁多孔板 $b=600mm$　$\sigma=90mm$	m²	10.3000	—
硅镁多孔板 $b=600mm$　$\sigma=100mm$	m²	—	1.3000
网格玻璃纤维布条50mm宽	m	29.4188	29.4188
网格玻璃纤维布条20mm宽	m	12.2324	12.2324
108胶	kg	5.20000	5.7800
铁件	kg	0.5581	0.5926
其他材料费占材料费	%	1.0200	1.0000
机械　交流电焊机30kVA	台班	0.010	0.010
手提冲击钻	台班	0.376	0.376
其他机械费占机械费	%	8.000	8.000

250

工作内容：（1）调运砂浆、铺砂浆，运砖、砌块；

（2）砌砖包括高台虎头砖、腰线、门窗套、安放木砖、铁件等。 单位：10m³

定额编号		3-4-31	3-4-32	3-4-33
项目		双层彩钢压型板墙		
		聚苯乙烯板填充（厚 mm）		
		75	150	每增减25
名称	单位	数量		
人工　综合工日	工日	1.57	1.62	0.02
材料　S型轻钢檩条	t	0.0644	0.0644	—
彩钢压型板	m²	23.3000	23.3000	—
电焊条 E4303 Φ3.2	kg	0.3350	0.3350	—
镀锌螺栓	百套	0.3600	0.3600	—
聚苯乙烯泡沫板材	m³	0.7800	1.5600	0.2600
铝拉铆钉	百个	0.0303	0.0303	—
螺栓铁件	kg	0.9710	0.9710	—
其他材料费占材料费	%	0.2000	0.2000	—
机械　台钻	台班	0.100	0.100	—
汽车起重机 5t	台班	0.160	0.160	—
交流电焊机 30kVA	台班	0.088	0.088	—
其他机械费占机械费	%	12.000	12.000	—

第四章　钢筋及混凝土工程

一、钢筋

工作内容：钢筋制作、绑扎、安装。 单位：t

定额编号		4-1-1	4-1-2	4-1-3	4-1-4
项目		现浇构件圆钢筋			
		Φ4	Φ6.5	Φ8	Φ10
名称	单位	数量			
人工　综合工日	工日	19.38	22.10	14.32	10.50
材料　镀锌低碳钢丝 22#	kg	9.5900	15.6700	8.8000	5.600
冷拔钢丝 Φ4	t	1.0200	—	—	—
钢筋 Φ6.5	t	—	1.0200	—	—
钢筋 Φ8	t	—	—	1.0200	—
钢筋 Φ10	t	—	—	—	1.0200
机械　单筒慢速电动卷扬机 50kN	台班	—	0.306	0.265	0.248
钢筋切断机 40mm	台班	1.020	0.099	0.099	0.083
钢筋弯曲机 40mm	台班	—	—	0.298	0.256

工作内容：钢筋制作、绑扎、安装。

单位：t

定额编号			4-1-5	4-1-6	4-1-7	4-1-8
项目			现浇构件圆钢筋			
			Φ12	Φ14	Φ16	Φ18
名称		单位	数量			
人工	综合工日	工日	9.26	7.90	6.98	6.15
材料	电焊条 E4303 Φ3.2	kg	7.2000	7.2000	7.2000	9.6000
	镀金低碳钢丝 22#	t	4.6200	3.3900	2.6000	2.0500
	钢筋 Φ12	t	1.0200	—	—	—
	钢筋 Φ14	t	—	1.0200	—	—
	钢筋 Φ16	t	—	—	1.0200	—
	钢筋 Φ18	t	—	—	—	1.0200
	水	m³	0.1500	0.1500	0.15000	0.1200
机械	单筒慢速电动卷扬机 50kN	台班	0.232	0.165	0.139	0.132
	对焊机 75kVA	台班	0.086	0.086	0.086	0.067
	钢筋切断机 40mm	台班	0.075	0.074	0.083	0.074
	钢筋弯曲机 40mm	台班	0.215	0.174	0.190	0.165
	交流电焊机 30kVA	台班	0.363	0.363	0.363	0.341

工作内容：钢筋制作、绑扎、安装。

单位：t

定额编号			4-1-13	4-1-15	4-1-18	4-1-19
项目			现浇构件螺纹钢筋			
			Φ20	Φ16	Φ22	Φ25
名称		单位	数量			
人工	综合工日	工日	9.26	3.98	4.99	4.43
材料	电焊条 E4303 Φ3.2	kg	7.2000	7.2000	9.6000	12.0000
	镀锌低碳钢丝 22#	kg	4.6200	2.6000	1.6700	1.0700
	螺纹钢筋 Φ12	t	1.0200	—	—	—
	螺纹钢筋 Φ16	t	—	1.0200	—	—
	螺纹钢筋 Φ22	t	—	—	1.0200	—
	螺纹钢筋 Φ25	t	—	—	—	1.0200
	水	m³	0.1500	0.1500	0.0800	0.0800
机械	单筒慢速电动卷扬机 50kN	台班	0.255	0.153	0.118	—
	对焊机 75kVA	台班	0.111	0.102	0.068	0.068
	钢筋切断机 40mm	台班	0.082	0.091	0.073	0.118
	钢筋弯曲机 40mm	台班	0.215	0.190	0.165	0.149
	交流电焊机 30kVA	台班	0.428	0.428	0.376	0.376

工作内容：制作、绑扎、安装。　　　　　　　　　　　　　　　　　　　　　单位：t

定额编号		4-1-52	4-1-53	4-1-54	4-1-55
项目		现浇构件箍筋			
		Φ6.5	Φ8	Φ10	Φ12
名称	单位	数量			
人工 综合工日	工日	27.97	17.96	12.43	9.81
材料 镀锌低碳钢丝22#	kg	15.6700	8.8000	5.6400	4.6200
钢筋Φ6.5	t	1.0200	—	—	—
钢筋Φ8	t	—	1.0200	—	—
钢筋Φ10	t	—	—	1.0200	—
钢筋Φ12	t	—	—	—	1.0200
机械 单筒慢速电动卷扬机50kN	台班	0.306	0.265	0.248	0.232
钢筋切断机40mm	台班	0.157	0.149	0.099	0.074
钢筋弯曲机40mm	台班	—	1.017	0.703	0.538

工作内容：安装埋设、焊接固定。　　　　　　　　　　　　　　　　　　　　单位：t

定额编号		4-1-97	4-1-98	4-1-99
项目		砌体加固筋焊接		
		Φ5以内	Φ6.5以内	Φ8以内
名称	单位	数量		
人工 综合工日	工日	19.89	15.28	13.24
材料 电焊条E4303Φ3.2	kg	36.0000	21.8100	14.4100
冷拔低碳钢丝Φ5以下	t	1.0200	—	—
钢筋Φ6.5	t	—	1.0200	—
钢筋Φ8	t	—	—	1.0200
机械 单筒慢速电动卷扬机50kN	台班	—	0.306	0.265
钢筋调直机40mm	台班	0.698	—	—
钢筋切断机40mm	台班	0.421	0.099	0.099
钢筋弯曲机40mm	台班	—	—	0.298
交流电焊机30kVA	台班	4.410	2.820	2.260

工作内容：钢筋制作、绑扎、安装。　　　　　　　　　　　　　　　　　　　单位：t

定额编号		4-1-104	4-1-105	4-1-109	4-1-110	4-1-112
项目		三级钢				
		Φ8	Φ10	Φ18	Φ20	Φ25
名称	单位	数量				
人工 综合工日	工日	14.320	10.500	6.150	5.500	4.430
材料 电焊条E4303Φ3.2	kg	—	—	9.600	9.600	12.000
镀锌低碳钢丝22#	kg	8.800	5.640	3.020	2.050	1.070
螺纹三级钢Φ8	t	1.020	—	—	—	—
螺纹三级钢Φ10	t	—	1.020	—	—	—
螺纹三级钢Φ18	t	—	—	1.020	—	—
螺纹三级钢Φ20	t	—	—	—	1.020	—
螺纹三级钢Φ25	t	—	—	—	—	1.020
水	m³	—	—	0.120	0.120	0.080

253

定额编号		4-1-104	4-1-105	4-1-109	4-1-110	4-1-112
项目		三级钢				
		Φ8	Φ10	Φ18	Φ20	Φ25
名称	单位	数量				
人工	综合工日	工日	14.320	10.500	6.150	5.500	4.430
机械	单筒慢速电动卷扬机50kN	台班	0.305	0.285	0.161	0.151	—
	对焊机75kVA	台班	—	—	0.087	0.087	0.075
	钢筋切断机Φ40	台班	0.114	0.096	0.090	0.080	0.130
	钢筋弯曲机Φ40	台班	0.298	0.256	0.165	0.141	0.149
	交流电焊机30kVA	台班			0.442	0.442	0.414

二、现浇混凝土

工作内容：混凝土运输、搅拌、养护。　　　　　　　　　　　　　　单位：10m³

定额编号		4-2-3	4-2-4	4-2-5
项目		带型基础		
		无梁式		有梁式
		毛石混凝土	混凝土	
名称	单位	数量		
人工	综合工日	工日	6.40	6.72	7.07
材料	现浇混凝土C25，石子<40mm	m³	(8.630)	(10.150)	(10.150)
	现浇混凝土C20，石子<40mm	m³	8.630	10.150	10.150
	毛石	m³	2.720	—	—
	草袋	m²	2.390	2.400	2.520
	水	m³	0.990	0.880	0.880
机械	混凝土振捣器（插入式）	台班	0.490	0.520	0.570

工作内容：混凝土运输、浇捣、养护。　　　　　　　　　　　　　　单位：10m³

定额编号		4-2-6	4-2-7
项目		独立基础	
		毛石混凝土	混凝土
名称	单位	数量	
人工	综合工日	工日	6.52	8.09
材料	现浇混凝土C25，石子<40mm	m³	(8.6300)	(10.1500)
	现浇混凝土C20，石子<40mm	m³	8.6300	10.1500
	毛石	m³	2.7200	—
	草袋	m²	3.1700	3.2600
	水	m³	1.0900	1.1300
机械	混凝土振捣器（插入式）	台班	0.490	0.570

工作内容：混凝土运输、浇捣、养护。　　　　　　　　　　　　　　　　　单位：10m³

	定额编号		4-2-17	4-2-20	4-2-23	4-4-24
	项目		矩形柱	构造柱	基础梁	单梁、连续梁
	名称	单位				
人工	综合工日	工日	19.16	21.69	10.85	13.02
材料	现浇混凝土 C30，<40mm	m³	(10.000)	(10.0000)	(10.1500)	(10.1500)
	现浇混凝土 C25，石子<40mm	m³	10.0000	10.0000	10.1500	10.1500
	水泥砂浆 1:2	m³	0.1500	0.1500	—	—
	草袋	m²	1.0000	1.0300	6.0300	59.9500
	水	m³	0.9100	0.6900	1.9100	2.0100
机械	灰浆搅拌器 200L	台班	0.040	0.040	—	—
	混凝土振捣器（插入式）	台班	0.670	0.670	0.670	0.670

工作内容：混凝土运输、浇捣、养护。　　　　　　　　　　　　　　　　　单位：10m³

	定额编号		4-2-25	4-2-26	4-2-27
	项目		异形梁	圈梁	过梁
	名称	单位	数量		
人工	综合工日	工日	13.74	21.61	23.61
材料	现浇混凝土 C30，<31.5mm	m³	(10.1500)	(10.1500)	(10.1500)
	现浇混凝土 C25，石子<31.5mm	m³	10.1500	10.1500	10.1500
	草袋	m²	7.2300	8.02600	18.5700
	水	m³	1.1400	1.6700	4.9700
机械	混凝土振捣器（插入式）	台班	0.670	0.670	0.670

工作内容：混凝土运输、浇捣、养护。　　　　　　　　　　　　　　　　　单位：10m³

	定额编号		4-2-36	4-2-37	4-2-38
	项目		有梁板	无梁板	平板
	名称	单位	数量		
人工	综合工日	工日	10.68	9.72	11.02
材料	现浇混凝土 C30，石子<20mm	m³	(10.1500)	(10.1500)	(10.1500)
	现浇混凝土 C25，石子<20mm	m³	10.1500	10.1500	10.1500
	草袋	m²	10.9900	10.5100	14.2200
	水	m³	3.4200	3.4700	4.7200
机械	混凝土振捣器（插入式）	台班	0.350	0.350	0.350
	混凝土振捣器（平板式）	台班	0.350	0.350	0.350

工作内容：混凝土运输、浇捣、养护。　　　　　　　　　　　　　　　　　单位：10m³

	定额编号		4-2-56	4-2-57	4-2-58
	项目		挑檐、天沟	台阶	压顶
	名称	单位	数量		
人工	综合工日	工日	22.79	15.24	23.99
材料	现浇混凝土 C25，石子<20mm	m³	(10.1500)	(10.1500)	(10.1500)
	现浇混凝土 C20，石子<20mm	m³	10.1500	10.1500	10.1500
	草袋	m²	17.0400	16.7700	38.3400
	水	m³	6.0300	5.5300	12.3400
机械	混凝土振捣器（插入式）	台班	2.000	2.000	—

三、预制混凝土

工作内容：混凝土运输、浇捣、养护 单位：10m³

定额编号		4-3-1
项目		方桩、板桩
名称	单位	数量
人工 综合工日	工日	7.98
材料 预制混凝土 C30，石子 <40mm	m³	(10.1500)
预制混凝土 C25，石子 <40mm	m³	10.1500
草袋	m³	2.7600
水	m³	2.0000
机械 混凝土振捣器（插入式）	台班	0.670
机动翻斗车 1t	台班	0.630

工作内容：混凝土运输、浇捣、养护。 单位：10m³

定额编号		4-3-2	4-3-3
项目		矩形柱	异形柱
名称	单位	数量	
人工 综合工日	工日	8.13	8.02
材料 预制混凝土 C30，石子 <40mm	m³	(10.1500)	(10.1500)
预制混混凝土 C25，<40mm	m³	10.1500	10.1500
草袋	m²	3.8500	2.7500
水	m³	2.0800	1.5600
机械 混凝土振捣器（插入式）	台班	0.670	0.670
机动翻斗车 1t	台班	0.630	0.630

四、混凝土搅拌制作及泵送

工作内容：筛洗石子、砂、石、水泥后台上料、混凝土搅拌。 单位：10m³

定额编号		4-4-15	4-4-16	4-4-17
项目		现场搅拌混凝土		
		搅拌机		
		基础	墙、柱、梁、板	其他
名称	单位	数量		
人工 综合工日	工日	2.29	2.29	2.29
材料 水	m³	8.1800	8.1800	8.1800
机械 混凝土搅拌机 400L	台班	0.390	0.630	1.000

第五章 门窗及木结构工程

一、木门

工作内容：制作、安装木门框，刷防腐油，填塞麻刀石灰砂浆。　　　　　　　　单位：10m²

定额编号			5-1-9	5-1-10	5-1-11	5-1-12
项目			无纱镶板门、纤维板门、胶合板门门框			
			单扇带亮		双扇带亮	
			制作	安装	制作	安装
名称		单位	数量			
人工	综合工日	工日	0.86	1.47	0.61	1.05
材料	石灰麻刀砂浆1:3	m³	—	0.0242	—	0.0165
	门窗材	m³	0.1800	0.0267	0.1310	0.0174
	白乳胶	kg	0.0600	—	0.0600	—
	清油	kg	0.0460	—	0.0460	—
	油漆溶剂油	kg	0.0270	—	0.0270	—
	防腐油	kg	—	2.1648	—	2.0135
	圆钉	kg	0.1029	1.2321	0.0652	0.8126
机械	木工裁口机多面400mm	台班	0.024	—	0.017	—
	木工打眼机50mm	台班	0.006	—	0.036	—
	木工榫机160mm	台班	0.028	—	0.017	—
	木工平刨床450mm	台班	0.054	—	0.038	—
	木工压刨床三面400mm	台班	0.046	—	0.032	—
	木工圆锯机500mm	台班	0.017	0.006	0.010	0.004

工作内容：制作、安装木门框，刷防腐油，填塞麻刀石灰砂浆。　　　　　　　　单位：10m²

定额编号			5-1-29	5-1-30
项目			带纱门连窗框	
			制作	安装
名称		单位	数量	
人工	综合工日	工日	1.68	0.84
材料	石灰麻刀砂浆1:3	m³	—	0.0210
	门窗材	m³	0.2132	0.0100
	白乳胶	kg	0.0600	—
	防腐油	kg	—	1.4540
	清油	kg	0.0460	—
	油漆溶剂油	kg	0.0270	—
	圆钉	kg	0.0414	0.4986
机械	木工裁口机多面400mm	台班	0.021	—
	木工打眼机50mm	台班	0.084	—
	木工榫机160mm	台班	0.039	—
	木工平刨床450mm	台班	0.048	—
	木工压刨床三面400mm	台班	0.048	—
	木工圆锯机500mm	台班	0.013	0.005

257

工作内容：制作安装门窗、亮子、装配亮子玻璃及小五金。   单位：10m²

定额编号		5-1-33	5-1-34
项目		无纱镶木板门	
		单扇带亮	
		门扇制作	门扇安装
名称	单位	数量	
人工	综合工日	工日	2.46	1.53
材料	白乳胶	kg	0.6540	—
	门窗材	m³	0.2530	—
	木薄板（一类）12mm	m³	0.0794	—
	平板玻璃 3mm	m²	—	1.4689
	圆钉	kg	—	0.0060
	油灰（桶装）	kg	—	0.8602
	清油	kg	0.1290	—
	油漆溶剂油	kg	0.0740	—
机械	木工裁口机多面 400mm	台班	0.054	—
	木工打眼机 50mm	台班	0.101	—
	木工榫机 160mm	台班	0.101	—
	木工平刨床 450mm	台班	0.139	—
	木工压刨床三面 400mm	台班	0.139	—
	木工圆锯机 500mm	台班	0.066	—

工作内容：制作安装门窗、亮子、装配亮子玻璃及小五金。   单位：10m²

定额编号		5-1-43	5-1-44
项目		无纱玻璃镶木板门	
		双扇带亮	
		门扇制作	门扇安装
名称	单位	数量	
人工	综合工日	工日	2.16	1.48
材料	白乳胶	kg	0.6540	—
	门窗材	m³	0.2801	—
	木薄板（一类）12mm	m³	0.0510	—
	平板玻璃 3mm	m²	—	3.2744
	圆钉	kg	—	0.0135
	油灰（桶装）	kg	—	1.9174
	清油	kg	0.1290	—
	油漆溶剂油	kg	0.0740	—
机械	木工裁口机多面 400mm	台班	0.041	—
	木工打眼机 50mm	台班	0.094	—
	木工开榫机 160mm	台班	0.094	—
	木工平刨床 450mm	台班	0.106	—
	木工压刨床三面 400mm	台班	0.106	—
	木工圆锯机 500mm	台班	0.050	—

工作内容：制作安装门窗、亮子、装配亮子玻璃及小五金。　　　　　　　　　　　　　单位：10m²

定额编号		5-1-99	5-1-100	5-1-103	5-1-104	5-1-105	5-1-106
项目		门连窗（双扇窗）		纱门窗		纱亮窗	
		制作	安装	制作	安装	制作	安装
名称	单位	数量					
人工　综合工日	工日	1.63	1.90	2.05	2.15	2.01	3.73
材料　白乳胶	kg	0.6540	—	0.281	—	0.2870	—
门窗材	m³	0.2295	—	0.1694	—	0.1957	—
木薄板（一类）12mm	m³	0.0183	—	—	—	—	—
圆钉	kg	—	0.0254	—	0.1645	—	0.1652
平板玻璃3mm	m²	—	6.1253	—	—	—	—
油灰（桶装）	kg	—	3.5867	—	—	—	—
清油	kg	0.1290	—	0.0460	—	0.0910	—
油漆溶剂油	kg	0.0740	—	0.0270	—	0.0360	—
塑料纱	m²	—	—	—	9.6499	—	0.1652
机械　木工裁口机多面400mm	台班	0.040	—	0.035	—	0.055	—
木工打眼机50mm	台班	0.100	—	0.097	—	0.086	—
木工开榫机160mm	台班	0.081	—	0.097	—	0.086	—
木工平刨床450mm	台班	0.103	—	0.079	—	0.136	—
木工压刨床三面400mm	台班	0.103	—	0.079	—	0.136	—
木工圆锯机500mm	台班	0.040	—	0.022	—	0.045	—

工作内容：（1）安装门扇，装配小五金。

（2）镶板、胶合板门装小百叶。

（3）安装普通门锁。　　　　　　　　　　　　　　　　　　　　单位：分示

定额编号		5-1-107	5-1-110
项目		普通成品门扇安装	普通门锁安装
		10m² 扇面积	10 把
名称	单位	数量	
人工　综合工日	工日	1.11	0.79
材料　成品门扇	m²	10.0000	—
执手锁	把	—	10.0000

二、厂库房大门、特种门

工作内容：制作安装门扇、便门扇、铺油毡、填矿棉、固定铁脚、安密封条、装配玻璃及五金铁件。

单位：10m²

定额编号		5-2-9	5-2-10	5-2-11	5-2-12
项目		平开钢木大门			
		一面板		二面板（防风型）	
		门扇制作	门扇安装	门扇制作	门扇安装
名称	单位	数量			
人工　综合工日	工日	3.91	2.56	5.10	3.08
材料　白乳胶	kg	0.7140	—	0.7140	—
钢骨架（角钢L 30×30）	kg	208.1790	—	233.9250	—

定额编号		5-2-9	5-2-10	5-2-11	5-2-12
项目		平开钢木大门			
项目		一面板		二面板（防风型）	
项目		门扇制作	门扇安装	门扇制作	门扇安装
名称	单位	数量			
人工 综合工日	工日	3.91	2.56	5.10	3.08
材料 螺栓	kg	2.4740	0.1530	3.7400	0.2370
材料 门窗材	m³	0.3346	0.0046	0.4796	0.0046
材料 门铁件	kg	—	0.8610	—	10.0540
材料 磨砂玻璃 3mm	m²	—	1.3350	—	1.3100
材料 油灰（桶装）	kg	—	1.4980	—	1.4710
材料 木螺钉 M5×30	百个	—	—	—	53.9000
材料 圆钉	kg	0.2770	0.0050	0.4370	0.0050
材料 橡胶板 2mm	m²	—	—	—	2.1500
材料 橡胶板 3mm	m²	—	0.4060	—	0.7330
材料 橡胶板 4mm	m²	—	—	—	0.2720
材料 石油沥青油毡 350#	m²	—	—	8.6220	—
材料 清油	kg	0.1730	—	0.1730	—
材料 油漆溶剂油	kg	0.1730	—	0.1000	—
机械 木工裁口机多面 400mm	台班	0.075	—	0.132	—
机械 木工打眼机 50mm	台班	0.013	—	0.014	—
机械 木工开榫机 160mm，	台班	0.008	—	0.009	—
机械 木工平刨床 450mm	台班	0.175	—	0.344	—
机械 木工压刨床三面 400mm	台班	0.195	—	0.344	—
机械 木工圆锯机 500mm	台班	0.043	—	0.076	—

注：钢骨架用量如与设计不同时，应按施工图调整，损耗率6%。

三、木窗

工作内容：制作安装窗框、窗扇、刷防腐油、填塞麻刀石灰浆、装配玻璃及五金零件。　　　　单位：10m²

定额编号		5-3-45	5-3-46	5-3-47	5-3-48
项目		双裁口单层玻璃窗			
项目		四扇带亮			
项目		窗框		窗扇	
项目		制作	安装	制作	安装
名称	单位	数量			
人工 综合工日	工日	1.50	1.04	1.49	2.66
材料 石灰麻刀砂浆 1:3	m³	—	0.0267	—	—
材料 防腐油	kg	—	1.5703	—	—
材料 门窗材	m³	0.2189	0.0080	0.2330	—
材料 白乳胶	kg	0.2200	—	0.3640	—
材料 平板玻璃 3mm	m²	—	—	—	7.8621
材料 油灰（桶装）	kg	—	—	—	8.8238
材料 圆钉	kg	0.0438	0.4567	—	0.0318
材料 清油	kg	0.0820	—	0.0910	—
材料 油漆溶剂油	kg	0.0320	—	0.0360	—

定额编号		5-3-45	5-3-46	5-3-47	5-3-48
项目		双裁口单层玻璃窗			
		四扇带亮			
		窗框		窗扇	
		制作	安装	制作	安装
名称	单位	数量			
人工 综合工日	工日	1.50	1.04	1.49	2.66
机械 木工裁口机多面 400mm	台班	0.029	—	0.040	—
木工打眼机 50mm	台班	0.106	—	0.127	—
木工开榫机 160mm	台班	0.051	—	0.077	—
木工平刨床 450mm	台班	0.057	—	0.106	—
木工压刨床三面 400mm	台班	0.057	—	0.106	—
木工圆锯机 500mm	台班	0.013	0.004	0.040	—

工作内容：（1）制作、安装纱窗、安塑料纱及小五金。

（2）制作、安装窗框，刷防腐油、填塞麻刀石灰浆、装玻璃及小五金。 单位：分示

定额编号		5-3-71	5-3-72
项目		纱窗扇	
		制作	安装
		10m² 扇面积	
名称	单位	数量	
人工 综合工日	工日	1.38	1.96
材料 门窗材	m³	0.1447	—
白乳胶	kg	0.2860	—
塑料纱	m²	—	10.0350
圆钉	kg	—	0.1678
清油	kg	0.0320	—
油漆溶剂油	kg	0.0130	—
机械 木工裁口机多面 400mm	台班	0.043	—
木工打眼机 50mm	台班	0.125	—
木工开榫机 160mm	台班	0.076	—
木工平刨床 450mm	台班	0.086	—
木工压刨床三面 400mm	台班	0.086	—

四、钢门窗（略）
五、铝合金门窗

工作内容：现场搬运、安装框扇、校正、安装玻璃及配件、周边塞口、清理等。　　　　单位：10m²

定额编号			5-5-2	5-5-3	5-5-4
项目			铝合金平开门	铝合金推拉门	铝合金推拉窗
名称		单位	数量		
人工	综合工日	工日	5.00	5.70	4.90
材料	玻璃胶 310g	支	5.9480	5.9480	5.0200
	平板玻璃 5mm	m²	—	—	9.5000
	平板玻璃 6m	m²	9.600	9.6000	—
	地脚	个	72.4000	72.4000	49.8000
	膨胀螺栓 M8	套	72.4000	72.4000	49.8000
	铝合金平开门 70 系列　白色	m²	9.5000	—	—
	铝合金平开门 90 系列　白色	m²	—	9.6000	—
	铝合金推拉窗 90 系列　白色	m²	—	—	9.5000
	螺钉	百个			
	密封油膏	kg	5.2510	5.2510	3.6670
	软填料	kg	2.4540	2.4540	3.9750
	其他材料费占材料费	%	0.1300	0.1300	0.1300
机械	安装综合机械占材料费	%	0.010	0.010	0.010

工作内容：现场搬运、安装框扇、校正、安装玻璃及配件、周边塞口、清理等。　　　　单位：分示

定额编号			5-5-7	5-5-8
项目			铝合金防盗网	铝合金纱扇
			10m² 扇面积	
名称		单位	数量	
人工	综合工日	工日	3.70	1.17
材料	地脚	个	46.7000	—
	膨胀螺栓 M8	套	46.7000	—
	铝合金防盗网	m²	10.0000	—
	铝合金纱扇 70 系列白色	m²	—	10.0000
	其他材料费占材料费	%	0.1300	
机械	安装综合机械占材料费	%	0.010	—

工作内容:（1）制作：型材矫正、放样下料、切割断料、钻孔组装、制作搬运。
　　　　　（2）安装：现场搬运、安装、校正框扇、裁安玻璃、五金配件、周边塞口清理等。

单位：10m²

定额编号			5-5-22	5-5-23	5-5-28	5-5-29
项目			单扇平开门		双扇推拉窗	
			无上亮	带上亮	不带亮	带亮
名称		单位	数量			
人工	综合工日	工日	9.83	9.94	9.81	9.71
材料	玻璃胶 310g	支	5.5980	7.6310	5.0670	5.5100
	地脚	个	63.0000	116.0000	71.0000	57.0000
	胶纸	m²	9.2000	9.2000	11.8000	11.8000
	铝合金型材 70 系列	kg	80.5169	79.3432	—	—
	铝合金型材 90 系列	kg	—	—	75.4656	72.8720
	螺钉	百个	1.7500	1.8000	1.4380	1.0150
	密封毛条	m	62.0330	48.6800	60.5830	41.0860
	密封油膏	kg	5.3400	5.1620	4.7460	4.5200
	膨胀螺栓 M8	套	126.0000	232.0000	142.0000	114.0000
	平板玻璃 5mm	m²	—	—	8.9900	9.3150
	平板玻璃 6mm	kg	9.4880	9.8480	—	—
	软填料	%	2.4950	2.4120	5.2530	4.5030
	其他材料费占材料费	%	0.1100	0.1100	0.2000	0.2000
机械	综合机械（铝合金）	台班	0.160	0.160	0.162	0.162

工作内容:（1）制作：型材矫正、放样下料、切割断料、钻孔组装、制作搬运。
　　　　　（2）安装：现场搬运、安装、校正框扇、裁安玻璃、五金配件、周边塞口清理等。

单位：10m²

定额编号			5-5-30	5-5-31	5-5-35	5-5-36
项目			三扇推拉窗		铝合金纱窗制作、安装	
			不带亮	带亮	纱门扇	纱窗扇
名称		单位	数量			
人工	综合工日	工日	9.98	9.83	4.01	4.01
材料	玻璃胶 310g	支	4.3300	4.8800	—	—
	地脚	个	49.0000	38.0000	—	—
	胶纸	m²	11.8000	11.8000	—	—
	铝合金型材 90 系列	kg	68.3474	67.7596	26.8870	22.3580
	螺钉	百个	0.9780	0.6980	—	—
	密封毛条	m	50.1670	36.5000	41.4000	33.9430
	密封油膏	kg	3.5600	2.8820	—	—
	膨胀螺栓 M8	套	98.0000	76.0000	—	—
	平板玻璃 5mm	m²	9.1740	9.7040	—	—
	软填料	kg	3.9400	3.1890	—	—
	塑料纱	m²	—	—	9.3780	9.1390
	空心胶条（铝合金纱窗）	m	—	—	29.0000	34.4000
	其他材料费占材料费	%	0.2000	0.2000	1.3000	
机械	综合机械（铝合金）	台班	0.165	0.166	—	—

六、塑料门窗安装

工作内容：校正框扇、安装玻璃、装配五金、焊接铁件、周边塞缝等。 单位：10m²

	定额编号		5-6-1	5-6-2	5-6-3
	项目		塑料平开门	单层塑料窗	塑料窗带纱扇
	名称	单位		数量	
人工	综合工日	工日	2.50	2.50	4.20
材料	地角	个	67.5500	100.0000	100.0000
	螺钉	百个	6.7550	8.9777	8.9777
	密封油膏	kg	5.2510	4.7460	4.7460
	膨胀螺栓 M8	套	67.5500	100.0000	100.0000
	软填料	kg	4.9100	5.2530	5.2530
	塑料窗 带纱扇	m²	—	—	9.4800
	塑料窗 单层	m²	—	9.4800	—
	塑料门 不带亮	m²	9.6200	—	—
机械	安装综合机械占材料费	%	0.010	0.010	0.010

七、彩板门窗安装（略）
八、木结构（略）
九、门窗配件

单位：分示

	定额编号		5-9-1	5-9-2	5-9-12	5-9-14	5-9-15
	项目		无纱镶板、纤维板、胶合板门		无纱门连窗	纱门	纱亮
			单扇带亮	双扇带亮	双扇窗		
			10 樘			10 扇	
	名称	单位			数量		
材料	半圆头螺钉 M4×30	百个	2.7000	5.4000	0.7000	—	—
	沉头木螺钉 M3.5×22	百个	0.4000	0.8000	2.0000	0.4000	—
	窗钩 150mm 镀锌	个	20.0000	20.0000	60.0000		
	弓形拉手 100mm 镀铬	副	10.0000	20.0000	50.0000	10.0000	
	立式磁性吸门器	个	10.0000	20.0000	10.0000		
	木螺钉 M4×20	百个	2.0000	2.8000	4.4000	0.6000	1.2000
	木螺钉 M4×50	百个	1.2000	2.4000	6.0000		
	木螺钉 M5×30	百个	1.6000	3.2000	1.6000	1.2000	1.2000
	普通合页 125mm	副	20.0000	40.0000	20.0000		
	普通合页 90mm	副	20.000	40.0000	100.0000		20.0000
	双袖合页 65mm	副	—	—	—	20.0000	
	铁插销 100mm 封闭式	个	20.0000	20.0000	60.0000	10.0000	20.0000
	铁插销 150mm 封闭式	个	10.0000	20.0000	10.0000		
	铁三角 125mm	百个	0.4000	0.8000			

注：若门窗上安装门锁，则应减去插销150mm及木螺丝（M4×20 80个/10樘）

264

定额编号			5-9-38	5-9-39	5-9-44
项目			无纱单扇玻璃窗、无纱双裁口玻璃窗		纱窗
			三扇带亮	四扇带亮	
			10 樘		10 扇
名称		单位	数量		
材料	半圆头螺钉 M3.5×22	百个	1.6000	3.2000	0.4000
	窗钩 150mm 镀锌	个	40.0000	80.0000	—
	木螺钉 M4×20	百个	7.2000	9.6000	2.4000
	木螺钉 M5×30	百个	2.4000	4.8000	—
	普通合页 65mm	副	40.0000	80.0000	—
	普通合页 75mm	副	40.0000	80.0000	—
	普通小拉手 100mm	副	40.0000	80.0000	10.0000
	铁插销 100mm 封闭式	个	40.0000	40.0000	10.0000
	铁插销 75mm 封闭式	个	40.0000	40.0000	10.0000
	抽芯型合页 65mm	副	—	—	20.0000

定额编号			5-9-48	5-9-49	5-9-50	5-9-51
项目			铝合金门	铝合金推拉窗		
			单扇平开门	双扇	三扇	四扇
名称		单位	数量			
材料	滑轮	个	—	40.0000	60.0000	80.0000
	铝合金窗锁	只	—	20.0000	20.0000	40.0000
	铰拉	套	—	10.0000	10.0000	10.0000
	暗铰链	个	20.0000	—	—	—
	螺钉	百个	1.4000	—	—	—
	门锁	把	10.0000	—	—	—

第六章　屋面、防水、保温及防腐工程

一、屋面

工作内容：（1）铺瓦，并修界瓦边，清理瓦面。

（2）调制砂浆、安脊瓦、檐口梢头坐灰。

（3）钢、混凝土檩上铺钉苇箔三层，铺泥挂瓦。

单位：分示

定额编号			6-1-2	6-1-14	6-1-15	6-1-16
项目			黏土瓦	英红瓦		
			钢、混凝土檩条上铺钉苇箔三层铺泥挂瓦	两坡以内	四坡以内	正斜脊
			10m²	10m	10m²
名称		单位	数量			
人工	综合工日	工日	1.90	3.29	2.36	4.25
材料	水泥砂浆 1:2	m³	—	0.2525	0.2525	—
	混合砂浆 1:0.2:2	m³	0.0110	—	—	—

定额编号		6-1-2	6-1-14	6-1-15	6-1-16
项目		黏土瓦	英红瓦		
		钢、混凝土檩条上铺钉苇箔三层铺泥挂瓦	两坡以内	四坡以内	正斜脊
		10m²	10m	10m²	
名称	单位	数量			
人工	综合工日	工日	1.90	3.29	2.36	4.25
材料	英红脊瓦	块	—	—	—	30.4348
	英红主瓦 420×332	块	—	109.3750	109.3750	—
	板条 1000×30×8	百根	0.2120	—	—	—
	麦秸	kg	5.8980	—	—	—
	苇箔	m³	32.1000	—	—	—
	黏土	m³	0.3130	—	—	—
	黏土脊瓦	块	2.8460	—	—	—
	黏土平瓦	千块	0.1822	—	—	—
	装修圆钉	kg	0.4800	—	—	—
	水	m³	0.1974	0.3200	0.3200	0.2000
机械	灰浆搅拌机 200L	台班	—	0.040	0.040	0.020

工作内容：截料，吊装檩条，制作安装铁件，吊装屋面板，钻孔，对位，安装防水堵头，屋脊板，涂填缝高。

单位：分示

定额编号		6-1-28	6-1-29
项目		彩钢压型板屋面	
		安装于 S/C 型轻钢檩条上	
		彩钢波纹瓦	彩钢夹心板
名称	单位	数量	
人工	综合工日	工日	1.38	1.38
材料	S 轻钢檩条	t	0.0966	0.0966
	彩钢压型板	m²	13.0730	—
	彩钢夹心板 100mm	m²	—	13.0730
	彩钢脊瓦	m	0.4730	0.4730
	电焊条 E4303 Φ3.2	kg	0.4030	0.4030
	二等板方材	m³	0.0059	0.0059
	固定螺栓（屋面板专用）	百套	0.4200	0.4200
	铝拉铆钉	百个	0.7000	0.7000
	圆钉	kg	0.0070	0.0070
	铁件	kg	0.9710	0.9710
机械	交流电焊机 30kVA	台班	0.110	0.110
	汽车式起重机 5t	台班	0.160	0.160

二、防水

工作内容：清理基层、调配砂浆、抹水泥砂浆、铺灰砂浆养护。

铺拒水粉及隔离纸、作保护层及保护层分格嵌缝等。

单位：10m²

定额编号		6-2-5	6-2-9	6-2-10	6-2-11
项目		防水砂浆 20mm 厚	混凝土保护层 40mm 厚（拒水粉）	防水砂浆	
				平面	立面
名称	单位	数量			
人工　综合工日	工日	1.08	3.21	0.92	1.40
材料　水泥砂浆 1:2	m³	0.2020	—	0.2040	0.2040
素水泥浆	m³	0.0100	—	—	—
防水粉	kg	6.6300	—	5.5000	5.5000
水	m³	—	—	0.3800	0.3800—
细石混凝土 C20	m³	—	0.4040	—	—
建筑油膏	kg	—	3.9124	—	—
拒水粉	kg	—	51.0000	—	—
模板材	m³	—	0.0004	—	—
木柴	kg	—	1.1737	—	—
牛皮纸	m²	—	11.2000	—	—
水	m³	—	0.0600	—	—
机械　灰浆搅拌机 200L	台班	0.035	—	0.034	0.034
混凝土振捣器（平板式）	台班	—	0.032	—	—

工作内容：配制涂刷冷底子油、熬制沥青，防水薄弱处贴附加层，铺毡沥青油毡卷材。

单位：10m²

定额编号		6-2-14	6-2-15	6-2-16	6-2-17
项目		沥青油毡			
		二毡三油		每增减一毡一油	
		平面	立面	平面	立面
名称	单位	数量			
人工　综合工日	工日	0.79	1.14	0.37	0.51
材料　冷底子油 30:70	kg	4.8480	4.8480	—	—
木柴	kg	20.0740	20.4750	5.4600	5.8800
石油沥青 10#	kg	48.5100	51.9750	15.0150	16.1700
石油沥青油毡 350#	m²	23.8050	23.8050	11.5637	11.5637

工作内容：清理基层，刷基底处理剂，铺贴卷材及附加层，收头钉压条。 单位：10m²

定额编号		6-2-30	6-2-31	6-2-44	6-2-45
项目		SBS 改性沥青卷材（满铺）		PVC 橡胶卷材	
		一层			
		平面	立面	平面	立面
名称	单位	数量			
人工　综合工日	工日	0.40	0.51	0.73	0.94
材料　SBS 防水卷材	m²	12.4170	12.4170	—	—
钢钉	kg	0.0280	0.0280	—	—
钢筋Φ8	t	0.0005	0.0005	—	—
高强 APP 基底处理剂	kg	2.5280	2.5280	—	—
高强 APP 胶粘剂 B 型	kg	9.1000	9.1000	—	—
FL-15 胶粘剂	kg	—	—	11.7100	11.7100
PVC 橡胶卷材	m²	—	—	11.4800	11.4800

工作内容：（1）熬制沥青，配制冷底子油，涂刷沥青。
　　　　　（2）聚氨酯：涂刷底胶及加层，刷聚氨酯二道。 单位：10m²

定额编号		6-2-62	6-2-63	6-2-71	6-1-72	6-1-73
项目		冷底子油		聚氨酯二遍	石油沥青一遍	
		第一遍	第二遍		平面	混凝土抹灰面立面
名称	单位	数量				
人工　综合工日	工日	0.16	0.13	0.41	0.13	0.17
材料　冷底子油 30:70	kg	4.8480	—	—	4.8480	4.8480
冷底子油 50:50	kg	—	3.6360	—	—	—
木柴	kg	1.5750	1.9950	—	8.2950	8.7150
二甲苯	kg	—	—	1.2600	—	—
聚氨酯甲乙料	kg	—	—	27.6050	—	—
石油沥青 10#	kg	—	—	—	18.4800	19.6350

三、保温

工作内容：清理基层，铺砌，平整，调制砂浆，摊铺浇捣，找平，养护。 单位：10m³

定额编号		6-3-5	6-3-15	6-3-16
项目		憎水珍珠岩块	现浇水泥珍珠岩	现浇水泥蛭石
名称	单位	数量		
人工　综合工日	工日	15.20	7.19	7.19
材料　SG-791 胶砂浆	m³	3.9520	—	—
水泥蛭石 1:10	m³	—	—	1.4000
水泥珍珠岩 1:10	m³	—	10.4000	—
珍珠岩块 500×500×100	m³	10.5000	—	—
水	m³	—	7.0000	7.0000
其他材料费占材料费	%	0.5000	—	—

工作内容：清理基层，调制砂浆，砌支承砖，铺砌块料，填缝。 单位：10m²

定额编号			6-3-22	6-3-23	6-3-24
项目			架空隔热层		
			方形砖		预制混凝土板
			带式支撑	点式支撑	
名称		单位	数量		
人工	综合工日	工日	1.32	1.32	0.98
材料	水泥砂浆 1:2	m³	—	—	0.0117
	水泥砂浆 1:3	m³	0.0110	0.0110	—
	混合砂浆，M2.5	m³	0.1130	0.0630	—
	混合砂浆，M5.0	m³	—	—	0.0250
	普通硅酸盐水泥 32.5MPa	t	0.0030	0.0030	—
	机制红砖 240×115×53	千块	0.2270	0.1500	0.0687
	人行道板 400×400×70	千块	0.0620	0.0620	—
	钢筋混凝土预制板	m³	—	—	0.2990
	水	m³	0.0490	0.0290	0.1800
	其他材料费占材料费	%	2.0000	2.0000	2.0000

四、排水

工作内容：埋设管卡，成品水落管安装，成品排水零件安装。 单位：分示

定额编号			6-4-9	6-4-10	6-4-25
项目			塑料管排水		塑料落水口
			水落管Φ100	水斗	
			10m	10个	10个
名称		单位	数量		
人工	综合工日	工日	0.50	0.50	0.670
材料	塑料水落管Φ100	m	10.5000	—	—
	塑料落水斗	个	—	10.2000	—
	塑料管卡子Φ100	个	6.1200	10.0000	—
	铁件	kg	3.1700	5.7600	—
	石油沥青玛琋脂	m³	—	—	0.070
	二等板方材	m³	—	—	0.036
	塑料落水口	个	—	—	10.100

五、变形缝和止水带（略）
六、耐酸防腐

工作内容：清扫基层，调制砂浆，摊铺，压实。 单位：10m²

定额编号			6-6-7	6-6-8	6-6-9
项目			钢屑砂浆		酸化处理
			厚20mm	零星抹灰	
名称		单位	数量		
人工	综合工日	工日	2.05	2.15	0.66
材料	素水泥浆	m³	0.0100	0.0100	—
	铁屑砂浆 1:0.3:1.5	m³	0.2020	0.2121	—
	硫酸 38%	kg	—	—	4.5000
	水	m³	0.8400	0.8400	0.0100

第七章　金属结构制作工程

一、钢柱制作（略）

二、钢屋架、钢托架制作

工作内容：放样、划线、截料、平直、钻孔、拼装、焊接、成品矫正、除锈、刷防锈漆一遍及成品编号堆放。

单位：t

	定额编号		7-2-1	7-2-2	7-2-3
	项目		轻钢屋架	钢屋架	
				1.5t 以内	3t 以内
	名称	单位	数量		
人工	综合工日	工日	21.57	15.54	14.56
材料	角钢∟70~80×4~10	t	0.8050	0.3330	0.2690
	角钢∟100~140×80~90×6~14	t	0.0610	0.5450	0.3000
	角钢∟160~200×100~125×10~18	t	—	—	0.3700
	中厚钢板δ=8~10	t	0.1940	0.1450	0.1010
	中厚钢板δ=16~20	t	—	0.0370	0.0200
	垫木	m³	0.0100	0.0100	0.0100
	电焊条 E4303 Φ3.2	kg	62.7300	42.2900	42.2900
	红丹防锈漆	kg	11.6000	11.6000	11.6000
	螺栓	kg	1.7400	1.7400	1.7400
	木脚手板	m³	0.0300	0.0300	0.0300
	汽油	kg	3.0000	3.0000	3.0000
	氧气	m³	6.2900	6.2900	6.2900
	乙炔气	m³	2.7300	2.7200	2.7300
	其他材料费占材料费	%	0.3300	0.3300	0.3300
机械	电动空气压缩机 10m³/min	台班	0.080	0.080	0.080
	电焊条恒温箱	台班	0.890	0.890	0.890
	电焊条烘干箱	台班	0.890	0.890	0.890
	钢板校平机 30×2600	台班	0.020	0.020	0.020
	轨道平车 10t	台班	0.280	0.280	0.280
	剪板机 40×3100mm	台班	0.020	0.020	0.020
	交流电焊机 40kVA	台班	4.550	2.200	2.130
	门式起重机 10t	台班	0.450	0.450	0.450
	门式起重机 20t	台班	0.170	0.170	0.170
	刨边机 12000mm	台班	0.030	0.030	0.030
	型钢剪断机 500mm	台班	0.110	0.110	0.110
	型钢矫正机	台班	0.110	0.110	0.110
	摇臂钻床 50mm	台班	0.140	0.140	0.140
	其他机械费占机械费	%	3.000	4.000	4.000

三、钢支撑、钢檩条、钢墙架制作（略）

四、钢支撑、钢檩条、钢墙架制作

工作内容：放样、划线、截料、平直、钻孔、拼装、焊接、成品矫正、除锈、刷防锈漆一遍及成品编号堆放。

单位：t

定额编号		7-4-1	7-4-2	7-4-4	7-4-8
项目		柱间钢支撑	屋架钢支撑 十字	型钢檩条	钢防风桁架
名称	单位	数量			
人工	综合工日	工日	16.61	15.61	11.92	11.88
材料	角钢∟70~80×4~10	t	0.0570	0.8270	0.9130	0.8400
	角钢∟100~140×80~90×6~14	t	0.7730	—	—	—
	中厚钢板δ=8~10	t	0.2300	0.2300	0.1470	0.1900
	垫木	m³	0.0100	0.0100	0.0100	0.0100
	电焊条 E4303 Φ3.2	kg	24.9900	24.9900	24.9900	24.9900
	红丹防锈漆	kg	11.6000	11.6000	11.6000	11.6000
	螺栓	kg	1.7400	1.7400	1.7400	1.7400
	木脚手板	m³	0.0300	0.0300	0.0300	0.0300
	汽油	kg	3.0000	3.0000	3.0000	3.000
	氧气	m³	6.2900	6.2900	6.2900	6.2900
	乙炔气	m³	2.7300	2.7300	2.7300	2.7300
	槽钢 [5~16#		—	—	—	0.0300
	其他材料费占材料费	%	0.3500	0.3600	0.3600	0.3000
机械	电动空气压缩机 10m³/min	台班	0.080	0.080	0.080	0.080
	电焊条恒温箱	台班	0.890	0.890	0.890	0.890
	电焊条烘干箱	台班	0.890	0.890	0.890	0.890
	钢板校平机 30×2600	台班	0.020	0.020	0.020	0.020
	轨道平车 10t	台班	0.280	0.280	0.280	0.280
	剪板机 40×3100mm	台班	0.020	0.020	0.020	0.020
	交流电焊机 40kVA	台班	2.520	1.940	1.250	1.360
	门式起重机 10t	台班	0.450	0.450	0.450	0.450
	门式起重机 20t	台班	0.170	0.170	0.170	0.170
	刨边机 12000mm	台班	0.030	0.030	0.030	—
	型钢剪断机 500mm	台班	0.110	0.110	0.110	0.110
	型钢矫正机	台班	0.110	0.110	0.110	0.110
	摇臂钻床 50mm	台班	0.140	0.140	0.140	0.140
	其他机械费占机械费	%	3.700	4.000	4.500	4.000

五、钢平台、钢梯子、钢栏杆制作（略）

六、钢漏斗、H型钢制作（略）

七、无损探伤检验

工作内容：清扫基层，调制砂浆，摊铺，压实。

单位：10m

定额编号		7-7-5	7-7-6	7-7-7
项目		板厚（mm）		
		25以内	46以内	80以内
名称	单位	数量		
人工	综合工日	工日	0.83	1.10	1.65
材料	机油	kg	0.3000	0.4000	0.5500
	毛刷	把	1.000	1.5000	1.5000

定额编号		7-7-5	7-7-6	7-7-7
项目		板厚（mm）		
		25 以内	46 以内	80 以内
名称	单位	数量		
人工 综合工日	工日	0.83	1.10	1.65
材料 砂布	张	6.0000	9.0000	13.0000
探头线	根	0.0200	0.0200	0.0200
斜探头	个	0.2800	0.4000	0.6000
耦合剂	kg	2.0000	2.5000	3.0000
其他材料费占材料费	%	1.0000	1.0000	1.0000
机械 超声波探伤机 CT-26	台班	0.730	1.100	1.570

八、除锈工程（略）
九、钢屋架、钢托架制作平台摊销

单位：t

定额编号		7-9-1	7-9-2	7-9-3	7-9-4
项目		钢屋架、钢托架			
		1.5t 以内	3t 以内	5t 以内	8t 以内
名称	单位	数量			
人工 综合工日	工日	3.63	2.87	2.09	2.37
材料 混合砂浆，M10	m³	0.1800	0.1400	0.1100	0.1200
普通钢板 δ10	kg	5.0500	4.8900	4.7700	4.3600
电焊条 E4303 Φ3.2	kg	0.1400	0.1100	0.0800	0.0900
机制红砖 240×115×53	千块	0.0800	0.0600	0.0500	0.0500
水	m³	0.0800	0.0600	0.0500	0.0500
机械 灰浆搅拌机 200L	台班	0.020	0.020	0.010	0.020
交流电焊机 40kVA	台班	0.040	0.030	0.020	0.020
汽车式起重机 5t	台班	0.110	0.090	0.060	0.070
载货汽车 4t	台班	0.110	0.090	0.060	0.070

第八章　构筑物及其他工程

一、烟囱

工作内容：（1）砖烟囱：调运砂浆、砍砖、砌砖、原浆勾缝、支摸出檐、安爬梯、烟囱帽抹灰等。

（2）砖加工：验砖、划线、砍砖、磨平堆放。

单位：10m³

定额编号		8-1-5	8-1-6	8-1-7
项目		砖烟囱及砖加工　筒身高度（m）		
		20 以内	40 以内	40 以外
名称	单位	数量		
人工 综合工日	工日	28.26	22.68	25.44
材料 混合砂浆，M5.0	m³	2.4600	2.5900	2.6200
机制红砖 240×115×53	千块	6.3900	6.0900	5.7500
水	m³	1.2800	1.2300	1.1500
机械 灰浆搅拌机 200L	台班	0.308	0.324	0.328

二、水塔（略）
三、贮水（油）池、贮仓

工作内容：铺管、调制接口材料、接口、养护、试水。　　　　　　　　　　单位：10m

定额编号		8-3-1	8-3-2	8-3-3
项目		池底	池壁	池盖
名称	单位	数量		
人工 综合工日	工日	12.93	17.50	14.21
材料 草袋	m³	10.1500	10.1500	10.1500
现浇混凝土C20，石子<40mm	m²	7.2200	0.9190	5.7600
水	m³	2.1900	1.1340	1.8600
机械 混凝土振捣器（插入式）	台班	2.000	2.000	2.000

四、检查井、化粪池及其他（略）
五、室外排水管道

工作内容：铺管、调制接口材料、接口、养护、试水。　　　　　　　　　　单位：10m

定额编号		8-5-28	8-5-29	8-5-30
项目		沥青油膏接口		
		管径（mm）		
		600	700	800
名称	单位	数量		
人工 综合工日	工日	4.37	5.03	5.53
材料 钢筋混凝土管DN600	m	10.5000	—	—
钢筋混凝土管DN700	m	—	10.5000	—
钢筋混凝土管DN800	m	—	—	10.5000
石油沥青10#	kg	0.2896	0.3439	0.3982
沥青油膏	m³	0.0264	0.0314	0.0363
木柴	kg	13.4400	15.9600	18.4800
汽油	kg	0.304	0.3610	0.418
水	m³	1.5040	1.7860	2.0680

工作内容：混凝土运输、捣固、养护。　　　　　　　　　　单位：10m

定额编号		8-5-38	8-5-39	8-5-40
项目		排水管道混凝土基础90°		
		管径（mm）		
		600	700	800
名称	单位	数量		
人工 综合工日	工日	1.06	1.42	1.84
材料 现浇混凝土C15，石子<40mm	m³	1.4808	1.9825	2.5676
草袋	m³	1.9167	2.2255	2.5342
水	m³	0.5750	0.6670	0.7602
机械 混凝土振捣器（插入式）	台班	0.292	0.397	0.506
机动翻斗车1t	台班	0.146	0.198	0.253

六、场区道路（略）

七、构筑物综合项目

工作内容：调制砂浆、混凝土浇捣、养护、砌砖、抹灰、构件运输、安装，搭拆脚手架等操作过程。

单位：座

定额编号		8-7-18	8-7-19	8-7-20
项目		砖砌化粪池　S231（一）		
		2#	3#	3#
		无地下水	有地下水	无地下水
名称	单位	数量		
人工　综合工日	工日	34.77	49.55	39.33
现浇混凝土 C15，石子 <40mm	m³	—	1.3635	—
现浇混凝土 C20，石子 <40mm	m³	3.1607	2.7405	3.5281
现浇混凝土 C25，石子 <31.5mm	m³	(2.0432)	(2.9740)	(2.1203)
现浇混凝土 C30，石子 <31.5mm	m³	2.0432	2.9740	2.1203
水泥砂浆 1:2	m³	1.0745	1.2565	1.2517
混合砂浆，M2.5	m³	(1.5683)	(2.5133)	(1.8518)
混合砂浆，M5.0	m³	1.5683	2.5133	1.8518
素水泥浆	m³	0.0526	0.0615	0.0613
细石混凝土 C20	m³	0.0311	0.0362	0.0362
冷底子油 30:70	kg	—	15.7488	—
草板纸 80#	张	3.2217	3.2787	3.2787
草袋	m²	3.8786	4.3236	4.1892
挡脚板（三等板材）	m³	0.0038	0.0052	0.0043
底座	个	0.0151	0.0209	0.0171
电焊条 E4303 Φ3.2	kg	2.1458	2.5267	2.7010
渡锌低碳钢丝 22#	kg	1.7767	2.9090	1.8950
渡锌低碳钢丝 8#	kg	9.1807	10.1542	9.6076
对接扣件	个	0.0318	0.0438	0.0360
方撑木	m³	0.0351	0.0434	0.0434
防水粉	kg	34.8871	40.8010	40.6419
钢管 Φ48×3.5	m	0.1968	0.2713	0.2229
钢筋 Φ6.5	t	0.0364	0.0475	0.0376
钢筋 Φ8	t	0.0015	0.0509	0.0021
钢筋 Φ10	t	0.0242	0.1302	0.0258
钢筋 Φ12	t	0.0610	0.0359	0.0753
钢筋 Φ14	t	0.2175	0.1011	0.0965
钢筋 Φ16	t	0.0236	0.1748	0.1653
钢筋 Φ18	t	—	0.0231	0.0231
钢筋 Φ20	t	—	0.0181	0.0181
隔离剂	kg	0.8041	1.3379	1.3379
红丹防锈漆	kg	0.0307	0.0908	0.0746

274

定额编号		8-7-18	8-7-19	8-7-20
项目		砖砌化粪池 S231（一）		
		2#	3#	3#
		无地下水	有地下水	无地下水
名称	单位	数量		
人工 综合工日	工日	34.77	49.55	39.33
材料 回转扣件	个	0.0163	0.0480	0.0394
机制红砖 240 * 115 * 53	千块	2.5135	5.9357	4.3734
模板材	m³	0.0135	0.0204	0.0204
木柴	kg	38.6022	66.2762	—
木脚手板	m³	0.0030	0.0089	0.0073
嵌缝料	kg	0.1635	0.2450	0.2450
石油沥青 30#	kg	77.4337	132.9461	—
圆钉	kg	2.8997	4.9302	4.8771
油漆溶剂油	kg	0.0035	0.0104	0.0086
预制混凝土盖板 C20	m³	0.0620	0.3880	0.3880
预制井盖及盖座	m³	0.1780	0.1780	0.1780
直角扣件	个	0.0515	0.1524	0.1252
组合钢模版	kg	5.2888	7.0230	9.0230
水	m³	1.3885	3.0195	2.0660
机械 单筒慢速电动卷扬机 50kN	台班	0.068	0.116	0.081
对焊机 75kVA	台班	0.016	0.030	0.032
钢筋切断机 40mm	台班	0.024	0.049	0.036
钢筋弯曲机 40mm	台班	0.061	0.115	0.078
灰浆搅拌机 200L	台班	0.188	0.399	0.336
混凝土振捣器（插入式）	台班	0.354	0.736	0.835
混凝土振捣器（平板式）	台班	0.053	0.107	—
交流电焊机 30kVA	台班	0.009	0.127	0.137
木工压刨床单面 600mm	台班	0.009	0.013	0.013
木工圆钜机 500mm	台班	0.014	0.021	0.021
汽车式起重机 5t	台班	0.005	0.009	0.009
载货汽车 6t	台班	0.025	0.044	0.042

工作内容：调制砂浆、铺设垫层、砌砖、抹灰、铸铁井盖、混凝土盖板安装等操作过程 单位：个

定额编号		8-7-33	8-7-34	8-7-35	8-7-36
项目		砖砌圆形检查井 S231 Φ700			
		无地下水（井深 m）		有地下水（井深 m）	
		2	每增减 0.1	2	每增减 0.1
名称	单位	数量			
人工 综合工日	工日	4.28	0.18	5.29	0.23
材料 现浇混凝土 C15，石子 <40mm	m³	0.1313	—	0.1313	—
现浇混凝土 C20，石子 <31.5mm	m³	0.0610	—	0.0610	—

定额编号			8-7-33	8-7-34	8-7-35	8-7-36
项目			砖砌圆形检查井 S231 Φ700			
			无地下水（井深 m）		有地下水（井深 m）	
			2	每增减 0.1	2	每增减 0.1
名称		单位	数量			
人工	综合工日	工日	4.28	0.18	5.29	0.23
材料	水泥砂浆 1:2.5	m³	0.0324	0.0015	0.0708	0.0041
	水泥砂浆 1:3	m³	0.0761	0.0036	0.1662	0.0096
	水泥砂浆，M5.0	m³	0.3510	0.0166	0.3510	0.0166
	黄砂（粗砂）	m³	—		0.0377	
	机制红砖 240×115×53	千块	0.8195	0.0388	0.8195	0.0388
	铸铁盖板（带座）	套	1.0000	—	1.0000	
	模板材	m³	0.0050		0.0050	
	碎石	m³			0.1446	
	圆钉	kg	0.0430		0.0430	
	草袋	m²	0.1240		0.1240	
	水	m³	1.1369	0.0094	1.1758	0.0119
机械	电动夯实机 20~62N·m	台班	—	—	0.003	
	灰浆搅拌机 200L	台班	0.058	0.003	0.074	0.004
	混凝土振捣器（平板式）	台班	0.010		0.010	

工作内容：清理基层、夯实、铺设垫层；调制砂浆，混凝土浇捣、养护；灌缝，抹面等。

单位：10m²

定额编号			8-7-49	8-7-50
项目			散水 混凝土	
			3:7 灰土垫层	地瓜石垫层
名称		单位	数量	
人工	综合工日	工日	3.73	3.46
材料	现浇混凝土 C15，石子 <40mm	m³	0.6060	0.6060
	水泥砂浆 1:2.5	m³	0.2020	0.1010
	素水泥浆	m³	0.0100	0.0100
	灰土 3:7	m³	1.5150	—
	黄砂（过筛中砂）	m³		0.4125
	建筑油膏	kg	11.3025	11.3025
	毛石	m³	—	1.8360
	木柴	kg	3.3907	3.3907
	草袋	m²	2.2000	2.2000
	水	m³	0.6800	0.6800
机械	电动夯实机 20~62N·m	台班	0.122	0.100
	灰浆搅拌机 200L	台班	0.026	0.012
	混凝土振捣器（平板式）	台班	0.047	0.047

工作内容：清理基层、夯实、铺设垫层；调制砂浆，混凝土浇捣、养护；抹面或铺块料面层等。

单位：10m²

定额编号		8-7-53	8-7-54
项目		混凝土坡道 3:7 灰土垫层	
		混凝土厚度 mm	
		100	每增减 20
名称	单位	数量	
人工　综合工日	工日	4.41	0.21
材料　现浇混凝土 C20，石子 <40mm	m³	1.0100	0.2020
水泥砂浆 1:1	m³	0.0510	—
灰土 3:7	m³	3.0300	—
草袋	m³	2.2000	—
水	m³	0.88001	0.1000
机械　电动夯实机 20~62N·m	台班	0.188	—
灰浆搅拌机 200L	台班	0.008	—
混凝土振捣器（平板式）	台班	0.079	0.016

第九章　装饰工程

一、楼地面工程

工作内容：（1）清理基层、调运砂浆、抹平、压实。
　　　　　（2）清理基层、混凝土搅拌、捣平、压实。
　　　　　（3）刷素水泥浆。

单位：10m²

定额编号		9-1-1	9-1-2	9-1-3	9-1-4	9-1-5
项目		水泥砂浆			细石混凝土	
		在混凝土或硬基层上	在填充材料上	每增减 5mm	40mm	每增减 5mm
		20mm				
名称	单位	数量				
人工　综合工日	工日	0.78	0.80	0.14	1.03	0.14
材料　水泥砂浆 1:3	m³	0.2020	0.2530	0.0510	—	—
素水泥浆	m³	0.0100	—	—	0.0100	—
细石混凝土 C20	m³	—	—	—	0.4040	0.0510
水	m³	0.0600	0.0600	—	0.0600	—
机械　灰浆搅拌机 200L	台班	0.034	0.042	0.009	—	—
混凝土振捣器（平板式）	台班	—	—	—	0.024	0.004

工作内容：清理基层、调运砂浆、刷素水泥浆、抹面、压光、养护。　　　　　　　　　　单位：分示

定额编号			9-1-9	9-1-12	9-1-13
项目			水泥砂浆		
			楼地面20mm	加浆抹光随捣随抹5mm	踢脚线20mm
			10m²		10m
名称		单位	数量		
人工	综合工日	工日	1.03	0.75	0.50
材料	水泥砂浆1:1	m³	—	0.0510	
	水泥砂浆1:2.5	m³	0.2020		0.0120
	水泥砂浆1:3	m³	—		0.0180
	素水泥浆	m³	0.0100	—	
	草袋	m²	2.2000	2.2000	—
	水	m³	0.3800	0.3800	0.0570
机械	灰浆搅拌机200L	台班	0.034	0.009	0.005

工作内容：清理基层、调运水泥砂浆后胶粘剂、刷素水泥浆、贴彩釉砖、擦缝、清理净面。

单位：10m²

定额编号			9-1-86	9-1-87
项目			彩釉砖　踢脚板	
			水泥砂浆	胶粘剂
名称		单位	数量	
人工	综合工日	工日	0.96	1.06
材料	水泥砂浆1:2.5	m³	0.0200	—
	普通硅酸盐水泥32.5MPa	t	0.0030	—
	白水泥	kg	0.2000	0.4000
	彩釉砖300×300	块	17.0000	17.0000
	干粉型胶粘剂	kg	—	—
	108胶	kg	—	—
	锯末	m³	0.0090	0.0090
	棉纱	kg	0.0150	0.0150
	石料切割锯片	片	0.0040	0.0040
	水	m³	0.0400	0.0040
机械	灰浆搅拌机200L	台班	0.003	0.003
	石料切割机	台班	0.019	0.019

278

工作内容：清理基层、试排弹线、锯板磨边、铺贴饰面、清理净面。　　　　　　单位：10m²

定额编号			9-1-114	9-1-115	9-1-116
项目			全瓷地板砖　楼、地面		
			周长（mm 以内）		
			2400	3200	4000
名称		单位	数量		
人工	综合工日	工日	2.35	2.76	3.25
材料	水泥砂浆 1∶2.5	m³	0.1010	0.1010	0.1010
	素水泥浆	m³	0.0100	0.0100	0.0100
	白水泥	kg	1.030	01.030	01.0300
	锯末	m³	0.0600	0.0600	0.0600
	棉纱	kg	0.1000	0.1000	0.1000
	全瓷抛光地板砖 600×600	块	28.0000	—	—
	全瓷抛光地板砖 800×800	块	—	16.0000	—
	全瓷抛光地板砖 1000×1000	块	—	—	11.0000
	石料切割锯片	片	0.0320	0.0320	0.0320
	水	m³	0.2600	0.2600	0.2600
机械	灰浆搅拌机 200L	台班	0.017	0.017	0.017
	石料切割机	台班	0.151	0.151	0.151

工作内容：清理基层、试排弹线、锯板磨边、铺贴饰面、清理净面。　　　　　　单位：10m²

定额编号			9-1-169	9-1-170	9-1-171
项目			全瓷地板砖		
			干硬性水泥砂浆　周长（mm 以内）		
			2400	3200	4000
名称		单位	数量		
人工	综合工日	工日	2.820	3.312	3.900
材料	水泥砂浆 1∶2	m³	0.303	0.303	0.303
	素水泥浆	m³	0.010	0.010	0.010
	白水泥	kg	1.0300	1.030	1.030
	全瓷抛光地板砖 600×600	块	28.000	—	—
	全瓷抛光地板砖 800×800	块	—	16.000	—
	全瓷抛光地板砖 1000×1000	块	—	—	11.000
	锯末	m³	0.060	0.060	0.060
	棉纱	kg	0.100	0.100	0.100
	石料切割锯片	片	0.032	0.032	0.032
	水	m³	0.260	0.260	0.260
机械	石料切割机	台班	0.151	0.151	0.151
	灰浆搅拌机 200L	台班	0.019	0.019	0.019

工作内容：清理基层、试排弹线、锯板磨边、铺贴饰面、清理净面。　　　　　　　　单位：10m²

定额编号			9-1-172	9-1-173
项目			全瓷地板砖踢脚板	
			水泥砂浆	
			直形	异形
名称		单位	数量	
人工	综合工日	工日	5.144	5.914
材料	水泥砂浆 1:2.5	m³	0.101	0.101
	素水泥浆	m³	0.100	0.100
	白水泥	kg	1.400	1.400
	全瓷地板砖踢脚板　直形	m²	10.200	—
	全瓷地板砖踢脚板　异形	m²	—	10.200
	棉纱	kg	0.150	0.150
	石料切割锯片	片	0.036	0.036
	水	m³	0.300	0.300
机械	石料切割机	台班	0.151	0.151
	灰浆搅拌机 200L	台班	0.017	0.017

二、墙、柱面工程

工作内容：（1）清理、修补、湿润基层表面、堵墙眼、调运砂浆、清扫落地灰。
　　　　　　（2）分层抹灰找平、刷浆、洒水湿润、罩面压光。　　　　　　单位：10m²

定额编号			9-2-20	9-2-31	9-2-42
			墙、柱面一般抹灰　墙面、墙裙（厚度）		
			14mm＋6mm	14mm＋6mm	厚度 7mm
			水泥砂浆	混合砂浆	石膏砂浆
名称		单位	数量		
人工	综合工日	工日	1.45	1.37	1.61
材料	水泥砂浆 1:2.5	m³	0.0690	—	—
	水泥砂浆 1:3	m³	0.1620	—	—
	水泥砂浆 1:2	m³	—	—	0.0010
	石膏砂浆 1:3	m³	—	—	0.0900
	石膏浆	m³	—	—	0.0220
	混合砂浆 1:1:4	m³	—	0.0690	—
	混合砂浆 1:1:6	m³	—	0.1620	—
	水	m³	0.0700	0.0690	0.0500
机械	灰浆搅拌机 200L	台班	0.039	0.039	—

280

工作内容：（1）砂浆厚度调整：调运砂浆。

（2）水刷石零星项目：清理、修补、湿润基层表面、堵墙眼、调运砂浆、清扫落地灰。

（3）砖墙勾缝：刷缝、洗刷、调运砂浆、勾缝、修补等。　　　　　　　单位：10m²

定额编号		9-2-60	9-2-64	9-2-77
项目		墙、柱面一般抹灰		
		抹灰层每增减1mm	砖墙	水刷白石子零星项目
		石膏砂浆	勾缝	12mm＋10mm
名称	单位	数量		
人工　综合工日	工日	0.04	0.69	8.92
材料　水泥砂浆1:3	m³	—	—	0.1450
水泥砂浆1:1	m³	—	0.0090	—
水泥白石子浆1:1.5	m³	—	—	0.1200
素水泥浆	m³	—	—	0.0110
108胶	kg	—	—	0.2210
水泥石子浆1:1.5	m³	—	—	0.0110
石膏砂浆1:3	m³	0.0110	—	0.2210
水	m³	0.0010	0.0410	0.2820
机械　灰浆搅拌机200L	台班	0.002	0..002	0.041

工作内容：（1）玻璃条制作安装、划线分格。

（2）清扫基层、涂刷素水泥浆。　　　　　　　　　　　　　　　　单位：10m²

定额编号		9-2-109	9-2-110	9-2-111	9-2-112
项目		分格嵌缝		增减一遍素水泥浆	
		玻璃嵌缝	分格	有108胶	无108胶
名称	单位	数量			
人工　综合工日	工日	0.80	0.58	0.12	0.12
材料　素水泥浆	m³	—	—	0.0110	0.0110
108胶	kg	—	—	0.2210	—
平板玻璃3mm	m²	0.2390	—	—	—

工作内容：（1）清理修补基层表面、打底抹灰、砂浆找平。

（2）运料、抹结合层砂浆（胶粘剂）、贴块料、擦缝。 单位：10m²

定额编号			9-2-172	9-2-173	9-2-174
			瓷砖		
			水泥砂浆粘贴		干粉型胶粘剂粘贴
			墙面	零星项目	墙面
	名称	单位	数量		
人工	综合工日	工日	3.96	4.38	4.42
材料	水泥砂浆 1:1	m³	0.0610	0.0820	—
	水泥砂浆 1:3	m³	0.1690	0.1800	0.1690
	素水泥浆	m³	0.0100	0.0110	0.0100
	白水泥	kg	1.5500	1.7500	1.5500
	瓷质 250×50	m³	10.2600	11.8090	10.2600
	干粉型胶粘剂	kg	—	—	42.1000
	108 胶	块	0.2210	0.2450	0.2210
	棉纱	kg	0.1000	0.1000	0.1000
	石料切割锯片	片	0.0750	0.0840	0.0750
	水	m³	0.1270	0.1410	0.0950
机械	灰浆搅拌机 200L	台班	0.035	0.038	0.030
	石料切割机	台班	0.116	0.130	0.116

工作内容：（1）清理修补基层表面、打底抹灰、砂浆找平。

（2）运料、抹结合层砂浆、贴块料、擦缝。 单位：10m²

定额编号			9-2-216	9-2-217	9-2-218
			面砖水泥砂浆粘贴		
			灰缝（mm 以内）		
			5	10	20
人工	综合工日	工日	1.58	1.77	1.16
材料	水泥砂浆 1:1	m³	0.0110	0.0200	0.0310
	水泥砂浆 1:2	m³	0.0510	0.0510	0.0510
	水泥砂浆 1:3	m³	0.1680	0.1680	0.1680
	素水泥浆	m³	0.0100	0.0100	0.0100
	瓷质外墙砖 194×94	块	521.0000	498.000	451.000
	棉纱	kg	0.1000	0.1000	0.1000
	石料切割锯片	片	0.0750	0.0750	0.0750
	水	m³	0.0920	0.0920	0.0920
机械	灰浆搅拌机 200L	台班	0.035	0.036	0.037
	石料切割机	台班	0.116	0.116	0.116

三、顶棚工程

工作内容：（1）清理修补基层表面、堵眼、调运砂浆、清扫落地灰。
（2）抹灰找平、罩面及压光及小圆角抹光。　　　　　　单位：10m²

定额编号			9-3-3	9-3-4	9-3-5
项目			混凝土面顶棚抹灰		
			水泥砂浆		混合砂浆
			现浇	预制	抹灰
名称		单位	数量		
人工	综合工日	工日	1.58	1.77	1.16
材料	水泥砂浆1:2.5	m³	0.0720	0.0820	—
	水泥砂浆1:3	m³	0.1010	0.1230	—
	混合砂浆1:1:6	m³	—	—	0.1130
	素水泥浆	m³	0.0100	0.0100	—
	108胶	kg	0.2760	0.2760	—
	水	m³	0.0190	0.0190	0.0190
机械	灰浆搅拌机200L	台班	0.029	0.034	0.019

四、油漆、涂料及裱糊

工作内容：清扫、磨砂纸、点漆片、刮腻子、刷底油一遍、刷调和漆等。　　　单位：10m²

定额编号			9-4-1	9-4-2	9-4-6	9-4-7
项目			木材面调和漆刷面			
			底油一遍、调和漆二遍		调和漆三遍	
			单层木门	单层木窗	单层木门	单层木窗
名称		单位	数量			
人工	综合工日	工日	1.77	1.77	3.62	3.62
材料	白布	m²	0.0250	0.0250	0.0510	0.0510
	催干剂	kg	0.1030	0.0860	0.1510	0.1260
	工业酒精99.5%	kg	0.0430	0.0360	0.0100	0.0080
	漆片	kg	0.0070	0.0060	—	—
	清油	kg	0.1750	0.1460	0.3550	0.2960
	砂纸	张	4.2000	3.5000	6.0000	5.0000
	石膏粉	kg	0.5040	0.4200	0.5300	0.4420
	熟桐油	kg	0.4250	0.3540	0.6890	0.5740
	无光调和漆	kg	4.6970	3.9140	7.1950	5.9960
	油漆溶剂油	kg	1.1140	0.9280	1.1140	0.9280
	大白粉	kg	—	—	1.8670	0.0080
	棉纱	kg	—	—	0.3600	0.3000

工作内容：除锈、清扫、清洗、刷漆等。 单位：分示

定额编号			9-4-136	9-4-137	9-4-138	9-4-139
项目			红丹防锈漆一遍		银粉漆二遍	
			金属面	金属构件	金属面	金属构件
			10m²	t	10m²	t
名称		单位	数量			
人工	综合工日	工日	0.39	0.98	1.14	2.26
材料	砂布	张	2.7000	8.0000	—	—
	清油	kg	—	—	1.0340	2.9100
	银粉	kg	—	—	0.2550	0.7200
	砂纸	张	—	—	0.8000	2.0000
	催干剂	kg	—	—	0.0660	0.1900
	白布	m²	—	—	0.0160	0.0300
	红丹防锈漆	kg	1.6520	4.6500	—	—
	油漆溶剂油	kg	0.1720	0.4800	2.7580	7.7600

工作内容：清理基层、刷各遍涂料，调制腻子、刮腻子、磨砂纸、涂刷面层等。 单位：10m²

定额编号			9-4-151	9-4-164	9-4-184
项目			顶棚	抹灰面刷涂料面层	抹灰墙面(一底二涂)
			室内刷乳胶漆二遍	仿瓷涂料(二遍)	丙烯酸外墙面涂料
名称		单位	数量		
人工	综合工日	工日	0.38	0.58	0.81
材料	白布	m²	0.0070	—	—
	乳胶漆	kg	2.9200	—	—
	砂纸	张	0.8000	—	—
	108 胶	kg	—	8.0000	—
	双飞粉	kg	—	20.0000	—
	丙烯乳胶漆	kg	—	—	4.2000
	丙烯酸清漆	kg	—	—	1.2000

工作内容：清理基层、调制胶漆、裱糊面料等。 单位：10m²

定额编号			9-4-209	9-4-210	9-4-211	9-4-212
项目			顶棚、内墙抹灰面		外墙抹灰面	
			满刮腻子			
			二遍	每增一遍	二遍	每增一遍
名称		单位	数量			
人工	综合工日	工日	0.44	0.15	0.54	0.30
材料	白水泥	kg	—	—	5.0000	1.6700
	白乳胶	kg	—	—	0.2500	0.0800
	108 胶	kg	1.0000	0.3500	1.8000	0.6000
	滑石粉	kg	3.6500	1.2800	—	—
	砂纸	张	6.0000	3.0000	6.0000	3.0000

五、配套装饰项目

工作内容：定位、弹线、打孔、安装成品线条、清理净面。　　　　　　单位：10m

定额编号			9-5-83	9-5-84
项目			石膏阴阳角线	
			宽度（mm 以内）	
			100	150
名称		单位	数量	
人工	综合工日	工日	0.51	0.60
材料	石膏粉	kg	0.4000	0.5000
	石膏装饰线 100mm（阴阳角）	m	11.0000	—
	石膏装饰线 150mm（阴阳角）	m	—	11.0000
	万能胶	kg	0.2000	0.2500
	直钉	盒	0.0200	0.0200

第十章　施工技术措施项目

一、脚手架工程

工作内容：平土、挖坑、安底座、打缆风桩、拉缆风绳、场内外材料运输、搭拆脚手架、上料平台、
　　　　挡脚板、护身栏杆、上下翻板子和拆除后的材料堆放、整理外运等。　　单位：10m²

定额编号			10-1-2	10-1-4	10-1-5	10-1-6
项目			木架	钢管架		
				15m 以内		24m 以内
			双排	单排	双排	
名称		单位	数量			
人工	综合工日	工日	0.81	0.65	0.87	0.98
材料	底座	个	—	0.0240	0.0370	0.0260
	镀锌低碳钢丝 8#	kg	11.3660	0.4130	0.4750	0.5320
	钢管Φ48×3.5	m	—	1.1340	1.6910	1.8360
	钢丝绳Φ8.1～9	kg	—	0.0250	0.0250	0.0260
	红丹防锈漆	kg	—	0.3770	0.5600	0.6100
	木脚手板	m³	0.0119	0.0081	0.0093	0.0123
	圆钉	kg	0.0640	0.0400	0.0550	0.0660
	油漆溶剂油	kg	—	0.0430	0.0630	0.0700
	圆木桩	m³	—	0.0003	0.0003	0.0002
	直角扣件	个	—	0.8330	1.2930	1.2880
	对接扣件	个	—	0.1060	0.1820	0.2670
	回转扣件	个	—	0.0520	0.0520	0.0740
	木脚手杆	m³	0.0488	—	—	—
机械	载货汽车 6t	台班	0.034	0.022	0.030	0.028

工作内容：（1）脚手架搭拆同前。

（2）平台下料、制作、固定、钢缆绳加固等。 单位：10m²

定额编号			10-1-8	10-1-11	10-1-14
项目			钢管架		型钢平台外挑双排钢管架
			50m 以内	10m 以内	
			双排		110m 以内
名称		单位	数量		
人工	综合工日	工日	1.32	3.91	3.95
材料	底座	个	0.0280	0.0280	0.0280
	垫木	m³	—	0.0006	0.0002
	镀锌低碳钢丝 8#	kg	0.6360	0.5470	0.3240
	钢管Φ48×3.5	m	3.2900	10.7530	8.7790
	钢丝绳Φ8.1~9	kg	0.1860	0.5630	0.5630
	红丹防锈漆	kg	1.0890	3.5630	2.2150
	木脚手板	m³	0.0234	0.0540	0.0232
	圆钉	kg	0.0770	0.1100	0.0234
	油漆溶剂油	kg	0.1240	0.4050	0.4200
	圆木桩	m³	0.0006	0.0020	0.0020
	直角扣件	个	2.1180	7.8060	5.8320
	对接扣件	个	0.4420	1.5100	0.3290
	回转扣件	个	0.4230	0.8300	1.1660
	槽钢 18#	kg	—	—	9.1470
	电焊条 E4303 Φ3.2	kg	—	—	0.5760
	钢丝绳Φ17.5	kg	—	—	1.4127
	钢丝绳夹 18M16	个	—	—	1.8460
	花篮螺栓 COM14×150	套	—	—	0.3080
	铁件	kg	—	—	4.6140
机械	载货汽车 6t	台班	0.030	0.036	0.029
	交流电焊机 30kVA	台班	—	—	0.015

工作内容：平土、挖坑、安底座、选料、材料的场内外运输、搭拆架子、铺拆脚手板/脚手架、拆除后
材料堆放、外运等。 单位：10m²

定额编号		10-1-21	10-1-22	10-1-27	10-1-28
项目		钢管架			
		3.6m 以内		基本层	增加层 1.2m
		单排	双排		
名称	单位	数量			
人工	综合工日	工日	0.39	0.54	0.96	0.36
材料	底座	个	0.0050	0.0100	—	—
	木脚手架	m³	0.0011	0.0011		
	钢管Φ48×3.5	m	0.0274	0.0530	0.2600	0.0870
	镀锌低碳钢丝8#	kg	0.4530	0.4530	2.9340	—
	对接扣件	个	0.0010	0.0017	0.0420	0.0140
	直角扣件	个	0.0135	0.0270	0.1460	0.0490
	红丹防锈漆	kg	0.0091	0.0175	0.0870	0.0290
	圆钉	kg	0.0660	0.0660	0.2850	
	油漆溶剂油	kg	0.0010	0.0020	0.0100	0.0030
	木脚手板	m³	—	—	0.0085	
	挡脚板（三等板材）	m³	—	—	0.0050	
	回转扣件	kg	—	—	0.0460	0.0150
机械	载货汽车6t	台班	0.022	0.031	0.010	0.002

工作内容：支撑、挂网、翻网绳、阴阳角挂绳、拆除等。 单位：10m²

定额编号		10-1-46	10-1-51
项目		立挂式	建筑物垂直封闭
			密目网
名称	单位	数量	
人工	综合工日	工日	0.02	0.17
材料	安全网	m³	3.2080	—
	镀锌低碳钢丝8#	kg	0.9690	0.9690
	密目网	m²	—	10.5000

工作内容：平土、挖坑、安底座、打缆风桩、拉缆风绳、场内外材料运输、搭拆脚手架、上料平台、挡脚板、护身栏杆、上下翻板子和拆除后的材料堆放、整理外运等。 单位：10m²

定额编号			10-1-100	10-1-101	10-1-102	10-1-103
项目			外脚手架（6m以内）			
			木架		钢管架	
			单排	双排	单排	双排
名称		单位	数量			
人工	综合工日	工日	0.390	0.530	0.420	0.570
材料	底座	个	—	—	0.022	0.024
	镀锌低碳钢丝8#	kg	5.069	8.477	0.247	0.284
	钢管Φ50×3.5	m	—	—	0.700	1.043
	钢丝绳Φ8.1~9	kg	—	—	0.010	0.010
	红丹防锈漆	kg	—	—	0.233	0.346
	木脚手板	m³	0.004	0.005	0.004	0.004
	木脚手杆	m³	0.034	0.046	—	—
	圆钉	kg	0.061	0.062	0.023	0.031
	油漆溶剂油	kg	—	—	0.026	0.039
	直角扣件	个	—	—	0.610	0.947
	对接扣件	个	—	—	0.052	0.090
	回转扣件	个	—	—	0.029	0.029
机械	载货汽车6t	台班	0.018	0.024	0.018	0.022

二、垂直运输机械及超高增加

工作内容：单位工程在合理工期内完成全部工程项目所需要的垂直运输机械。 单位：分示

定额编号			10-2-1	10-2-2	10-2-3	10-2-4
项目			±0.00以下垂直运输机械 钢筋混凝土			
			满堂基础（深度>3m）	地下室		
				一层	二层	三层
			10m³	10m²		
名称		单位	数量			
人工	综合项目	工日	0.45	—	—	—
机械	单筒快速电动卷扬机20kN	台班	—	0.250	0.263	0.275
	塔式起重机		0.385	0.680	0.570	0.420

注：（1）钢筋混凝土地下室含基础用塔吊台班。
（2）卷扬机为地下室抹灰用，若不抹灰扣除。

工作内容：单位工程在合理工期内完成全部工程项目所需要的垂直运输机械。　　　　　单位：10m²

定额编号		10-2-5	10-2-6	10-2-7	10-2-8
项目		20m 以下垂直运输机械			
		建筑物		单层厂房	多层厂房
		混合结构	现浇混凝土结构	预制排架	预制框架
名称	单位	数量			
机械　单筒快速电动卷扬机 20kN	台班	0.811	1.091	1.800	0.994
塔式起重机	台班	0.244	0.328	—	—

工作内容：单位工程在合理工期内完成全部工程项目所需要的垂直运输机械及由水压不足所发生的加压用水泵台班。　　　　　单位：10m²

定额编号		10-2-9	10-2-10	10-2-11	10-2-12
项目		20m 以上垂直运输机械　混合结构			
		影剧院混合结构		其他混合结构	
		檐高（m）以内			
		30	40	30	40
名称	单位	数量			
人工　综合工日	工日	—	—	—	0.31
机械　单筒快速电动卷扬机 20kN	台班	1.075	1.175	0.838	1.017
电动多级离心清水泵 50mm	台班	—	0.114	0.114	0.174
对讲机	台班	—	—	—	0.610
塔式起重机 8t	台班	0.394	0.431	0.252	0.305
其他机械费占机械费	%	—	—	2.000	2.000

工作内容：（1）工人上下降低工效；（2）垂直运输影响的时间；（3）由于人工降效引起的其他机械降效。

定额编号		10-2-54	10-2-55	10-2-56
项目		建筑物超高人工、机械增加　檐高（m）以内		
		70	80	90
名称	单位	数量		
材料　人工降效	%	12.8600	15.0000	17.1100
机械　其他机械降效	%	12.860	15.000	17.110

三、构件运输及安装工程

工作内容：设置一般支架（垫木条）、装车绑扎、运输按规定地点卸车堆放、支垫稳固。

单位：10m²

定额编号		10-3-7	10-3-11	10-3-12	10-3-31
项目		预制混凝土构件运输			Ⅱ类金属结构构件运输
		Ⅱ类	Ⅲ类		
		10km 以内	10km 以内	10km 以外每增1km	10km 以内
名称	单位	数量			
人工 综合工日	工日	3.92	6.30	0.61	1.60
材料 镀锌低碳钢丝 8#	kg	3.1400	2.4000	—	2.1000
二等板方材	m³	0.0100	0.0200	—	0.0360
钢丝绳	kg	0.3200	0.2500	—	0.2100
角钢支架	kg	—	2.1300	—	—
机械 汽车式起重机 5t	台班	0.540	—	—	0.330
载货汽车 8t	台班	0.810	—	0.153	0.600
平板拖车组 20t	台班	—	1.580	—	—
汽车式起重机 5t	台班	—	1.050	—	—

工作内容：装车、绑扎、运输、按指定地点卸车、堆放。

单位：10m²

定额编号		10-3-38	10-3-41	10-3-44
项目		木门窗运输	铝合金、塑钢门窗运输	
			不带纱	带纱
		10km 以内		
名称	单位	数量		
人工 综合工日	工日	0.15	0.08	0.08
材料 镀锌低碳钢丝 8#	kg	—	0.4300	0.4300
二等板方材	m³	—	0.0200	0.0200
钢丝绳	kg	—	0.4300	0.4300
机械 载货汽车 6t	台班	0.076	0.028	—
载货汽车 8t	台班	—	—	0.030

工作内容：（1）构件翻身、就位、加固、安装、校正、垫实结点、焊接或紧固螺栓。

（2）构件灌缝。

单位：10m³

定额编号		10-3-51	10-3-52	10-3-53	10-3-54
		轮胎式起重机安装柱 每个构件单体（m³ 以内）			
		6		10	
		安装	灌缝	安装	灌缝
名称	单位	数量			
人工 综合工日	工日	7.11	2.94	7.85	0.75
细石混凝土 C20	m³	—	0.7300	—	0.3600
混凝土柱（现场预制）	m³	(10.000)	—	(10.000)	—
垫木	m³	0.0910	—	0.0900	—
方木撑	m³	0.0040	—	0.0020	—
材料 麻袋	条	0.4400	—	0.2500	—
杉杆Φ0.12×2.5m	m³	0.0980	—	0.0850	—
圆钉	kg	1.1100	—	0.6200	—
斜垫铁	kg	2.9600	—	1.6700	—
草袋	m²	—	0.3900	—	0.2000
水	m³	—	0.6700	—	0.3300
轮胎式起重机 25t	台班	0.370	—	—	—
机械 轮胎式起重机 40t	台班	—	—	0.410	—
载货汽车 6t	台班	0.010	—	0.010	—

工作内容：（1）构件翻身、就位、加固、安装、校正、垫实结点、焊接或紧固螺栓。

（2）构件灌缝。

定额编号		10-3-84	10-3-85	10-3-148
项目		T 型吊车梁		灌缝
		单体2.0m³ 以内	吊车梁	天窗架、端壁板
名称	单位	数量		
人工 综合工日	工日	4.55	3.15	4.80
细石混凝土 C20	m³	—	0.9880	0.0100
混凝土 T 型吊车梁（现场预制）	m³	(10.0000)	—	—
垫木	m³	0.0020	—	—
垫铁	kg	0.9800	—	—
电焊条 E4303 Φ3.2	kg	12700	—	—
镀锌低碳钢丝 8#	kg	0.3100	—	2.4100
材料 方木撑	m³	0.0010	—	—
麻袋	条	0.2500	—	—
圆钉	kg	0.3100	5.5500	0.5300
模板材	m³	—	0.1220	0.0170
草袋	m²	—	0.3200	0.1000
水	m³	—	0.8830	0.0100
交流电焊机 30kVA	台班	0.700	—	—
轮胎式起重机 20t	台班	0.350	—	—
机械 木工圆锯机 500mm	台班	—	0.320	0.001
载货汽车 6t	台班	—	0.010	0.0350

工作内容：构件加固、吊装校正、拧紧螺栓、电杆固定、构件翻身、就位。　　　　　　单位：10m²

定额编号			10-3-242	10-3-243	10-3-244
项目			单式柱间支撑		
			每榀构件重量（t 以内）		
			0.3	0.5	1
名称		单位	数量		
人工	综合工日	工日	9.28	4.48	3020
材料	垫木	m³	0.0020	0.0010	0.0010
	电焊条 E4303 Φ3.2	kg	42.5600	17.3900	10.6400
	镀锌低碳钢丝 8#	kg	0.1900	0.1900	0.2000
	二等板方材	m³	0.0010	0.0010	0.0010
	圆木	m³	0.0040	0.0040	.0.0040
机械	交流电焊机 30kVA	台班	1.320	0.640	0.460
	轮胎式起重机 20t	台班	0.580	0.280	0.200

四、混凝土模板及支撑工程

工作内容：（1）木模板制作。

　　　　　（2）模板安装、拆除、整理、堆放及场内外运输。

　　　　　（3）清理模板粘结物及模内杂物、刷隔离剂等。　　　　　　单位：10m²

定额编号			10-4-26	10-4-27	10-4-36	10-4-37	10-4-49
项目			独立基础		高杯基础		混凝土基础垫层
			复合木模板	胶合板模板	复合木模板		模板
			木支撑		钢支撑	木支撑	
名称		单位	数量				
人工	综合工日	工日	2.61	1.99	2.90	2.87	1.28
材料	水泥砂浆 1:2	m³	0.0012	0.0012	0.0012	0.0012	0.0012
	草板纸 80#	张	3.0000	3.0000	3.0000	3.0000	—
	镀锌低碳钢丝 22#	kg	0.0180	0.0180	0.0180	0.0180	0.0180
	镀锌低碳钢丝 8#	kg	5.1990	5.1990	5.7670	3.8510	
	组合钢模板	个	0.2220	—	—	—	—
	支撑钢管及扣件	kg	—	—	3.3430	—	—
	复合木模板	m²	0.2250	—	0.2140	0.2140	—
	胶合板模板	m²	—	1.1800	—	—	—
	零星卡具	kg	2.7920	—	3.6660	2.3660	—
	模板材	kg	0.0095	—	0.0101	0.0101	0.1445
	方撑木	m³	0.0645	0.0645	0.0519	0.0774	—
	隔离剂	kg	1.0000	1.0000	1.000	1.0000	1.000
	圆钉	kg	1.2720	0.9540	1.7020	0.3240	0.1445
机械	木工圆锯机 500mm	台班	0.007	0.007	0.009	0.009	0.016
	汽车式起重机 5t	台班	0.008		0.017	0.008	
	载货汽车 6t	台班	0.028	0.027	0.038	0.032	0.011

工作内容：（1）木模板制作。

（2）模板安装、拆除、整理、堆放及场内外运输。

（3）清理模板粘结物及模内杂物、刷隔离剂等。　　　　　　　　　　单位：10m²

定额编号		10-4-84	10-4-85	10-4-88	10-4-89	10-4-100	10-4-101
项目		矩形柱				构造柱	
		组合钢模板		胶合板模板		复合木模板	
		钢支撑	木支撑	钢支撑	木支撑	钢支撑	木支撑
名称	单位	数量					
人工　综合工日	工日	4.15	4.11	2.85	2.81	4.13	4.17
材料　草板纸80#	张	3.0000	3.0000	3.0000	3.0000	3.0000	3.0000
组合钢模板	kg	8.4280	8.4280	—	—	2.0300	2.0300
复合木模板	m²	—	—	—	—	0.1930	0.1930
胶合板模板	m²	—	—	1.1800	1.1800	—	—
零星卡具	kg	7.1970	6.5240	0.6730	—	—	—
支撑钢管及扣件	kg	4.5940	—	4.5940	—	37400	—
模板材	m³	0.0064	0.0064	—	—	—	—
圆钉	kg	0.1800	0.4020	0.1800	0.4020	—	—
方撑木	m³	0.0182	0.0519	0.0182	0.0519	—	0.0860
隔离剂	kg	1.0000	1.0000	1.0000	1.0000	1.0000	1.0000
铁件	kg	—	1.1420	—	1.1420	—	—
镀锌低碳钢丝8#	kg	—	—	—	—	27.0000	27.0000
机械　木工圆锯机500mm	台班	0.006	0.006	0.006	—	—	—
汽车式起重机5t	台班	0.018	0.011	0.012	—	0.020	0.010
载货汽车6t	台班	0.039	0.028	0.036	0.026	0.030	0.040

工作内容：（1）木模板制作。

（2）模板安装、拆除、整理、堆放及场内外运输。

（3）清理模板粘结物及模内杂物、刷隔离剂等。　　　　　　　　　　单位：10m²

定额编号		10-4-106	10-4-107	10-4-108	10-4-109	10-4-117	10-4-118
项目		基础梁				过梁	
		复合木模板		胶合板模板		复合木模板	胶合板模板
		钢支撑	木支撑	钢支撑	木支撑	木支撑	木支撑
名称	单位	数量					
人工　综合工日	工日	2.97	2.98	2.30	2.33	5.11	4.07
材料　水泥砂浆1:2	m³	0.0012	0.0012	0.0012	0.0012	0.0012	0.0012
草板纸80#	张	3.0000	3.0000	3.0000	3.0000	3.000	3.0000
镀锌低碳钢丝22#	kg	0.0180	0.0180	0.0180	0.0180	0.0180	0.0180
镀锌低碳钢丝8#	kg	1.7220	3.8630	1.7220	3.8630	1.2040	1.2040
组合钢模板	kg	0.5750	0.5750	—	—	—	—
复合木模板	m²	0.2210	0.2210	—	—	0.2258	—
胶合板模板	m²	—	—	1.0170	1.0170	—	1.0170
梁卡具（模板用）		1.8510	1.8510	—	1.8510	—	—
零星卡具		3.4320	3.4320	3.4320	—	1.2960	—
方撑木		0.0281	0.0613	0.0281	0.0613	0.0835	0.0835
模板材		0.0043	0.0043	0.0043	—	0.0193	—
隔离剂		1.0000	1.0000	1.0000	1.0000	1.0000	1.0000
圆钉		2.1920	3.9440	2.1030	3.7830	6.3160	5.8680
机械　木工圆锯机500mm	台班	0.004	0.004	0.003	0.003	0.063	0.044
汽车式起重机5t	台班	0.011	0.007	0.002	—	0.008	—
载货汽车6t	台班	0.023	0.026	0.020	0.028	0.031	0.024

工作内容：（1）木模板制作。

（2）模板安装、拆除、整理、堆放及场内外运输。

（3）清理模板粘结物及模内杂物、刷隔离剂等。　　　　　　　　　单位：10m²

定额编号		10-4-123	10-4-124	10-4-125	10-4-126	10-4-127
项目		异形梁		圈梁		
		木模板	胶合板模板	直形		
				组合钢模板	复合木模板	胶合板模板
				木支撑		
名称	单位	数量				
人工	综合工日	工日	5.24	4.08	3.61	3.11	2.41
材料	水泥砂浆1:2	m³	0.0003	0.0003	0.0003	0.0003	0.0003
	镀锌低碳钢丝22#	kg	0.0180	0.0180	0.0180	0.0180	0.0180
	镀锌低碳钢丝8#	kg	—	—	6.4540	6.4540	6.4540
	草板纸80#	张	—	—	3.0000	3.0000	3.0000
	组合钢模板	kg	—	—	8.2560	—	—
	复合木模版	m²	—	—	—	0.2373	—
	胶合板模板	m²	—	1.0170	—	—	1.0170
	模板材	m³	0.0910	—	0.0014	0.0014	—
	嵌缝料	kg	1.0000	1.0000	—	—	—
	隔离剂	kg	1.0000	1.0000	1.0000	1.0000	1.0000
	方撑木	m³	0.1087	0.1087	0.0109	0.0109	0.0109
	圆钉	kg	6.1540	6.0520	3.2970	3.2970	3.2970
机械	木工圆锯机500mm	台班	0.089	0.028	0.001	0.001	—
	汽车式起重机5t	台班	—	—	0.008	0.008	—
	载货汽车	台班	0.031	0.039	0.015	0.015	0.016

工作内容：（1）木模板制作。

（2）模版安装、拆除、整理、堆放及场内外运输。

（3）清理模版粘结物及模板内杂物、刷隔离剂等。　　　　　　　　　单位：10m²

定额编号		10-4-160	10-4-161	10-4-172	10-4-173
项目		有梁板		平板	
		胶合板模板		胶合板模板	
		钢支撑	木支撑	木支撑	钢支撑
名称	单位	数量			
人工	综合工日	工日	265	2.75	2.38	2.39
材料	水泥砂浆1:2	m³	0.0007	0.0007	0.0003	0.0003
	草板纸80#	张	3.0000	3.0000	3.0000	3.0000
	镀锌低碳钢丝22#	kg	0.0180	0.0180	0.0180	0.0180
	镀锌低碳钢丝8#	kg	2.2140	3.2480	—	—
	胶合板模板	m²	1.1800	1.1800	1.1800	1.1800
	梁卡具（模板用）	kg	0.5890	—	—	—
	支撑钢管及扣件	m³	5.8040	—	14.8010	—
	方撑木	kg	0.0193	0.0911	0.0231	0.1050
	隔离剂	kg	1.0000	1.0000	1.0000	1.0000
	圆钉	kg	0.1700	3.0250	0.1790	1.9790
机械	木工圆锯机500mm	台班	0.004	0.012	0.004	0.004
	汽车式起重机5t	台班	0.014	—	0.011	—
	载货汽车6t	台班	0.038	0.034	0.033	0.036

工作内容：（1）木模板制作。

（2）模板安装、拆除、整理、堆放及场内外运输。

（3）清理模板粘结物及模板内杂物、刷隔离剂等。

单位：10m²

定额编号			10-4-201	10-4-203	10-4-206	10-4-211
项目			楼梯	悬挑板（阳台、雨篷）	板	挑檐、天沟
			直形	直形		
			木模板、木支撑			
名称		单位	数量			
人工	综合工日	工日	10.63	7.44	3.03	5.36
材料	方撑木	m³	0.1680	0.2110	0.1776	0.0387
	隔离剂	kg	2.0400	1.5500	1.0000	1.0000
	模板材	m³	0.1780	0.1020	0.1169	0.0841
	嵌缝料	kg	2.0400	1.5500	1.0000	1.0000
	圆钉	kg	10.6800	11.6000	2.5930	4.2040
机械	木工圆锯机 500mm	台班	0.500	0.350	0.093	0.206
	载货汽车 6t	台班	0.050	0.060	0.020	0.020

第二部分　《山东省建筑工程价目表》摘录

第一章　土石方工程

定额编号	项目名称	单位	省定额价			
			基价	人工费	材料费	机械费
1-1-13	反铲挖掘机挖　自卸汽车运　1km 以内普通土	10m³	98.30	4.77	0.53	93.00
1-1-14	反铲挖掘机挖　自卸汽车运　1km 以内坚土	10m³	115.07	4.77	0.53	109.77
1-1-15	自卸汽车每增运 1km	10m³	15.49	—	—	15.49
1-1-21	机械回填碾压　光轮压路机	10m³	85.36	23.32	0.68	59.34
1-2-1	人工挖土方（深度）2m 以内普通土	10m³	120.84	120.84	—	—
1-2-2	人工挖土方（深度）2m 以内普通土	10m³	184.97	184.97	—	—
1-2-3	人工挖土方（深度）2m 以内坚土	10m³	230.55	230.55	—	—
1-2-4	人工挖土方（深度）4m 以内坚土	10m³	294.68	294.68	—	—
1-2-10	人工挖沟槽（槽深）2m 以内普通土	10m³	171.15	170.66	—	0.49
1-2-11	人工挖沟槽（槽深）2m 外普通土	10m³	232.89	232.67	—	0.22
1-2-12	人工挖沟槽（槽深）2m 以内坚土	10m³	337.04	336.55	—	0.49
1-2-13	人工挖沟槽（槽深）4m 以内坚土	10m³	379.17	378.95	—	0.22
1-2-16	人工挖地坑（坑深）2m 以内普通土	10m³	190.63	189.21	—	1.42
1-2-17	人工挖地坑（坑深）2m 以外普通土	10m³	254.02	253.34	—	0.68
1-2-18	人工挖地坑（坑深）2m 以内坚土	10m³	379.84	378.42	—	1.42

定额编号	项目名称	单位	省定额价			
			基价	人工费	材料费	机械费
1-2-19	人工挖地坑（坑深）4m 以内坚土	10m³	427.33	426.65	—	0.68
1-2-56	人工装车　土方	10m³	82.68	82.68	—	—
1-2-57	人工装车　石渣	10m³	110.77	110.77	—	—
1-3-9	挖掘机挖土方　普通土	10m³	25.55	3.18	—	22.37
1-3-10	挖掘机挖土方　坚土	10m³	31.31	3.18	—	28.13
1-3-12	挖掘机挖沟槽　地坑　普通土	10m³	27.72	6.36	—	21.36
1-3-13	挖掘机挖沟槽　地坑　坚土	10m³	29.83	6.36	—	23.47
1-3-14	挖土方　自卸汽车1km 内普通土	10m³	118.83	4.77	0.53	113.57
1-3-15	挖土方　自卸汽车1km 内坚土	10m³	143.70	4.77	0.53	138.40
1-3-45	装载机装车　土方	10m³	20.13	3.18	—	16.95
1-3-47	挖掘机装车　土方	10m³	18.89	3.18	—	15.71
1-3-57	自卸汽车运输　土方运距1km 以内	10m³	68.41	1.59	0.53	66.29
1-3-58	自卸汽车运输　土方每增运1km	10m³	11.94	—	—	11.94
1-4-1	场地平整　人工	10m³	33.39	33.39	—	—
1-4-2	场地平整　机械	10m³	5.34	0.53	—	4.81
1-4-3	竣工清理	10m³	8.48	8.48	—	—
1-4-4	基底钎探	10 眼	60.42	60.42	—	—
1-4-7	机械碾压　原土	10m²	1.18	0.53	—	0.65
1-4-8	机械碾压　填土	10m³	101.11	25.97	0.68	74.46
1-4-9	松填土　人工	10m³	41.87	41.87	—	—
1-4-10	夯填土（地坪）人工	10m³	85.48	84.8	0.68	—
1-4-11	夯填土（地坪）机械	10m³	44.91	28.09	—	16.82
1-4-12	夯填土（沟槽地坑）人工	10m³	106.68	106.00	0.68	—
1-4-13	夯填土（沟槽地坑）机械	10m³	58.96	37.10	—	21.86
1-4-17	钎探灌砂	10 眼	2.19	1.17	1.02	—

第二章　地基处理与防护工程

定额编号	项目名称	单位	省定额价			
			基价	人工费	材料费	机械费
2-1-1	3:7 灰土	10m³	1268.41	443.61	812.75	12.05
2-1-2	砂	10m³	1230.51	246.98	981.38	2.15
2-1-6	碎石灌浆	10m³	1818.80	431.95	1335.89	50.96
2-1-10	地瓜石灌浆	10m³	1930.11	572.93	1304.85	52.33
2-1-13	C15(40) 现浇无筋混凝土	10m³	2405.26	541.13	1853.53	10.60

定额编号	项目名称	单位	省定额价			
			基价	人工费	材料费	机械费
2-1-14	C15(40) 现浇毛石混凝土	10m³	2255.85	513.04	1732.21	10.60
2-2-1	夯填灰土	10m³	1264.05	430.36	821.64	12.05
2-2-4	推土机填砂碾压	10m³	821.13	3.71	784.84	32.58
2-2-5	推土机挤淤碾压	10m³	846.93	6.36	782.42	58.15
2-3-2	打预制钢筋混凝土方桩 18m 以内	10m³	1959.46	283.02	57.56	1618.88
2-3-3	打预制钢筋混凝土方桩 30m 以内	10m³	1252.59	169.07	57.56	1025.96
2-3-4	打预制钢筋混凝土方桩 30m 以外	10m³	1080.82	144.69	57.56	878.57
2-3-5	压预制钢筋混凝土方桩 12m 以内	10m³	2431.21	380.54	180.32	1870.35
2-3-6	压预制钢筋混凝土方桩 30m 以内	10m³	2547.03	401.21	180.32	1965.50
2-3-7	压预制钢筋混凝土方桩 30m 以外	10m³	3005.80	332.31	180.32	2493.17
2-3-9	打预制钢筋混凝土管桩 16m 以内	10m³	8988.41	537.95	657.82	2292.64
2-3-10	打预制钢筋混凝土管桩 24m 以内	10m³	8575.76	458.98	6157.82	1958.96
2-3-22	螺旋钻机钻孔（桩长）12m 以内钻孔	10m³	2011.21	528.94	123.80	1358.47
2-3-23	C20(31.5) 现浇螺旋钻机钻孔（桩长）12m 以内灌注混凝土	10m³	3011.97	236.38	2498.85	276.74
2-3-24	螺旋钻机钻孔（桩长）12m 以外钻孔	10m³	1772.82	452.09	123.80	1196.93
2-3-25	C20(31.5) 现浇螺旋钻机钻孔（桩长）12m 以外灌注混凝土	10m³	2902.21	159.53	2498.85	243.83
2-3-62	预制钢筋混凝土截桩　包钢板	10 根	8260.77	1015.48	3359.93	3885.36
2-3-63	预制钢筋混凝土截桩　硫磺胶泥	10m³	25159.39	5109.20	4160.61	15889.58
2-3-64	预制钢筋混凝土截桩　方桩	10 根	1318.53	248.04	950.20	120.29
2-3-65	预制钢筋混凝土截桩　管桩	10 根	477.23	201.40	—	275.83
2-3-66	凿桩头　预制钢筋混凝土方桩（10m³ 桩头体积）	10m³	2577.61	1883.62	—	693.99
2-3-67	凿桩头灌注混凝土桩（10m³ 桩头体积）	10m³	1026.83	749.95	—	276.88
2-3-68	桩头钢筋整理（10 根桩）	10 根	45.58	45.58	—	—
2-4-79	强夯 <300t·m　4 夯点以内 4 击	100m²	670.80	131.44	—	539.36
2-4-80	强夯 <300t·m　4 夯点以内增减 1 击	100m²	80.89	14.31	—	66.58
2-4-81	强夯 <300t·m　底锤满拍	100m²	2866.75	310.05	—	2556.70
2-4-84	强夯 <400t·m　4 夯点以内 4 击	100m²	1124.39	193.98	—	930.41
2-4-85	强夯 <400t·m　4 夯点以内增减 1 击	100m²	189.41	29.15	—	160.26
2-4-86	强夯 <400t·m 底锤满拍	100m²	3531.71	529.47	—	3002.24
2-5-1	木档土板　疏板　木撑	10m²	164.36	87.98	76.38	—
2-5-2	木档土板　疏板　钢撑	10m²	133.30	67.31	65.99	—
2-5-3	木档土板　密板　木撑	10m²	207.68	113.42	94.26	—
2-5-4	木档土板　密板　钢撑	10m²	168.04	86.39	81.65	—
2-5-21	钻杆机钻孔灌浆	10m	1547.06	318.00	654.94	574.12
2-5-23	喷射混凝土护坡　初喷 50mm 土层	10m²	248.46	78.44	131.36	38.66
2-5-25	喷射混凝土护坡每增减 10mm	10m²	48.07	14.31	26.27	7.49
2-6-12	轻型井点（深 7m）降水井管安装、拆除	10 根	2217.04	829.98	372.41	1014.65
2-6-13	轻型井点（深 7m）降水设备使用	套天	1162.70	159.00	85.88	917.82

第三章　砌筑工程

定额编号	项目名称	单位	省定额价			
			基价	人工费	材料费	机械费
3-1-1	M5.0 水泥砂浆砖基础	10m³	2605.28	645.54	1932.23	27.51
3-1-8	M2.5 混合砂浆单面清水砖墙 240	10m³	2936.01	956.65	1953.15	26.21
	M5.0 混合砂浆单面清水砖墙 240	10m³	2951.29	956.65	1968.43	26.21
3-1-14	M2.5 混合砂浆混水砖墙 240	10m³	2794.50	815.14	1953.15	26.21
	M5.0 混合砂浆混水砖墙 240	10m³	2809.78	815.14	1968.43	26.21
3-2-1	M5.0 水泥砂浆乱毛石基础	10m³	1890.99	625.93	1219.26	45.80
3-2-2	M5.0 混合砂浆乱毛石墙	10m³	2301.99	1008.06	1248.13	45.80
3-2-3	M5.0 混合砂浆乱毛石挡土墙	10m³	1990.35	696.42	1248.13	45.80
3-3-7	M5.0 混合砂浆黏土多孔砖墙 240	10m³	2684.18	629.11	2033.06	22.01
3-3-8	M5.0 混合砂浆黏土多孔砖墙 365	10m³	2720.18	567.10	2129.58	23.50
3-3-11	M5.0 混合砂浆煤矸石多孔砖墙 240	10m³	3013.21	650.84	2339.24	23.13
3-3-21	M5.0 混合砂浆煤矸石空心砖墙 180	10m³	2488.39	754.72	1714.83	18.84
3-3-22	M5.0 混合砂浆煤矸石空心砖墙 240	10m³	2372.90	685.29	1665.88	21.73
3-3-24	M5.0 混合砂浆加气混凝土砌块 120	10m³	2229.38	595.19	1626.54	7.65
3-3-25	M5.0 混合砂浆加气混凝土砌块 180	10m³	2195.81	548.02	1640.14	7.65
3-3-26	M5.0 混合砂浆加气混凝土砌块 240	10m³	2185.78	478.59	1699.54	7.65
3-4-16	硅镁多孔板墙　板厚 90mm	10m²	1245.52	78.44	1162.09	4.99
3-4-17	硅镁多孔板墙　板厚 100mm	10m²	1365.39	81.09	1279.31	4.99
3-4-31	双层彩钢压型板墙厚　75mm 聚苯乙烯板填充	10m²	2260.08	83.21	2082.78	94.09
3-4-32	双层彩钢压型板墙厚　150mm 聚苯乙烯板填充	10m²	2598.80	85.86	2418.85	94.09
3-4-33	双层彩钢压型板墙　每增减 25mm	10m²	112.86	1.06	111.80	—

第四章　钢筋混凝土工程

定额编号	项目名称	单位	省定额价			
			基价	人工费	材料费	机械费
4-1-1	现浇构件圆钢筋Φ4	t	5835.30	1027.14	4761.72	46.44
4-1-2	现浇构件圆钢筋Φ6.5	t	5864.87	1171.30	4652.92	40.65
4-1-3	现浇构件圆钢筋Φ8	t	54.5.29	758.96	4602.98	43.55
4-1-4	现浇构件圆钢筋Φ10	t	5176.05	556.50	4580.00	39.55
4-1-5	现浇构件圆钢筋Φ12	t	5192.59	490.78	4617.65	84.16
4-1-6	现浇构件圆钢筋Φ14	t	5102.57	418.70	4608.71	75.16
4-1-7	现浇构件圆钢筋Φ16	t	5045.80	369.94	4602.96	72.90
4-1-8	现浇构件圆钢筋Φ18	t	5012.65	325.95	4620.43	66.27

定额编号	项目名称	单位	省定额价			
			基价	人工费	材料费	机械费
4-1-13	现浇构件螺纹钢筋Φ12	t	5236.10	490.78	4648.25	97.07
4-1-15	现浇构件螺纹钢筋Φ16	t	5015.68	369.94	4562.16	83.58
4-1-18	现浇构件螺纹钢筋Φ22	t	4909.36	264.47	4576.69	68.20
4-1-19	现浇构件螺纹钢筋Φ25	t	4884.63	234.79	4593.93	55.19
4-1-52	现浇构件箍筋Φ6.5	t	6178.62	1482.41	4652.92	43.29
4-1-53	现浇构件箍筋Φ8	t	5618.69	951.88	4602.98	63.83
4-1-54	现浇构件箍筋Φ10	t	5290.39	658.79	4580.00	51.60
4-1-55	现浇构件箍筋Φ12	t	5116.51	519.93	4152.19	43.39
4-1-97	砌体加固筋焊接Φ5内	t	6556.17	1054.17	5016.00	486.00
4-1-98	砌体加固筋焊接Φ6.5内	t	5867.58	809.84	4735.29	322.45
4-1-99	砌体加固筋焊接Φ8内	t	5639.60	701.72	4668.69	269.19
4-1-104	现浇构件螺纹钢筋Ⅲ级Φ8	t	5665.70	758.96	4857.98	48.76
4-1-105	现浇构件螺纹钢筋Ⅲ级Φ10	t	5446.21	556.50	4845.20	44.51
4-1-109	现浇构件螺纹钢筋Ⅲ级Φ18	t	5067.25	325.95	4658.08	83.22
4-1-110	现浇构件螺纹钢筋Ⅲ级Φ20	t	5023.50	291.50	4651.03	80.97
4-1-112	现浇构件螺纹钢筋Ⅲ级Φ25	t	4961.32	234.79	4665.33	61.20
4-2-3	C20(40) 现浇毛石混凝土 无梁式带型基础	10m³	2232.36	339.20	1887.64	5.52
	C25(40) 现浇毛石混凝土 无梁式带型基础	10m³	2348.78	399.2	2004.01	5.52
4-2-4	C20(40) 现浇混凝土 无梁式带型基础	10m³	2407.88	356.16	2045.86	5.86
	C25(40) 现浇混凝土 无梁式带型基础	10m³	2544.80	356.16	2182.78	5.86
4-2-5	C20(40) 现浇混凝土 有梁式带型基础	10m³	2427.62	374.71	2046.49	6.42
	C25(40) 现浇混凝土 有梁式带型基础	10m³	2564.55	374.71	2183.42	6.42
4-2-6	C25(40) 现浇毛石混凝土 独立基础	10m³	2243.29	345.56	1892.21	5.52
	C25(40) 现浇毛石混凝土 独立基础	10m³	2359.71	345.56	2008.63	5.52
4-2-7	C20(40) 现浇混凝土 独立基础	10m³	2486.70	428.77	2051.51	6.42
	C25(40) 现浇混凝土 独立基础	10m³	2623.62	428.77	2188.43	6.42
4-2-17	C25(40) 现浇混凝土 矩形柱	10m³	3211.21	1015.48	2184.45	11.28
	C30(40) 现浇混凝土 矩形柱	10m³	3373.91	1015.48	2347.15	11.28
4-2-18	C25(40) 现浇混凝土 圆形柱	10m³	3115.31	961.42	2182.61	11.28
	C30(40) 现浇混凝土 圆形柱	10m³	3318.01	961.42	2345.31	11.28
4-2-19	C25(40) 现浇混凝土 异形柱	10m³	3420.37	1225.89	2183.20	11.28
	C30(40) 现浇混凝土 异形柱	10m³	3583.07	1225.89	2345.9	11.28
4-2-20	C25(31.5) 现浇混凝土 构造柱	10m³	3404.49	1149.57	2243.64	11.28
	C30(31.5) 现浇混凝土 构造柱	10m³	3576.19	1149.57	2415.34	11.28
4-2-23	C25(31.5) 现浇混凝土 基础梁	10m³	2850.02	575.05	2267.42	7.55
	C30(31.5) 现浇混凝土 基础梁	10m³	3024.29	575.05	2441.69	7.55
4-2-24	C25(31.5) 现浇混凝土 单梁、连续梁	10m³	2965.04	690.06	2267.43	7.55
	C30(31.5) 现浇混凝土 单梁、连续梁	10m³	3139.32	690.06	2441.71	7.55
4-2-25	C25(31.5) 现浇混凝土 异形梁	10m³	3006.15	728.22	2270.38	7.55
	C30(31.5) 现浇混凝土 异形梁	10m³	3180.42	728.22	2444.65	7.55

定额编号	项目名称	单位	省定额价			
			基价	人工费	材料费	机械费
4-2-26	C25(31.5) 现浇混凝土 圈梁	10m³	3431.04	1145.33	2278.16	7.55
	C30(31.5) 现浇混凝土 圈梁	10m³	3605.31	1145.33	2452.43	7.55
4-2-27	C25(31.5) 现浇混凝土 过梁	10m³	3606.10	1251.33	2347.22	7.55
	C30(31.5) 现浇混凝土 过梁	10m³	3780.37	1251.33	2521.49	7.55
4-2-36	C25(20) 现浇混凝土 有梁板	10m³	2935.68	566.04	2361.00	8.64
	C30(20) 现浇混凝土 有梁板	10m³	3120.81	566.04	2546.13	8.64
4-2-37	C25(20) 现浇混凝土 无梁板	10m³	2882.48	515.16	2358.68	8.64
	C30(20) 现浇混凝土 无梁板	10m³	3067.61	515.16	2543.81	8.64
4-2-38	C25(20) 现浇混凝土 平板	10m³	2976.50	584.06	2383.80	8.64
	C30(20) 现浇混凝土 平板	10m³	3161.64	584.06	2568.94	8.64
4-2-56	C20(20) 现浇混凝土 挑檐 天沟	10m³	3485.59	1207.87	2255.18	22.54
	C25(20) 现浇混凝土 挑檐 天沟	10m³	3634.89	1207.87	2404.48	22.54
4-2-57	C20(20) 现浇混凝土 台阶	10m³	3081.02	807.72	2250.76	22.54
	C25(20) 现浇混凝土 台阶	10m³	3230.32	807.72	2400.06	22.54
4-2-58	C20(20) 现浇混凝土 压顶	10m³	3667.09	1271.47	2395.62	—
	C25(20) 现浇混凝土 压顶	10m³	3816.39	1271.47	2544.92	—
4-3-1	C25(40) 预制混凝土 方桩 板桩	10m³	2648.88	422.94	2131.25	94.69
	C30(40) 预制混凝土 方桩 板桩	10m³	2802.55	422.94	2284.92	94.69
4-3-2	C25(40) 预制混凝土 矩型柱	10m³	2662.95	430.89	2137.37	94.69
	C30(40) 预制混凝土 矩型柱	10m³	2816.62	430.89	2291.04	94.69
4-3-3	C25(40) 预制混凝土 异形柱	10m³	2649.01	425.06	2129.26	94.69
	C30(40) 预制混凝土 异形柱	10m³	2802.68	425.06	2282.93	94.69
4-4-15	现场搅拌混凝土 基础	10m³	207.78	121.37	35.99	50.42
4-4-16	现场搅拌混凝土 墙 柱 梁 板	10m³	238.81	121.37	35.99	81.45
4-4-17	现场搅拌混凝土 其他	10m³	286.64	121.37	35.99	129.28

第五章 门窗及木结构工程

定额编号	项目名称	单位	省定额价			
			基价	人工费	材料费	机械费
5-1-9	无纱门框 单扇带亮制作	10m²	444.57	45.58	392.27	6.72
5-1-10	无纱门框 单扇带亮安装	10m²	151.43	77.91	73.35	0.17
5-1-11	无纱门框 双扇带亮制作	10m²	323.01	32.33	285.72	4.96
5-1-12	无纱门框 双扇带亮安装	10m²	104.68	55.65	48.92	0.11
5-1-29	带纱门连窗框 制作	10m²	560.88	89.04	463.96	7.88
5-1-30	带纱门连窗框 安装	10m²	75.79	44.52	31.13	0.14
5-1-33	无纱镶木板门 单扇带亮制作	10m²	821.05	130.38	669.68	20.99
5-1-34	无纱镶木板门 单扇带亮安装	10m²	108.61	81.09	27.52	—

定额编号	项目名称	单位	省定额价			
			基价	人工费	材料费	机械费
5-1-43	无纱玻璃镶木板门 双扇带亮制作	10m²	818.68	114.48	687.30	16.90
5-1-44	无纱玻璃镶木板门 双扇带亮安装	10m²	139.80	78.44	61.36	—
5-1-99	门连窗 双扇窗 门窗扇制作	10m²	632.35	86.39	530.09	15.87
5-1-100	门连窗 双扇窗 门窗扇安装	10m²	215.48	100.70	114.78	—
5-1-103	纱门扇 制作（10m² 扇面积）	10m²	492.27	108.65	369.82	13.80
5-1-104	纱门扇 安装（10m² 扇面积）	10m²	129.67	113.95	15.72	—
5-1-105	纱亮窗 制作（10m² 扇面积）	10m²	553.53	106.53	427.61	13.39
5-1-106	纱亮窗 安装（10m² 扇面积）	10m²	213.52	197.69	15.83	—
5-1-107	普通成品门扇安装（10m² 扇面积）	10m²	1183.83	58.83	1125.00	—
5-1-110	普通门锁安装	10 把	940.87	41.87	899.00	—
5-2-9	平开钢木大门 一面板门扇制作	10m²	1949.43	207.23	1721.82	20.38
5-2-10	平开钢木大门 一面板门扇安装	10m²	201.03	135.68	65.35	—
5-2-11	平开钢木大门 二面板（防风）制作	10m²	2512.78	270.30	2205.91	36.57
5-2-12	平开钢木大门 二面板（防风）安装	10m²	755.79	163.24	592.55	—
5-3-45	双裁口单层玻璃窗 四扇带亮窗框制作	10m²	566.95	79.50	477.72	9.73
5-3-46	双裁口单层玻璃窗 四扇带亮窗框安装	10m²	83.13	55.12	27.90	0.11
5-3-47	双裁口单层玻璃窗 四扇带亮窗扇制作	10m²	604.22	78.97	508.95	16.30
5-3-48	双裁口单层玻璃窗 四扇带亮窗扇安装	10m²	293.45	140.98	152.47	—
5-3-71	纱窗扇制作（10m² 扇面积）	10m²	402.75	73.14	316.00	13.61
5-3-72	纱窗扇安装（10m² 扇面积）	10m²	120.21	103.88	16.33	—
5-5-2	铝合金平开门（成品）	10m²	4344.36	296.80	4294.41	0.43
5-5-3	铝合金推拉门（成品）	10m²	3851.51	302.10	3594.06	0.35
5-5-4	铝合金推拉窗（成品）	10m²	3577.79	259.70	3317.76	0.33
5-5-7	铝合金防盗网（10m² 扇面积）	10m²	1473.24	196.10	1277.01	0.13
5-5-8	铝合金纱扇（10m² 扇面积）	10m²	1032.01	62.01	970.00	—
5-5-22	单扇平开门 无上亮	10m²	3396.92	520.99	2871.96	3.97
5-5-23	单扇平开门 带上亮	10m²	3534.71	526.82	3003.92	3.97
5-5-28	双扇推拉窗 不带亮	10m²	3306.36	519.93	2782.41	4.02
5-5-29	双扇推拉窗 带亮	10m²	3123.94	514.63	2605.26	4.05
5-5-30	三扇推拉窗 不带亮	10m²	3004.31	528.94	2471.27	4.10
5-5-31	三扇推拉窗 带亮	10m²	2905.24	520.99	2380.13	4.12
5-5-35	铝合金纱门扇制安（10m² 扇面积）	10m²	1095.43	212.53	882.90	—
5-5-36	铝合金纱窗扇制安（10m² 扇面积）	10m²	943.87	212.53	731.34	—
5-6-1	塑料平开门	10m²	3004.50	132.50	2871.71	0.29
5-6-2	单层塑料窗	10m²	2168.45	132.50	2035.75	0.2

定额编号	项目名称	单位	省定额价			
			基价	人工费	材料费	机械费
5-6-3	塑料窗带纱扇	10m²	2661.49	222.60	2438.65	0.24
5-9-1	无纱镶板纤维板胶合门单扇带亮	10 樘	358.76	—	358.76	—
5-9-2	无纱镶板纤维板胶合门双扇带亮	10 樘	664.85	—	664.85	—
5-9-12	无纱门连窗 双扇窗	10 樘	709.12	—	709.12	—
5-9-14	纱门	10 扇	78.00	—	78.00	—
5-9-15	纱亮	10 扇	105.39	—	105.39	—
5-9-38	无纱单层玻璃窗 无纱双裁口玻璃窗三扇带亮	10 樘	335.71	—	335.71	—
5-9-39	无纱单层玻璃窗 无纱双裁口玻璃窗四扇带亮	10 樘	530.70	—	530.70	—
5-9-44	纱窗	10 扇	64.61	—	64.61	—
5-9-48	铝合金门 单扇平开门	10 樘	223.41	—	223.41	—
5-9-49	铝合金推拉窗 双扇	10 樘	224.00	—	224.00	—
5-9-50	铝合金推拉窗 三扇	10 樘	229.60	—	229.60	—
5-9-51	铝合金推拉窗 四扇	10 樘	411.00	—	411.00	—

第六章　屋面、防水、保温及防腐工程

定额编号	项目名称	单位	省定额价			
			基价	人工费	材料费	机械费
6-1-2	黏土瓦 钢、混凝土檩条上铺钉苇箔三层铺泥挂瓦	10m²	274.85	100.70	104.10	—
6-1-14	英红瓦 两坡以内	10m²	1322.39	143.63	1175.03	3.73
6-1-15	英红瓦 四坡以内	10m²	1353.13	174.37	1175.03	3.73
6-1-16	英红瓦 正斜脊	10m	407.14	125.08	280.19	1.87
6-1-28	安装于 S/C 型轻钢檩条上 彩钢波纹瓦	10m²	1522.11	73.14	1363.49	85.48
6-1-29	安装于 S/C 型轻钢檩条上 彩钢夹心板	10m	2820.78	73.14	2662.16	85.48
6-2-5	防水砂浆 20mm 厚	10m²	131.83	57.24	71.33	3.26
6-2-9	拒水粉 混凝土保护层 40mm	10m²	400.39	170.13	229.83	0.43
6-2-10	防水砂浆 平面	10m²	118.65	48.76	66.72	3.17
6-2-11	防水砂浆 立面	10m²	144.09	74.20	66.72	3.17
6-2-14	沥青油毡 二毡三油 平面	10m²	363.03	41.87	321.16	—
6-2-15	沥青油毡 二毡三油 立面	10m²	393.66	60.42	333.24	—
6-2-16	沥青油毡 每增减一毡一油 平面	10m²	126.06	19.61	106.45	—
6-2-17	沥青油毡 每增减一毡一油 立面	10m²	137.66	27.03	110.63	—
6-2-30	SBS 改性沥青卷材（满铺）一层 平面	10m²	437.36	21.20	416.16	—
6-2-31	SBS 改性沥青卷材（满铺）一层 立面	10m²	443.19	27.03	416.16	—
6-2-44	PVC 橡胶卷材 平面	10m²	584.19	38.69	545.50	—

定额编号	项目名称	单位	省定额价			
			基价	人工费	材料费	机械费
6-2-45	PVC 橡胶卷材　立面	10m²	595.32	49.82	545.50	—
6-2-62	冷底子油　第一遍	10m²	46.26	8.48	37.78	—
6-2-63	冷底子油　第二遍	10m²	31.53	6.89	24.64	—
6-2-71	聚氨酯二遍	10m²	611.92	21.73	590.19	—
6-2-72	石油沥青一遍　平面	10m²	111.63	6.89	104.74	—
6-2-73	石油沥青一遍　混凝土抹灰面立面	10m²	117.94	9.01	108.93	—
6-3-5	憎水珍珠岩块	10m³	4721.38	805.60	3915.78	—
6-3-15	现浇水泥珍珠岩	10m³	2027.93	381.07	1646.86	—
6-3-16	现浇水泥蛭石	10m³	2082.11	381.07	1701.04	—
6-3-22	架空隔热层　方形砖　带式支撑	10m²	445.42	69.96	373.50	1.96
6-3-23	架空隔热层　方形砖　点式支撑	10m²	412.90	69.96	341.82	1.12
6-3-24	架空隔热层　预制混凝土板　点式支撑	10m²	257.70	51.94	204.64	1.12
6-4-9	塑料管排水　水落管Φ100	10m	205.26	26.50	178.76	—
6-4-10	塑料管排水　水斗	10 个	214.18	26.50	187.68	—
6-4-25	塑料落水口	10 个	314.98	35.51	279.41	—
6-6-7	钢屑砂浆　厚20mm	10m²	338.23	108.65	229.58	—
6-6-8	钢屑砂浆　零星摸灰	10m²	354.57	113.95	240.62	—
6-6-9	酸化处理	10m²	38.85	34.98	3.87	—

第七章　金属结构制作工程

定额编号	项目名称	单位	省定额价			
			基价	人工费	材料费	机械费
7-2-1	轻钢屋架	t	8029.99	1143.21	5736.17	1150.61
7-2-2	钢屋架 1.5t 以内	t	7204.84	823.62	5566.59	814.63
7-2-3	钢屋架 3t 以内	t	7105.36	771.68	5529.39	804.29
7-4-1	柱间钢支撑	t	7201.90	880.33	5462.15	859.42
7-4-2	屋架刚支撑　十字	t	7027.45	827.33	5423.90	776.22
7-4-4	型钢檩条	t	6666.74	631.76	5357.44	677.54
7-4-8	钢防风桁架	t	6690.16	629.64	5390.16	670.36
7-7-5	超声波探伤　板厚（mm）25 以内	10m	280.18	43.99	168.38	67.81
7-7-6	超声波探伤　板厚（mm）46 以内	10m	381.01	58.30	220.53	102.18
7-7-7	超声波探伤　板厚（mm）80 以内	10m	518.77	87.45	285.48	145.84
7-9-1	钢屋架、钢托架1.5t 以内	t	375.47	192.39	83.45	99.63
7-9-2	钢屋架、钢托架3t 以内	t	302.74	152.11	69.116	81.47
7-9-3	钢屋架、钢托架5t 以内	t	224.66	110.77	59.89	54.00
7-9-4	钢屋架、钢托架8t 以内	t	248.58	125.61	59.66	63.31

第八章　构筑物及其他工程

定额编号	项目名称	单位	省定额价			
			基价	人工费	材料费	机械费
8-1-5	M5.0 混合砂浆　筒身高度（m）20 内	10m³	3853.20	1497.78	2326.69	28.73
8-1-6	M5.0 混合砂浆　筒身高度（m）40 内	10m³	3490.08	1202.04	2257.82	30.22
8-1-7	M5.0 混合砂浆　筒身高度（m）40 外	10m³	3539.31	1348.32	2160.40	30.59
8-3-1	C20 现浇混凝土池底	10m³	2784.95	685.29	2077.12	22.54
8-3-2	C20 现浇混凝土池壁	10m³	2989.18	927.50	2039.14	22.54
8-3-3	C20 现浇混凝土池盖	10m³	2843.61	753.13	2067.94	22.54
8-5-28	沥青油膏接口　管径　600	10m	1697.03	231.61	1465.42	—
8-5-29	沥青油膏接口　管径　700	10m	2137.10	266.59	1870.51	—
8-5-30	沥青油膏接口　管径　800	10m	2659.93	293.09	2366.84	—
8-5-38	排水管道混凝土基础90°管径　600	10m	360.87	56.18	280.21	23.49
8-5-39	排水管道混凝土基础90°管径　700	10m	481.34	75.26	374.22	31.86
8-5-40	排水管道混凝土基础90°管径　800	10m	620.58	97.52	482.36	40.70
8-7-18	砖砌化粪池 S231（一）2# 无地下水	座	6987.03	1842.81	5060.89	83.33
8-7-19	砖砌化粪池 S231（一）3# 有地下水	座	10736.23	2626.15	8002.22	107.86
8-7-20	砖砌化粪池 S231（一）3# 无地下水	座	8045.65	2084.49	5864.81	96.35
8-7-33	S231 Φ700 无地下水（井深 m）2	个	789.38	226.84	557.00	5.54
8-7-34	S231 Φ700 无地下水井深每增减 0.1	个	25.34	9.54	15.52	0.28
8-7-35	S231 Φ700 有地下水（井深 m）2	个	887.56	280.37	600.07	7.12
8-7-36	S231 Φ700 有地下水井深每增减 0.1	个	30.17	12.19	17.61	0.37
8-7-49	混凝土散水　3:7 灰土垫层	10m²	549.46	197.69	345.37	6.40
8-7-50	混凝土散水　地瓜石垫层	10m²	517.73	183.38	329.86	4.49
8-7-53	混凝土坡道　3:7 灰土垫层　混凝土厚 100	10m²	717.88	233.73	477.19	6.96
8-7-54	混凝土坡道　混凝土厚每增减 20	10m²	52.17	11.13	40.83	0.21

第九章　装饰工程

定额编号	项目名称	单位	省定额价			
			基价	人工费	材料费	机械费
9-1-1	水泥砂浆在混凝土或硬基层上 20mm	10m²	96.92	41.34	52.41	3.17
9-1-2	水泥砂浆在填充材料上 20mm	10m²	105.74	42.40	59.42	3.92
9-1-3	水泥砂浆每增减 5mm	10m²	20.18	7.42	11.92	0.84
9-1-4	细石混凝土 40mm	10m²	159.02	54.59	104.11	0.32
9-1-5	细石混凝土每增减 5mm	10m²	19.96	7.42	12.49	0.05
9-1-9	水泥砂浆楼地面 20mm	10m²	128.55	54.59	70.79	3.17

定额编号	项目名称	单位	省定额价			
			基价	人工费	材料费	机械费
9-1-12	水泥砂浆加浆抹光随捣随抹 5mm	10m²	69.83	39.75	29.24	0.84
9-1-13	水泥砂浆踢脚线 20mm	10m	34.55	26.50	7.58	0.47
9-1-86	踢脚板 砂浆粘贴	10m	99.38	50.88	47.14	1.36
9-1-87	踢脚板 胶粘剂粘贴	10m	199.25	56.18	141.71	1.36
9-1-114	楼、地面 周长（mm 以内）2400	10m²	737.32	184.97	542.20	10.15
9-1-115	楼、地面 周长（mm 以内）3200	10m²	2159.15	190.80	1958.20	10.15
9-1-116	楼、地面 周长（mm 以内）4000	10m²	2224.98	196.63	2018.20	10.15
9-1-169	干硬水泥砂浆全瓷地板砖 L2400 内	10m²	758.45	149.46	598.65	10.34
9-1-170	干硬水泥砂浆全瓷地板砖 L3200 内	10m²	2200.53	175.54	2014.65	10.34
9-1-171	干硬水泥砂浆全瓷地板砖 L4000 内	10m²	2291.69	206.70	2074.65	10.34
9-1-172	水泥砂浆全瓷地板砖直形踢脚板内	10m²	729.07	272.63	446.29	10.15
9-1-173	水泥砂浆全瓷地板砖异形踢脚板内	10m²	790.28	313.44	466.69	10.15
9-2-20	墙面、墙裙 厚 14＋6mm 砖墙	10m²	136.63	76.85	56.14	3.64
9-2-31	墙面、墙裙 厚 14＋6mm 砖墙	10m²	121.85	72.61	45.60	3.654
9-2-42	石膏砂浆 厚 7mm 砖墙、柱面	10m²	111.79	85.33	24.69	11.77
9-2-60	抹灰层每增减 1mm 石膏砂浆	10m²	4.66	2.12	2.35	0.19
9-2-64	砖墙勾缝	10m²	39.75	36.57	2.99	0.19
9-2-77	水刷白石子 厚 12＋10mm 零星项目	10m²	589.54	472.76	112.96	3.82
9-2-109	分格嵌缝 玻璃嵌缝	10m²	46.70	42.40	4.30	—
9-2-110	分格嵌缝 分格	10m²	30.74	30.74	—	—
9-2-111	每增减一遍素水泥浆 有 108 胶	10m²	12.14	6.36	5.78	—
9-2-112	每增减一遍素水泥浆 无 108 胶	10m²	11.76	6.36	5.40	—
9-2-172	瓷砖（规格）200×150 水泥砂浆粘贴 墙面	10m²	520.35	209.88	300.62	9.85
9-2-173	瓷砖（规格）200×150 水泥砂浆粘贴 零星项目	10m²	588.67	232.14	345.61	10.92
9-2-174	瓷砖（规格）200×150 干粉型胶粘剂粘贴 墙面	10m²	1233.61	234.26	989.97	9.38
9-2-216	面砖（规格）194×94 水泥砂浆粘贴 灰缝 5mm 以内	10m²	1146.24	232.67	903.72	9.85
9-2-217	面砖（规格）194×94 水泥砂浆粘贴 灰缝 10mm 以内	10m²	1112.34	232.67	869.73	9.94
9-2-218	面砖（规格）194×94 水泥砂浆粘贴 灰缝 20mm 以内	10m²	1039.61	231.61	797.97	10.03
9-3-3	混凝土面顶棚 水泥砂浆 现浇	10m²	134.26	83.74	47.82	2.70
9-3-4	混凝土面顶棚 水泥砂浆 预制	10m²	152.55	96.81	55.57	3.17
9-3-5	混凝土面顶棚 抹灰混合砂浆	10m²	84.75	61.48	21.50	1.77
9-4-1	底油一遍、调和漆二遍 单层木门	10m²	183.52	93.81	89.71	—
9-4-2	底油一遍、调和漆二遍 单层木窗	10m²	168.60	93.81	74.79	—
9-4-6	调和漆三遍 单层木门	10m²	332.69	191.86	140.83	—
9-4-7	调和漆三遍 单层木窗	10m²	309.27	191.86	117.41	—

定额编号	项目名称	单位	省定额价			
			基价	人工费	材料费	机械费
9-4-136	红丹防锈漆一遍　金属面	10m²	49.48	20.67	28.81	—
9-4-137	红丹防锈漆一遍　金属构件	t	133.42	51.94	81.48	—
9-4-138	银粉漆二遍　金属面	10m²	92.24	60.42	33.82	—
9-4-139	银粉漆二遍　金属构件	t	214.85	119.78	95.07	—
9-4-151	顶棚刷乳胶漆　二遍	10m²	73.61	20.14	53.47	—
9-4-164	抹灰面刷仿瓷涂料　二遍	10m²	82.90	30.74	52.16	—
9-4-184	丙烯酸外墙涂料　抹灰墙面	10m²	149.20	42.93	106.27	—
9-4-209	内墙抹灰面满刮腻子　二遍	10m²	31.69	23.32	8.37	—
9-4-210	内墙抹灰面满刮腻子　每增一遍	10m²	11.33	7.95	3.38	—
9-4-211	外墙抹灰面满刮腻子　二遍	10m²	38.87	28.62	10.25	—
9-4-212	内墙抹灰面满刮腻子　每增一遍	10m²	19.80	15.90	3.90	—
9-5-83	石膏阴阳角线　宽度（mm以内）100	10m	91.87	27.03	64.84	—
9-5-84	石膏阴阳角线　宽度（mm以内）150	10m	81.17	31.80	49.37	—

第十章　施工技术措施项目

定额编号	项目名称	单位	省定额价			
			基价	人工费	材料费	机械费
10-1-2	木架15m以内　双排	10m²	255.87	42.93	197.36	15.58
10-1-4	钢管架15m以内　单排	10m²	92.09	34.45	47.56	10.08
10-1-5	钢管架15m以内　双排	10m²	124.50	46.11	64.64	13.75
10-1-6	钢管架24m以内　双排	10m²	138.80	51.94	74.03	12.83
10-1-8	钢管架50m以内　双排	10m²	218.33	69.96	134.62	13.75
10-1-11	钢管架110m以内　双排	10m²	612.78	207.23	389.05	16.50
10-1-14	型钢平台外跳双排钢管架110m以内	10m²	629.11	209.35	404.97	14.79
10-1-21	钢管架3.6m以内　单排	10m²	36.85	20.67	6.10	10.08
10-1-22	钢管架3.6m以内　双排	10m²	49.56	28.62	6.73	14.21
10-1-27	钢管架　基本层	10m²	105.22	50.88	49.76	4.58
10-1-28	钢管架　增加层1.2m	10m²	22.20	19.08	2.20	0.92
10-1-46	立挂式	10m²	49.11	1.06	48.05	—
10-1-51	建筑物垂直封闭　密目网	10m²	103.56	9.01	94.55	—
10-1-100	单排外木架6m以内	10m²	121.04	20.67	92.12	8.25
10-1-101	双排外木架6m以内	10m²	173.42	28.09	134.33	11.00
10-1-102	单排外钢管架6m以内	10m²	58.12	22.26	27.61	8.25
10-1-103	双排外钢管架6m以内	10m²	77.23	30.21	36.94	10.08

定额编号	项目名称	单位	省定额价			
			基价	人工费	材料费	机械费
10-2-1	钢筋混凝土满堂基础（深度>3m）	10m³	181.03	23.85	—	157.18
10-2-2	钢筋混凝土地下室　一层	10m²	312.88	—	—	312.88
10-2-3	钢筋混凝土地下室　二层	10m²	269.81	—	—	269.81
10-2-4	钢筋混凝土地下室　三层	10m²	210.26	—	—	210.26
10-2-5	建筑物　混合结构	10m²	214.03	—	—	214.03
10-2-6	建筑物　现浇混凝土结构	10m²	287.82	—	—	287.82
10-2-7	单层厂房　预制排架	10m²	253.94	—	—	253.94
10-2-8	多层厂房　预制框架	10m²	140.23	—	—	140.23
10-2-9	影剧院混合结构　檐高（m）以内30	10m²	354.54	—	—	354.54
10-2-10	影剧院混合结构　檐高（m）以内40	10m²	407.03	—	—	407.03
10-2-11	其他混合结构　檐高（m）以内30	10m²	272.66	—	—	272.66
10-2-12	其他混合结构　檐高（m）以内40	10m²	355.94	16.43	—	339.51
10-2-54	檐高（m）　以内　70	%	12.86	—	—	12.86
10-2-55	檐高（m）　以内　80	%	15	—	—	15
10-2-56	檐高（m）　以内　90	%	17.11	—	—	17.11
10-3-7	Ⅱ类构件运输　10km　以内	10m³	1442.77	207.76	37.41	1197.60
10-3-11	Ⅲ类构件运输　10km　以内	10m³	2794.14	333.90	57.66	2402.58
10-3-12	Ⅲ类构件运输　10km　以外每增1km	10m³	181.60	32.33	149.27	—
10-3-31	Ⅱ类构件运输　10km　以内	10t	639.64	84.80	66.02	488.82
10-3-38	木门窗运输　10km以内	10m²	42.78	7.95	—	34.83
10-3-41	不带纱铝合金、塑钢门窗运输10km以内	10m²	52.99	4.24	34.63	14.12
10-3-44	带纱铝合金、塑钢门窗运输10km以内	10m²	54.00	4.24	34.63	15.13
10-3-51	柱构件体积（m³以内）6 安装	10m³	1086.05	376.83	327.60	381.62
10-3-52	柱构件体积（m³以内）6 灌缝	10m³	339.60	155.82	183.78	—
10-3-53	柱构件体积（m³以内）10 安装	10m³	1247.96	416.05	289.10	542.81
10-3-54	柱构件体积（m³以内）10 灌缝	10m³	130.42	39.75	90.67	—
10-3-83	T型吊车梁　构件单体（m³以内）1.5	10m³	740.77	261.82	40.00	438.95
10-3-84	T型吊车梁　构件单体（m³以内）2	10m³	672.55	241.15	27.11	404.29
10-3-85	吊车梁灌缝	10m³	631.15	166.95	450.52	13.68
10-3-148	天窗架　端壁板灌缝	10m³	301.99	254.40	45.68	1.91
10-3-242	单式柱间支撑　（t以内）0.3	t	1572.08	491.84	394.28	685.96
10-3-243	单式柱间支撑　（t以内）0.3	t	735.02	237.44	166.15	331.43
10-3-244	单式柱间支撑　（t以内）0.3	t	512.09	169.60	105.47	237.02
10-4-26	混凝土独立基础　复合木模板木支撑	10m²	337.14	138.33	182.05	16.76
10-4-27	混凝土独立基础　胶合板模板木支撑	10m²	308.11	105.47	190.07	12.57

定额编号	项目名称	单位	省定额价			
			基价	人工费	材料费	机械费
10-4-36	高杯基础　复合木模板钢支撑	10m²	374.20	153.70	194.91	25.59
10-4-37	高杯基础　复合木模板木支撑	10m²	363.33	152.11	192.57	18.65
10-4-49	混凝土基础垫层　木模板	10m²	290.24	67.84	216.90	5.50
10-4-84	矩形柱　组合钢模板钢支撑	10m²	414.35	219.95	167.98	26.42
10-4-85	矩形柱　组合钢模板木支撑	10m²	425.96	217.83	190.01	18.12
10-4-88	矩形柱　胶合板模板钢支撑	10m²	293.36	151.05	120.22	22.09
10-4-89	矩形柱　胶合板模板木支撑	10m²	303.10	148.93	142.25	11.92
10-4-100	构造柱　复合木模板钢支撑	10m²	314.16	218.89	72.21	23.06
10-4-101	构造柱　复合木模板木支撑	10m²	407.63	221.01	163.63	22.99
10-4-106	基础梁　复合木模板钢支撑	10m²	298.39	157.41	125.20	15.78
10-4-107	基础梁　复合木模板木支撑	10m²	356.52	157.94	183.29	15.29
10-4-108	基础梁　胶合板模板钢支撑	10m²	261.04	121.90	128.96	10.18
10-4-109	基础梁　胶合板模板木支撑	10m²	323.05	123.49	186.64	12.92
10-4-117	过梁、复合木模板木支撑	10m²	503.31	270.83	212.76	19.72
10-4-118	过梁、胶合板模板木支撑	10m²	438.13	215.71	210.17	12.25
10-4-123	异形梁、木模板木支撑	10m²	614.32	287.26	310.32	16.74
10-4-124	异形梁、胶合板模板木支撑	10m²	460.46	216.24	225.55	18.67
10-4-125	直形圈梁　组合钢模板木支撑	10m²	341.95	191.33	139.99	10.63
10-4-126	直形圈梁　复合木模板木支撑	10m²	277.52	164.83	102.06	10.63
10-4-127	直形圈梁　胶合板模板木支撑	10m²	270.08	127.73	135.02	7.33
10-4-160	有梁板　胶合板模板钢支撑	10m²	306.15	140.45	141.65	24.05
10-4-161	有梁板　胶合板模板木支撑	10m²	385.41	145.75	223.74	15.92
10-4-172	平板　胶合板模板钢支撑	10m²	270.12	126.14	123.62	20.36
10-4-173	平板　胶合板模板木支撑	10m²	357.64	126.67	214.36	16.61
10-4-201	直形楼梯　木模板木支撑	10m²	1141.70	563.39	541.17	37.14
10-4-203	直形悬挑板（阳台、雨篷）　木模板、木支撑	10m²	924.99	394.32	493.22	37.45
10-4-206	栏板　木模板木支撑	10m²	587.68	160.59	418.28	11.81
10-4-211	挑檐　天沟木模板木支撑	10m²	497.23	284.08	198.13	15.02

第三部分　《山东省2011年价目表材料单价表》摘录

编号	材料名称	单位	单价
05126	黏土	m³	28.00
06095	全瓷抛光地板砖 600×600	块	18.00
14493	木螺钉 M4×20	百个	3.90
14820	铁插销 150 封闭	个	1.90
81002	M2.5 混合砂浆	m³	157.46
81003	M5.0 混合砂浆	m³	164.25

编号	材料名称	单位	单价
81004	M7.5 混合砂浆	m³	170.84
81005	M10 混合砂浆	m³	177.96
81007	M5.0 水泥砂浆	m³	156.95
81008	M7.5 水泥砂浆	m³	166.73
81009	M10 水泥砂浆	m³	174.88
81020	C202 现浇混凝土碎石＜20	m³	210.69
81021	C252 现浇混凝土碎石＜20	m³	225.40
81027	C203 现浇混凝土碎石＜31.5	m³	205.16
81028	C253 现浇混凝土碎石＜31.5	m³	219.42
81036	C154 现浇混凝土碎石＜31.5	m³	181.34
81037	C204 现浇混凝土碎石＜40	m³	199.93
81039	C304 现浇混凝土碎石＜40	m³	229.69
81040	C354 现浇混凝土碎石＜40	m³	241.45
81077	水泥砂浆 1:2	m³	273.02
81078	水泥砂浆 1:2.5	m³	260.23
81079	水泥砂浆 1:3	m³	233.82
81117	水泥蛭石 1:12	m³	160.24
81118	水泥珍珠岩 1:8	m³	157.45
81119	水泥珍珠岩 1:10	m³	155.39
81120	水泥珍珠岩 1:12	m³	155.61
81140	2:8 灰土	m³	69.15
81141	3:7 灰土	m³	80.47
81193	3:7 灰土（就地取土）	m³	48.27
81194	2:8 灰土（就地取土）	m³	32.47